清华
电脑学堂

C#
实践教程（第2版）

U0341515

◎ 李乃文 刘好增 编著

清华大学出版社
北 京

内 容 简 介

　　C#在编程语言排行中，始终位于领先位置。新版本 4.5 运用新的架构和模块，使 C#的编写更加灵活和智能化。本书讲述 C#的理论和应用，内容包括：C#开发工具及框架的介绍、C#程序的调试与运行、基础语法、控制语句、数组、类和类的高级应用、C#常用类介绍、委托和事件、窗体和控件、MDI 技术、数据库技术、文件和 IO 流技术以及综合的项目案例。各章节中，基础知识和动手练习结合起来，形象地介绍了各部分知识的使用技巧。

　　本书可作为在校大学生学习使用 C#进行课程设计的参考资料，也可作为非计算机专业学生学习 C#语言的参考书。

图书在版编目（CIP）数据

C#实践教程/李乃文，刘好增编著. —2 版. —北京：清华大学出版社，2016（2021.2 重印）
（清华电脑学堂）
ISBN 978-7-302-41857-3

Ⅰ.①C… Ⅱ.①李… ② 刘… Ⅲ.①C 语言-程序设计-教材 Ⅳ.①TP312

中国版本图书馆 CIP 数据核字（2015）第 252091 号

责任编辑：夏兆彦
封面设计：张　阳
责任校对：胡伟民
责任印制：沈　露

出版发行：清华大学出版社
　　　网　　址：http://www.tup.com.cn, http://www.wqbook.com
　　　地　　址：北京清华大学学研大厦 A 座　　　　邮　　编：100084
　　　社 总 机：010-62770175　　　　　　　　　　邮　　购：010-62786544
　　　投稿与读者服务：010-62776969，c-service@tup.tsinghua.edu.cn
　　　质量反馈：010-62772015，zhiliang@tup.tsinghua.edu.cn
印 装 者：三河市龙大印装有限公司
经　　销：全国新华书店
开　　本：185mm×260mm　　　印　张：28.25　　　字　数：710 千字
版　　次：2009 年 5 月第 1 版　　2016 年 6 月第 2 版　　印　次：2021 年 2 月第 3 次印刷
定　　价：59.00 元

产品编号：055136-01

C#是微软公司为 Visual Studio 开发平台推出的一种简洁、类型安全的面向对象的编程语言，开发人员通过它可以编写在.NET Framework 上运行的各种安全可靠的应用程序。C#面世以来，以其易学易用、功能强大的优势被广泛应用，而 Visual Studio 开发平台则凭借其强大的可视化用户界面设计，让程序员从复杂的界面设计中解脱出来，使编程成为一种享受。C#不但可以开发数据库管理系统，而且也可以开发集声音、动画、视频为一体的多媒体应用程序和网络应用程序，这使得它正在成为程序开发人员使用的主流编程语言。

本书内容

本书以目前主流的 C# 4.5 及 Visual Studio 2012 为例进行介绍。全书共分 15 章，主要内容如下：

第 1 章　C#与 Microsoft Visual Studio。本章详细介绍 C#的基础入门知识，包括 C#的优势和特点，以及.NET Framework 和程序集的相关内容。同时，详细介绍如何安装 Visual Studio 2012，以及在 Visual Studio 2012 中简单创建和开发小程序。

第 2 章　C#基础语法。本章详细介绍 C#的基础语法，包括变量、常量、数据类型、运算符和表达式、数据类型转换、装箱和拆箱等相关内容；同时针对应用程序，介绍对代码的注释和调试，方便读者找出程序错误。

第 3 章　控制语句。本章主要介绍 C#提供的流程控制语句，包括空语句、语句块、if 语句、switch 语句、do 语句、for 语句、break 语句以及异常处理语句等。

第 4 章　数组。本章主要介绍 C#中一维数组的定义、遍历、排序、插入和删除，同时介绍了二维数组、多维数组、交错数组、静态数组以及动态数组的应用。

第 5 章　面向对象编程基础。本章首先介绍了面向对象基础知识和类的概念，然后介绍类的作用、构成和使用。

第 6 章　类的高级应用。本章主要介绍面向对象编程时类高级特性的实现方式，如类的封装、密封类、继承和抽象以及重写等。此外，介绍了与类作用和结构很相似的接口的相关知识和应用。

第 7 章　字符串。字符串的相关处理是程序中较为常用的，本章主要介绍 C#内置类对字符串的处理，包括 String 类和 StringBuilder 类的相关知识和应用。

第 8 章　其他常用类。C#的内置类有多种，除了字符串处理以外，还有数学运算类、日期类和随机数类等，本章介绍 C#中其他所有常用的类。

第 9 章　枚举、结构和集合。枚举、结构和集合都用于保存和处理数据，本章介绍这三个对象的相关知识和应用，将数据处理综合在一起，方便读者掌握。

第 10 章　委托和事件。委托和事件是面向对象编程所特有的，对于 C#这种高级编程语言来说，掌握委托和事件的知识，能够更好地使用面向对象的思想。

第 11 章　Windows 窗体控件。窗体和控件是用户与计算机交互的基础，面向对象编程通过可视化用户界面设计，让程序员从复杂的界面设计中解脱出来，使编程成为一种享受。本章介绍的窗体和空间即为可视化用户界面。

第 12 章　MDI 应用程序。本章介绍多窗体应用程序的构建方法，包括父窗体和子窗体的设置和应用、常用于多窗体中的控件（ToolStrip 控件、StatusStrip 控件、MenuStrip 控件）、对话框的使用以及窗体间的数据传递等。

第 13 章　数据库编程。本章主要介绍应用程序对数据库的访问技术，主要介绍 ADO.NET 技术，包括 ADO.NET 结构、使用 ADO.NET 系统对象对数据进行操作等。此外，还将介绍 C#中提供数据显示控件 DataGridView 和 TreeView 等。

第 14 章　文件和 IO 流。本章详细介绍文件和目录的操作，包括 Sytem.IO 命名空间类层次结构、流的分类、内存流和文件流、操作文件和目录，以及读取和写入文件等。

第 15 章　职工签到系统。本章主要介绍使用 C#结合 SQL Server 数据库实现用户签到系统的过程，主要功能包括职员登录、注册、管理用户密码、查看签到信息和签到等。

本书特色

本书使用浅显易懂的练习，结合基础知识使用，因此即使是没有任何计算机基础的初学者，也能够快速入门。

本书内容详尽、实例丰富、知识面广，全面地讲解了 C#编程技术，因此可供有开发经验的人员作为知识手册使用，巩固和提升开发技术。

与已经出版的图书相比，本书的最大特点体现在如下几个方面：

❑　**理论和实例结合**

实例丰富而典型，案例涵盖主流应用。作为一本入门类型的图书，理论和实例很好地结合起来讲解，最容易让读者快速掌握。从前面的编排体例就可以看出来，本书在这个方面下足了功夫。

本书中几乎每个技术点或者语法点都会列举典型实例进行讲解，案例的数量远远多于同类图书。

❑　**随书光盘**

本书配备了视频教学文件，包括每个章节所涉及的源代码、开发环境的安装演示等。读者可以通过视频文件更加直观地学习 C#的相关知识。

❑　**网站技术支持**

读者在学习或者工作的过程中，如果遇到实际问题，可以直接登录 www.ztydata.com.cn 与我们取得联系，作者会在第一时间内给予帮助。

读者对象

本书适合作为软件开发入门者的自学用书，也适合作为高等院校相关专业的教学参考书，也可供开发人员查阅、参考。

❑ 软件开发入门者

❑ C#初学者以及各大中专院校的在校学生和相关授课老师

除了封面署名人员之外，参与本书编写的人员还有李海庆、王咏梅、康显丽、王黎、汤莉、倪宝童、赵俊昌、方宁、郭晓俊、杨宁宁、王健、连彩霞、丁国庆、牛红惠、石磊、王慧、李卫平、张丽莉、王丹花、王超英、王新伟等。在编写过程中难免会有漏洞，欢迎读者通过清华大学出版社网站 www.tup.tsinghua.edu.cn 与我们联系，帮助我们改正提高。

编 者

目 录

第1章 C#与Microsoft Visual Studio

C#与 Microsoft Visual Studio 是不可分割的。C#是当前最为流行的高级编程语言之一，是由 Microsoft 推出的一种简洁、类型安全的面向对象的编程语言，该语言是在 Microsoft Visual Studio 平台基础上推出的。

本章详细介绍 C#、Microsoft Visual Studio 和.NET Framework 的概念及它们之间的关系，Visual Studio 环境的配置以及简单的 C#小程序。

本章学习目标：

❑ 了解 C#与其他语言的差异。
❑ 掌握 C#的特点。
❑ 了解 Visual Studio 2012 的新特性。
❑ 了解.NET Framework 与 C#的关系。
❑ 掌握公共语言运行时和.NET Framework 类库。
❑ 了解程序集的概念和优点。
❑ 掌握程序集的内容和清单。
❑ 熟悉全局程序集缓存、安全注意事项以及版本控制。
❑ 掌握如何安装 Visual Studio 2012。
❑ 了解 Visual Studio 2012 的使用。

1.1 C#与Microsoft Visual Studio

C#是微软公司为 Visual Studio 开发平台推出的一种简洁、类型安全的面向对象的编程语言，开发人员通过它可以编写在.NET Framework 上运行的各种安全可靠的应用程序。本节介绍 C#与 Microsoft Visual Studio 的概括及联系。

1.1.1 C#简介

C#是运行于.NET Framework 之上的面向对象高级程序设计语言。Visual Studio 开发平台凭借 C#强大的可视化用户界面设计，让程序员从复杂的界面设计中解脱出来，使编程成为一种享受。

C#是面向对象的编程语言。它使得程序员可以快速地编写各种基于 Microsoft .NET 平台的应用程序，Microsoft .NET 提供了一系列的工具和服务来最大程度地开发利用计算与通信领域。

C#不但可以开发数据库管理系统，而且也可以开发集声音、动画、视频为一体的多媒体应用程序和网络应用程序，这使得它正在成为程序开发人员使用的主流编程语言。

正是由于 C#面向对象的卓越设计，使它成为构建各类组件的理想之选——无论是高级的商业对象还是系统级的应用程序。使用简单的 C#语言结构，这些组件可以方便地转化为 XML 网络服务，从而使它们可以由任何语言在任何操作系统上通过 Internet 进行调用。

作为一种面向对象语言，C#支持封装、继承和多态以及所有的变量和方法，如包括应用程序入口点的 Main()方法。另外，C#还通过几种创新的语言结构加快了软件组件的开发。主要包括：

- **委托** 即封装的方法签名，它实现了类型安全的事件通知。
- **属性（Property）** 充当私有成员变量的访问器。
- **属性（Attribute）** 提供关于运行时类型的声明性元数据。
- **内联** XML 的文档注释。

1. C#与 Java

C#与 Java 都有着单一继承、接口、几乎同样的语法和编译成中间代码再运行的过程。

但是 C#与 Java 有着明显的不同，C#是第一个面向组件的编程语言，其源码会编译成 MSIL 再运行。C#借鉴了 Delphi 的一个特点，与 COM（组件对象模型）是直接集成的，而且它是微软公司.NETWindows 网络框架的主角。在细节方面，二者的区别如下所示。

- C#的 Main()方法的首字母要大写。
- C#在值类型和引用类型之间进行装箱和拆箱操作，无须创建包装类型。
- Java 中的最终类在 C#中是密封的。
- 在默认情况下，C#中的方法是非虚拟方法。
- 为了包括编辑器的其他信息，C#支持属性操作。

2. C#与 C/C++和 VB

C#是一种安全的、稳定的、简单的、优雅的编程语言，由 C 和 C++衍生出来。它在继承 C 和 C++强大功能的同时去掉了一些它们的复杂特性。

C#可调用由 C/C++ 编写的本机原生函数，因此拥有 C/C++原有的强大的功能。由于 C#与 C/C++具有极大的相似性，熟悉类似语言的开发者可以很快地转向 C#。在细节方面，C#与 C/C++的区别如下所示。

- 在 C#程序中，类定义中右大括号后不必使用分号。
- C#的 Main()方法的首字母大写，而且是静态类的成员，该方法的返回类型为 int 或 void。
- C#每个主程序中都必须包含 Main()方法，否则该程序不能编译。
- C#内存直接使用垃圾收集系统来管理。
- C#条件必须为 Boolean 类型。
- C#中的 switch 语句和 break 语句不是可选的。
- C#默认值由编译器分配（引用类型为 null，值类型为 0）。

C#综合了 VB 简单的可视化操作和 C++的高运行效率，以其强大的操作能力、优雅的语法风格、创新的语言特性和便捷的面向组件编程的支持成为.NET 开发的首选语言。其与 VB 的区别如下所示。

❑ C#使用分号而不是分行符。

❑ C#区分大小写，例如 Main()方法的首字母大写。

❑ C#条件必须为 Boolean 类型。

3．C#的编译执行

C#开发的程序源代码并不是编译成能够直接在操作系统上执行的二进制本地代码。与 Java 类似，它被编译成为中间代码，然后通过.NET Framework 的虚拟机（通用语言运行时 CLR）执行。

所有的.NET 编程语言都被编译成这种被称为 MSIL（MicroSoft Intermediate Language）的中间代码，最终的程序具有".exe"后缀名。

如果计算机上没有安装.NET Framework，那么这些程序将不能够被执行。在程序执行时，.NET Framework 将中间代码翻译成为二进制机器码，从而使它得到正确的运行。最终的二进制代码被存储在一个缓冲区中。

一旦程序使用了相同的代码，那么将会调用缓冲区中的版本。这样如果一个.NET 程序第二次被运行，那么这种翻译不需要进行第二次，速度明显加快。

1.1.2　Visual Studio 简介

Microsoft Visual Studio 简称 Visual Studio 或 VS，是目前最流行的 Windows 平台应用程序开发环境。

Microsoft Visual Studio 可以用来编写创建 Windows 平台下的 Windows 应用程序和网络应用程序，也可以用来创建网络服务、智能设备应用程序和 Office 插件。

任何一种高级编程语言，都需要有相应的编程环境。而 Visual Studio 支持多种编程语言，如 Visual BASIC、Visual C# 和 Visual C++等。

Visual Studio 是一套完整的开发工具，用于生成 ASP.NET Web 应用程序、XML Web Services、桌面应用程序和移动应用程序。

由于 Visual BASIC、Visual C# 和 Visual C++ 都使用相同的集成开发环境 (IDE)，这样就能够进行工具共享，并能够轻松地创建混合语言解决方案。另外，这些语言使用 .NET Framework 的功能，它提供了可简化 ASP Web 应用程序和 XML Web Services 开发的关键技术。

使用 Visual Studio 可以生成 Windows 应用商店应用程序、桌面应用程序、移动应用程序、ASP.NET Web 应用程序和 XML Web Services。还可以在 Visual BASIC、Visual C#、Visual C++、Visual F# 和 JavaScript 中编写代码，且可以更轻松地创建混合语言解决方案。

Visual Studio 当前最新版本为 Visual Studio 2012 版本，基于.NET Framework4.5。与之前的版本相比，Visual Studio 2012 版本有着六大新特性，如下所示。

❑ VS 2012 和 VS 2010 相比，VS 2012 支持 Windows 8 Metro 开发。Metro 简洁、

数字化、内容优于形式、强调交互的设计已经成为未来的趋势。

❑ VS 2012 在界面上更容易使用，彩色的图标和按照开发、运行、调试等环境区分的颜色方案使用起来方便显眼。

❑ VS 2012 集成了 ASP.NET MVC 4，全面支持移动和 HTML 5，WF 4.5 相比 WF 4，更加成熟，它的设计器已经支持 C#表达式。

❑ VS 2012 支持.NET 4.5，和.NET 4.0 相比，.NET 4.5 更多的是完善和改进。.NET 4.5 是 Windows RT 被提出来的首个框架库，.NET 获得了和 Windows API 同等的待遇。

❑ VS 2012 和 TFS 2012 实现了更好的生命周期管理，使 VS 2012 不仅是开发工具，也是团队的管理信息系统。

❑ VS 2012 对系统资源的消耗并不大，但需要 Windows 7/8 的支持。

1.2 .NET Framework

.NET Framework 由微软开发，致力于敏捷软件开发（Agile Software Development）、快速应用开发（Rapid Application Development）、平台无关性和网络透明化的软件开发平台。

Visual Studio 与.NET Framework 不可分割，本节介绍.NET Framework，以及它与 Visual Studio 之间的关系。

1.2.1 .NET Framework 简介

.NET Framework 是 Microsoft 推出的一套类库，它被称为.NET 框架，支持多种开发语言（如 C#、VB、C++、Python 等）。

.NET Framework 类库包括 ADO.NET、ASP.NET、Windows 窗体和 Windows Presentation Foundation(WPF)和 Windows Workflow Foundation(WF)。

.NET Framework 是一种采用系统虚拟机运行的编程平台，以通用语言运行时（Common Language Runtime）为基础，用于 Windows 的新托管代码编程模型。.NET Framework 的主要特点和功能如下所示。

❑ NET 为应用程序接口（API）提供了新功能和开发工具。这些革新使得程序设计员可以同时进行 Windows 应用软件和网络应用软件以及组件和服务(Web 服务)的开发。

❑ .NET 提供了一个新的反射性的且面向对象程序设计编程接口。其通用化使许多不同高级语言都得以被汇集。.NET Framework 中的所有语言都提供基类库(BCL)。

❑ 微软的 Windows 作为操作系统运行于.NET 框架之下，在 Windows XP SP2/Windows Server 2003/Windows Vista 系统中内置.NET 框架。

❑ .NET 框架作为.NET 开发平台的核心组件为 Web 服务及其他应用提供构建、移植和运行的环境。

- ❑ .NET 组件是用于创建网络和 Windows 应用程序的，这些应用程序使一个应用程序所需的功能可以显示在外部。
- ❑ .NET 平台还包含 Web 表单，Web 表单是可从网上下载的标准接口。一个 Web 表单包含供使用者输入数据资料的文本框，然后使用者可以将表单提交给接收器。
- ❑ .NET 平台至关重要的一部分就是网络服务器。网络服务器查询协议和标准的合集。应用程序可以使用网络服务器通过计算机网络交换数据资料。例如在线上订购火车票。
- ❑ .NET Framework 安全解决方案基于管理代码的概念，以及由通用语言运行时（CLR）加强的安全规则。
- ❑ .NET Framework 提供了一个特殊的功能——隔离存储，用于存储数据，甚至是当不允许对文件进行访问时。
- ❑ .NET Framework 引入了基于证据的安全的概念。
- ❑ 一些活动，如读写文件，显示对话框，读写环境变量，可以通过包含在框架安全构架中的.NET Framework 方法实现。
- ❑ .NET Framework 提供了一组加密对象，它们支持加密算法、数字签名、散列、生成随机数。同时还支持在 IETF 和 W3C 开发的 XML 数字签名规范。
- ❑ .NET Framework 使用加密对象支持内部服务。这些对象还作为管理代码提供给需要加密支持的开发人员。

当前.NET Framework 的最新版本为.NET Framework 4.5 版本，该版本不支持 Windows 2000、Windows XP。

.NET Framework 4.5 发行于 2012 年 8 月 16 日，是支持生成和运行下一代应用程序和 Web 服务的内部 Windows 组件，.NET Framework 的关键组件为通用语言运行时(CLR)和.NET Framework 类库。与先前版本相比，其更新内容如下所示。

- ❑ 在部署期间，能够通过检测和关闭.NET Framework 4 应用程序来减少系统重启。
- ❑ 为大于 20GB 在 64 位平台上(GB)的数组支持。此功能可在应用程序配置文件中启用。
- ❑ 通过服务器的后台垃圾回收改进性能。当您使用服务器垃圾回收在.NET Framework 4.5 中时，后台垃圾回收自动启用。
- ❑ 背景实时(JIT)生成，可以选择用在多核处理器改进应用程序性能。
- ❑ 在它超时之前，能够限制正则表达式引擎要多久能尝试解决正则表达式。
- ❑ 能够定义应用程序域的默认区域性。
- ❑ Unicode(UTF-16)编码的控制台支持。
- ❑ 为版本控制区域性字符串排序和比较数据支持。
- ❑ 在检索资源时，请改进性能。请参见打包和部署桌面应用程序中的资源。
- ❑ Zip 压缩改进可减少压缩文件的大小。
- ❑ 通过 CustomReflectionContext 类，能够自定义反射上下文来重写默认反射行为。
- ❑ 对于国际化域名的 2008 版在应用程序 (IDNA) 标准的支持，当 System.Globalization.IdnMapping 选件类在 Windows 8 使用时。

❑ 当.NET Framework 在 Windows 8 使用时，到操作系统的字符串比较的委托实现 Unicode 6.0。在其他平台上运行时，.NET Framework 包括其自己的实现 Unicode 5.x 的字符串比较数据。每个应用程序域的基础上能够计算字符串的哈希代码。

❑ 用于 SQL Server(SQL Client) 的.NET Framework 数据提供程序新增了对 SQL Server 2008 中的文件流和稀疏列功能的支持。

1.2.2 .NET Framework 与 Visual Studio

Visual Studio 是一套完整的开发工具，它用来生成 ASP.NET Web 应用程序、XML Web Services、桌面应用程序和移动应用程序等。Visual BASIC、Visual C#和 Visual C++都使用相同的集成开发环境（IDE），这样可以进行工具共享，并且能够轻松地创建混合语言解决方案。另外，这些语言使用.NET Framework 的功能，它提供了可简化的 ASP Web 应用程序和 XML Web Services 开发的关键技术。

Visual Studio 可以调用.NET Framework 所提供的服务，这些服务包括 Microsoft 公司或者第三方提供的语言编译器，开发人员在安装 Visual Studio 时会自动安装.NET Framework，如图 1-1 所示为 Visual Studio 与.NET Framework 的关系。

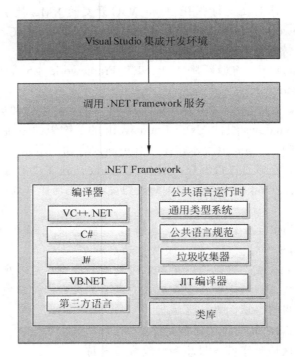

图 1-1　**Visual Studio** 与**.NET Framework** 的关系

执行 C#程序时，程序集将加载到 CLR 中根据清单中的信息执行不同的操作，如果符合要求，CLR 执行实时 JIT 编辑以将 IL 代码转换为本机机器指令，如图 1-2 所示为 C#资源文件、类库、程序集和 CLR 的编译时与运行时的关系。

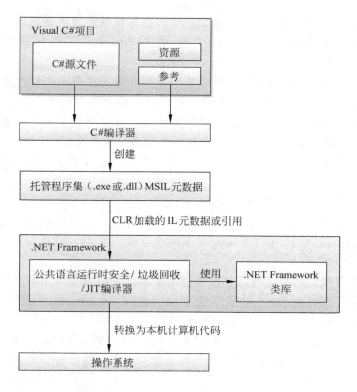

图 1-2　.NET Framework 与 C#的关系图

1.3　程序集

程序集是.NET Framework 应用程序的构造块，它构成了部署、版本控制、重复使用、激活范围控制和安全权限的基本单元。本节将详细介绍程序集的相关内容，如程序集的内容、可执行功能以及程序集清单等。

1.3.1　程序集概述

程序集是为协同工作而生成的类型和资源的集合，这些类型和资源构成了一个逻辑功能单元。它向 CLR 提供了解类型实现所需要的信息，对于 CLR 来说，类型不存在于程序集上下文之外。

程序集是扩展名为.dll 或.exe 的文件，它是.NET Framework 编程的基本组成部分，每个程序集只能有一个入口点（即 DllMain、WinMain 或 Main）。使用程序集可以执行以下功能：

❑ 包含 CLR 执行的代码。如果可移植可执行（PE）文件没有相关联的程序集清单，则将不执行该文件中的 Microsoft 中间语言（MSIL）代码。

❑ *程序集形成安全边界。程序集就是在其中请求和授予权限的单元。*

❑ 程序集形成类型边界。每一类型的标识均包括该类型所驻留的程序集名称，在一个程序集范围内加载的 MyType 类型不同于在其他程序集范围内加载的 MyType 类型。

❑ 程序集形成引用范围边界。程序集的清单包含用于解析类型和满足资源请求的程序集元数据，它指定在该程序集之外公开的类型和资源。

❑ 程序集形成版本边界。程序集是公共语言运行时中最小的可版本化单元，同一程序集中的所有类型和资源均会被版本化为一个单元。

❑ 程序集形成部署单元。当一个应用程序启动时，只有该应用程序最初调用的程序集必须存在。

❑ 程序集是支持并行执行的单元。

程序集可以是静态的，也可以是动态的。静态程序集存储在磁盘上的可移植可执行（PE）文件中，它可以包括.NET Framework 类型（接口和类）以及该程序集的资源（如位图、JPEG 文件和资源文件等）。

动态程序集直接从内存运行并且在执行前不存储到磁盘上，但是在执行动态程序集后可以将它们保存到磁盘上，开发人员可以使用.NET Framework 来创建动态程序集。

程序集创建时有多种方法，常用方法有 3 种。如下所示：

❑ 使用用来创建.dll 或.exe 文件的开发工具，例如 Visual Studio 2010。

❑ 使用在.NET Framework SDK 中提供的工具来创建带有在其他开发环境中创建的模块的程序集。

❑ 使用 CLR API（例如 Reflection.Emit）来创建动态程序集。

1.3.2 程序集优点

程序集旨在简化应用程序部署并解决在基于组件的应用程序中可能出现的版本控制问题。目前，Win32 应用程序存在两类版本控制问题：

❑ 版本控制规则不能在应用程序的各段之间表达，并且不能由操作系统强制实施。目前的办法依赖于向后兼容，而这通常很难保证。

❑ 没有办法在创建到一起的多套组件集与运行时提供的那套组件之间保持一致。

上述两类版本控制问题结合在一起产生了 DLL 冲突，在这些冲突中安装一个应用程序可能会无意间破坏现有的应用程序，因为所安装的某个软件组件或 DLL 与以前的版本不完全向后兼容。

为了解决版本控制问题以及导致的 DLL 冲突的其余问题，运行时使用程序集来执行以下功能：

❑ 使开发人员能够指定不同软件组件之间的版本规则。

❑ 提供强制实施版本控制规则的结构。

❑ 提供允许同时运行多个版本的软件组件（称作并行执行）的基本结构。

通过在.NET Framework 中使用程序集，可以使许多开发问题得到解决，因为程序集不依赖于注册表项的自述组件，所以程序集使无相互影响的应用程序安装成为可能，程序集还使应用程序的卸载和复制得以简化。

1.3.3 程序集内容

一般情况下，静态程序集由 4 个元素组成：程序集清单、类型元数据、实现这些类型的 Microsoft 中间语言（MSIL）代码和资源集。在这 4 种元素中，程序集清单是必需的，但是它也需要类型或资源来向程序集提供任何有意义的功能。

程序中的元素分组有几种方法，开发人员可以将所有元素分组到单个物理文件中，或者可以将一个程序集的元素包含在几个文件中，这些文件可能是编译代码的模块或应用程序所需的其他文件，如图 1-3 和图 1-4 分别显示了单文件程序集结构图和多文件程序集结构图。

图 1-3 单文件程序集的结构图 　　　图 1-4 多文件程序集的结构图

在图 1-4 中的 3 个文件属于一个程序集，对于文件系统而言，它们是独立的文件，但是 Until.net 被编译为一个模块，它不包含任何程序集信息。当创建了程序集后，该程序集清单被添加到 MyAssembly.dll，指示程序集与 Until.net 模块和 Graphic.hmp 的关系。

1.3.4 程序集清单

每一个程序集，无论是静态的还是动态的，都包含描述该程序集中各元素彼此如何关联的数据集合，程序集清单就包含这些程序集元数据。程序集清单包含指定该程序集的版本要求和安全标识所需的所有元数据，以及定义该程序集的范围和解析对资源和类的引用所需的全部元数据。

程序集清单可以存储在具有 Microsoft 中间语言（MSIL）代码的 PE 文件（.exe 或.dll）中，也可以存储在只包含程序集清单信息的独立 PE 文件中。图 1-5 和图 1-6 根据程序集的类型分别显示了清单的不同存储方法。

从图 1-5 中可以看出，对于一个关联文件的程序集，该清单将被合并到 PE 文件中以构成单文件程序集。相关人员可以创建独立的清单文件，或清单被合并到同一多文件程序集中某一 PE 文件的多文件程序集。

每一个程序集的清单都执行以下功能：

单文件程序集   多文件程序集

 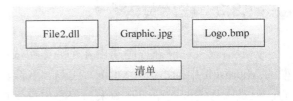

图 1-5 单文件程序集的存储方法　　图 1-6 多文件程序集的存储方法

- 枚举构成该程序集文件。
- 控制对该程序集的类型和资源的引用如何映射到包含其声明和实现的文件。
- 枚举该程序集所依赖的其他程序集。
- 在程序集的使用者和程序集的实现详细信息的使用者之间提供一定程序的间接性。
- 呈现程序集自述。

程序集清单包含了多项内容，如表 1-1 列出了清单中所包含的信息，其中前 4 项（程序集名称、版本号、区域性和强名称信息）内容构成了程序集的标识。

表 1-1　程序集清单信息

信息	说明
程序集名称	指定程序集名称的文本字符串
版本号	主版本号和次版本号，以及修订号和内部版本号
区域性	有关该程序集支持的区域性或语言的信息。此信息只应用于将一个程序集指定为包含特定区域性或特定语言信息的附属程序集（具有区域性信息的程序集被自动假定为附属程序集）
强名称信息	如果已经为程序集提供了一个强名称，则为来自发行者的公钥
程序集中所有文件的列表	在程序集中包含的每一文件的散列及文件名。请注意，构成程序集的所有文件所在的目录必须是包含该程序集清单的
类型引用信息	运行库用来将类型引用映射到包含其声明和实现的文件的信息。该信息用于从程序集导出的类型
有关被引用程序集的信息	该程序集静态引用的其他程序集的列表。如果依赖的程序集具有强名称，则每一引用均包括该依赖程序集的名称、程序集元数据（版本、区域性、操作系统等）和公钥

1.3.5　全局程序集缓存

全局程序集缓存中存储了专门指定给由计算机中若干应用程序共享的程序集，安装有 CLR 的每台计算机都具有称为全局程序集缓存的计算机范围内的代码缓存。

应当仅在需要时才将程序集安装到全局程序集缓存中以进行共享。一般原则是：程序集依赖项保持专用，并在应用程序目录中定位程序集，除非明确要求共享程序集。另外，不必为了使 COM 互操作或非托管代码可以访问程序集而将程序集安装到全局程序集缓存。

将程序集部署到全局程序集缓存中的方法有两种：

❑ 使用专用于全局程序集缓存的安装程序，这种方法是将程序集安装到全局程序集缓存的首选方法。

❑ 使用 Windows 软件开发包（SKD）提供的名为全局程序集缓存工具的开发工具。

> **提示**
>
> 在部署方案中，应该使用 Windows Installer 2.0 将程序集安装到全局程序缓存中，相关人员一般只在开发方案中使用全局程序集缓存工具，这是因为它不提供使用 Windows Installer 时可以提供的程序集引用计数功能和其他功能。

管理员通常使用访问控制列表（ACL）来保护 systemroot 目录，以控制写入和执行访问。因为全局程序集缓存安装在 systemroot 目录的子目录中，它继承了该目录的 ACL，建议只允许具有管理员权限的用户从全局程序集缓存中删除文件。

在全局程序集缓存中部署的程序集必须具有强名称，将一个程序集添加到全局程序集缓存时必须对构成该程序集的所有文件执行完整性检查，缓存执行这些完整性检查以确保程序集未被篡改。

强名称是由程序集的标识加上公钥和数字签名组成的，通过签发具有强名称的程序集可以确保名称的全局唯一性。强名称还需要特别满足以下要求：

❑ 强名称依赖于唯一的密钥对来确保名称的唯一性。

❑ 强名称保护程序集的版本沿袭。

❑ 强名称提供可靠的完整性检查。

1.3.6 程序集安全注意事项

生成程序集时可以指定该程序集运行所需的一组权限，是否将特定的权限授予程序集是基于证据的。使用证据有两种不同的方式，第一种是将输入证据与加载程序所收集的证据合并，以创建用于策略决策的最终证据集，这种方式的方法包括 Assembly.load、Assembly.LoadFrom 和 Activator.CreateInstance。第二种方式是原封不动地使用输入证据作为用于策略决策的最终证据集，使用这种语义的方法包括 Assembly.Load(byte[])和 AppDomain.DefineDynamicAssembly()。

通过在将运行程序集的计算机上设置安全策略，相关人员可以授予一些可选的权限。如果希望代码可以处理所有潜在的安全异常，可以执行以下两种操作：

❑ 为代码必须具有的所有权限插入权限请求，并预先处理在未授予权限时发生的加载时错误。

❑ 不要使用权限请求来获取代码可能需要的权限，但一定要准备处理在未授予权限时发生的安全异常。

可以使用两种不同但是相互补充的方式对程序集进行签名，使用强名称或使用.NET Framework 1.0 和 1.1 版本中的 Signcode.exe 或.NET Framework 更高版本中的 SignTool.exe。

使用强名称对程序集进行签名将向包含程序集清单的文件添加公钥加密。强名称签名帮助验证名称的唯一性，避免名称欺骗，并且在解析引用时向调用方法提供某标识。但是，任何新人级别都不会与一个强名称关联，这样 Signcode.exe 和 SignTool.exe 就变得十分重要。这两个签名工具要求发行者向第三方证书颁发机构证实其标识并获取证书，然后此证书将嵌入到文件中，并且管理员能够使用该证书来决定是否相信这些代码的真实性。

相关人员可以将强名称和使用 Signcode.exe 或 SignTool.exe 创建的数字签名一起提供给程序集，或者可以单独使用其中之一，这两个签名工具一次只能对一个文件进行签名，对于多文件程序集，可以对包含程序集清单的文件进行签名。强名称存储在包含程序集清单的文件中，但使用 Signcode.exe 或 SignTool.exe 创建的签名存储在该程序集清单所在的可迁移可执行（PE）文件中保留的槽中。

强名称和使用 Signcode.exe 或 SignTool.exe 进行签名确保了完整性，它们和其他相关技术共同作用可以确保程序集没有做过任何方式的改动，因此相关人员可以将代码访问安全策略建立在这两种形式的程序集证据基础上。

1.3.7 程序集版本控制

本节所介绍的程序集版本控制，仅对具有强名称的程序集进行版本控制。每一个程序集都使用两种截然不同的方法来表示版本信息。

1．程序集的版本号

程序集的版本号与程序集名称及区域性信息都是程序集标识的组成部分。每一个程序集都有一个版本号作为其标识的一部分，因此，如果两个程序集具有不同的版本号，运行时就会将它们视作不同的程序集。此版本号实际表示为具有以下格式的 4 部分号码：

<主版本>.<次版本>.<生成号>.<修订号>

例如，版本 1.5.1254.0 中 1 表示主版本，5 表示次版本，1254 表示生成号，而 0 表示修订号。

2．信息性版本

信息性版本是一个字符串，表示仅为提醒的目的而包括的附加版本信息。

使用 CLR 的程序集的所有版本控制都在程序集级别上进行，一个程序集的特定版本和依赖程序集的版本在该程序集的清单中记录下来，除非被配置文件中的显式版本策略重写，否则运行时的默认版本策略是应用程序只与它们生成和测试时所用的程序集版本一起运行。CLR 主要通过 4 步解析程序集的绑定请求：

（1）检查原程序集引用，以确定该程序集的版本是否被绑定。

（2）检查所有适用的配置文件（应用程序配置文件、发行者策略文件和计算机的管理员配置文件）以应用版本策略。

（3）通过原程序集引用和配置文件中指定的任何重定向来确定正确的程序集，并且确定应绑定到调用程序集的版本。

（4）检查全局程序集缓存和在配置文件中指定的基本代码，然后使用在运行时如何定位程序集中解释的探测规则检查该应用程序的目录和子目录。

1.4 配置.NET Framework 环境

.NET Framework 环境的安装是在 Visual Studio 2012 安装过程中进行的，它们是不可分割的。本节介绍 Visual Studio 2012 安装过程及其相关的配置等。

1.4.1 安装 Visual Studio 2012

Visual Studio 2012 版本的安装界面与安装过程与之前的版本有很大的不同，Visual Studio 2012 版本更加智能化、简单化，但它集成了.NET 下的各种语言环境，因此需要同时安装多个开发语言环境。其安装步骤如下所示。

（1）首先获取最新版的 Visual Studio 2012，可以从网上下载，也可以选择购买。将"vs2012_ult_enu.iso"文件解压，运行安装文件"vs_ultimate.exe"，接下来进入安装界面，如图 1-7 所示。

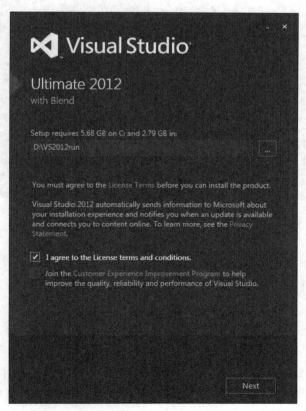

图 1-7　路径选择

（2）为 Visual Studio 2012 的安装选择路径，可安装在驱动盘 C 盘，需要 8.47G；也可选择 D 盘，但此时需要 C 盘 5.68G 和 D 盘 2.79G。选择同意上述条例，并单击 Next 按钮继续安装，如图 1-7 所示。

（3）选择了安装路径后，Visual Studio 2012 安装程序将提示所需要安装的程序，如图 1-8 所示。由于 Visual Studio 2012 集成度较高，因此可以选择全部安装，并单击 INSTALL 按钮继续。

（4）安装路径与安装程序选好之后，即可进入安装界面，如图 1-9 所示。此时耐心等待即可。

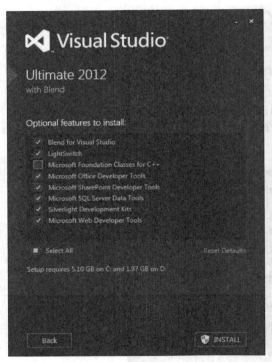

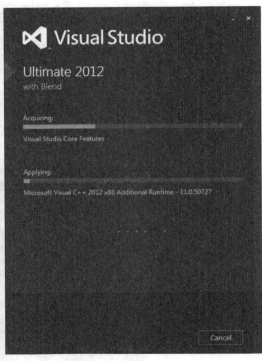

图 1-8　选择安装程序　　　　图 1-9　安装界面

（5）安装过程中，所需要安装的一些组件需要重启，完成该组件的安装，才能进行剩余安装，此时安装程序有如图 1-10 所示的重启提示界面，单击 Restart Now 按钮重启计算机即可。

（6）计算机重启后，不需要进行安装操作，安装程序将自动启动，并继续执行安装，其效果如图 1-11 所示。

（7）接下来的安装过程将持续到安装程序全部执行结束，有如图 1-12 所示界面，界面提示安装成功。程序安装后，需要重启计算机才能完成，单击图 1-12 所示的 Restart Now 按钮，完成安装。

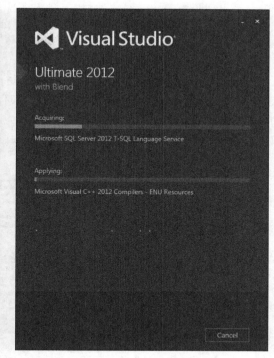

图 1-10 重启提示　　　　　图 1-11 安装继续

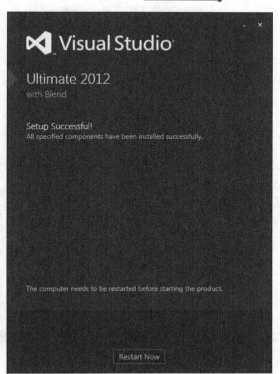

图 1-12 安装成功

1.4.2 认识 Visual Studio 2012

Visual Studio 2012 安装完成后，需要运行程序，并为其设置默认的开发环境。Visual Studio 2012 是集成了所有.NET 开发语言的环境，运行 Visual Studio 2012，打开如图 1-13 所示的选择界面。

图 1-13 默认开发环境选择

选择 Visual C# Development Settings 选项，并单击 Start Visual Studio 按钮开始 Visual Studio 2012 的执行，如图 1-14 所示。

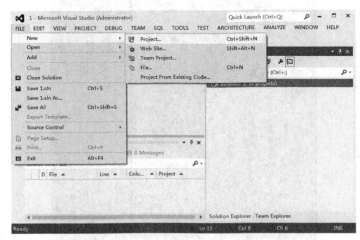

图 1-14 新建项目

在如图 1-14 所示的界面下，可以创建新建项目，选择 FILE|New|Project 选项，即可

打开如图 1-15 所示的界面。

在该界面的左侧有多个选项，可创建或添加不同类型的项目，包括添加窗体应用程序、创建网站、创建解决方案等。图 1-15 所显示的选择是创建一个新的空白解决方案。

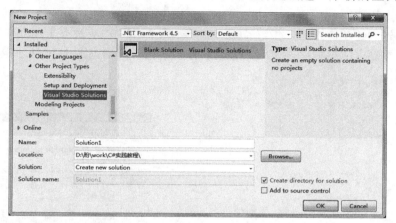

图 1-15 创建解决方案

在 Visual Studio 2012 平台下可创建多种类型的文件，如.cs 文件、.Designer.cs 文件、.resx 文件、Program.cs 文件和.csproj 文件等。

其中，窗体即为可视的界面，其展示的是项目运行的效果，默认生成的窗体为 Form1.cs 文件。

在窗体中可以添加按钮、输入框等控件，作为应用程序供用户使用。窗体应用程序可以添加事件，包括按钮的单击事件、下拉框选项的选项改变事件以及链接的单击事件等。

窗体应用程序与用户的交互较多，所执行的程序为用户操作所引发的事件，如按钮的单击事件。例如单击删除按钮可删除指定信息，单击关闭按钮可关闭程序等。

控制台应用程序是没有界面的，其运行方式等同于 Windows 下的.bat 文件，显示一个黑色背景有着白色的提示信息，其默认生成的控制台应用程序为 Program.cs 文件。

每一个控制台应用程序都有一个 Main()函数，称为主函数。Main()函数为控制台应用程序执行的主程序，每一个控制台程序有且只有一个 Main()函数；而每一个控制台程序都将从 Main()函数开始执行，并在该函数执行完成后结束。

提 示

Main()函数与类和命名空间一样，有一个大括号{}，在大括号内部编辑函数的内容。关于类的命名空间的定义，参见本章 1.6 节。

1.5 实验指导 1-1：创建控制台应用程序

Visual Studio 2012 安装后，即可执行 C#窗体的创建和控制台的创建。本节以 C#控制台应用程序的创建为例，介绍 Visual Studio 2012 的使用。

一个解决方案下可以添加多个项目，包括窗体应用程序、控制台应用程序、类库等。

17

本节介绍控制台应用程序的创建和使用。

控制台应用程序是没有界面的，不像窗体应用程序，有着可视化的窗体和控件。控制台应用程序在运行时，能够生成可执行文件.exe 文件。本节介绍控制台应用程序的创建和使用，步骤如下。

（1）首先创建解决方案，步骤省略（参见本章 1.4.2 节）。接下来在创建的空白解决方案中添加控制台应用程序，在解决方案名称上右击，弹出如图 1-16 所示菜单。

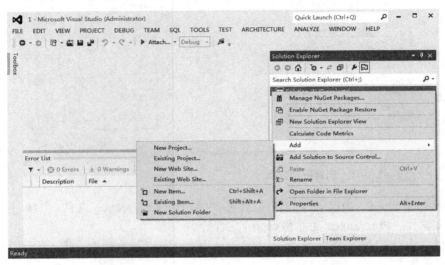

图 1-16 添加新建项

（2）在弹出菜单上选择 Add 选项，弹出如图 1-16 所示菜单。在该菜单上可选择添加新建项 New Project 选项，打开如图 1-17 所示的界面。

图 1-17 添加控制台应用程序

（3）图 1-17 所示的界面为新建项的添加界面，其在 VS 2010 版本中对应的界面如图 1-18 所示。

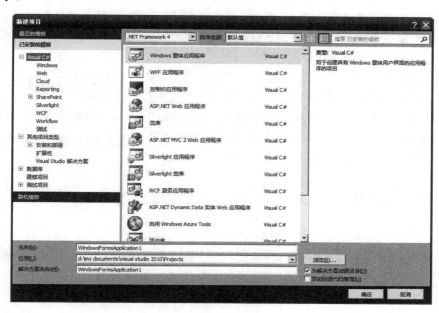

图 1-18　VS 2010 对应的添加界面

在图 1-15 中，左侧选择 Visual C#，中间选择 Console Application 选项，即为控制台应用程序。单击"确定"按钮后，即可在图 1-17 的界面下方为该控制台应用程序定义名称和存储位置。

（4）控制台应用程序添加后，界面如图 1-19 所示。新生成的控制台 Program.cs 文件中，有了已定义的命名空间和类，以及一个 Main()函数。

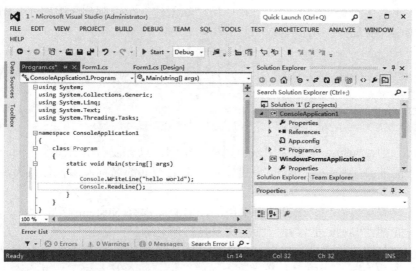

图 1-19　Main()函数

（5）图 1-19 中，Main()函数的大括号内原本没有内容，现在 Main()函数内有两条语句，分别表示输出语句"hello world"，以及按任意键。

❑ 第一条语句在页面中显示"hello world"字样，以验证程序的执行。

❑ 由于控制台应用程序执行完 Main()函数将自动结束程序，因此需要使用第二条语句来禁止程序结束。

（6）按键盘中的 F5 键可运行程序，其运行结果如图 1-20 所示。控制台的背景色和字体颜色可以设置，图 1-20 为设置了白底黑字的运行结果。界面中输出了"hello world"字样，同时有光标闪动，等待用户输入。按任意键，该程序将关闭。

图 1-20　控制台运行效果

1.6　命名空间

命名空间（Namespace）是.NET 中类的容器，也可以称作类库。面向对象编程离不开类和对象，命名空间即为存放类的容器。一个命名空间中可以有一个或多个类，同一个命名空间下的类名不能相同，但不同命名空间下可以有相同的类名。本节介绍命名空间的功能及其使用。

1.6.1　命名空间基础

命名空间是数据类型的一种组合方式，C#是面向对象编程语言，因此离不开类。但同一个项目的不同的开发人员，可能命名相同的类名来实现不同的功能，此时通过将类放在不同的命名空间下，以避免类重名引起的冲突。

通过命名空间将不同的类分类存储，能够使项目的结构更加清晰明确。在.NET Framework 下有多个命名空间，可直接引用。如创建一个控制台应用程序，则在控制台的后台代码中，有如下引用命名空间的语句：

```
using System;
using System.Collections.Generic;
using System.Linq;
using System.Text;
using System.Threading.Tasks;
```

上述代码中，"using"关键字用来引用命名空间，只有被引用的命名空间，其内部的类和方法才能被直接使用。"using"关键字后为命名空间的名称，该窗体共添加了 9 个命名空间。

由上述代码可以看出，该窗体所引用的命名空间都有"System"字样，除了首行以外，其他命名空间都在"System"字样后添加圆点及其他名称。

命名空间是可以嵌套的，因此代码引用中，有着嵌套的命名空间。但命名空间的嵌套与其内部类和方法的使用没有关联，它们属于不同的命名空间。常见的命名空间及其介绍如表 1-2 所示。

C#与 Microsoft Visual Studio ──

表 1-2 ▪ 常用命名空间及其说明

命名空间名称	说明
System	包含用于定义常用值和引用数据类型、时间和处理程序、接口、属性和处理异常的基础类和基类
System.Collections.Generic	定义泛型集合的接口和类，泛型集合允许用户创建强类型集合，它能提供比非泛型强类型集合更好的类型安全性和性能
System.ComponentModel	提供用于实现组件和控件的运行时和设计时行为的类。此命名空间包括用于属性和类型转换器的实现、数据源绑定和组件授权的基类和接口
System.Data	提供对表示 ADO.NET 结构的类的访问。通过 ADO.NET 可以生成一些组件，用于有效管理多个数据源的数据
System.Data.Odbc	用于 ODBC 的.NET Framework 数据提供程序
System.Data.OleDb	用于 OLEDB 的.NET Framework 数据提供程序
System.Data.Sql	包含支持 SQL Server 特定的功能的类
System.Data.SqlClient	SQL Server 的.NET Framework 数据提供程序
System.Drawing	提供了对 GDI 基本图形功能的访问
System.IO	允许读写文件和数据流的类型以及提供基本文件和目录支持的类型
System.Text	提供各种编码方式和正则表达式
System.Web	提供使用浏览器与服务器通信的类和接口
System.Windows.Forms	包含用于创建基于 Windows 的应用程序的类，这些应用程序可以充分利用 Microsoft Windows 操作系统中丰富的用户界面功能
System.Threading	提供一些使用多线程编程的类和接口

21

1.6.2 命名空间的使用

命名空间写在.cs 文件下，使用关键字"namespace"来定义。命名空间下有一个或多个类，类使用关键字"class"来定义。

命名空间和类的定义都是在关键字后添加自定义的（命名空间/类）名称，接着是大括号{}。在大括号内部定义命名空间或类的具体内容。如定义一个命名空间 Fruit 和其内部的两个类 Apple 和 Banana，代码如下：

```
namespace Fruit
{
    class Apple
    {
    }
    class Banana
    {
    }
}
```

命名空间是可以嵌套使用的，其嵌套的使用有两种方式。如上述代码中，将命名空间 Fruit 放在命名空间 Food 的内部，Fruit 命名空间的应用需要使用"using Food.Fruit"。其定义代码有两种方式，如下所示。

❑　直接使用嵌套的命名空间名称

```
namespace Food.Fruit
{
    class Apple
    {
    }
    class Banana
    {
    }
}
```

❑　使用命名空间的嵌套

```
namespace Food
{
    namespace Fruit
    {
        class Apple
        {
        }
        class Banana
        {
        }
    }
}
```

命名空间是可以扩充的，可在不同文件下定义同一个命名空间中的类。如上述代码可以在不同文件下分别定义类 Apple 和类 Banana，代码如下：

```
namespace Food.Fruit
{
    class Apple
    {
    }
}
//下面代码在另一个文件下
namespace Food.Fruit
{
    class Banana
    {
    }
}
```

上述代码中，"//"后面的语句为注释语句，程序在运行时跳过不执行语句，通常用于对程序的解释。代码中的注释将在本书第 2 章详细介绍。

1.7 实验指导 1-2：创建窗体应用程序

除了控制台应用程序以外，在解决方案下还可创建窗体应用程序。窗体应用程序提供一个可以放置控件的、展示给用户的界面，该界面中可以有按钮、输入框和下拉框等。

窗体中的按钮、输入框和下拉框等统称为控件。窗体应用程序的创建和使用，详细步骤如下。

（1）窗体应用程序的创建可参考控制台应用程序，即在解决方案名称处右击，选择 Add | New Project 选项，打开如图 1-17 所示界面。在这里，选择 Windows Forms Application 选项，并设置其名称及存储位置，完成窗体应用程序的创建。

（2）创建完成后，默认创建的是 Form1 窗口，如图 1-21 所示。设计窗口将界面分为多个区域，有工具箱、窗体设计、解决方案和属性等区域。各区域的介绍如下所示。

❑ **工具箱** 含可视的窗口中，可放置的所有控件。通过鼠标左键，可将工具箱中的控件拖至窗体 Form1 中。图 1-21 拖动了一个输入框和一个按钮。工具箱可以一直显示，也可隐藏，在图示位置选择是否将工具箱隐藏。

❑ **窗体设计** 该窗体即为程序运行后，用户所看到的界面，可放置控件。

❑ **解决方案** 该区域显示解决方案中所有文件和文件夹，可直接双击打开。

❑ **属性** 属性是事物的特点，在窗体程序设计中，属性表示的是指定控件的特性，如按钮控件，其属性有按钮的长度、高度、背景色、显示的文字和文字颜色等，这些统称为属性。图 1-21 中，属性区域表示的是按钮的属性。

23

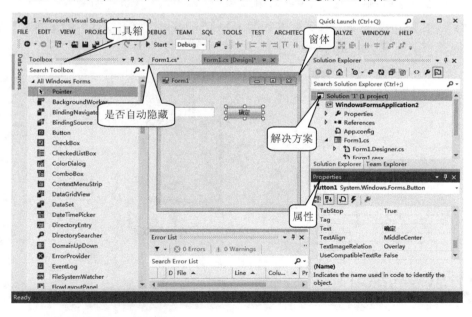

图 1-21　窗体设计界面

（3）在窗体按钮处双击，可打开该按钮的鼠标单击事件，如图 1-22 所示。被打开的文件为窗体的事件文件，该文件下放置窗体中的所有事件。包括按钮的鼠标单击事件、下拉框的选项改变事件等。

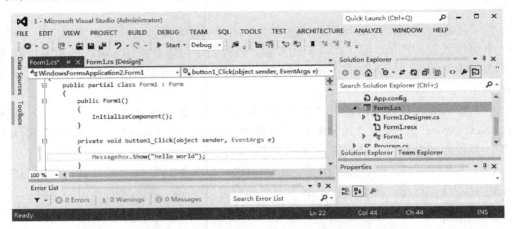

图 1-22　按钮单击事件

（4）按钮的单击事件为该按钮名称的 Click()事件，该事件默认是空的，事件与函数都以"{"开始，以"}"结束。

图 1-22 中，按钮单击事件所示的语句，为弹出一个对话框，显示"hello world"字样。语句如下：

```
MessageBox.Show("hello world");
```

（5）按下 F5 按键运行程序，打开如图 1-23 所示窗口。单击窗体中的【确定】按钮，将弹出对话框，显示"hello world"字样。

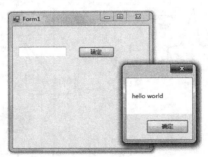

图 1-23　窗体应用程序运行效果

1.8　思考与练习

一、填空题

1. _____语言已经成为.NET 开发的首选语言。

2. C#支持动态查找时需要使用到关键字_____。

3. _____是 Microsoft 的公共语言基础结构的一个商业实现。

4．.NET Framework 类库是由一系列的命名空间组成的，其中_____命名空间包含用于字符编码和字符串操作的类型。

5．程序集一般包括_____、类型元数据、Microsoft 中间语言和资源集。

二、选择题

1．.NET Framework 的两个核心组件是_____。

A．公共语言运行时和通用类型系统

B．公共语言运行时和.NET Framework 类库

C．通用类型系统和.NET Framework 类库

D．Microsoft 中间语言和通用类型系统

2．C#语言与其他语言相比有着明显的区别，下面说法不正确的是_____。

A．与 Java 语言相比，C#中的 Main()方法要大写

B．与 C++和 C 语言相比，C#中的 switch 语句和 break 语句不是可选的

C．与 Visual BASIC 语言相比，C#不区分不小写

D．与 Java 语言相比，C#中的方法是非虚拟方法

3．关于公共语言运行时的说法，选项_____是正确的。

A．公共语言运行时是一个综合性的面向对象的可重用类型集合

B．公共语言规范的英文缩写是 CTS，它是许多应用程序所需的一套基本语言规范

C．通用类型系统的英文缩写是 CLS，它是 CLR 跨语言集成支持的一个重要组成部分

D．公共语言运行时的主要组件是通用类型系统和公共语言规范

4．下面关于程序集的语法中，选项_____是不正确的。

A．程序集可以是动态或静态的，静态程序集从内存运行并且在执行前不存储到磁盘上

B．程序集构成了部署、版本控制、重复使用、激活范围控制和安全权限的基本单元

C．程序集使应用程序的卸载和复制简单化

D．程序集解决了基于组件的应用程序中可能出现的版本控制问题

三、简答题

1．简述与 Java 语言和 C++语言相比，C#语言与它们的重要差异。

2．请说出程序集的优点、内容以及程序集清单所执行的功能。

3．请说明安装 Visual Studio 2012 的一般步骤。

4．简述如何创建控制台应用程序。

5．简述如何创建 Windows 窗体应用程序。

第 2 章　C#基础语法

在简单认识了 C#之后，需要掌握 C#的理论知识、功能和使用方法。C#是一种面向对象编程语言，因此其使用与类和对象是不可分割的，在介绍 C#的高级应用之前，首先了解一下 C#基础语法。

本章主要介绍 C#基础语法，包括 C#数据类型、变量、常量、类型转化、装箱拆箱、运算符及注释等内容。

本章学习目标：

- ❑ 了解变量和常量的概念和命名规则。
- ❑ 掌握变量与常量的声明和初始化。
- ❑ 理解变量的作用域和生命周期。
- ❑ 理解 C#中常用的值类型。
- ❑ 理解 C#中常用的引用类型。
- ❑ 掌握常用的运算符。
- ❑ 了解运算符的优先级别。
- ❑ 掌握显式转换和隐式转换。
- ❑ 掌握字符串类型转换。
- ❑ 熟练使用 C#中的注释和调试。

2.1　数据类型

高级编程语言大多都有数据类型的概念，通过数据类型将数据进行不同的分类。这些分类中，有用于计算的正整数、整数、小数；有用来定义字母、符号的字符类型；有多个字符排在一起（如一句话）的字符串类型等。

数据类型的使用，规范了对数据的操作。如整数类型可以进行加、减、乘、除等数学运算，但字符类型不能执行。

2.1.1　常用数据类型简介

数据类型的表面含义是指数据属于哪种类型，在实际操作中要根据数据特性以及范围选择一个适合的数据类型。

为充分合理地利用计算机资源，数据类型都有着固定的长度，在使用该类型的数据时，系统根据数据类型分配该数据所占用的空间。最常用的数据类型为基本数据类型。基本数据类型也叫简单数据类型，其类型名称及取值如表 2-1 所示。

表 2-1 基本数据类型

类别简介	类型名称	位数	取值范围/精度
有符号整型	sbyte	8	$-128 \sim 127$
	short	16	$-32768 \sim 32767$
	int	32	$-2147483648 \sim 2147483647$
	long	64	$-2^{63} \sim 2^{63}$
无符号整型	byte	8	$0 \sim 255$
	ushort	16	$0 \sim 65535$
	uint	32	$0 \sim 42994967295$
	ulong	64	$0 \sim 2^{64}$
浮点型	float	32	$1.5 \times 10^{-45} \sim 3.4 \times 10^{38}$
	double	64	$5.0 \times 10^{-324} \sim 1.7 \times 10^{308}$
Decimal	decimal	128	$1.0 \times 10^{-28} \sim 7.9 \times 10^{28}$
Unicode 字符	char	16	U+0000~U+ffff
布尔类型	bool		True/False

表 2-1 中的数据类型为值类型，其中浮点型的精度实数包含 3 种特殊的值：Not a Number（NaN）、无穷大以及正零和负零。其说明如下所示：

❑ **NaN** 也叫非数字值，它是由无效的浮点运算（如零除零）产生。

❑ **无穷大** 包括正无穷大和负无穷大，由非零数字被零除这样的运算产生。

❑ **正零和负零** 一般情况下，它们与简单的零相同，但某些运算中会区分。

注意

使用 float 类型声明变量的值时，必须在数值后面添加后缀 f；使用 decimal 类型声明变量的值时，必须在数值后面添加后缀 m（不区分大小写），否则编译会出错。

每一种不同的数据类型都有不同的表示方式和应用，如一些数据类型需要使用引号，另一些数据类型需要使用大括号。常用的数据类型有整型、浮点型、字符型、字符串类型和数组类型等，其简单介绍如下所示。

1．整型

整型类型的数据相当于数学中的整数，但 C#中的整型有着一定的范围。最常用的整型是 int 型，数据值从–2147483648 到 2147483647 之间的整数，超出这个范围的整数若定义为 int 型，将引发错误。

整数类型常用的是整型（int 型），而其他整数如长整型（long 型）通常表示数值绝对值较大的数据，短整型（short 型）表示绝对值相对较小的数据。

无符号的整型为非负数的整数，也分为长整数和短整数。

整型通常表示的是十进制数据。而计算机中，数据的存储使用的是二进制数据，因此在一些情况下，需要有十进制、二进制、八进制和十六进制数据间的转化。关于各进制数据之间的转化在本章 2.2.1 节介绍。

2．浮点型

浮点型通常用来表示带小数点的数，根据其数据的精度分为单精度的 float 类型和双精度的 double 类型。其用法与整型的用法一样，表示数据的数值。

整型数据和浮点型数据均可参与数学逻辑运算，常用的运算有加法、减法、乘法、除法和取余运算等。

3．字符型

字符型表示的是单个字符，需要注意的是，字符型数据需要使用单引号（''）引用，如小写字母 a，若用来表示字符，则需要写作 'a'。单引号内只能有 1 个字符，否则将引发错误。

字符可以是字符集中任意字符，但数字被定义为字符型之后就不能参与数值运算。如 '5' 与 5 是完全不同的概念：5 可以参与数学逻辑运算，可以使用两个 5 相加得到整型数据 10；而 '5' 只能被作为字符使用，不能参与逻辑运算。

另外，在 C#中有一种特殊的字符，称为转义字符，通常在字符串中使用，表示特殊的输出或显示方式。

4．数组

数组描述的是一组有着序号的数据。如抽奖游戏要抽出 6 个数字，这 6 个数字是有着顺序、密切相关的，若使用 6 个单独的数来表示，则无法表现其顺序和相关性，而使用有着序号的数组来表示，既描述了数字的顺序，又表现了其相关性。

数组有着下标（可理解为这组数据中，每个数据的编号），下标为从 0 开始的正整数，如数组名称为 num，则 num[0]表示该数组中的第一个数据。

数组类型不在表 2-1 中，该类型属于引用类型，对数组成员的访问，其实质是通过下标记录每个成员的存储地址。

5．字符串

字符串类型相当于字符（int 型、char 型、float 型等）的数组，但它没有明确的下标。字符串类型同样不是值类型，对字符串的访问与对数组的访问一样，但其用法相当于一个值类型数据。

字符串类型数据需要使用双引号（""）引用，如一个字符串内容为：欢迎光临，则需要表示为"欢迎光临"。字符串类型数据使用广泛，可被作为类的对象来处理，其用法详见本书第 7 章。

6．转义字符

转义字符是被赋予特殊意义的特殊字符，转义字符的使用通常不需要单引号，而是放在字符串内部使用。

使用转义字符，可以表达换行、换页和制表符等特殊含义，常见的转义字符如表 2-2 所示。

C#基础语法

表 2-2 常用的转义字符

转义字符	含义
\'	'
\"	"
\\	\
\a	!
\b	退格符
\f	换页符
\n	换行符
\r	回车符
\t	Tab 符
\v	垂直 Tab 符
\0	空格

在本书第 1 章曾介绍在控制台输出一条语句,其输出的语句即为字符串类型的数据。将转义字符放在字符串中输出,可显示转义字符的作用和效果,如练习 2-1 所示。

【练习 2-1】

输出 3 个字符串,要求 3 个字符串的内容一样,但第一个不包含转义字符、第二个包含水平制表符、第三个包含换行符,代码如下:

```
Console.WriteLine("上海广州重庆");
Console.WriteLine("上海\t广州\t重庆");
Console.WriteLine("上海\n广州\n重庆");
```

上述代码中,所有的汉字和转义字符被放在双引号内部,作为一个字符串被输出。字符和文字在字符串内部不需要使用单引号引用。

按 F5 键运行该控制台应用程序,其效果如图 2-1 所示。3 条输出语句,除了转义字符不同,其他相同。而转义字符相关的字符,如反斜杠\和字符‘t’和字符‘n’,都没有被输出,而是输出了水平间隔和换行。

图 2-1 转义字符的使用

2.1.2 值类型

在 C#中,常用的数据类型分为两种:值类型,直接访问数据的值;引用类型,访问数据的存储地址。在本节所讲述的数据类型中,除了字符串和数组以外,都是值类型。

对数据的访问分,并不是访问直接给出的数据值,这种访问直接使用数据值即可。而对大多访问并不针对确定的值,而是针对一个变量或常量。

变量和常量相当于一个有着名称的数据,对它们的访问是根据它们的名称来获取其数据值。变量是数据值可以在程序中改变的,而常量是有着确定数据值的。

值类型直接访问变量数据的值,如果向一个变量分配值类型,则该变量将被赋予全新的值副本。值类型通常创建在方法的栈上。

判断一个类型是否属于值类型，可以使用 Type.IsValueType 属性。属性是指类或对象的相关数据，如一个描述长方体的对象，则该对象可以有长、宽、高和面积等属性。

有关类和对象的内容，将在本书的第5章和第6章详细介绍。使用 Type.IsValueType 属性判断一个类型是否属于值类型，语法如下：

```
TestType testType = new TestType();//TestType 表示要测试的类型，如 int、char
if (testType.GetType().IsValueType)
{
    Console.WriteLine("{0} is value type.",testType.ToString());
//输出测试结果
}
```

C#中的值类型继承自 System.ValueType，主要包括基本数据类型、结构数据类型和枚举数据类型。

1．结构数据类型

结构类型不是单个数据的类型，而是多种数据和多种数据类型的组合。结构将相关联的数据结合在一起，如一个结构名称为学生，则该结构下可以有整型的变量学生编号以及浮点型的学生身高等数据，这些数据都是与学生相关的信息。

提 示
有关结构的详细内容，在本书第9章详细介绍。

2．枚举数据类型

枚举类型同样不是单个数据的类型，但它与结构不同，枚举类型中的所有数据，其数据类型是统一的。

枚举类型是一种数据的列举，如将一周的7天列举出来，构成一个枚举，方便程序的使用。通常可以使用枚举的有：一年四季、12个月份、一个公司的部门和新闻类型等。

提 示
有关枚举的详细内容，在本书第9章详细介绍。

2.1.3　引用类型

引用类型直接操作的是数据的存储位置，如果为某一个变量分配一个引用类型，则该变量将引用原始值，不会创建任何副本。

引用类型的创建一般在方法的堆上，C#中的引用类型均继承自 System.Object 类，它主要包含类、接口、数组、字符串和委托。

❑ 类是抽象的概念，确定对象拥有的特征（属性）和行为（方法）。它可以包含字段、方法、索引器和构造函数等。

- 接口是一种约束形式，它只包括成员的定义，而不包含成员实现的内容。接口的主要目的是为不相关的类提供通用的处理服务，由于 C#中只允许树形结构中的单继承，即一个类只能继承一个父类，所以接口是让一个类具有两个以上基类的唯一方式。
- 数组元素是指将数组作为成员参数的元素，它在数组创建时开始存在，在没有对该数组实例的引用时停止存在。
- 字符串类型表示零或者更多 Unicode 字符组成的序列，它是一种不可变的特殊的引用类型。
- 委托是一个类，它定义了方法的类型，使得方法可以当作另一个方法的参数来进行传递。

提示

尽管 string 是引用类型，但是使用比较运算符==或!=时则表示比较 string 对象，而不是引用的值。

虽然值类型和引用类型都可以用来存储数据，但是它们之间也存在着许多不同点。如表 2-3 列出了它们的主要不同点。

表 2-3 值类型和引用类型的不同点

	值类型	引用类型
内存分配不同	通常被分配在栈上，它的变量直接包含变量的实例，使用效率比较高	分配在堆上，它的变量通常会包含一个指向实例的指针，变量通过该指针来引用实例
默认值	默认情况下自动初始化为 0	默认情况下的值为 null
继承类	System.ValueType	System.Object
表现形式	装箱和拆箱	装箱
状态	装箱和未装箱，运行库提供了所有值类型的已装箱形式	装箱
回收方法	不由 GC 控制，作用域结束时会自行释放，从而减少托管堆的压力	内存回收由 GC 完成
继承性	值类型是密封的，因此不能作为基类	一般都有继承性
多态性	不支持多态	可以支持多态

一般来说，值类型（不支持多态）适合存储供 C#应用程序操作的数据，而引用类型（支持多态）应该用于定义应用程序的行为。

相关人员所创建的引用类型通常多于值类型，那么什么时候使用引用类型，什么时候使用值类型呢？如果以下问题都满足条件则可以使用值类型：

- 该类型的主要职责是用于数据存储。
- 该类型的公有接口完全由一些数据成员存取性定义。
- 该类型永远不可能有子类。
- 该类型永远不可能具有多态行为。

2.2 数据进制与格式

上一节对数据类型有了简单介绍，但数据类型的内容不止如此。本节将详细介绍常用数据类型的特点及用法。

2.2.1 十进制、二进制与十六进制

十进制是人们生活中常用并习惯使用的数据。十进制数据以 10 为基数，由从 0 到 9 这 10 个数字构成，满十进一。

1. 常见的数据进制

计算机中的数据只有两位，即 0 和 1，是二进制数据。二进制数据由 0 和 1 这两个数字构成，十进制中的数字 3 被转化成二进制表示为 11，满二进一。因此，十进制中的 4 等同于二进制中的 100。

同样道理，十六进制由十六个数字构成，满十六进一。由于数字只有 0 到 9 这 10 个，不足以表示十六进制所需的十六个，因此需要使用大写字母 A 到 F 来表示。

表示十六进制的数字为：0、1、2、3、4、5、6、7、8、9、A、B、C、D、E、F。十六进制中的 F 相当于十进制中的 15；十六进制 10 相当于十进制数字 16。

对于十进制数据，从低位到高位分别表示个、十、百、千等，依次表示为 10^0、10^1、10^2、10^3；对于二进制数据，从低位到高位依次为 2^0、2^1、2^2、2^3 和 2^4 等；十六进制数据从低位到高位依次为 16^0、16^1、16^2、16^3 等。

因此，对于二进制数据 11001 来说，转换为十进制数据为：$1\times1+0\times2+0\times4+1\times8+1\times16=25$。十六进制数据 AAA 转化为十进制为：$10\times1+10\times16+10\times256=2730$。

由十进制转化为二进制或十六进制的方法较为复杂，具体方法如下。

2. 十进制整数转换为二进制整数

采用"除 2 取余，逆序排列"法。用 2 整除十进制整数，可以得到一个商和余数；再用 2 去除商，又会得到一个商和余数，如此进行，直到商为 0 时为止，然后把先得到的余数作为二进制数的低位有效位，后得到的余数作为二进制数的高位有效位，依次排列起来。

如对十进制 126 进行转化，首先使用 126/2=63，余 0；接下来使用 63/2=31，余 1；31/2=15，余 1；15/2=7，余 1；7/2=3，余 1；3/2=1，余 1；1/2=0，余 1。则结果为 1111110，即将所有余数反过来排列，即可得到结果。

3. 十进制整数转换为十六进制整数

采用"除 16 取余，逆序排列"法。与十进制转化为二进制的方法相同，只是将除数换成了 16。

如对十进制 126 进行转化，首先使用 126/16=7，余 14；7/16=0，余 7。14 需要使用

字母 E 表示，126 转化为十六进制为 7E。

● 2.2.2 字符串类型格式化

字符串类型的输出，除了可以使用转义字符来规范格式以外，还可以根据指定格式进行输出。字符串格式的规范性可使用格式标识符、使用 Console.WriteLine()方法、使用 string.Format()方法和使用 "@" 符号等。

1．使用 Console.WriteLine()方法及格式标识符

为了规范输出数据，Console.WriteLine()方法可直接对字符串的格式进行规范，其中一种规范格式如下所示：

```
Console.WriteLine("{0} {1}",参数 1,参数 2…)
```

上述代码中，{0}代表第一个参数，{1}代表第二个参数。Console.WriteLine()方法可包含多个参数，使用大括号和数字来表示。其内部数字从 0 开始，相同的编号只能代表相同的参数。如输出字符串 "我的小妹名叫秋秋，今年 7 岁"，将 "秋秋" 和 "7 岁" 作为参数，可使用如下语句：

```
Console.WriteLine("我的小妹名叫{0}，今年{1}","秋秋","7 岁");
```

在 C#中提供了格式标识符号，用来规范字符串的输出格式。常见的格式标识符号如表 2-4 所示。

表 2-4　格式标识符号及其含义

符号	含义
C/c	Currency 货币格式
D/d	Decimal 十进制格式（十进制整数，不要和.Net 的 Decimal 数据类型混淆了）
E/e	Exponent 指数格式
F/f	Fixed point 固定精度格式
G/g	General 常用格式
N/n	用逗号分割千位的数字，比如 1234 将会被变成 1,234
P/p	Percentage 百分符号格式
R/r	Round-trip 圆整（只用于浮点数）保证一个数字被转化成字符串以后可以再被转化成同样的数字
X/x	Hex 16 进制格式

如分别使用逗号分隔符号和精度格式，输出同一个数据 56789，使用语句如下所示：

```
Console.WriteLine("{0:N1}", 56789);
Console.WriteLine("{0:N2}", 56789);
Console.WriteLine("{0:N3}", 56789);
Console.WriteLine("{0:F1}", 56789);
Console.WriteLine("{0:F2}", 56789);
```

运行上述语句，其效果如图 2-2 所示。若 Console.WriteLine()方法中有两个参数，都需要双精度表示，则可以使用"Console.WriteLine("{0:F2}{1:F2}", 56789,1234);"语句。

在 C#中，有 Console.Write()方法，其用法与 Console.WriteLine()方法只有一点不同：Console.WriteLine()方法在输出的同时，在输出内容的末尾添加换行符，而 Console.Write()方法只输出指定的内容，不对文字进行换行。

如图 2-2 中的输出，使用 Console.Write()方法来替换 Console.WriteLine()方法，结果如图 2-3 所示。

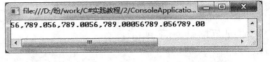

图 2-2 字符串格式标识的使用　　　　**图 2-3** Console.Write()方法显示效果

2. string.Format()方法

在 C#中，有不需要输出而只指定字符串格式的方法：string.Format()方法。该方法根据指定的格式，返回一个格式字符串，其格式的使用与 Console.WriteLine()方法一样。如同样是"我的小妹名叫秋秋，今年 7 岁"字样，使用 string.Format()方法语句如下：

```
string.Format ("我的小妹名叫{0}，今年{1}","秋秋","7 岁");
```

输出该字符串，语句如下：

```
Console.WriteLine(string.Format ("我的小妹名叫{0}，今年{1}","秋秋","7 岁"));
```

该语句与下述语句的输出结果一样。

```
Console.WriteLine("我的小妹名叫{0}，今年{1}","秋秋","7 岁");
```

3. @的使用

在 C#中，一些特殊符号被赋予了特殊的用法，但字符串中的特殊符号并不希望被用作特殊的用法，而是希望被作为普通字符输出，此时可以使用"@"符号，将字符串原样输出。

如"\n"可以作为换行符，在字符串中间分隔字符串，分别使用不含@的输出和含有@的输出，查看运行效果，使用代码如下所示：

```
Console.WriteLine("我的小妹名叫秋秋，\n 今年 7 岁");
Console.WriteLine(@"我的小妹名叫秋秋，\n 今年 7 岁");
```

运行上述代码，其结果如图 2-4 所示。第一句代码没有使用@符号，语句中的转义字符\n 被作为换行符使用；而第二句，在字符串的前面使用@符号，@后的字符串被原样输出，如图 2-4 所示。

图 2-4　字符串的原样输出

2.3　变量

变量和常量相当于为数据值指定的名称。程序往往不是针对明确数据的，如一个程序的功能是根据长和宽，求一个矩形的面积。若只是固定长和宽的矩形，则直接用数据进行计算即可；而使用了变量的程序，通过变量作为长和宽的名称，则改变变量的值，可求解出多个矩形的面积。

本节介绍变量的定义、命名规则、作用域和生命周期等。

2.3.1　变量的声明和初始化

程序中的变量可以理解为数学中的变量，在数学函数中，x 是一个没有确定值的数，如椭圆函数、抛物线函数、双曲线函数等，图形根据 x 的值而变化，程序中的变量也是如此。

变量由两部分构成，一个是变量的名称，另一个是变量的值。如 $x=56$，则变量名称为 x，值为 56。

变量存储可以变化的值，变量可以被声明，可以被初始化，可以被赋值。对于声明、初始化和赋值的作用，如下所示。

- ❏ **声明**　告诉系统，这个变量（数据）的存在，系统将根据数据类型为其分派存储空间。
- ❏ **初始化**　为变量指定一个初始的值。
- ❏ **赋值**　为变量指定一个值。

变量为一段有名称的连续存储空间，在源代码中通过定义变量来申请并命名这样的存储空间，并且通过变量的名称来使用这段存储空间。

在 C#中，变量就是存取信息的基本单元。对于变量，必须明确变量的名称、类型、声明以及作用域。另外，变量的值可以通过重新赋值或运算符运算后被改变。

C#中，用户可以通过指定数据类型和标识符来声明变量。如定义整型变量，名称为 num，则定义语句如下所示：

```
int num;
或者
int num=26;
```

上述语法代码中涉及 3 个内容：int、num 和=26。其具体说明如下：

35

❑ **int** 定义变量类型为整型。

❑ **num** 变量名称，也叫标识符。

❑ **=26** "="在C#中为赋值符，该符号右边的值26为变量的初始值，值类型初始值默认为0。若该符号在变量声明后出现，则变量的值将被修改为新的值。

初始化变量是指为变量指定一个明确的初始值，初始化变量时有两种方式：一种是声明时直接赋值；另一种是先声明、后赋值。如下代码分别使用两种方式对变量进行初始化：

```
char usersex = '男';                          //直接赋值
或者
string username;                             //先声明
username = "陈洋洋";                          //后赋值
```

另外，多个同类型的变量可以同时定义或者初始化，但是这些变量中间要使用逗号分隔，声明结束时用分号结尾，如下所示：

```
string username, address, phone, tel;        //声明多个变量
int num1 = 12, num2 = 23, result = 35;       //声明并初始化多个变量
```

C#中初始化变量时需要注意以下事项：

❑ 变量是类或者结构中的字段，如果没有显式的初始化，默认状态下创建这些时初始值时为0。

❑ 函数中的变量必须进行显式的初始化，系统不允许使用未赋值的变量，以维护代码的安全。

2.3.2 变量的修饰

在变量的声明语句中，可以对变量使用修饰符进行修饰，常见的修饰有7种类型：静态变量、实例变量、数组元素、值参数、引用参数、输出参数以及局部变量。

变量通常在类和函数中进行声明，类中的变量又称作类的字段，可以被类中的任何函数调用；而函数中声明的变量只能在函数内部使用。它们的具体说明如下所示：

❑ **静态变量** 它是指使用static修饰符声明的变量。

❑ **实例变量** 与静态变量相对应，是指未使用static修饰符声明的变量。

❑ **数组元素** 它是指作为函数成员参数的数组，它总是在创建数组实例时开始存在，在没有对该数组实例的引用时停止存在。

❑ **值参数** 是指在方法中未使用ref或out修饰符声明的参数。

❑ **引用参数** 它是指使用ref修饰符声明的参数。

❑ **输出参数** 它是指使用out修饰符声明的参数。

❑ **局部变量** 它在应用程序的某一段时间内存在，局部变量可以声明在块、for语句、switch语句和using语句中。

C#基础语法

参数是在方法的定义和调用时使用的，将在本书第5章介绍。

2.3.3 变量的命名规则

变量的声明需要为其指定一个名称，但变量的命名并不是任意编写的。在C#中为变量命名时需要遵循以下几条规则。

- ❑ 变量名称必须以字母开头。
- ❑ 变量名称只能由字母、数字和下划线组成，而不能包含空格、标点符号、运算符等其他符号。
- ❑ 名称要为有实际意义的名称，方便对程序的理解和维护。
- ❑ 变量名称不能与库函数相同。
- ❑ 变量名称不能与C#中的关键字名称相同，关键字是C#语法中被赋予特殊含义和用法的单词或词组。

提 示

C#中有一点是例外的，那就是允许在变量名前加前缀@。在这种情况下可以使用前缀@加上关键字作为变量的名称，这样可以避免与其他语言进行交互时的冲突。但是一般不推荐读者使用前缀@命名变量。

2.3.4 C#中的关键字

关键字是程序中有着特殊含义和用法的词，如定义命名空间时使用的"namespace"关键字、定义类时使用的"class"关键字，以及引用命名空间时使用的"using"关键字，都有着指定的用法。

关键字不能作为变量的名称，以避免在使用时与变量发生混淆。常见的关键字如表2-5所示。

表2-5　C#中的关键字

abstract	as	base	bool	break	byte	case	catch
class	char	checked	continue	const	decimal	default	delegate
double	do	else	enum	ecent	explicit	extern	false
finally	fixed	float	for	foreach	get	goto	if
implicit	in	int	interface	internal	is	lock	long
namespace	new	null	object	out	override	partial	private
protected	public	ref	readonly	return	sbyte	sealed	short
set	stackalloc	sizeof	static	struct	switch	this	throw
try	true	typeof	uint	unchecked	ulong	unsafe	ushort
using	void	value	virtual	volatile	where	while	yield

每一个关键字都有着确定的用法，常见的关键字及其用法如下所示。

- ❏ **base**　用于访问被派生类或构造中的同名成员隐藏的基类成员。
- ❏ **catch**　定义一个代码块，在特定类型异常抛出时，执行块内代码。
- ❏ **const**　标识一个可在编译时计算出来的变量值，即一经指派不可修改的值。
- ❏ **enum**　表示一个已命名常量群集的值类型。
- ❏ **finally**　定义一个代码块,在程序控制流离开 try 代码块后执行。参见 try 和 catch。
- ❏ **foreach**　用于遍历一个群集的元素。
- ❏ **goto**　一个跳转语句，将程序执行重定向到一个标签语句。
- ❏ **namespace**　定义一个逻辑组的类型和命名空间。
- ❏ **sizeof**　一个操作符，以 B(Byte)为单位返回一个值类型的长度。
- ❏ **throw**　抛出一个异常。
- ❏ **try**　异常处理代码块的组成部分之一。
- ❏ **typeof**　一个操作符，返回传入参数的类型。
- ❏ **using**　当用于命名空间时，using 关键字允许访问该命名空间中的类型，而无须指定其全名。也用于定义 finalization 操作的范围。

2.3.5　变量的作用域和生命周期

变量并不是在整个项目的运行中都有效的，它有着自己的作用域（作用范围）和生命周期。一般情况下需要通过以下规则确定变量的作用域。

- ❏ 只要变量所属的类在某个作用域内，其字段（即成员变量）也在该作用域中。
- ❏ 局部变量存在于声明该变量的块语句或方法结束的大括号之前的作用域。
- ❏ 在 for 和 while 循环语句中声明的变量只存在于该循环体内。

如在命名空间下定义一个类，类中定义一个函数；并在类和函数中分别定义变量，如练习 2-2 所示。

【练习 2-2】

在命名空间 Homework 下定义类 Program 及其内部的函数 Main()、Show()，在 Main()函数内分别定义变量 j 和变量 i，在 Main()外定义变量 num，代码如下：

```
using System;
namespace Homework
{
    class Program
    {
        int num=30;
        static void Main()
        {
            int j=20;
            int i=5;
            Console.WriteLine(i+j+num);
        }
        static void Show()
```

C#基础语法

```
        {
            Console.WriteLine(num);
        }
    }
}
```

上述代码中，变量 num 在类的定义之内，在函数 Main()之外，因此 num 可以被类中所有函数调用，其生命周期与类的声明周期一致；而变量 j 和 i 在函数 Main()内部，只能在 Main()内部使用，其生命周期与 Main()函数一致。而同在一个类中的函数 Show()可以使用变量 num，不能使用 Main()函数中的变量 j 和 i。

变量的作用域只在某一个范围内有效，是相对于定义状态的；而变量的生命周期是相对于运行状态的，即程序运行某个方法时方法中的变量有效，当程序执行完某个函数后，函数中的变量也就消失了。

2.4 常量

变量是值允许被改变的，而常量是值不允许被改变的。程序中总是存在一些数据，这些数据的值长而复杂，容易出错。使用常量来表示这些数据，为数据定义一个简易名称来参与程序的编写，既使程序简单易懂，又使数据不易出错。

如将数值 3.1415926 定义为常量 Pi，该数值是圆周率，但在程序中使用 3.1415926 数值较长，容易出错，而使用常量 Pi 替代数值，使程序清晰且不易出错。

常量是指在使用过程中不会发生变化的量，C++中可以含有常量指针、指向常量的变量指针、常量方法和常量参数，但是 C#中已经删除了某些细微的特性，只能把局部变量和字段声明为常量。应用程序中使用常量的好处如下：

❏ 常量使程序更加容易修改。
❏ 常量能够避免程序中出现更多的错误。
❏ 常量使用易于理解的、清楚的名称替代了含义不明确的数字或字符串，使程序更加方便阅读。

常量也可以叫作常数，它是在编译时已知并且在程序运行过程中其值保持不变的值。C#中声明常量需要使用 const 关键字，并且常量必须在声明时初始化。如下代码声明并初始化了一个静态常量：

```
class Program
{
public const string USERPHONE = "13213103456";
}
```

读者也可以使用一个 const 关键字同时声明多个常量，但是这些常量之间必须使用逗号进行分隔。代码如下：

```
class Program
{
public const int P = 12, S = 23, M = 45, N = 55;
}
```

> **注 意**
>
> 使用 const 关键字声明常量时，通常使用大写字母。如果没有使用 const，即使指定了固定的值，也不算是常量。

使用 const 关键字定义常量非常简单，但是同时需要注意以下几点：

- ❑ const 必须在字段声明时就进行初始化操作。
- ❑ const 只能定义字段和局部变量。
- ❑ const 默认是静态的，所以它不能和 static 同时使用。
- ❑ const 只能应用在值类型和 string 类型上，其他引用类型常量只能定义为 null。否则会引发错误提示"只能用 null 对引用类型(string 类型除外)的常量进行初始化"。

常量和变量经常会在程序开发中用到，但是什么情况下使用常量，什么情况下使用变量呢？很简单，使用常量的情况一般有两种：

- ❑ 用于在程序中一旦设定就不允许被修改的值，如圆周率 π。
- ❑ 用于在程序中被经常引用的值，如银行系统中的人民币汇率。

如使用了常量和变量的程序，计算圆的面积，其执行代码和效果如练习 2-3 所示。

【练习 2-3】

将圆周率定义为常量，将圆的半径定义为变量，分别计算半径为 2 和半径为 4 的圆的面积，代码如下：

```
int r = 2;                                          //半径变量的声明和初始化
const double P = 3.14;                              //定义圆周率常量
Console.WriteLine("半径2的圆，面积为：{0}", P * r * r);  //输出圆的面积
r = 4;                                              //修改半径的值为4
Console.WriteLine("半径4的圆，面积为：{0}", P * r * r);  //输出圆的面积
```

按 F5 键运行上述代码，其执行结果如图 2-5 所示。同样输出的是"P * r * r"表达式的值，由于变量值的改变，其输出结果也不同。

在练习 3 的例子中，变量的作用并没有体现出来。在 C#中，一个功能通常被定义为一个方法，而功能中需要赋值的变量

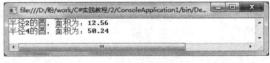

图 2-5　求圆的面积

是方法的参数，为方法的参数赋值，运行该方法，即可实现需要的功能。

2.5 类型转化

在数据类型中曾介绍，"5"、'5' 和 5 是 3 个不同的数据类型，其中，只有 5 能参与数据的数学运算。编译器编译程序运行时需要确切地知道数据类型，所以在实际开发中，若需要将"5"和 '5' 作为整型数据参与运算，则需要将"5"和 '5' 先改变数据类型，

使其变成 5，再进行运算。

本节介绍各个数据类型之间的转换，包括基本数据类型间的显式转换和隐式转换，以及字符串和基本数值类型之间的转换。

2.5.1 隐式类型转换

不需要进行声明的转换就叫隐式类型转换，换句话说，就是不需要缩小其存储空间，并能直接转换的，可以直接执行运算而不需要另外进行转换。

这样的情况必须是将范围小的类型转换为范围大的类型。如将 int 类型转换为 double、long、decimal 或 float 类型，将 long 类型转换为 float 或 double 类型等。如表 2-6 列出了隐式类型的转换表。

表 2-6 隐式类型转换表

源类型	目标类型
sbyte	short、int、long、float、double 或 decimal
byte	short、ushort、int、uint、long、ulong、float、double 或 decimal
short	int、long、float、double 或 decimal
ushort	int、uint、long、ulong、float、double 或 decimal
int	long、float、double 或 decimal
uint	long、ulong、float、double 或 decimal
long	float、double 或 decimal
ulong	float、double 或 decimal
float	double
char	ushort、int、uint、long、ulong、flat、double 或 decimal

在表 2-6 中，从 int、uint、long、ulong 到 float，以及从 long 或 ulong 到 double 的转换可能会导致精度损失，但是不会影响它的数量级，而且隐式转换不会丢失任何信息。隐式转换的使用，如练习 2-4 所示。

【练习 2-4】

定义 int 类型的变量 num1 和 num2，将两个变量的值赋给 double 类型的变量并输出。这两个数的乘积是 int 类型，将乘积赋值给 double 类型的变量 res，输出 res 的值，使用代码如下：

```
int num1 = 4;
int num2 = 8;
double dou1 = num1;
double dou2 = num2;
double res = num1 * num2;
Console.WriteLine("dou1 值为：{0}", dou1);
Console.WriteLine("dou2 值为：{0}", dou2);
Console.WriteLine("res 值为：{0}", res);
```

2.5.2 显式类型转换

显式类型转换也被称作强制类型转换，它需要在代码中明确地声明要转换的类型。显式类型转换可以将取值范围大的类型转换为取值范围小的类型。如表 2-7 列出了需要进行显式类型转换的数据类型。

表 2-7　显式类型转换表

源类型	目标类型
sbyte	byte、ushort、uint、ulong 或 char
byte	sbyte 或 char
short	sbyte、byte、ushort、uint、ulong 或 char
ushort	sbyte、byte、short 或 char
int	sbyte、byte、short、ushort、uint、ulong 或 char
uint	sbyte、byte、short、ushort、int 或 char
char	sbyte、byte 或 short
float	sbyte、byte、short、ushort、int、uint、long、ulong、char 或 decimal
ulong	sbyte、byte、short、ushort、int、uint、long 或 char
long	sbyte、byte、short、ushort、int、uint、ulong 或 char
double	sbyte、byte、short、ushort、int、uint、ulong、long、char、float 或 decimal
decimal	sbyte、byte、short、ushort、int、uint、ulong、long、char 或 double

C#中使用强制类型进行转换时有两种方法：一种是使用括号()，在括号()中给出数据类型标识符（即强制转换的类型），在括号外要紧跟转换的表达式；另一种是使用 Convert 关键字进行数据类型的强制转换，如练习 2-5 所示。

【练习 2-5】

将 double 类型的变量转化为 float 类型和 int 类型，如定义双精度的变量 dou 值为 15.123456，分别转化 float 类型和 int 类型，输出原值和转化后的值，代码如下：

```
double dou = 15.1234567;
float flo = (float)dou;
int intnum=(int)dou;
Console.WriteLine("双精度: {0}", dou);
Console.WriteLine("浮点数: {0}",flo );
Console.WriteLine("整型值: {0}", intnum);
```

运行上述代码，其结果如图 2-6 所示。双精度数据的值被四舍五入，原值被强制改变。若是将 float 类型和 int 类型转化为 double 类型，则可以直接使用隐式转化，而不需要考虑数据值的变化。

图 2-6　显式类型转化

2.5.3 字符串类型的转换

显式类型转换和隐式类型转换主要是对数值之间的转换，本节介绍将字符串转化为 int、double 或 float 类型。

字符串类型转换为其他类型时有两种方法：一种是使用 parse() 方法；另外一种是使用 Conver 类中的方法进行转换。如表 2-8 列出了 Convert 类的常用转换方法。

表 2-8　Convert 类的常用转换方法

方法	说明
ToBoolean()	转换为布尔类型
ToByte()	将指定基数的数字的字符串表示形式转换为等效的 8 位无符号整数
ToDateTime()	转换为时间或日期
ToInt32()	转换为整型（int 类型）
ToSingle()	转换为单精度浮点型（float 类型）
ToDouble()	转换为双精度浮点型（double 类型）
ToDecimal()	转换为十进制实数（decimal 类型）
ToString()	转换为字符串类型（string 类型）

在字符串转化中，最常用的是字符串和数学数据之间的转化。如将字符串转化为能够执行数学运算的数据，参与到数学运算中，如练习 2-6 所示。

【练习 2-6】

定义字符串类型的两个值，分别使用字符串类型相加、将它们转化为整型数据相加，输出相加的结果，代码如下：

```
static void Main(string[] args)
{
    string num1 = "100";
    string num2 = "67";
    string nums = num1 + num2;
    int numi = Convert.ToInt32(num1) + Convert.ToInt32(num2);
    Console.WriteLine("两个字符串的和: {0}",nums);
    Console.WriteLine("两个整型数的和: {0}", numi);
    Console.Read();
}
```

运行结果如下所示：

```
两个字符串的和: 10067
两个整型数的和: 167
```

由上述结果可以看出，作为字符串类型时，两个变量的相加结果，相当于将两个字符串中的字符组合在一起，而转化为整型后，其相加结果为数学运算中的相加。

> **注 意**
>
> 将字符串转换为其他类型时该字符串必须是数字的有效表示形式。例如，用户可以把字符串 "32" 转换为 int 类型，却不能将字符串 "name" 转换为整数，因为它不是整数有效的形式。

2.6 装箱和拆箱

装箱和拆箱是一个抽象的概念，通过装箱和拆箱的功能，可以允许值类型的任何值与 Object 类型的值相互转换，将值类型和引用类型连接起来。

2.6.1 装箱

装箱是值类型到 Object 类型或到此值类型所实现的任何接口类型的隐式转换，用于在垃圾回收堆中存储值类型。

装箱实际上是指将值类型转换为引用类型的过程，装箱的执行过程大致可以分为以下三个阶段：

（1）从托管堆中为新生成的引用对象分配内存。

（2）将值类型的实例字段拷贝到新分配的内存中。

（3）返回托管堆中新分配对象的地址，该地址就是一个指向对象的引用了。

如下代码演示了如果将 int 类型的变量 val 进行装箱操作，然后将装箱后的值进行输出：

```
int val = 100;
object obj = val;                              //装箱
Console.WriteLine ("对象的值 = {0}", obj);     //输出结果
```

装箱操作生成的是全新的引用对象，这会损耗一部分的时间，因此会造成效率的降低，所以应该尽量避免装箱操作。一般情况下，符合下面的情况时可以实施装箱操作：

- ❑ 调用一个含 Object 类型的参数方法时，该 Object 可以支持任意的类型以方便通用，当开发人员需要将一个值类型（如 Int32）传入时就需要装箱。
- ❑ 使用一个非泛型的容器，其目的是为了保证能够通用。因此可以将元素类型定义为 Object，于是如果要将值类型数据加入容器时需要装箱。

2.6.2 拆箱

拆箱也叫取消装箱，它是与装箱相反的操作，它是从 Object 类型到值类型或从接口类型到实现该接口的值类型的显式转换。

拆箱实际上是指从引用类型到值类型的过程，拆箱的执行过程大致可以分为以下两个阶段：

（1）检查对象实例，确保它是给定值类型的一个装箱值。

（2）将该值从实例复制到值类型变量中。

如下示例代码演示了基本的拆箱操作：

```
int val = 100;
object obj = val;                           //装箱
int num = (int) obj;                        //拆箱
Console.WriteLine ("num: {0}", num);        //输出结果
```

注 意

当一个装箱操作把值类型转换成一个引用类型时，不需要显式地强制类型转换；而拆箱操作把引用类型转换到值类型时，由于它可以强制转换到任何可以相容的值类型，所以必须显式地强制类型转换。

2.7 运算符与表达式

C#中的运算符是对变量、常量或其他数据进行计算的符号，根据运算符的操作个数可以将它分为 3 类：一元运算符、二元运算符、三元运算符。

2.7.1 运算符分类

根据运算符所执行的操作类型主要将它分为以下几种：

- ❑ 算术运算符；
- ❑ 比较运算符；
- ❑ 赋值运算符；
- ❑ 逻辑运算符；
- ❑ 条件运算符；
- ❑ 递增、递减运算符；
- ❑ new 运算符；
- ❑ as 运算符。

1. 算术运算符与算术表达式

算术运算符就是进行算术运算的操作符，如"+"、"-"和"/"等。使用算术操作符将数值连接在一起，符合 C#语法的表达式可以称为算术表达式。常见的算术运算符以及说明如表 2-9 所示。

表 2-9 常见的算术运算符

运算符	说明	表达式（或示例）	值
+	加法运算符	2+5	7
-	减法运算符	4-2	2
*	乘法运算符	5*8	40

续表

运算符	说明	表达式（或示例）	值
/	除法运算符	8/4	2
%	求余运算符（模运算符）	8%5	3

2．比较运算符与比较表达式

比较运算符通过比较两个对象的大小，返回一个真/假的布尔值，比较运算符又叫作关系运算符。使用比较运算符将数值连接在一起，符合 C#语法的式子称为比较表达式。常见的比较运算符及说明如表 2-10 所示。

表 2-10　常见的比较运算符

运算符	说明	表达式（或示例）	值
>	大于运算符	10>2	true
>=	大于等于运算符	10>=11	false
<	小于运算符	10<2	false
<=	小于等于运算符	10<=10	true
==	等于运算符	10==100	false
!=	不等运算符	10!=100	true

3．逻辑运算符与逻辑表达式

&&、&、^、!、||以及|都被称为逻辑运算符或逻辑操作符，使用逻辑运算符把运算对象连接起来并且符合 C#语法的式子称为逻辑表达式。常见的逻辑运算符及说明如表 2-11 所示。

表 2-11　常见的比较运算符

运算符	说明	表达式（或示例）
&或&&	与操作符	a&b 或 a&&b
^	异或操作符	a^b
!	非操作符	!a
|或||	或操作符	a|b 或 a||b

逻辑运算结果是一个用真/假值来表示的布尔类型，当操作数不同时，逻辑运算符的运算结果也可以不同，如表 2-12 演示了操作运算的真假值结果。

表 2-12　常见的逻辑运算符真值表

a	b	a&&b 或 a&b	a||b 或 a|b	!a	a^b
false	false	false	false	true	false
false	true	false	true	true	true
true	false	false	true	false	true
true	true	true	true	false	false

4. 赋值运算符与赋值表达式

赋值运算符用于变量、属性、事件或索引器元素赋新值，它可以把右边操作数的值赋予左边。C#中常见的赋值操作符包括=、+=、—=、/=、%=、*=、^=、&=、|=、<<=和>>=等，它们的具体说明如表2-13所示。

表 2-13　常见的赋值运算符

运算符	说明	表达式	表达式含义	操作数类型
=	等于赋值	c=a+b	将右边的值赋予左边	任意类型
+=	加法赋值	a+=b	a=a+b	
—=	减法赋值	a—=b	a=a—b	
*=	乘法赋值	a*=b	a=a*b	数值型（整型、实数型等）
/=	除法赋值	a/=b	a=a/b	
%=	求余赋值或模赋值	a%=b	a=a%b	整型
<<=	左移赋值	a<<=b	a=a<<b	
>>=	右移赋值	a>>=b	a=a>>b	
&=	位与赋值	a&=b	a = a&b	整型或字符型
|=	位或赋值	a|=b	a = a|b	
^=	异或赋值	a^=b	a = a^b	

表2-13已经列出了常见的赋值运算符，下面将对左移赋值、右移赋值和位与赋值进行介绍。

❑ **<<=（左移赋值运算符）**　左移是将<<左边的数的各二进制位左移若干位，<<右边的数指定移动位数，高位丢弃，低位补0，移几位就相当于乘以2的几次方。

❑ **>>=（右移赋值运算符）**　右移赋值运算符是用来将一个数的各二进制位右移若干位，移动的位数由右操作数指定（右操作数必须是非负值），移到右端的低位被舍弃，对于无符号数，高位补0。对于有符号数，某些机器将对左边空出的部分用符号位填补(即算术移位)，而另一些机器则对左边空出的部分用0填补(即逻辑移位)。

❑ **&=（位与赋值运算符）**　位与赋值运算符是指参加运算的两个数据，按二进制位进行“与”运算。如果两个相应的二进制位都为1，则该位的结果值为1；否则为0。这里的1可以理解为逻辑中的true，而0可以理解为逻辑中的false。

5. 条件运算符与条件表达式

条件运算符是指?:运算符，它也通常被称为三元运算符或三目运算符，使用条件运算符将运算对象连接起来并且符合C#语法的式子称为条件表达式。如下代码所示为条件运算符的一般语法：

```
b = (a>b) ? a : b;
```

上述语法中? 和:都是关键符号，?前面通常是指一个比较表达式（即关系表达式），后面紧跟着两个变量a和b。? 用来判断前面的表达式，如果表达式的结果为true则返回值为 a，如果前面表达式的结果为 false 则返回值为 b。

例如声明一个变量 docname 表示医生的名称，接着通过 GetType()方法获取该变量的类型，并且通过 IsValueType 判断是否为值类型，如果是则返回"值类型"，否则返回"引用类型"。然后将返回的结果保存到变量 country 中，最后将结果在控制台输出。其具体代码如下所示：

```
string docname = "angel";
string country = docname.GetType().IsValueType ? "值类型" : "引用类型";
Console.WriteLine(country);
```

6. 其他特殊运算符

C#中包含多种运算符，除了上面介绍的运算符外，还包括其他的一些特殊运算符，表 2-14 对这些运算符进行了介绍。

表 2-14　其他特殊运算符

运算符	说明	结果
;		用于结束每条 C#语句
,	标点运算符	将多个命令放在一行
()		强制改变执行的顺序
{}		代码片段分组
sizeof	SizeOf 运算符	用于确定值的长度
typeof		获取某个类型的 System.Type 对象
is	类运算符	检测运行时对象的类型是否和某个给定的类型相同
as		用于在兼容的引用类型之间的转换
new	New 运算符	用于创建对象和调用构造函数
>>	移位运算符	向右移位
<<		向左移位
++	递增运算符	递增运算符出现在操作数之前或之后将操作数加 1，如 3++和++3
—	递减运算符	递减运算符出现在操作数之前或之后将操作数减 1，如 4－－和－－4

2.7.2　运算符的优先级

当用户在表达式中包含多个运算符操作时，需要根据运算的优先级别进行计算。如表 2-15 中列出了 C#运算符的优先级别与结合性。

表 2-15　C#中运算符的优先级与结合性

优先级	类型	运算符	结合性
1	初级运算符	.、()、[]、a++、a--、new、typeof、checked、unchecked	自右向左
2	一元运算符	+(如+a)、-(如-a)、!(如!a)、++a、--a 和强制类型转换	自左向右
3	乘除运算符	*、/、%	自左向右
4	加减运算符	+(如 a+b)、-(如 a-b)	自左向右
5	移位运算符	<<、>>	自左向右
6	比较和类型运算符	<、>、<=、>=、is(如 x is int)、as(如 x as int)	自左向右

续表

优先级	类型	运算符	结合性
7	等性比较运算符	==、!=	自左向右
8	位与运算符	&	自左向右
9	位异或运算符	^	自左向右
10	位或运算符	|	自左向右
11	逻辑运算符	&&	自左向右
12	逻辑运算符	||	自左向右
13	条件运算符	?:	自右向左
14	赋值运算符	=、+=、-=、*=、/=、%=、&=、|=、^=、<<=、>>=	自右向左

2.8 实验指导 2-1：面积比较

运用 2.7 节中的运算符和表达式，计算两个三角形的面积和一个长方形的面积，并比较它们的大小。

计算长 17、宽 23 的长方形的面积，计算两个三角形（s1 高为 4，底为 6；s2 高为 8，底为 7）的面积和，比较长方形的面积与两个三角形的面积和，输出面积较大的图形及面积，代码如下：

```
static void Main(string[] args)
{
    int ll, lw;                          //定义长方形的长和宽
    int s1h, s1w, s2h, s2w;              //定义两个三角形 s1 和 s2 的高和底
    ll = 17; lw = 23;                    //为长方形的长和宽赋值
    s1h = 4; s1w = 6; s2h = 8; s2w = 7;  //为两个三角形 s1 和 s2 的高和底赋值
    int ls = ll * lw;                    //计算长方形的面积，并赋值
    int ss = s1h*s1w/2+ s2h*s2w/2;       //计算两个三角形的面积和，并赋值
    int maxs = (ls > ss) ? ls : ss;      //找出较大的面积值
    string max = (ls > ss) ? "长方形" : "两个三角形"; //找出面积较大的图形
    Console.WriteLine("{0}面积较大，为 {1}", max,maxs);
                                         //输出面积较大的图形及面积
    Console.Read();
}
```

运行上述代码，其结果如下所示：

长方形面积较大，为 391

2.9 注释与调试

程序人员开发出来的程序，在某个类方法中包含几十行甚至几百行的代码，开发人员本人也不能很好地记忆这些代码的用途。因此在 C#中允许有注释语句。注释语句可写在程序中间，但不会被编译，只供开发人员或维护人员理解程序。

另外，程序是需要调试的，之前运行程序所使用的 F5 键即是程序调试的方法之一，

但程序量较大时，代码所存在的问题可能不止一处，在 VS 中提供了多种调试方法，以便更好地找到代码错误所在。

本节详细介绍在 VS 中，代码注释的多种方式，以及程序调试的多种技术。

2.9.1 注释

注释是对程序的解释。一个项目往往需要很多的程序和代码，而开发人员本人对已经写过的程序也未必能够很好记忆。注释是穿插在程序中的语句，该语句不会被系统编译，仅供开发人员和维护人员阅读程序时使用。

在 VS 2012 中，由 按钮和 按钮来控制程序中的注释。对程序写注释，可以在程序上方或该条语句后插入，之后选中注释语句，单击 按钮将选中的语句标记为注释。被标记为注释的语句显示为绿色。而 按钮用来注销被选中的注释。

在编写程序时，有时需要将写过的程序标记为注释语句，以判断程序中的错误。因此可以使用 按钮进行标记，并在确认程序错误之后，使用 按钮解除该标记。正确的程序注释一般包括序言性注释和功能性注释。它们的具体说明如下：

❑ **序言性注释**　其主要内容包括模块的接口、数据的描述和模块的功能。

❑ **功能性注释**　其主要内容包括程序段的功能、语句的功能和数据的状态。

在 C#中，程序的注释主要包括单行注释、多行注释、块注释和折叠注释。它们的具体说明如下：

❑ **单行注释**　其表示方法是//说明文字，这种注释方法从//开始到行尾的内容都会被编辑器所忽略。

❑ **多行注释**　其表示方法是/* 说明文字 */，这种注释方法在/*和*/之间的所有内容都会被忽略。

❑ **块注释**　使用///表示块注释，块注释也可以看作是说明注释，这种注释可以自动生成相关的说明文档。

❑ **折叠注释**　它可以将代码折叠，折叠注释以#region 开始，所在行后面的文字是注释文字，以#endregion 结束，而其他的#region 和#endregion 之内的行代码是有效的，折叠注释仅仅起到了折叠的作用。

在程序中，为了描述一段程序的作用，通常将变量和程序的作用一一写出。在 C#中，通常将一个功能写在一个方法中，方法是包含参数、返回值和语句块的整体。参数是方法所实现的功能中需要用到的数据。

对一个方法的注释，只需在方法定义语句的上方输入 3 个"/"符号，按 Enter 键，VS 中将自动显示该方法中的参数，以供用户编写注释。

如现有一个方法，名称为 Show，用来输出一个字符串。该方法有一个字符串类型的参数 massage，表示该方法所需要输出的字符串，则方法的声明如下所示：

```
public void Show(string massage){};
```

为该方法编写语句块，并在其上方输入 3 个"/"符号，按 Enter 键，其效果如下所示：

```
/// <summary>
/// 输出字符串
/// </summary>
/// <param name="massage">输出内容</param>
public void Show(string massage)
{
    Console.WriteLine(massage);
}
```

上述代码中，系统自动生成了方法上方的语句，其中，在/// <summary>与///
</summary>之间，写入对方法功能的描述，而在<param name="massage">与</param>之
间，写入对 massage 这个参数的描述，如上所示。

2.9.2 调试技巧

在 VS 中编写完程序，可按 F5 键来尝试运行，并查看运行结果。但是在 VS 中，运
行的机制不止如此。表 2-16 列举了常用调试运行的快捷键及其使用方法。

表 2-16　调试快捷键及其使用方法

快捷键	说明
Alt + F10	启动生成操作，利用它可以通过"编辑并继续"功能应用对正在调试的代码所做的更改
Ctrl + Alt + Break	临时停止执行调试会话中的所有进程。仅可用于"运行"模式
Ctrl + D，Ctrl + N	在函数处中断，显示"新断点"对话框
Ctrl + D，Ctrl + B	显示"断点"对话框，可以在其中添加和修改断点
Ctrl + Shift + F9	清除项目中的所有断点
Ctrl + F9	将断点从禁用切换到启用
Ctrl + D，Ctrl + L	显示"局部变量"窗口，以查看当前堆栈帧中每个过程的变量及变量值
Ctrl + D，Ctrl + M	显示"模块"窗口，利用它可以查看程序使用的 .dll 或 .exe 文件
Ctrl + Shift + F5	结束调试会话，重新生成并从头开始运行应用程序。可用于"中断"模式和"运行"模式
Ctrl + F10	在"中断"模式下，从当前语句继续执行代码，直到选定语句。"当前执行行"边距指示符出现在"边距指示符"栏中。在"设计"模式下，启动调试器并执行代码（执行到光标所在的位置）
Ctrl + Shift + F10	设置下一语句，在选择的代码行上设置执行点
Alt+数字键*	突出显示要执行的下一条语句
F5	自动附加调试器，并从"<项目> 属性"对话框中指定的启动项目运行应用程序。如果为"中断"模式，则更改为"继续"
Ctrl + F5	在不调用调试器的情况下运行代码
F11	在执行进入函数调用后，逐条语句执行代码
F10	执行下一行代码，但不执行任何函数调用
Shift + F5	停止运行程序中的当前应用程序。可用于"中断"模式和"运行"模式
F9	在当前行设置或移除断点。

在程序中可以设置断点，断点的作用是中断程序的运行。按 F5 键运行后，执行到

被设置断点的位置将会中断，接着按 F11 键可将剩下的语句逐条执行，每按 1 次 F11 键执行一条语句；而此时按 F5 键，可继续执行到下个断点。

在程序中可设置多个断点，断点的作用是审查程序的错误，可逐条语句或逐个过程进行执行，根据执行效果来判断程序的准确性。断点的设置方法是在语句的最左侧单击鼠标左键，如现有程序语句如下所示：

```
Console.WriteLine("第1条输出");
Console.WriteLine("第2条输出");
Console.WriteLine("第3条输出");
```

在第 2 条语句前添加断点，如图 2-7 所示。第 2 条语句前有了红色的实心圆点，即为断点的标记。运行该程序，其效果如图 2-7 所示。运行中只有第 1 条语句被执行，界面中有执行的相关数据。此时按 F5 键将输出全部 3 条语句，而按 F11 键则执行第 2 条语句。

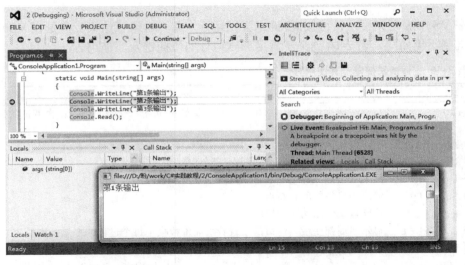

图 2-7　断点的使用

2.10　预处理命令

C#中有着预编译指令，支持条件编译、警告、错误报告和编译行控制等。可用的预处理指令如下所示。

- ❑ #define symbol
- ❑ #undef symbol
- ❑ #if symbol [operator symbol2]
- ❑ #else
- ❑ #elif symbol [operator symbol2]
- ❑ #endif

- #warning text text 指在编译器中输出的警告文字
- #error text　　text 指在编译器中输出的错误信息
- #line number [file]

1．#region 和#endregion

上述预处理指令中，最为常用的是#region 和#endregion 指令。这两个指令的组合，可以把一段代码标记为给定名称的一个块。将块所实现的功能写在#region 行中，即为该块的名称。

如定义一个函数，接收一个字符串类型参数，用于输出传入的参数值。创建控制台应用程序，如练习 2-7 所示。

【练习 2-7】

定义一个方法，使用#region 和#endregion 指令将其包含在内。在#region 指令后的同一行，写下对方法的解释"输出字符串"，如图 2-8 所示。写好后，#region 指令左侧有"-"标记，单击该标记，如图 2-9 所示。该方法被显示为一个矩形框，显示该方法的解释。

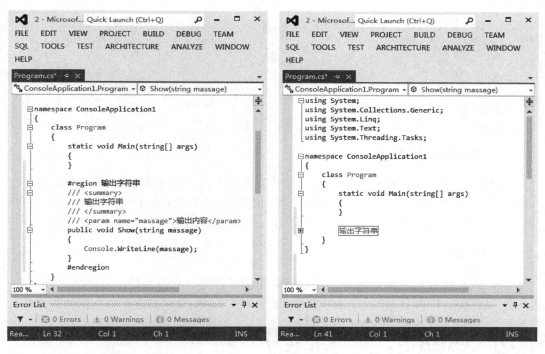

图 2-8　写入#region 指令　　　　图 2-9　#region 指令效果

如图 2-9 所示，该方法以一种更直观的方式显示给开发人员。当项目中程序较多时，通过这种方式，可以使程序清晰可观，方便阅读。

2．#define 和#undef

#define 类似于声明一个变量，但是这个变量没有真正的值，只是存在而已。代码没

有任何的意义仅仅是在编译器编译代码的时候存在。

　　#undef 相反，删除符号定义。如果这个符号不存在，这句话就没有任何意义，如果这个符号存在，#define 也不起作用。

注　意

> 声明的时候需要在第一行代码处声明且不需要分号结尾，不能放在代码的中间！

3. #if、#elif、#else、#endif

　　这些指令告诉编译器是否需要编译某个代码块，在#if 后面写语句块执行的条件，而在#if 与#endif 中间，写该条件下执行的语句块。其格式如下所示：

```
#if 执行条件
该条件下执行的语句块
#endif
```

　　#elif 与#if 和#else 嵌套使用，增加语句块执行的条件。它们必须以#endif 来结尾。其语法如下：

```
#if 执行条件 1
该条件下执行的语句块
#elif 执行条件 2（在不满足执行条件 1 的情况下）
执行语句块
#else
执行语句块
#endif
```

4. #warning 和 #error

　　当编译器遇见#warning 和 #error 的时候分别产生警告和错误，以及给用户显示#warning 后面的文本信息，并且继续进行；如果编译器遇见#error 指令，就会输出用户自定义的错误消息，作为一个编译错误信息，然后立即退出编译，不会生成代码。

5. #pragma

　　#pragma 指令可以抑制或者是恢复指定的编译警告。和命令行选项不同，#pragma 指令可以在类或者方法上执行，对抑制警告的内容和抑制的时间进行更加精细的控制。

2.11　实验指导 2-2：变量运算

　　本章主要讲述的是数据类型、变量、常量和运算符，结合本章内容，使用变量、常量和运算符，执行变量间的运算。

　　定义圆的半径为整型变量 r，定义圆周率为常量 pi，定义梯形的上底为 ul，下底为 dl，高为 hl，通过为这些变量赋值，比较圆和梯形的面积大小，并提供相应的注释。使用代码如下所示：

54

```
int r;
const double pi = 3.14;
int ul, dl, hl;
r = 5;
double rarea = pi * r * r;
ul = 5; dl = 4; hl = 7;
double tarea = (ul + dl) * hl / 2;
double maxs = (rarea > tarea) ? rarea : tarea;      //找出较大的面积值
string max = (rarea > tarea) ? "圆形" : "梯形";      //找出较大的图形
Console.WriteLine("{0}面积较大，为 {1}", max, maxs);
                                                    //输出面积较大的图形及面积
```

执行上述代码，效果如下所示：

```
圆形面积较大，为 78.5
```

上述代码中，使用了双精度浮点数常量、整型变量和双精度浮点数变量，使用了赋值符号、数学运算中的加、乘和除运算符号、比较运算符和三目运算符。

C#程序中的逻辑与数学逻辑类似，可看作是数学的程序应用。

2.12 思考与练习

一、填空题

1. 下面这段代码中，变量 minresult 输出的结果应该是_____。

```
int goodprice = 23, newprice = 10;
++goodprice;
newprice--;
int minresult = goodprice -
newprice;
```

2. 常量一般使用关键字_____来声明。

3. 常用数据类型一般分为值类型、_____和指针类型。

4. 下面空白处的横线应该填写的内容是_____。

```
string readcount = "100";
int count = _____.ToInt32
(readcount);
```

5. 已知 3 个 int 类型的变量 a、b 和 c，其中 a=5，b=8，c=10。那么表达式((--a) * (a + b) - c * (++b)) * c 的结果是_____。

6. _____是指将引用类型转换为值类型。

7. Convert 类的_____方法可以将字符串 "342" 转换为 double 类型。

8. _____需要在代码中明确地声明要转换的类型。

二、选择题

1. 下列选项中，声明变量不正确的选项是_____。

A. string goodName

B. string $namespace

C. string @namespace

D. int studentage

2. 程序编译过程中，第_____行的代码执行拆箱操作。

```
int values = 200;
object obj = values;
int number = (int)obj;
Console.WriteLine("number的值是：
" + number);
```

A. 1   B. 2

C. 3   D. 4

3. _____不属于值类型。

A. 布尔类型   B. 枚举

C. 结构   D. 接口

4．关于值类型和引用类型的说法，选项
_____是错误的。

    A．值类型分配在栈上，而引用类型分
       配在堆上

    B．值类型可以包含装箱和拆箱操作，
       而引用类型只包含拆箱操作

    C．虽然值类型和引用类型的内存都由
       GC 来完成，但是值类型不支持多
       态，而引用类型支持多态

    D．string 类型属于引用类型，它是一种
       特殊的引用类型

5．静态类型的变量需要通过关键字
_____来声明。

    A．static   B．const

    C．float   D．public

6．下面示例代码中，Max 在控制台输出的
结果是_____。

```
int a = 15, b = 20, c = 25, Max = 0;
Max = a>b?a:b;
Max=c<Max?c:Max;
```

    A．15   B．20

    C．25   D．0

7．用户将 float 类型的变量转换成 double
类型，这个过程属于_____。

    A．显式类型转换

    B．隐式类型转换

    C．装箱

    D．拆箱

三、简答题

1．简要概述声明变量和常量时的命名规则
或注意事项。

2．简要说明值类型和引用类型的区别。

3．列举常用的运算符并举例。

4．简述声明类、结构、枚举、接口以及常
量时所需的关键字。

第3章 控制语句

语句是程序完成一次操作的基本单元。程序由一条条的语句构成，这些语句依照一定的顺序执行。语句可以顺序执行，可以循环执行也可以跳转执行。

第2章学习了变量，变量的声明就是一条语句，这条语句通知计算机声明了一个变量，计算机得到命令后，执行该语句。本章学习C#中的语句及不同语句的执行方式，包括语句的含义、构成和语句的不同类型等。

本章学习目标：

- ❑ 理解语句的含义。
- ❑ 掌握基本语句格式。
- ❑ 掌握选择语句的结构和用法。
- ❑ 掌握循环语句的结构和用法。
- ❑ 理解嵌套的用法。
- ❑ 掌握跳转语句的用法。
- ❑ 掌握异常处理语句的用法。

3.1 语句概述

语句是日常生活中不可缺少的，人们通过语句相互交流，以达到目的。程序中的语句是人与计算机的交互，人们通过语句向计算机发出命令或数据信息，以实现某种功能。

计算机语句与人类语句不同，计算机语句命令性强，一条语句就是一条命令，用来指示计算机运行。语句是程序的构成组件，计算机的所有操作都是根据语句命令来执行的。

目前常用的高级编程语言，如C#和Java，其语句分类和语法格式相差不大，有过其他高级语言编程基础的读者在学习本章内容时，只需要了解各语言间的差别即可。

3.1.1 语句分类

语句是程序的基本组成，语句又分为多种，包括基本语句、空语句、声明语句、选择语句、循环语句和跳转语句等。

程序由一条条的语句构成，默认情况下，这些语句是顺序执行的。但顺行执行的语句使用范围有限，满足不了程序需求，因此C#将语句分为多种。除了顺序执行的语句外，C#中的程序执行语句分为以下几种。

- ❑ 选择语句包括：if、else、switch、case。
- ❑ 循环（迭代）语句包括：do、for、foreach、in、while。

❑ 跳转语句包括：break、continue、default、goto、return、yield。

❑ 异常处理语句包括：throw、try catch、try finally、try catch finally。

❑ 检查和未检查语句包括：checked、unchecked。

❑ Fixed 语句包括：fixed。

❑ Lock 语句包括：lock。

选择语句可根据不同条件选择需要执行的下一条语句。循环语句可重复执行相同语句。跳转语句常与选择语句和循环语句结合使用，用于中断目前执行顺序，并执行指定位置的语句。异常处理语句用于异常的处理，程序运行中常会出现意想不到的错误或漏洞，为了防止这些异常影响系统，可使用异常处理语句来处理。检查和未检查语句用于指定 C#语句的执行的上下文，C# 语句既可以在已检查的上下文中执行，也可以在未检查的上下文中执行。fixed 语句禁止垃圾回收器重定位可移动的变量。lock 关键字将语句块标记为临界区。

除了执行顺序上的分类，C#程序语句在功能上还有其他几种类型：空语句、声明语句、赋值语句和返回值语句等。

3.1.2 基本语句

没有特别说明的语句都按顺序执行，无论语句如何执行，语句结构和语法是固定的。

语句是程序指令，一条语句相当于一条命令，命令语句以分号结尾。命令语句可大可小，长语句可以写在多个代码行上，两行之间不需要连接符，用分号结尾；而一个单纯的分号即可构成一个短语句。

分号是语句不可缺少的结尾；语句与分号之间不能有空格，语句与语句之间用分号隔开，语句之间可以有空格和换行。例如，声明一个整型变量 num，语句如下所示：

```
int num;
```

简单的两个单词、一个空格和一个分号，就构成了一条声明语句。这条语句用来通知计算机准备一个位置给 int 型的变量 num。

最简单的语句是空语句，只有一个分号，不执行任何操作。如下所示：

```
int num;
num=3;
;
```

执行一个空语句就是将控制转到该语句的结束点。这样，如果空语句是可到达的，则空语句的结束点也是可到达的。

3.1.3 语句块

程序中的语句单独为命令，但一个功能常常需要多条语句顺序执行才能实现。C#中允许将多条语句放在一起，作为语句块存在。

语句块是语句的集合，将多条语句写在一个{}内，作为一个整体参与程序执行。

例如，定义一个变量 price 描述单价，定义一个变量 num 描述数量，则描述总价的变量 total 的值为 price 与 num 的乘积。语句如下：

```
{
    int price = 12;
    int num = 10;
    int total;
    total = price * num;
}
```

上述语句中的单条语句都是命令，但都是计算过程的一部分，分开来没有意义，多条语句描述了总价的计算过程，因此可将这些语句作为一个语句块存在。

语句块后不用加分号，常与选择语句关键字或循环语句关键字结合，用于表示参与选择或循环的语句。

3.2 选择语句

选择语句并不是顺序执行的，前面已经提到。如同人们生活中的不同选择，程序中也存在着选择。

如登录系统时的验证，当用户名、密码正确时便可进入系统，但只要密码有误，就不能进入系统。这是一种选择，在不同的状态下系统接下来执行不同的操作。

C#提供了多种选择语句类型，以满足不同的程序需求，如下所示。

❏ **if 语句**　当满足条件时执行。

❏ **if else 语句**　当满足条件时执行 if 后的语句，否则执行 else 后的语句。

❏ **if　else if　else if 语句**　当满足条件时执行 if 后的语句，否则满足第 2 个条件执行 else if 后的语句，否则满足第 3 个条件执行 else if 后的语句。

❏ **switch case 语句**　不同条件下执行不同语句。

3.2.1　if 语句

if 语句是选择语句中最简单的一种，表示当指定条件满足时，执行 if 后的语句。执行流程如图 3-1 所示。

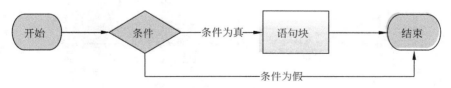

　　图 3-1　if 语句流程图

if 语句执行时，首先判断条件表达式是否为真：条件为真执行 if 语句下的语句块，结束条件语句；条件为假直接结束条件语句块，执行 if 语句块后面的语句。语法如下：

```
if(条件表达式)
{条件成立时执行的语句}
```

当条件表达式成立时，执行{}内的语句，否则不执行。if 括号内和括号后不用使用分号；{}符号内的语句是基本语句，必须以分号结尾；{}符号后不需要使用分号，其用法如练习 3-1 所示。

【练习 3-1】

程序中定义变量 rpas 表示用户输入的密码，密码的正确数据为"123456"，若密码正确则输出"登录成功！"字样，使用语句如下：

```
static void Main(string[] args)
{
    Console.WriteLine("请输入密码：");
    string rpas = Console.ReadLine();
    if(rpas=="123456")
    {
        Console.WriteLine("登录成功！");
    }
    Console.WriteLine("登录结束");
}
```

运行上述代码，输入正确的密码"123456"和错误的密码"123123"，当密码正确，输出"登录成功！"字样，如图 3-2 所示；而当密码有误，如图 3-3 所示，程序跳过了 if 语句块的执行，直接执行后面的语句，输出"登录结束"字样。

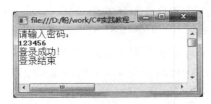

图 3-2　密码验证成功

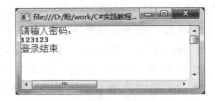

图 3-3　密码无效

3.2.2　if else 语句

if else 语句在 if 语句的基础上，添加了当条件不满足时进行的操作。执行流程如图 3-4 所示。

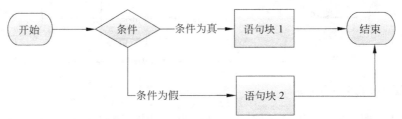

图 3-4　if else 语句流程图

条件的成立只有两种可能,即成立和不成立。if else 语句在条件表达式成立时与 if 语句一样执行 if 后的语句块 1,并结束条件语句;条件表达式不成立时执行 else 后的语句块 2,执行完成后结束条件语句。语法如下:

```
if(条件表达式)
{条件表达式成立时执行的语句}
else
{条件表达式不成立时执行的语句}
```

else 后的{}内同样是基本语句,以分号结尾,{}符号后不需要使用分号,如练习 3-2 所示。

【练习 3-2】

同样以密码的验证为例,在练习 3-1 的基础上添加密码验证失败的提示,即密码有误时,输出"密码有误!"字样,代码如下:

```
static void Main(string[] args)
{
    Console.WriteLine("请输入密码: ");
    string rpas = Console.ReadLine();
    if (rpas == "123456")
    {
        Console.WriteLine("登录成功! ");
    }
    else
    {
        Console.WriteLine("密码有误! ");
    }
    Console.WriteLine("登录结束");
}
```

同样是密码的登录,这次添加密码无效时需要执行的语句,则输入错误的密码时,其效果如图 3-5 所示。程序跳过了 if 语句块的执行,而执行 else 语句块中的语句,输出"密码有误!"字样。

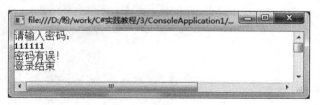

图 3-5 密码有误

3.2.3 if else if 语句

if else if 语句相对复杂,它提供了多个条件来筛选数据,将数据依次分类排除。程序流程如图 3-6 所示。

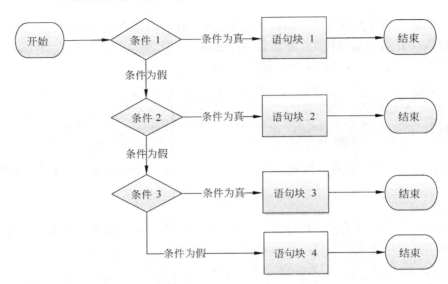

图3-6 if else if 语句流程图

如图3-6所示，if else if 语句在程序进入语句时，首先判定第一个 if 下的条件1。
- 条件1成立，执行语句块1并结束条件语句。
- 条件1不成立，判断条件2，条件2成立，执行语句块2并结束条件语句。
- 条件2不成立，判断条件3，条件3成立，执行语句块3并结束条件语句。
- 条件3不成立，执行语句块4并结束条件语句。

图中只有3个条件和一个 else 语句。在 if else if 语句中，条件可以是任意多个，但 else 语句小于等于1个。即 else 语句可以不要，也可以要，要的话只能有1个，因为条件只有成立和不成立两种结果。

if else if 语句基本语法如下：

```
if (条件表达式1)
{语句块1}
else if (条件表达式2)
{语句块2}
else if (条件表达式3)
{语句块3}
...
[else]
{}
```

表达式和语句块的语法同 if 语句和 if else 语句一样，有如下的实例。

【练习3-3】

程序中定义变量 age 表示年龄，定义变量 title 表示称呼，我国有着根据不同年龄对一个人的称呼，如童年、少年、青年、中年、老年，根据年龄判断称呼，语句如下。

```
Console.WriteLine("请输入年龄: ");
int age =Convert.ToInt32(Console.ReadLine()) ;
```

```
string title="";
if (age < 6)
{
    title = "童年";
}
else if (age < 17)
{
    title = "少年";
}
else if (age < 40)
{
    title = "青年";
}
else if (age < 65)
{
    title = "中年";
}
else
{
    title = "老年";
}
Console.WriteLine("{0}岁的人们称为：{1}",age,title);
```

运行上述代码，分别使用年龄 15、23 和 45 来测试程序的运行结果，其效果分别如图 3-7、图 3-8 和图 3-9 所示，输出了对应的称谓。

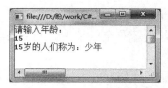

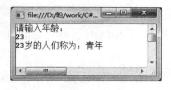

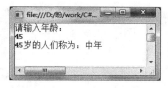

图 3-7　15 岁时的称呼　　　　图 3-8　23 岁时的称呼　　　　图 3-9　45 岁时的称呼

示例中第二个条件为 age<17，虽然年龄小于 17 的还有童年，但童年在第一个条件中已经排除。因此这里使用 age<17 与使用 age>=6 && age<17 效果是一样的。

提示
　　　还有一些不需要使用最后的 else 语句的例子，此时，if 和 else if 将所有的可能性都包括了。

3.2.4　switch 语句

switch 语句的完整形式为 switch case default。switch 语句与 if　else if 语句用法相似，但 switch 语句中使用的条件只能是确定的值，即条件表达式等于某个常量，不能使用范围。switch case 语句流程图如图 3-10 所示。

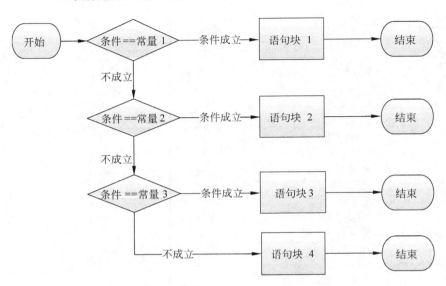

图3-10 switch 语句流程图

如图 3-10 所示，switch 语句在程序进入语句时，首先判定常量 1 是否与条件相等。常量可以是具体数值，也可以是表达式。

❑ 条件与常量 1 相等，执行语句块 1 并结束条件语句。

❑ 条件与常量 2 相等，执行语句块 2 并结束条件语句。

❑ 条件与常量 3 相等，执行语句块 3 并结束条件语句。

❑ 条件与三个常量都不相等，执行语句块 4 并结束条件语句。

图中只有 3 个条件表达式和一个 default 语句。default 语句表示剩余的情况，与 else 类似。

与 if else if 语句一样，条件常量可以是任意多个，default 语句可以不要，也可以要，要的话只能有 1 个，因为条件只有成立和不成立两种结果。

switch 语句基本语法如下：

```
switch (条件表达式)
{
case 常量1:
语句块1
break;
case 常量2:
语句块2
break;
case 常量3:
语句块3
break;
...
[default]
}
```

switch 语句只使用一个{}包含整个模块；break 语句属于跳转语句，用于跳出当前选择语句块。

switch 语句与 if 语句不同，当条件符合并执行完当前 case 语句后，不会默认跳出条件判断，将会接着执行下一条 case 语句，使用 break 语句后，程序将跳出 switch 语句块，执行后面的语句。

如当表达式等于常量 1，执行了第一个 case 语句。若不使用 break，将执行第二个 case 语句而无论表达式是否等于常量 2；若使用了 break，接下来将执行 switch{}后的语句。对 switch 语句的使用，如练习 3-4 所示。

【练习 3-4】

接收一个从 1 到 7 的任意数字，输出对应的一周 7 天，其中，数字 1 对应星期一，使用语句如下：

```csharp
Console.WriteLine("请输入日期：");
int age = Convert.ToInt32(Console.ReadLine());
string title = "";
switch (age)
{
    case 1:
        title = "星期一";
        break;
    case 2:
        title = "星期二";
        break;
    case 3:
//部分代码省略
        break;
    case 7:
        title = "星期天";
        break;
}
Console.WriteLine("您选择了：{0}",title);
```

运行上述代码，分别使用数字 2 和数字 7 来验证程序的运行结果，如图 3-11 和图 3-12 所示。

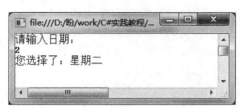

图 3-11　选择 2 的执行结果

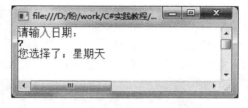

图 3-12　选择 7 的执行结果

注　意

case 语句的值是唯一的，即任何两个 case 语句不能具有相同的值。

65

3.3 循环语句

循环语句用于重复执行特定语句块，直到循环终止条件成立或遇到跳转语句。程序中经常需要将一些语句重复执行，使用基本语句顺序执行将使开发人员重复工作，影响效率。

如 1+2+3+…+100，使用顺序语句需要将 100 个数相加；若加至 1000、10000 或更大的数，使得数据量加大，容易出错，不便管理。

循环语句简化了这个过程，将指定语句或语句块根据条件重复执行。循环语句分为 4 种：

- ❑ **for** for 循环重复执行一个语句或语句块，但在每次重复前验证循环条件是否成立。
- ❑ **do while** do while 循环同样重复执行一个语句或语句块，但在每次重复结束时验证循环条件是否成立。
- ❑ **while** while 语句指定在特定条件下重复执行一个语句或语句块。
- ❑ **foreach in** foreach in 语句为数组或对象集合中的每个元素重复一个嵌入语句组。

3.3.1 for 语句

for 循环在重复执行的语句块之前加入了循环执行条件，循环条件通常用来限制循环次数，执行流程图如图 3-13 所示。

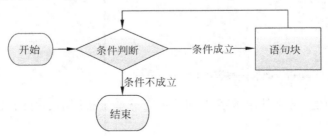

🔵 图 3-13 for 循环流程图

如图 3-13 所示，从开始进入判断循环条件是否成立：若成立，执行语句块，并重新判断循环条件是否成立；若不成立，结束这个循环。语法格式如下：

```
for(<初始化>；<条件表达式>；<增量>)
{语句块}
```

for 语句执行括号里面语句的顺序如下：

首先是初始化的语句，如 int num=0；若 for 循环之前已经初始化，可以省略初始化表达式，但不能省略分号。

接着是条件表达式，如 num<5；表达式决定了该循环将在何时终止。表达式可以省

控制语句

略，但省略条件表达式，该循环将成为无限死循环。

最后是增量，通常是针对循环中初始化变量的增量，如 num++；增量与初始值和表达式共同决定了循环执行的次数。增量可以省略，但省略的增量将导致循环无法达到条件表达式的终值，因此需要在循环的语句块中修改变量值。

增量表达式后不需要分号，因 for 语句（）内的 3 个表达式均可以省略，表达式间的分号不能省略，因此有以下空循环语句：

```
for (;;)
{
}
```

循环条件中的变量也可用于实际意义，如以下示例。

【练习 3-5】

定义整型变量 num，计算 1+2+3+4+…+1000 的数值并赋值给 num，输出 num 的值。使用 for 循环语句如下：

```
int num = 0;
for (int x = 1; x <= 1000; x++)
{
    num = num + x;
}
Console.WriteLine(num);
```

执行结果为：500500。练习 3-5 中将 1 递加至 1000，相当于求等差数列的值，省略 for 循环中的初始值和增量，可以使用以下语句。

```
int num = 0;
int x = 1;
for (; x <= 100; )
{
    num = num + x;
    x++;
}
Console.WriteLine(num);
```

以上代码的运行结果与练习 3-5 是一样的。除了数字，条件表达式同样可用于字符，根据字符的 ASCII 值顺序进行，如练习 3-6 所示。

【练习 3-6】

定义字符串变量 num 和字符变量 x，将字符从 a 到 z 组合在一起赋值给字符串 num，并输出，使用语句如下：

```
string num="";
char x = 'a';
for (; x <= 'z'; )
{
    num = num + x;
    x++;
```

```
}
Console.WriteLine(num);
```

执行结果如下所示：

```
abcdefghijklmnopqrstuvwxyz
```

注 意

条件表达式必须是布尔值，而且不能是常量表达式，否则循环将会因无法执行或无法结束，而出现漏洞或失去意义。

3.3.2 do while 语句

do while 循环在重复执行的语句块之后加入了循环执行条件，与 for 循环执行顺序相反。除了条件判断顺序的不同，do while 语句虽然同样使用小括号"()"来放置条件表达式，但小括号里面只能有一条语句，不需要分号结尾。执行流程图如图 3-14 所示。

图 3-14 do while 流程图

如图 3-14 所示，程序在开始时首先执行循环中的语句块，在语句块执行结束再进行循环条件的判断。条件成立，重新执行语句块；条件不成立，结束循环。语法结构如下：

```
do
{语句块}
while(条件表达式);
```

与 for 循环不一样的有：

❑ do 关键字与 while 关键字分别放在循环的开始和结束。

❑ 条件表达式放在循环最后。

❑ while 关键字后的括号（ ）内，表达式只有一个。

❑ 表达式的括号后需要加分号。

与 for 循环相比，do while 循环将初始化放在了循环之前，将条件变量的变化放在了循环语句块内。同样是 1 到 1000 递加，使用 do while 语句过程如下。

【练习 3-7】

定义整型变量 num，计算 1+2+3+4+…+1000 的数值并赋值给 num，输出 num 的值。使用 do while 语句如下：

```
int num = 0;
int x=1;
do
{
```

```
    num = num + x;
    x = x + 1;
}
while (x <=1000);
Console.WriteLine(num);
```

执行结果与练习 3-5 相同。for 主要控制循环的次数，而对于不确定次数的循环，使用 do while 比较合适，如练习 3-8 所示。

【练习 3-8】

定义整型变量 num，计算 143 除了 1 以外的最小约数，并赋值给 num，输出 num。求约数即相除余数为 0 的整数，只能从最小的数依次计算，则语句如下：

```
int num=2;
do
{
    num=num+1;
}
while(143%num!=0);
Console.WriteLine(num);
```

程序开始，余数都不为 0，直到余数为 0，循环条件不成立，就找到了 143 的最小约数。若使用 for 循环，语句如下：

```
int num = 2;
for (; 143%num!=0; )
{
    num++;
}
Console.WriteLine(num);
```

执行结果为：11。

3.3.3　while 语句

while 语句在条件表达式判定之后执行循环，与 for 循环的执行顺序一样。不同的是语句格式和适用范围。

while 的使用比较灵活，甚至在某些情况下能替代条件语句和跳转语句。while 循环流程图如图 3-15 所示。

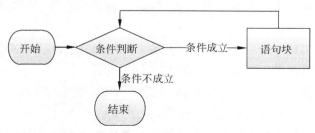

图 3-15　while 语句流程图

如图 3-15 所示，在执行至 while 语句时首先判断循环条件是否成立：若成立，执行语句块，并重新判断循环条件是否成立；若不成立，结束这个循环。语法格式如下：

```
while(条件表达式)
{语句块}
```

从 while 使用格式看出，while 的使用与 for 很接近，满足条件表达式即进行 while 语句块，否则结束循环。

while 后的括号（）只能使用一个条件表达式语句，若在循环中不改变条件表达式中的变量值，循环将无限进行下去，因此循环语句块中包含改变变量值的语句。如使用 while 计算 1 到 1000 这 1000 个数字的和，如练习 3-9 所示。

【练习 3-9】

定义整型变量 num，计算 1+2+3+4+…+1000 的数值并赋值给 num，输出 num 的值。使用 while 循环语句如下：

```
int i=0,num=0;
while(i<=1000)
{
    num = num + i;
    i++;
}
Console.WriteLine(num);
```

运行上述代码，其结果与练习 3-5 结果一样。代码中，i 变量在循环中改变了数值，否则循环将永远进行下去，Console.WriteLine(num);语句将无法被执行。

3.3.4 foreach in 语句

foreach in 语句主要用于数组、集合等元素成员的访问。单个变量的赋值是最为简单的，之前介绍过。但 C#中有数组、集合之类数据类型，这些数据类型变量中，不止包含一个数据，而是一系列数据。对这些数据类型的访问，可以使用 foreach in 语句。

使用 foreach in 语句，可以在不确定元素成员个数的前提下，对元素成员执行遍历，如数组（在本书第 2 章有简单介绍）类型的元素。

数组成员的访问需要指定成员的索引，而若要遍历数组中所有成员，则需要知道数组成员的个数（也叫作数组长度），但使用 foreach in 语句可以在没有获取数组长度的情况下对元素成员进行遍历。

数组中的数可多可少，若一个个赋值会加大开发人员工作量，使用 foreach in 语句可以对数组及对象集合成员进行操作，如赋值、读取等。

数组中的成员数量各不相同，foreach in 循环不需要指定循环次数或条件。如针对有 N 个成员的数组，foreach in 循环流程图如图 3-16 所示。

图 3-16 是 foreach in 循环作用的形象图，并非标准流程图。foreach 语句为数组或对象集合中的每个元素重复一个嵌入语句组，循环访问集合以获取所需信息。

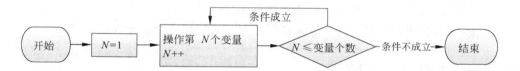

图 3-16 foreach in 循环流程图

嵌入语句为数组或集合中的每个元素顺序执行。当为集合中的所有元素完成操作后，控制传递给 foreach 语句块之后的下一个语句。语法格式如下：

```
foreach (变量声明 in 数组名或集合类名)
{
    语句块     // 使用声明的变量替代数组和集合类成员完成操作
}
```

foreach 语句声明的变量替代了数组成员，由于格式过于模糊、不易理解，通过练习来讲解 foreach 语句的使用，如练习 3-10 所示。

【练习 3-10】

定义整型数组 num 并赋值，定义整型变量替代 num 成员，输出数组成员，使用语句如下。

```
int[] num = new int[] { 0, 1, 2, 3, 5, 8, 13 };
foreach (int i in num)
{
    Console.Write(i);
    Console.Write(" ");
}
```

执行结果为：

```
0 1 2 3 5 8 13
```

代码中的 Console.Write();表示输出()中的字符串，不进行换行。Console.Write(" ");语句输出一个空格。

在 foreach 语句块内的任意位置都可以使用跳转语句跳出当前循环或整个 foreach 语句块。跳转语句在本章 3.5 节介绍。

注意

> foreach 循环不能应用于更改集合内容，以避免产生不可预知的副作用。

3.4 嵌套语句

嵌套语句用于在选择或循环语句块中加入选择或循环语句，将内部加入的选择或循环语句作为一个整体，有以下几种形式：

❑ **选择语句嵌套**　在选择语句块中使用选择语句。

> ❑ **循环语句嵌套**　在循环语句块中使用循环语句。
> ❑ **多重混合语句嵌套**　在选择或循环语句块中使用多个选择或循环语句。

3.4.1　选择语句嵌套

选择语句以 if else 语句为例，在 if 或 else 后的语句块中，使用另一个条件语句，如获取一个年份是否是闰年，如练习 3-11 所示。

【练习 3-11】

定义整型变量 year 为年份，接收用户对年份的输入数据。根据 year 的值，判断该年份是否是闰年。闰年的判断条件有两个，如下所示。

> ❑ 年份是整百数的，先除去 100 后，能被 4 整除的为闰年。
> ❑ 年份不是整百数的，能被 4 整除的为闰年。

使用语句如下：

```
Console.WriteLine("请输入年份: ");
int year = Convert.ToInt32(Console.ReadLine());
if (year % 100 == 0)
{
    year = year / 100;
    if (year % 4 == 0)
    { Console.WriteLine("年份 {0} 是 闰年", year); }
    else
    { Console.WriteLine("年份 {0} 不是 闰年", year); }
}
else
{
    if (year % 4 == 0)
    { Console.WriteLine("年份 {0} 是 闰年", year); }
    else
    { Console.WriteLine("年份 {0} 不是 闰年", year); }
}
```

练习 3-11 中，首先判断年份是否能被 100 整除，能的话将年份除以 100 再与 4 取余数；若年份不能被 100 整除，直接将年份与 4 取余数，并根据余数判断年份是否是闰年。

分别使用 2012 和 2013 来验证程序，其运行结果如图 3-17 和图 3-18 所示。

图 3-17　验证 **2012** 是否是闰年

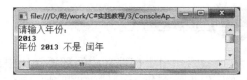

图 3-18　验证 **2013** 是否是闰年

3.4.2　循环语句嵌套

在循环语句块使用循环语句是常用的，以 for 循环为例，若想输出一行数据或者一列数据，直接使用 for 循环即可，但若想输出几行几列的数据，只能在循环内部使用循环。

例如，2013 年 4 月 1 日为周一，按一行一周输出 4 月份日期，则每一行是一个循环，在一行结束后换行，进行下一个循环，如练习 3-12 所示。

【练习 3-12】
定义整型变量 day 表示日期，输出 4 月份日期。

使用嵌套语句如下：

```
int day;
for (day = 1; day < 31; )
{
    for (int i = 0; (i < 7)&&(day<31); i++)
    {
        Console.Write(day);
        Console.Write(" ");
        day++;
    }
    Console.Write("\n");
}
```

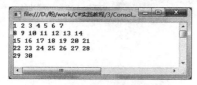

◐ 图 3-19　4 月份日期

◐ 图 3-20　无意义日期

运行结果如图 3-19 所示。练习 3-12 中，由于 day 等于 30 时还会进行内部循环，在内部循环中 day 将大于 30 并进行下去，因此在内部循环中需要添加条件（day<31）。否则执行结果如图 3-20 所示。

3.4.3　混合语句嵌套

嵌套不仅可以用于选择语句之间或循环语句之间，选择与循环之间的嵌套同样常用。复杂的功能尝试用多重的嵌套，一个循环内出现多个循环和选择语句。

当程序使用多重嵌套时，执行时将循环和选择语句块由内到外作为整体进行。如图 3-19 所示，由于日期数字有一位的，有两位的，因此数据看起来比较乱。若在一位数字的前面加一个空格，即可使日期整齐、便于查看，如练习 3-13 所示。

【练习 3-13】
借助练习 3-12 的示例，在输出日期时判断该日期是否小于 10，若小于 10 则为一位

73

数字，需要在数字前输出空格，否则不输出空格，代码如下：

```
int day;
for (day = 1; day < 31; )
{
    for (int i = 0; (i < 7) && (day < 31); i++)
    {
        if (day < 10)
        {
            Console.Write(" {0}", day);
        }
        else
        {
            Console.Write(day);
        }
        Console.Write(" ");
        day++;
    }
    Console.Write("\n");
}
```

练习 3-13 是多重嵌套的例子，在 for 循环内有 for
循环，内部的 for 循环内又有选择语句。分析这段代码
时，将最里面的 if 语句块看作一个整体，接着将内部的
for 循环作为一个整体，执行外部循环。运行练习 3-13，
其效果如图 3-21 所示。

图 3-21　日期格式化

3.5　跳转语句

跳转语句用于中断当前执行顺序，从指定语句接着执行。在 switch 语句中曾使用跳
转语句中的 break 语句，中断了当前的 switch 语句块，执行 switch 后的语句。

跳转语句同样分为多种，其关键字及其使用特点如下所示。

❑　**break** 语句　break 语句用于终止它所在的循环或 switch 语句。
❑　**continue** 语句　continue 语句将控制流传递给下一个循环。
❑　**return** 语句　return 语句终止它出现在其中的方法的执行，并将控制返回给调
用方法。
❑　**goto** 语句　goto 语句将程序控制流传递给标记语句。

3.5.1　break 语句

3.2.4 节曾将 break 语句用于 switch 语句块，对 break 语句有了简单了解。break 有两
种用法：

❑　用在 switch 语句的 case 标签之后，结束 switch 语句块，执行 switch{}后的语句。

74

控制语句 ────

❑ 用在循环体，结束循环，执行循环{}后的语句。

循环有多种，任意一种循环都可以使用 break 跳出。接下来通过实例讲述 break 语句与循环语句的结合。

【练习 3-14】

851 在 100 以内有两个约数，23 和 37。找出 100 以内，851 除了 1 以外的最小约数，语句如下：

```
int num=0;
for (int i = 2; i < 101; i++)
{
    if (851 % i == 0)
    {
        num = i;
        break;
    }
}
Console.Write(num);
```

运行结果为：23。说明循环在 i=23 时就结束了，否则 i 应该为 37。break 语句直接跳出了 for 循环而不是 if 选择语句，也说明 if 选择语句中不需要使用 break 跳转。

● - - 3.5.2 continue 语句 - - ﹚

continue 语句是跳转语句的一种，用在循环中可以加速循环，但不能结束循环。continue 语句与 break 不同之处在于：

❑ continue 语句不能用于选择语句。

❑ continue 语句在循环中不是跳出循环块，而是结束当前循环，进入下一个循环，忽略当前循环的剩余语句。

同样是找出约数，将练习 3-14 改为找出 100 以内除了 1 以外的所有约数，如练习 3-15 所示。

【练习 3-15】

找出 100 以内，除了 1 以外，851 的所有约数，语句如下。

```
for (int i = 2; i < 101; i++)
{
    if (851% i == 0)
    {
        num = i;
        Console.WriteLine(num);
        continue;
    }
}
```

执行结果为：

23
37

练习 3-15 的例子中省略 continue 效果是一样的，因为循环语句中 continue 语句后没有语句，因此有没有 continue 都将执行下一个循环。continue 语句的使用效果如练习 **3-16** 所示。

【练习 3-16】

输出整型数 1 至 30，但取消整数 5 的倍数的输出，在执行到 5 的倍数时换行。使用语句如下所示：

```
for (int i = 1; i < 30; i++)
{
    if (i % 5==0)
    {
        Console.Write("\n");
        continue;
    }
    if (i < 10)
    {
        Console.Write(" {0} ", i);
    }
    else
    {
        Console.Write(i);
        Console.Write(" ");
    }
}
```

执行结果如图 3-22 所示。从执行结果看得出，在执行至 continue 语句后，"Console.Write(" {0} ", i);" 语句和 "Console.Write(i);" 语句都没有执行，数字 5 没有输出，而输出了换行。

图 3-22　30 以内的数字显示

3.5.3　return 语句

return 语句经常用在方法的结尾，表示方法的终止。方法是类的成员，将在第 5 章中介绍。

方法相当于其他编程语言中的函数，是描述某一功能的语句块。方法定义后并不是直接执行的，而是在其他地方使用语句调用的，如同变量在声明后在其他地方被调用。

方法可以有返回值，在调用时将返回值传递给调用语句，也可以没有返回值。返回值可以是常数，也可以是变量，由 return 语句定义返回值。

方法语句块中，在 return 语句后没有其他语句，但控制流并没有结束，而是找不到接下来要进行的语句。使用 return 语句将控制流传递给调用该方法的语句，同时将返回值传递给调用语句。

控制语句

方法的定义需要有访问修饰符、返回数据类型、方法名称和参数列表，以及方法中的语句块。参数是方法中的变量，这些变量由调用它的语句来赋值，作为已经被初始化的数据来使用。

如定义一个方法 power()将整型数字 num 求 pow 次方，该方法含有两个参数，一个是整型数字 num，另一个是该数需要获取的乘方数 pow，方法返回两个数的计算结果，代码如下：

```
public static int power(int num, int pow)
{
    int newnum=1;
    for (int i = 1; i <= pow; i++)
    {
        newnum = newnum * num;
    }
    return newnum;
}
```

上述代码中，通过 for 循环将变量 num 乘了 pow 次，并将结果赋给 newnum。最后一条语句使用 return 关键字返回运算结果 newnum。

方法的调用需要指定方法中的参数，如调用该方法，计算 12 的 10 次方，则调用语句如下所示：

```
power(12,10);
```

如在 Main()函数中调用该方法，输出 12 的 10 次方计算结果，使用语句如下所示：

```
Console.WriteLine("数字 12 的 10 次方为{0}",power(12,10));
```

运行上述代码，其结果如下所示。

```
数字 12 的 10 次方为 61917364224
```

3.5.4　goto 语句

goto 语句是跳转语句中最灵活的，也是最不安全的。goto 语句可以跳转至程序的任意位置，但欠考虑的跳转将导致没有预测的漏洞。goto 语句也有限制：

❑ 可以从循环中跳出，但不能跳转到循环语句块中。
❑ 不能跳出类的范围。

使用 goto 语句首先要在程序中定义标签，标签是一个标记符，命名同变量名一样。标签后是将要跳转的目标语句，一条以内不用加{}，超过一条则必须放在{}内，{}后不用加分号。如下所示：

```
label: {}
```

接着将标签名放在 goto 语句后，即可跳转至目标语句，如下所示：

```
goto label;
```

练习 3-17 简单地显示了 goto 语句的用法和格式，将控制流从循环中跳出。

【练习 3-17】

输出从 1 到 10 的整数，在输出整数 5 时跳出，从整数 5 往后不再输出，使用语句如下。

```
for (int i = 1; i < 11; i++)
{
    Console.WriteLine(i);
    if (i == 5)
    {
        Console.Write("\n");
        goto comehere;
    }
}
comehere:
{
    Console.WriteLine("到 5 了，结束了");
}
```

除了跳出循环语句，goto 语句另外一种用法是跳出 switch 语句并转移到另一个 case 标签，如练习 3-18。

【练习 3-18】

定义整型 num 表示第几个季节，定义字符串 title 表示季节名称，有如下的代码：

```
int num = 4;
string title="";
switch (num)
{
    case 1:
        title = "春天";
        break;
    case 2:
        title = "夏天";
        break;
    case 3:
        title = "秋天";
        break;
    case 4:
        title = "冬天";
        goto case 2;
}
Console.WriteLine(title);
```

执行结果为：

夏天

由结果看出，因为 num 变量使用的是常数 4，所以控制流将执行 case 4，但在 case 4

中使用 goto 语句将控制流转向了 case 2，导致显示结果为 case 2 中的夏天。case 在这里起到了标签的作用。

3.6 异常处理语句

程序中不可避免存在无法预知的反常情况，这种反常称为异常。C#为处理在程序执行期间可能出现的异常提供了内置支持，由正常控制流之外的代码处理。

本节介绍 C#内置的异常处理，包括使用 throw 抛出异常，使用 try 尝试执行代码，并在失败时使用 catch 处理异常。

3.6.1 throw

throw 语句用于发出在程序执行期间出现异常的信号。通常与 try catch 语句或 try finally 语句结合使用。

throw 语句将引发异常，当异常引发时，程序查找处理此异常的 catch 语句。也可以用 throw 语句重新引发已捕获的异常。throw 只是用在程序中的一条语句，在实际应用中如练习 3-19 所示。

【练习 3-19】

定义变量 name 表示用户名，name 是不能为空的，在使用前必须赋值，为了确保 name 不为空，有以下语句。

```
string name = null;
if (name == null)
{
  throw (new System.Exception());
}
Console.Write("The name is null");
```

执行语句将引发异常。若将 if 语句中{}内的语句块注释，或直接将整个 if 语句注释，程序可以正常进行，输出 The name is null，但有了 throw 语句，程序将中断并提示异常。

但这样的异常是放任的，没有处理的，需要使用 catch 语句处理异常，即下一节要讲解的 try catch 语句。

3.6.2 try catch

throw 语句只是抛出异常，异常的处理需要 try catch 语句。try catch 语句由一个 try 语句块后跟一个或多个 catch 子句构成，执行时首先尝试运行 try 语句块，若引发了异常则执行 catch 语句块并完成，若没有异常则正常完成。多个 catch 子句指定不同的异常处理程序。流程图如图 3-23 所示。

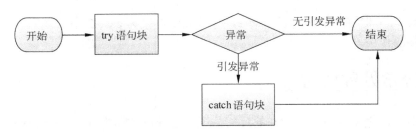

图 3-23 **try catch 语句流程**

图 3-23 并不是标准流程图，是形象描述的流程图。在 try catch 语句开始后首先执行 try 语句块，若无异常则结束，有异常则执行 catch 语句块并结束。try catch 语法格式如下：

```
try
{语句块}
catch ()
{语句块}
catch ()
{语句块}
```

格式中 try 与 catch 后的{}不需要加分号，catch 子句使用时可以不带任何参数，这种情况下它捕获任何类型的异常，并被称为一般 catch 子句。若 try 后只有一个 catch 语句，则 catch 后的（）可以省略，如练习 3-20 所示。

【练习 3-20】

将练习 3-19 改进，添加异常的获取和处理，使用 try catch 语句如下。

```
string name = null;
try
{
    if (name == null)
    {
        throw new Exception();
    }
}
catch
{
    Console.WriteLine("name is null");
}
```

运行结果为：

```
name is null
```

catch 子句还可以接受从 System.Exception 派生的对象参数，这种情况下它处理特定的异常，如练习 3-21 所示。

【练习 3-21】

定义变量 name 表示用户名，name 是不能为空的，在使用前必须赋值，若没有赋值则指出异常，使用语句如下。

```
string name = null;
try
{
    if (name == null)
    {
        throw new Exception();
    }
}
catch (Exception e)
{
    Console.WriteLine(e);
}
```

运行结果如图 3-24 所示：

图 3-24 指出异常

在同一个 try catch 语句中可以使用一个以上的特定 catch 子句。这种情况下 catch 子句的顺序很重要，因为会按顺序检查 catch 子句。将先捕获特定程度较高的异常，而不是特定程度较小的异常，如练习 3-22 所示。

【练习 3-22】

将练习 3-21 改变，添加一个特定程度高的 catch 子句，再使用捕获所有类型的 catch 子句，使用语句如下。

```
string name = null;
try
{
    if (name == null)
    {
        throw new ArgumentNullException();
    }
}
catch (ArgumentNullException e)
{
    Console.WriteLine("first {0}",e);
}
catch (Exception e)
{
    Console.WriteLine("second {0}", e);
}
```

执行结果如图 3-25 所示。

图 3-25　多个 catch 结果

除了 throw 语句和 try 语句块中抛出的异常，由 catch 语句可以再次引发异常，格式如下：

```
//参数可以省略
catch(参数)
{
    throw(参数);
}
```

在 try 语句块内部时应该只初始化其中声明的变量；否则，完成该块的执行前可能发生异常。如以下的代码示例：

```
int i;
try
{
    i = 0;
}
catch
{
}
Console.Write(i);
```

变量 i 在 try 语句块外声明，而在语句块内初始化。在使用 Write(i)语句输出时产生编译器错误：使用了未赋值的变量。

3.6.3　try catch finally

finally 语句块用于清除 try 语句块中分配的所有资源，以及在 try 语句块结束时必须执行的代码，无论是否有异常发生。

finally 语句块放在 catch 语句块后，控制总是传递给 finally 语句块，与 try 语句块的退出方式无关。流程图如图 3-26 所示。

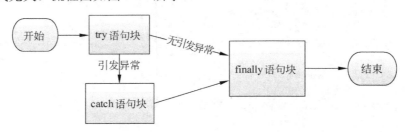

图 3-26　try catch finally 流程图

图 3-26 并不是标准流程图，是形象化的流程图。程序从进入 try 语句后若没有引发异常，则进行 finally 语句块并结束；若引发了异常，则先进行 catch 语句块，接着执行 finally 语句块并结束。语法如下：

```
try { }
catch { }
finally { }
```

catch 和 finally 一起使用的常见方式是：在 try 语句块中获取并使用资源；在 catch 语句中处理异常；在 finally 语句块中释放资源。catch 语句块可以省略，直接使用 try 和 finally 语句块。

【练习 3-23】

定义除数变量 dividenum 和被除数变量 num，两个变量都不能为 0，默认 num 为 6，dividenum 为 2，求两个数的商，有以下语句。

```
int num=0;
int dividenum = 0;
try
{
    if (num == 0 || dividenum == 0)
    { throw new Exception(); }
}
catch
{
    num = 6;
    dividenum = 2;
}
finally
{ num = num / dividenum; }
Console.Write(num);
```

执行结果为：

```
3
```

从练习 3-23 看得出，语句执行从 try 开始，在引发异常后由 catch 捕获并处理，之后交由 finally 语句。代码中的 catch 可以省略，如以下代码：

```
int num = 0;
int dividenum = 0;
try
{
    if (num == 0 || dividenum == 0)
    {
        num = 6;
        dividenum = 2;
    }
```

```
}
finally
{ num = num / dividenum; }
Console.Write(num);
```

执行结果与练习 3-23 一致。

与直接使用 try catch 不同，在 finally 语句块中可以初始化 try 语句块以外的变量，如以下代码：

```
int i;
try
{

}
catch
{
}
finally
{i=123;}
Console.Write(i);
```

执行结果为：

```
123
```

3.7 实验指导 3-1：输出等腰梯形

使用一种符号，如 '@'、'#'、'*' 或 '$' 等，输出一个等腰梯形，在梯形的中间垂直轴线使用另一种符号，达到如下所示的效果。

```
     *****$*****
    ******$******
   *******$*******
  ********$********
 *********$*********
```

通过实现效果看得出，图形是有规律地循环输出，需要用到循环语句。而图像由两部分构成：

❑ 一部分是符号，构成梯形的主体。

❑ 另一部分是空格，用来控制格式，使输出为等腰梯形。

但两部分不能分开，每一行都要有符号和空格，因此两部分的关系是并列的，可以用两个变量表示两部分的字符串。

整体的效果：梯形由 5 行构成，每一行又分为对称的两部分。以对称轴左侧为例，符号每一行多一个，符号数目与空格数目的和为 10。两边的符号数目和即为 10 减去空

格数，乘以 2。中间轴的另一个符号需要使用条件语句，当进行到中间时改变符号，并
接着进行下一个循环。

因此，对该图形的输出，首先需要确定整体循环的次数，5 行的图形循环 5 次。

接着是内部的循环，先看空格：空格每一行少一个，总数需要递减。循环数要跟整
体循环关联，否则每次循环数一样，将输出矩形的空格。因此只需将总循环数递减，即
可使空格数目与总循环数相等。

再看符号，符号与空格数的关系已经明确，即（10−空格数）×2，但因中间有其他
符号，可以使用条件语句在循环至中间时改变符号，并接着执行下一个循环，需要使用
跳转语句 continue。

每个循环都需要将变量字符串累加，但每次循环前，若字符串不为空字符，则输出
结果与设想不同。因此在每一行结束时，变量字符串需要清空。

定义每一行的字符串变量 trapezoid；定义空格部分字符串变量 trapezoid1；定义字符
部分字符串变量 trapezoid2，具体代码如下：

```
string trapezoid="";
string trapezoid1 = "";
string trapezoid2 = "";
for (int i = 5; i >0; i--)
{
    for (int j = i; j >0;j-- )
    {
        trapezoid1 = trapezoid1 + " ";
    }
    for (int k =( 10 - i)*2; k >= 0; k--)
    {

        if (k == 10 - i)
        {
            trapezoid2 = trapezoid2 + "$";
            continue;
        }
        trapezoid2 = trapezoid2 + "*";
    }
    trapezoid = trapezoid1 + trapezoid2;
    Console.WriteLine(trapezoid);
    trapezoid = "";
    trapezoid1 = "";
    trapezoid2 = "";
}
```

执行结果如图 3-27 所示。

图 3-27　等腰梯形

3.8 思考与练习

一、填空题

1. 选择语句有 if 语句、if else 语句、_____和 switch 语句。

2. 跳转语句有 break 语句、continue 语句、_____和 goto 语句。

3. throw 语句属于_____语句。

4. 2 个人参加选举（李贺、林峰），分别用 2 个整型变量表示他们的票数，则应填入横线的内容是_____。

```
switch (name)
{
    case "李贺":
        numLH ++;
        break;
    case _____:
        numLF ++;
        break;
}
```

5. do while 循环先执行语句块，后进行_____判断。

二、选择题

1. 下列选项中，不属于嵌套的是_____。

    A.
```
for()
{if(){}}
```

    B.
```
for()
{for()
{}
```

    }

    C.
```
switch()
{
case
break;
}
```

    D.
```
if()
{if(){}}
```

2. 以下说法不正确的是_____。

    A. continue 语句不能用于选择语句

    B. 一个分号就能表示一条语句

    C. if 语句块{}后不需要分号

    D. if 条件语句的（）内有 3 个表达式，因此有 3 个分号

3. 以下_____不属于跳转语句。

    A. break 语句　　　　B. throw 语句

    C. continue 语句　　D. return 语句

4. 以下代码的输出结果中有_____个 4。

```
for (int a = 0; a <6; a++)
{
    for (int i = 0; i < a; i++)
    {
        Console.Write(a);
    }
    Console.WriteLine("");
}
```

    A. 4 个　　　　　　B. 3 个

    C. 2 个　　　　　　D. 1 个

5. 以下语句块中，不能对语句块外的变量赋值的是_____。

    A．if 语句块   B．for 语句块

    C．try 语句块   D．while 语句块

6. 以下代码的输出结果是_____。

```
int i;
try
{   i = 0; }
catch
{   i = 1; }
finally
{   i = 2; }
Console.Write(i);
```

    A．0

    B．1

    C．2

    D．产生编译器错误：使用了未赋值的变量

三、简答题

1. 简要概述语句的分类。

2. 简单说明 if 和 switch 的区别。

3. 简单说明 for 和 do while 的区别。

4. 简述跳转语句的种类。

第4章 数　　组

数组的概念在本书第 2 章曾做过简单介绍，数组是一组有着序号的数据。变量用于描述单个的数据，而数组用来描述有着一定顺序的一组数据。

数组有单个数据组成的一维数组，还有以一维数组为元素的二维数组，甚至还有多维数组和交错数组等，用来实现不同的功能。本章介绍数据的多种类型及其应用范围和使用方法。

本章学习目标：

❑　理解数组的含义。
❑　掌握数组的遍历。
❑　掌握至少一种排序方式。
❑　理解多维数组。
❑　了解交错数组。
❑　理解静态数组。
❑　掌握静态数组的使用。
❑　了解动态数组。
❑　了解动态数组的使用。

4.1　数组概述

数组的出现简化了对多个数据的依次连续操作。数组是一种数据结构，是一个有序的数据集合，包含同类型的多个数据。

数组元素的数据类型可以是值类型，也可以是引用类型，但数组类型为引用类型。数组有以下几个特点：

❑　数组可以是一维、多维或交错的。
❑　数组元素值类型的默认值为零，而引用类型的默认值设置为 null。
❑　交错数组是数组的数组，因此，它的元素是引用类型，初始值为 null。
❑　数组成员的编号从零开始。
❑　数组元素可以是任何类型，包括数组类型。

4.2　一维数组

一维数组是数组中最为简单和常用的，由单个数据为成员构成的数组。如季节数组可以包含 4 个成员：春、夏、秋、冬。数组中的每一个元素都可以作为一个变量被访问。

4.2.1 一维数组简介

一维数组的声明同变量声明类似，声明中需要包含成员的数据类型和数组名，不同的是数组声明需要在数据类型后紧跟着一个中括号[]。如声明一个名为 num 的数组，使用代码如下：

```
int[] num;
```

上述代码中，int 关键字指定该数组中的成员为 int 型的数据，int 后面的中括号除了用于与其他变量或常量区分，还用于定义数组的长度，即数组中的元素数量。

int 关键字与中括号之间没有空格，而中括号与数组名称之间有一个空格。数组需要初始化才能使用，这一点与变量的使用一样。

数组的长度需要在初始化时指定，可以将长度写在中括号中，也可为数组成员赋值，系统将根据数组的赋值为数组分配空间、确定数组的长度。如定义一个有着 3 个整型元素的数组 num，格式如下：

```
int[] num=new int[3];
```

数组的赋值需要将数组成员放在{}内，每个元素之间用逗号隔开。如将数组变量 num 直接赋值，格式如下：

```
int[] num={1,2,3};
```

上述代码中，对数组的赋值，可将数组成员放在大括号 "{}" 中，每个成员之间使用逗号隔开。数组成员赋值时，其内部的成员必须符合数组的数据类型。数组元素也可以是变量，如分别定义整型变量 a、b、c，并赋给数组 num，格式如下：

```
int a, b, c;
a = 0; b = 0; c = 0;
int[] num = { a, b, c };
```

除了数组在声明时的直接赋值，数组在声明后不能直接赋值，而需要实例化后才能赋值。使用关键字 new，如练习 4-1 所示。

【练习 4-1】

声明整型数组 num，实例化数组的长度为 3，并赋值为{55，9，7}，使用代码如下：

```
int[] num;
num=new int[3]{55,9,7};
```

不能直接像变量赋值一样使用代码 num={55,9,7};进行赋值。即使是使用 new 将对象实例化，也不能使用这样的语句。但是可以对实例化的数组成员单独赋值。即数组赋值只有三种形式：

❏ 在声明时直接赋值。

❏ 程序进行时使用 new 赋值。

❏ 在数组被实例化后，对数组成员单独赋值。

由于一个数组有多个成员的排列，因此为确定到具体的一个成员，数组中有索引的概念。索引相当于图书的目录，为指定的内容标注一个方向。数组中的索引相当于其成员的编号，数组中的第一个成员索引为 0，第二个成员索引为 1，第 n 个成员的索引为 $n-1$。使用索引来访问数组成员，如访问练习 4-1 中的第 2 个成员 9，输出该成员的值，使用如下语句：

```
Console.Write(num[1]);
```

上述代码中，使用 num[1]访问 num 数组的第 2 个成员 9，其构成为：数组名、中括号、中括号内部的索引。这 3 个构成成分之间不需要有空格，上述代码的执行结果为 9。

数组实际是类的一个对象，是基类 Array 的派生，可以使用 Array 的成员，如 Length 属性。关于类、对象、基类和派生等内容将在第 5 章和第 6 章介绍，本节只需学会如何使用 Length 属性获取数组长度。如获取数组 num 的长度并赋值给 longnun，格式如下：

```
int longnum = num.Length;
```

4.2.2 数组遍历

数组的遍历即依照索引顺序，依次访问所有数组成员。数组的遍历可以使用循环语句，包括 for 循环、while 循环等，以及专用于数组和数据集合的 foreach in 语句。

使用循环语句遍历数组，如为数组赋值或使用数组中的数据为其他变量赋值，如练习 4-2 所示。

【练习 4-2】

声明整型数组 num，实例化数组的长度为 10，并将其成员依次赋值为 1 到 10，使用代码如下：

```
int[] num;
num = new int[10];
for (int i = 0; i < num.Length;i++ )
{
    num[i] = i + 1;
}
for (int i = 0; i < num.Length; i++)
{
    Console.Write("{0} ",num[i]);
}
```

执行结果为：

```
1 2 3 4 5 6 7 8 9 10
```

练习 4-2 使用第 1 个 for 循环将数组赋值，又使用第 2 个 for 循环输出数组的值。使用循环语句遍历数组方便、容易理解，C#提供了数组专用的遍历语句 foreach in 语句，在本书第 3 章简单提过，使用方法如练习 4-3 所示。

【练习 4-3】

将数组 num1 赋值为{5,2,6,8,4,1,3,9,7}，使用 foreach in 语句将数组成员输出，代码如下：

```
int[] num1 = { 5, 2, 6, 8, 4, 1, 3, 9, 7 };
foreach(int i in num1)
{
    Console.Write("{0} ",i);
}
```

执行结果为：

```
5 2 6 8 4 1 3 9 7
```

foreach in 语句结构简单，在数组中的作用就是将数组成员顺序遍历。

4.2.3 数组排序

数组最常见的应用就是对数组成员的排序，这也是生活中对数据的重要处理。如将全班学生的成绩赋值给数组，并按成绩从大到小排列。

数组的排序将改变数组成员的原有索引，如将数组成员按照从小到大的顺序排序，则数组中数字最小的成员，在排序后，其索引被修改为 0。常见的排序方式有以下几种。

- ❑ **冒泡排序**　将数据按一定顺序一个一个传递到应有位置。
- ❑ **选择排序**　选出需要的数据与指定位置数据交换。
- ❑ **插入排序**　在顺序排列的数组中插入新数据。

1. 冒泡排序

冒泡排序是最稳定的，也是遍历次数最多的排序方式。例如，将 n 个元素的数组数据从小到大排序：

冒泡排序将按照序号将数组中的相邻数据进行比较，每一次比较后将较大的数据放在后面。所有数据执行一遍之后，最大的数据在最后面。接着再进行一遍，直到进行 n 次，确保数据顺序排列完成，如练习 4-4 所示。

【练习 4-4】

将数组 value 赋值为{15,4,1,2,8,33,22,26,30,19}，通过冒泡排序将数组成员按从小到大的顺序排序，代码如下：

```
int[] value = { 15, 4, 1, 2, 8, 33, 22, 26, 30, 19 };
int max=0;
for (int i = 9; i >= 0;i-- )
{
    for (int j = 0; j <i; j++)
    {
        if (value[j] > value[j + 1])
        {
```

```
            max = value[j];
            value[j]=value[j+1];
            value[j+1]=max;
        }
    }
}
foreach (int i in value)
{
    Console.Write("{0} ", i);
}
```

执行结果为：

```
1 2 4 8 15 19 22 26 30 33
```

练习 4-4 通过内部循环将最大值一点一点移动到数组最后的位置。冒泡排序每移动一个最大值，接下来可以减少一次比较移动。因此，内部循环每执行一遍，执行次数减少一次。

冒泡排序准确性高，但执行语句多，数组要进行的比较和移动次数多。冒泡排序不会破坏相同数值元素的先后顺序，被称作是稳定排序。

2. 选择排序

选择排序为数组每一个位置选择合适的数据，如将数组从小到大排序，选择排序给第一个位置选择最小的，在剩余元素里面给第二个元素选择第二小的，以此类推，直到第 $n–1$ 个元素，第 n 个元素不用选择了。

将数组按从小到大排序，选择排序将第一个元素视为最小的，分别与其他元素比较；当其他元素小于第一个元素，则交换它们的位置，并继续跟剩下的元素比较。直到确定第一个元素是最小的，再从第二个元素比较。直到倒数第二个元素与最后一个元素比较，如练习 4-5 所示。

【练习 4-5】

将数组 score 赋值为{75,69,89,72,99,86,93,88,84,77}，通过选择排序法将数组成员按从小到大的顺序排序，代码如下：

```
int[] score = { 75, 69, 89, 72, 99, 86, 93, 88, 84, 77 };
int max;
for (int i = 9; i >= 0; i--)
{
    for (int j = 0; j < i; j++)
    {
        if (score[j] > score[i])
        {
            max = score[j];
            score[j] = score[i];
            score[i] = max;
        }
```

```
    }
}
foreach (int i in score)
{
    Console.Write("{0} ", i);
}
```

执行结果为:

```
69 72 75 77 84 86 88 89 93 99
```

练习 4-5 中将数组序号从小到大依次与最后一个元素比较,将较大值与最后一个元素交换数值,得到最后位置上的数值;接着将元素依次与倒数第二个元素比较,以此类推,直到与第 2 个数比较。

选择排序改变了数值相同元素的先后顺序,属于不稳定的排序。选择排序同样进行了较多的比较和移动。

4.2.4 插入数组元素

数组新元素的插入,将导致插入位置之后的元素依次改变原有序号。在指定位置插入新的元素,为保证原有元素的稳定,首先要将原有元素移位,再将新的元素插入指定位置。

插入时元素的移位与排序时的移位不同,插入使得数组改变了原有长度,存储数组的空间不足以让新元素的加入。

使用 new 关键字可以修改数组的长度,但这种修改相当于重新定义了数组,数组元素的值将会被定为默认值 0,如练习 4-6 所示。

【练习 4-6】

将数组 int[] score = { 75, 69, 89, 72, 99, 86, 93, 88, 84, 77 }重新声明为 11 个值,并输出,代码如下:

```
int[] score = { 75, 69, 89, 72, 99, 86, 93, 88, 84, 77 };
score = new int[11];
foreach (int j in score)
{
    Console.Write("{0} ", j);
}
```

输出结果为:

```
0 0 0 0 0 0 0 0 0 0 0
```

可见数组的重新定义将失去原有元素值,只能通过新建数组来保存插入后的数组,如练习 4-7 所示。

【练习 4-7】

将数组 score 的第(n+1)个位置插入数据 73,使其成为新的数组 score1,即

score1[n]=73，实现代码如下：

```
int[] score = { 75, 69, 89, 72, 99, 86, 93, 88, 84, 77 };
int[] score1 = new int[11];
int n = 5;                                    //在第 n+1 位置插入
int addnum = 73;                              //插入数值 73
for (int i = 9; i >=n; i--)
{
    score1[i + 1] = score[i];
    if (i == n)
    {
        score1[n] = addnum;
        for (int j = n - 1; j >= 0; j--)
        {
            score1[j] = score[j];
        }
        break;
    }
}
foreach (int j in score1)
{
    Console.Write("{0} ", j);
}
```

运行结果如下：

```
75 69 89 72 99 73 86 93 88 84 77
```

与原数组相比，第 6 个位置，原来 86 所在的位置插入了 73。插入排序法在比较的基础上进行插入。

插入排序法是在一个有序的数组基础上，依次插入一个元素。如将数组从小到大排序，将新元素与有序数组的最大值比较，若新元素大，插入到字段末尾；否则与倒数第二个元素比较，直到找到它的位置，此时需要将该位置及该位置之后的元素序号发生改变，需要重新调整。

插入排序没有改变相同元素的先后位置，属于稳定排序法，但插入排序的算法复杂度高。具体步骤如练习 4-8 所示。

【练习 4-8】

将数组 score 赋值为{75,69,89,72,99,86,93,88,84,77}，通过插入排序法将数组成员按从小到大的顺序排序，代码如下：

```
int[] score = { 75, 69, 89, 72, 99, 86, 93, 88, 84, 77 };
int[] score0 = new int[10];
score0[0] = score[0];
int num = 0;
for (int i = 1; i < 10; i++)
{
    num = score[i];
```

```
        if(num>score0[i-1])
        { score0[i] = num;}
        for (int j = 0; j < i; j++)
        {
            if (score0[j] > num)
            {

                for (int k = (i - 1); k >= j; k--)
                {
                    score0[k + 1] = score0[k];
                }
                score0[j] = num;
                break;

            }
        }

    }
    foreach (int sco in score0)
    {
        Console.Write("{0} ", sco);
    }
```

练习 4-8 中先将原数组第一个元素赋给新数组，这样新数组可以视为只有一个元素的有序数组。将原数组的第二个元素与新数组中第一个元素比较后插入，新数组将有两个元素，直到原数组最后一个元素的插入。

在插入时首先判断插入元素是否比有序数组最后一个元素大，若插入元素最大，则直接放在有序数组最后，否则将依次跟有序数组元素相比较，找到合适的位置，将原有元素移位后，插入新元素。

4.2.5 删除数组元素

数组元素的删除相对容易，只需找到需要删除的元素的位置，并将该元素之后的元素移位即可。

数组元素的删除有两种：一种是根据元素的索引删除；另一种是在不知道索引的情况下，删除有着某个值的元素。

1．根据索引删除元素

根据索引删除数组元素，其实质是：将该索引后面的成员依次前移，覆盖掉原有数据；最后将最后一个索引成员赋值为 0（整型数组元素默认值为 0）。由于数组的长度是不能变化的，因此成员的删除，只是将后面的成员移位。

【练习 4-9】

有数组 score {75,69,89,72,99,86,93,88,84,77}，将数组中的第 3 个元素删除，使用代码如下：

```
int[] score = { 75, 69, 89, 72, 99, 86, 93, 88, 84, 77 };
int del=3;                                    //删除第 del 个元素
for (int i = del; i < 10;i++ )
{
    score[i - 1] = score[i];
    if (i == 9)
    { score[i] = 0; }
}
foreach (int sco in score)
{
    Console.Write("{0} ", sco);
}
```

执行结果为：

```
75 69 72 99 86 93 88 84 77 0
```

2. 删除指定元素值

删除指定元素值，需要先找出指定元素的位置再进行删除，或直接将原有数组改为不含删除元素值的新数组。

对于没有重复元素的数组，可以找出要删除的元素位置再删除，如练习4-10所示。

【练习4-10】

有数组 score {75,69,89,72,99,86,93,88,84,77}，将数组中元素值为88的元素删除，使用代码如下：

```
int[] score = { 75, 69, 89, 72, 99, 86, 93, 88, 84, 77 };
int delnum=88;                                //要删除的元素值
int del=0;
for (int i = 0; i < 10; i++)
{
    if (score[i] == delnum)
    {
        del = i;
        break;
    }
}
for (int i =( del+1) ; i < 10; i++)
{
    score[i-1] = score[i];
    if (i == 9)
    { score[i] = 0; }
}
foreach (int sco in score)
{
    Console.Write("{0} ", sco);
}
```

执行结果为：

75 69 89 72 99 86 93 84 77 0

若有重复的元素值，即使找出了元素位置，也不容易删除。可以将原数组为新数组赋值，遇到要删除的元素取消赋值并跳出。但这样产生的结果是，需要被删除的元素位置的值，被 0 取代。如练习 4-11 所示。

【练习 4-11】

有数组 score {75,69,89,74,99,86,93,74,84,77}，将数组中元素值为 74 的元素删除，使用代码如下：

```
int[] score = { 75, 69, 89, 74, 99, 86, 93, 74, 84, 77 };
int delnum = 74;
int[] score0 = new int[10];
for (int i = 0; i < 10; i++)
{
    if (score[i] == delnum)
    {
        continue;
    }
    score0[i] = score[i];
}
foreach (int sco in score0)
{
    Console.Write("{0} ", sco);
}
```

执行结果为：

75 69 89 0 99 86 93 0 84 77

4.3 二维数组

数学中有着一维直线、二维平面和三维的立体图形等，程序中的数组也有着一维、二维和多维。一维数组是单个数据的集合，而二维数组相当于是一维数组的数组，即数组成员为一维数组。本节介绍二维数组的概念及其使用。

4.3.1 二维数组简介

一维数组是一列数据，而二维数组可构成一个有着行和列的表格。同样是二月的 28 天，使用一维数组可以添加 28 个数据，而使用二维数组可以显示有着 4 个周的列表：4 行 7 列，每一行都是一个周，如图 4-1 所示。

有着行和列的二维数组又称作矩阵，如同矩形一样有着长和宽。二维数组有着行和列，它的声明与一维数组类似，不同点在于：一维数组只需要指定数组的总长度，而二维数组需要分别指定行和列的长度。

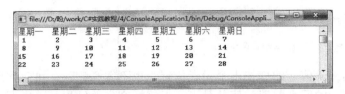

图 4-1 日历

二维数组中，行和列的长度同样放在中括号中声明，不同的是，二维数组中括号内有 1 个逗号，将中括号[]分为两部分，分别描述行和列。逗号的前面表示行的长度；后面表示列的长度。如声明一个 3 行 4 列的整型二维数组 num，格式如下：

```
int[,] num=new int[3,4];
```

二维数组同一维数组一样可以直接赋值，每个元素同样使用逗号隔开，如定义一个二维数组 num 并赋值，格式如下：

```
int[,] num={
        {2,3,8,10},
        {1,4,6,11},
        {5,7,9,12},
    };
```

这是一个有着 3 行 4 列的数组，它有着 12 个元素，将数组 num 表示为列表的形式如下所示：

```
2 3 8 10
1 4 6 11
5 7 9 12
```

同一维数组一样，二维数组也可以使用索引来访问单个元素，并且从 0 开始。不同的是，二维数组用行和列两种索引来确定一个元素，如访问数组 num 第一行第二个元素，即访问的是 num[0，1]。规则如下：

❑ 行号与列号之间用逗号隔开。

❑ 行号与列号都从 0 开始编号。

❑ 除了直接赋值的数组，数组需要使用 new 初始化才能使用，用法与一维数组一样。

4.3.2 二维数组遍历

二维数组的遍历同一维数组一样，使用循环语句。但二维数组是有着行和列的，可使用循环嵌套语句，一行一行地访问；或使用 foreach in 语句依次访问。

使用 foreach in 语句访问二维数组，首先访问首行数据，一行结束后，访问下一行，直到最后一行最后一列。如使用 for 循环语句嵌套，来为 3 行 4 列的数组赋值，并使用 foreach in 语句来遍历输出，如练习 4-12 所示。

【练习 4-12】

二维数组 num、有 3 行 4 列，使用 for 循环将数组中的元素从 1 到 12 赋值，并遍历输出，代码如下：

```
int[,] num = new int[3, 4];
int numValue = 0;
for (int i = 0; i < 3; i++)
{
    for (int j = 0; j < 4; j++)
    {
        num[i, j] = numValue;
        numValue++;
    }
}
foreach (int sco in num)
{
    Console.Write("{0} ", sco);
}
```

执行结果如图 4-2 所示。一维数组和二维数组的遍历，都是将其所有成员访问一遍，且使用 foreach in 语句访问，没有行和列的概念。

○ 图 4-2　二维数组的遍历

4.4　多维数组

数组的维数可以是任意多个，如三维数组、四维数组等，多维数组的声明、初始化及遍历同二维数组一样。如声明一个整型三维数组 three，语法如下：

```
int[,,] three;
```

从格式看得出，三维数组在声明时，中括号内有 2 个逗号，将中括号分割成 3 个维度，同二维数组原理一样。同理，四维数组方括号内有 3 个逗号。

数组的赋值格式不变，但由于数组维数的不同，写法也不同。如练习 4-13，分别为整型三维数组和字符型四维数组赋值。

【练习 4-13】

声明并初始化整型三维数组 three 和字符型的四维数组 four。使用代码如下：

```
int[, ,] three;
three = new int[2, 2, 2] {
            {{1,2},{3,4}},
```

```
            {{5,6},{7,8}},
            };
foreach (int num in three)
{
    Console.Write("{0} ", num);
}
Console.WriteLine("");
char[, , ,] four;
four = new char[2, 2, 2, 2]
{
    {
        {{'a','b'},{'c','d'}},{{'e','f'},{'g','h'}}
    },
    {
        {{'i','j'},{'k','l'}},{{'m','n'},{'o','p'}}
    },
};
foreach (char charn in four)
{
    Console.Write("{0} ", charn);
}
```

执行结果为：

```
1 2 3 4 5 6 7 8
a b c d e f g h i j k l m n o p
```

从练习 4-13 得出结论：三维数组元素个数为各个维度的元素数的乘积 8，而四维数组元素个数为各个维度的元素个数乘积 16。

4.5 交错数组

交错数组是一种不规则的特殊二维数组，交错数组与二维数组的不同在于，每一行的元素个数不同，因此无法用类似于 new int[2,3]的形式来初始化。

由于交错数组元素参差不齐，因此又被称作锯齿数组、数组的数组或不规则数组。它的结构如图 4-3 所示。

交错数组声明的格式与其他数组不同，它使用两个中括号来区分不同的维度，语法格式如下：

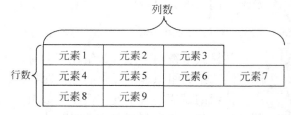

图 4-3 交错数组结构图

```
type[][] arrayName;
```

交错数组的初始化，同样需要指定每行每列的元素个数。但交错数组每一行的元素个数各不相同，因此只需要设置数组包含的行数，表示列的中括号不填写内容。

交错数组的初始化需要按行分别赋值，每一行一个赋值或初始化，交错数组的初始化如练习 4-14 所示。

【练习 4-14】

定义整型交错数组 inter 含有 3 行，第一行 4 个元素、第二行 3 个元素、第三行 5 个元素。声明赋值语句如下：

```
int[][] inter=new int[3][];
inter[0] = new int[4] { 1, 2, 3, 4 };
inter[1] = new int[3] { 1,2,3};
inter[2] = new int[5] { 1, 2, 3, 4, 5 };
```

交错数组的元素访问同样需要使用索引，即在两个中括号中分别填写对应的索引数字。如访问 inter 数组首行第二个元素，代码如下：

```
inter[0][1];
```

由于交错数组每一行元素数目不同，因此在遍历时需要获取每一行的元素个数。一维数组有着长度属性 Length，可获取数组的长度，而交错数组有着每一行的 Length 属性，可获取指定行的长度，如练习 4-15 所示。

【练习 4-15】

遍历练习 4-14 中定义的数组，使用 for 循环，按行和列显示，使用代码如下：

```
for (int i = 0; i < 3; i++)
{
    for (int j = 0; j < inter[i].Length; j++)
    {
        Console.Write("{0} ", inter[i][j]);
    }
    Console.WriteLine("");
}
```

执行结果如下所示：

```
1 2 3 4
1 2 3
1 2 3 4 5
```

4.6 静态数组

C#中的数组有着动态和静态之分，静态数组是维数和长度不能改变的数组，之前所讲的数组都是静态数组。在 C#中有着长度可以改变的动态数组，而无论是静态数组还是动态数组，都可以使用相关的类来执行指定的功能。

本节介绍如何使用 System.Array 类来操作静态数组，包括对数组的排序、获取长度和维数、元素倒序等。

1. 属性和方法

在 C#中有一些定义好的常用功能，这些功能被放在类中，可以直接使用。如将数组的排序功能定义为一个方法，放在类中，若需要对一个数组执行排序，可以直接调用类的方法，而不再需要使用一系列的循环和选择语句。

属性是类的成员，相当于类中的变量。但属性定义了变量的获取方式，可以直接获取指定的数据。System.Array 类有着如表 4-1 所示的属性。

表 4-1　System.Array 类的属性

属性	描述
Length	获取数组的长度，即数组所有维度中元素的总数。该值为 32 位整数
LongLength	获取数组的长度，即数组所有维度中元素的总数。该值为 64 位整数
Rank	获取数组的秩，即数组的维度数
IsReadOnly	获取数组是否为只读
IsFixedSize	获取数组的大小是否固定
IsSynchronized	获取是否同步访问数组
SyncRoot	获取同步访问数组的对象

之前曾经介绍，通过 Length 属性获得数组的长度。使用属性是一种简单的操作，对于数组 num 来说，num.Length 即表示该数组的长度。对于确定的数组，不需要为属性赋值和定义，可以直接使用。

类中除了属性，还有方法。方法是一种描述了特定功能的语句块，可以直接使用。System.Array 类中关于数组的方法，如表 4-2 所示。

表 4-2　System.Array 类的方法

方法	描述
GetValue()	获取指定元素的值
SetValue()	设置指定元素的值
Clear()	清除数组中的所有元素
IndexOf()	获取匹配的第一个元素的索引
LastIndexOf()	获取匹配的最后一个元素的索引
Sort()	对一维数组中的元素排序
Reverse()	反转一维数组中元素的顺序
GetLength()	获取指定维度数组的元素数量。该值为 32 位整数
GetLongLength()	获取指定维度数组的元素数量。该值为 64 位整数
FindIndex()	搜索指定元素，并获取第一个匹配元素的索引
FindLastIndex()	搜索指定元素，并获取最后一个匹配元素的索引
Copy()	将一个数组中的一部分元素复制到另一个数组
CopyTo()	将一维数组中的所有元素复制到另外一个一维数组
Clone()	复制数组
ConstrainedCopy()	指定开始位置，并复制一系列元素到另外一个数组中
BinarySearch()	二进制搜索算法在一维的排序数组中搜索指定元素
GetLowerBound()	获取数组中指定维度的下限
GetUpperBound()	获取数组中指定维度的上限

2. 静态数组应用

类中的方法是可以直接使用的,例如我们使用数组名称和元素的索引来获取某个元素的值,但使用 GetValue()方法同样可以达到目的。如获取一个数组的长度和维度,并对数组进行排序等操作,如练习 4-16 所示。

【练习 4-16】

定义一维整型数组 arrays 并赋值,输出数组的长度、维度及各元素的值;将 arrays 数组使用 Sort()方法排序,输出排序后的各元素值;将数组元素反转顺序,并输出反转后的各元素值。使用代码如下:

```
int[] arrays = new int[10] { 5, 8, 2, 10, 6, 4, 1, 9, 7, 3 };
Console.WriteLine("数组个数:{0}; 数组维数:{1} ", arrays.Length,
arrays.Rank);
foreach (int i in arrays)                  //遍历输出原数组
{
    Console.Write("{0} ", i);
}
Console.WriteLine("");
Array.Sort(arrays);                        //一维数组元素排序
foreach (int i in arrays)                  //遍历排序后的数组
{
    Console.Write("{0} ", i);
}
Console.WriteLine("");
Array.Reverse(arrays, 0, 10);              //数组元素反转
foreach (int i in arrays)                  //遍历元素反转后的数组
{
    Console.Write("{0} ", i);
}
```

执行结果如图 4-4 所示。上述代码通过数组的长度属性和维数属性,获取了数组的长度和维数,并分别使用 Sort()方法和 Reverse()方法,对数组进行了排序和反转。

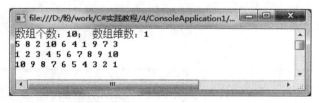

图 4-4 静态数组的应用

4.7 动态数组

在数组的插入和删除中已经介绍过,数组的长度是不能更改的,除非创建新的数组。这样使数组中数据的插入和删除不易操作且容易出错。

在 C#中有着可以改变其长度的动态数组，这些长度可变的数据集能够在程序执行中改变数组的长度，可以增加、释放数组元素所占的空间。

动态数组又称作可变数组，数组可以看作是数据的集合，而动态数组是数据的动态集合。集合有多种类型，本节主要讲述由 System.ArrayList 类实现的动态数组。

4.7.1 动态数组的声明

动态数组与静态数组的声明和定义完全不同，静态数组可以直接由数据类型定义，而动态数组需要根据不同的类来实例化。本节介绍 System.ArrayList 类的实例化数组。

ArrayList 类位于 System.Collections 命名空间中，所以在使用时，需要导入此命名空间，具体做法是在程序文档最上方添加下面的语句。

```
using System.Collections;
```

命名空间导入之后就可以创建使用 ArrayList 类的对象了。由于动态数组可以改变数组长度，因此在声明时不需要指定其数组长度，如创建数组 list，使用语法如下所示：

```
ArrayList list = new ArrayList();
```

4.7.2 属性和方法

在本章 4.6 节已经介绍了 System.Array 类的属性和方法，本节讲述 System.ArrayList 类的属性和方法及其应用。

System.ArrayList 类包含了 6 个属性，同样是可以直接使用的。System.ArrayList 类中的常用属性如表 4-3 所示。

表 4-3 System.ArrayList 类的属性

属性	描述
Capacity	数组的容量
Count	数组元素的数量
IsFixedSize	表示数组的大小是否固定
IsReadOnly	表示数组是否为只读
IsSynchronized	表示是否同步访问数组
SyncRoot	获取同步访问数组的对象

除了属性以外，System.ArrayList 类提供了一系列的方法，来实现数组元素的添加、删除、修改、遍历等操作。在 System.ArrayList 类中，可以直接使用的方法如表 4-4 所示。

表 4-4 System.ArrayList 类的方法

方法	描述
Adapter()	为特定的 IList 创建 ArrayList 包装
Add()	将对象添加到 ArrayList 的结尾处
AddRange()	将 ICollection 的元素添加到 ArrayList 的末尾

续表

方法	描述
BinarySearch()	使用对分检索算法在已排序的 ArrayList 或它的一部分中查找特定元素
Clear()	从 ArrayList 中移除所有元素
Clone()	创建 ArrayList 的浅表副本
Contains()	确定某元素是否在 ArrayList 中
CopyTo()	将 ArrayList 或它的一部分复制到一维数组中
Equals()	确定两个 Object 实例是否相等
FixedSize()	返回具有固定大小的列表包装，其中的元素允许修改，但不允许添加或移除
GetEnumerator()	返回循环访问 ArrayList 的枚举数
GetHashCode()	用作特定类型的哈希函数。GetHashCode 适合在哈希算法和数据结构（如哈希表）中使用
GetRange()	返回 ArrayList，它表示源 ArrayList 中元素的子集
GetType()	获取当前实例的 Type
IndexOf()	返回 ArrayList 或它的一部分中某个值的第一个匹配项的从零开始的索引
Insert()	将元素插入 ArrayList 的指定索引处
InsertRange()	将集合中的某个元素插入 ArrayList 的指定索引处
LastIndexOf()	返回 ArrayList 或它的一部分中某个值的最后一个匹配项的从零开始的索引
ReadOnly()	返回只读的列表包装
ReferenceEquals()	确定指定的 Object 实例是否是相同的实例
Remove()	从 ArrayList 中移除特定对象的第一个匹配项
RemoveAt()	移除 ArrayList 的指定索引处的元素
RemoveRange()	从 ArrayList 中移除一定范围的元素
Repeat()	返回 ArrayList，它的元素是指定值的副本
Reverse()	将 ArrayList 或它的一部分中元素的顺序反转
SetRange()	将集合中的元素复制到 ArrayList 中一定范围的元素上
Sort()	对 ArrayList 或它的一部分中的元素进行排序
Synchronized()	返回同步的（线程安全）列表包装
ToArray()	将 ArrayList 的元素复制到新数组中
ToString()	返回表示当前 Object 的 String
TrimToSize()	将容量设置为 ArrayList 中元素的实际数目

对比表 4-2 和表 4-4，可以看出，在表 4-4 中有对数据元素的多种删除方法，而表 4-2 中只有对数据元素的清除方法。静态数组的长度是不能改变的，长度的改变将导致数组被重新定义，因此没有提供静态数据删除元素的方法。

4.7.3 动态数组应用

System.ArrayList 类型数组的应用主要是其属性和方法的应用，本节根据不同的功能实现，讲述 System.ArrayList 类型数组的应用，包括数组元素的添加、复制、插入和删除等。

1. 添加数组元素

System.ArrayList 类有两种方法添加数组元素：Add()方法和 Insert()方法。使用 Add()

方法和 Insert()方法都可以添加数组元素，但 Add()方法是将新的元素添加到数组的末尾处，而 Insert()方法用于在指定的位置插入数组元素，如练习 4-17 所示。

【练习 4-17】

定义 ArrayList 类数组 list，分别使用 Add()方法和 Insert()方法添加数组元素，并输出所有元素值及数组元素的个数。使用代码如下：

```
ArrayList list = new ArrayList();
list.Add(1);
list.Add(2);
list.Add(3);
list.Add(4);
list.Insert(3,0);
foreach (object listnum in list)
{
    Console.Write("{0} ",listnum);
}
Console.WriteLine("");
Console.WriteLine(list.Count);
```

执行结果为：

```
1 2 3 0 4
5
```

从执行结果看出：

❑ ArrayList 类型数组的元素是需要一个个添加的。

❑ 插入的数据位置索引如同静态数组的索引一样从 0 开始，因此新的元素插入到索引 3，即第 4 个位置。

❑ ArrayList 类型数组的元素属于 object 类型，因此需要使用 foreach in 语句来遍历。

❑ 数组元素个数可以使用 Count 属性直接获取。

由于 ArrayList 类型数组的元素是 object 类型，因此无法通过索引的方式来访问具体成员。对于 ArrayList 类型数组的遍历，无法使用 for 循环语句来执行。

2．删除数组元素

在动态数组的应用中，最为常用的是数组元素的添加、插入和删除，ArrayList 类有着多种方法处理元素的删除：Remove()方法、RemoveAt()方法和 RemoveRange()方法。

Remove()方法表示从数组中移除指定的元素，RemoveAt()方法表示从数组中移除指定位置的元素，RemoveRange()方法表示从数组中移除指定位置指定数量的元素，如练习 4-18 所示。

【练习 4-18】

将练习 4-17 中的数组 list 添加元素 5、6、7、8、9，将元素 8 删除，输出剩余数组元素。之后删除数组 list 中的第 4 个元素，输出剩余数组元素。最后从第 6 个元素起，删除两个元素，输出剩余数组元素。使用代码如下：

```
//部分代码省略
list.Add(9);
foreach (object listnum in list)
{
    Console.Write("{0} ", listnum);
}
Console.WriteLine("\n\n 删除元素 8");
list.Remove(8);                          //删除值为 8 的元素
foreach (object listnum in list)
{
    Console.Write("{0} ", listnum);
}
Console.WriteLine("\n\n 删除第 4 个元素");
list.RemoveAt(3);                        //删除索引为 3 的元素
foreach (object listnum in list)
{
    Console.Write("{0} ", listnum);
}
Console.WriteLine("\n\n 从第 6 个元素起，删除 2 个元素");
list.RemoveRange(5, 2);                  //删除索引 5 开始的 2 个元素
foreach (object listnum in list)
{
    Console.Write("{0} ", listnum);
}
Console.WriteLine("");
```

执行结果如图 4-5 所示。比较练习 4-9、练习 4-10 和练习 4-18 的执行结果，可以看出，静态数组的删除是将指定的元素清除（改为初始值 0），而动态数据是将原有的长度改变，彻底除去指定元素。

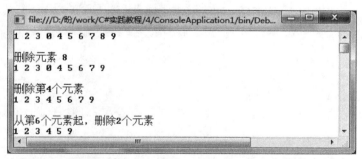

图 4-5 动态数组的应用

4.8 实验指导 4-1：求矩阵外环和

定义 5 行 6 列二维数组 rect，第一行第一个元素为 12，后面的元素依次加 2，直到

第 5 行第 6 个元素，效果如下：

```
12 14 16 18 20 22
24 26 28 30 32 34
36 38 40 42 44 46
48 50 52 54 56 58
60 62 64 66 68 70
```

二维数组可以看作一个矩阵，求矩阵周长所在元素的和。即求第一行和最后一行所有元素和，及其他行首尾元素和。

首先是数组的声明和赋值，赋值时需要定义一个变量不断变化并为数组中每一个元素赋值。

接着是矩阵外环求和，首行和末行每个元素都要加进去，其他行首尾元素加进去，因此可以分为两步：

（1）首行和末行每个元素相加。

（2）其他行首尾元素相加。

同样可以定义变量接收元素的和。

（1）数组的声明和赋值，在赋值过后输出矩阵，使用代码如下：

```csharp
int[,] rect =new int[5,6];
int numValue = 12;
for (int i = 0; i < 5; i++)
{
    for (int j = 0; j < 6; j++)
    {
        rect[i, j] = numValue;
        numValue = numValue + 2;
    }
}
for (int i = 0; i < 5; i++)
{
    for (int j = 0; j < 6; j++)
    {
        Console.Write("{0} ", rect[i, j]);
    }
    Console.WriteLine("");
}
```

执行结果如图 4-6 所示。

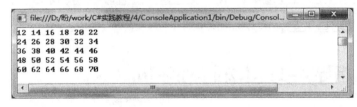

图 4-6　二维数组

（2）定义变量，接收数组首行末行元素和，使用代码如下：

```
int num=0;
for (int i = 0; i < 6; i++)
{
    num = num + rect[0, i];
}
for (int j = 0; j < 6; j++)
{
    num=num+rect[4, j];
}
```

（3）将其他行的首尾元素相加，代码如下：

```
for (int h = 1; h < 4; h++)
{
    num = num + rect[h, 0] + rect[h, 5];
}
Console.WriteLine("\n 矩形外环和为: {0}", num);
```

执行结果如图 4-7 所示。

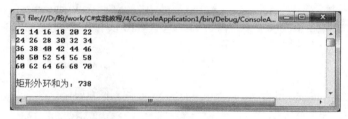

图 4-7 矩形外环求和

4.9 思考与练习

一、填空题

1. 二维数组的声明比一维数组的声明在中括号内多了一个_____。

2. 清除动态数组中所有元素的方法是_____。)

3. 以下语句的输出结果为_____。

```
int[] arrays = new int[10] { 5,8,2,
10,6,4,1,9,7,3};
Array.Reverse(arrays,0,10);
foreach (int i in arrays)
{
    Console.Write("{0} ", i);
}
```

4. 以下语句的输出结果为_____。

```
int[] score = { 75, 69, 89, 72, 99,
86, 93, 88, 84, 77 };
int del=5;
for (int i = del; i < 10;i++ )
{
    score[i - 1] = score[i];
    if (i == 9)
    { score[i] = 0; }
}
foreach (int sco in score)
{
    Console.Write("{0} ", sco);
}
```

5. 交错数组又称为_____。

6. 动态数组 ArrayList 类所在的命名空间为

_____。

二、选择题

1. 下列声明的数组的维数是_____。

```
int[,,] num;
```

    A. 1   B. 2

    C. 3   D. 4

2. 下列属性_____表示静态数组的长度。

    A. Rank   B. LongLength

    C. Capacity   D. Count

3. 以下_____语句能顺利运行。

A.
```
char[, , ,] three;
three= new char[2, 2, 2]
{
    {
        {{'a','b'},{'c','d'}},
        {'e','f'},{'g','h'}}
    },
    {
        {{'i','j'},{'k','l'}},
        {{'m','n'},{'o','p'}}
    },
};
```

B.
```
int[,] num={
```

```
        {2,3,8,10},
        {1,4,6,11},
        {5,7,9,12},
    };
```

C.
```
int[] num;
num= {55,9,7};
```

D.
```
int[][] inter=new int[3][];
inter[0] = new int[3] { 1, 2, 3, 4 };
```

4. 以下语句中，主要用于数组遍历的是_____。

    A. for   B. do while

    C. while   D. foreach in

5. 以下不是静态数组方法的是_____。

    A. Insert()   B. GetLength()

    C. GetLongLength()   D. FindIndex()

6. 以下不是动态数组方法的是_____。

    A. Clear()   B. Reverse()

    C. Contains()   D. InsertRange()

三、简答题

1. 简要概述数组的含义。

2. 简单说明动态数组和静态数组的区别。

3. 简要概述冒泡排序的算法。

4. 简述一维数组元素的插入。

110

第5章 面向对象编程基础

C#编程语言是一种面向对象编程语言。日常生活中的大多数事物都可以称为对象，如一条鱼、一只狗、一头牛和一块石头等，都可以称为对象。而类是一种对象的共有属性和操作，如一个定义狗的类，可以有狗的品种、年龄、体长和价格等属性。

本章主要介绍类的定义和构成，以及类和对象的应用等。

本章学习目标：

❑ 理解类的组成结构。
❑ 掌握类和对象的区别。
❑ 理解可访问性。
❑ 掌握字段和属性的用法。
❑ 掌握方法的使用。
❑ 理解构造函数。
❑ 理解析构函数。

5.1 类简介

与生活中的类一样，程序中的类描述了一种对象。如在一个学生选课类中，可以有学生科目成绩这些数据，可以有根据学生成绩计算学生学分的操作。数据和操作构成了类，但这些数据并不是有着明确值的，而是类中的变量，在类中作为字段或属性存在；而操作是类中的方法，实现特定的功能。不同的学生被作为学生选课类的不同实例，可以直接调用类中的属性和方法，获取需要的操作。

5.1.1 类概述

之前曾介绍过字符串的声明，需要使用 string 关键字。string 关键字实质上是类的名称（别名，原名为 String），通过 string 关键字定义的字符串，相当于 String 类的实例。

类是 C#中功能最为强大的数据类型，它定义了有着数据类型的数据和行为。在创建了类之后，类中的数据和方法可以直接或间接被使用。

类的定义或声明使用 class 关键字，在定义时，需要指定类的可访问性，语法格式如下：

```
public class 类名
{}
```

对上述代码的解释如下所示。

- class 前面的 public 关键字属于访问修饰符，用于指定类的受限制程度。访问修饰符除了 public，可以使用 private、protected 和 internal。
- 类的名称位于 class 关键字的后面，命名规则同变量一样，通常将类的首字母大写。
- 类的主体定义放在大括号{}内，包含类的数据成员和方法。省略主体即为类的声明，同变量声明性质一样。
- 类成员的声明和使用，与 Main()函数中的使用一样。
- 类的声明和定义，在大括号外都不需要分号结尾。

类除了定义一种类型的数据和行为，还有着封装、继承和多态的特性。对这三种特性的概述如下所示。

- **封装**　封装隐藏了类和对象的属性和实现细节，仅对外公开接口，控制在程序中属性的读和修改的访问级别。类提供了三种可选访问级别：public、protected 和 private，通过设定不同数据访问级别，自定义数据的访问权限，达到保护数据和共享数据的统一。
- **继承**　类的继承是指在原有类的基础上，添加新的数据和行为，构成一个新的类。类的继承提高了代码的可重用性，减轻了开发人员的负担。

如现有哺乳类，该类中定义了哺乳类的共性（胎生、脊椎动物等）。那么在这个类的基础上，可以有老虎和兔子这两个类，这两个类在有着哺乳类共性的同时，又有着各自的特性；因此可以继承哺乳类，在其基础上添加新的数据和行为。

被继承的原始的类称作基类；继承了基类，而添加新的数据和行为的类称作派生类。

- **多态**　多态建立在继承的基础上，除了在基类的基础上增加数据和方法；还可以重新定义基类中的方法，使该方法更有针对性。

5.1.2　类的成员

类中包含数据和行为，数据使用字段和属性来控制；行为定义为方法。在访问类时，首先默认执行类的构造函数，构造函数用于将类成员初始化（将类的字段和属性初始化）；在类的访问结束后执行析构函数，释放资源。

类的主体成员有字段、属性、方法、构造函数和析构函数。对类成员的解释如下所示。

- 字段的用法相当于类中的变量，被视为类的一部分的对象实例，通常保存类数据。
- 属性是一种特殊的方法，可以像字段一样被访问。属性可以为类字段提供保护，避免字段在对象不知道的情况下被更改。
- 方法定义可以执行的操作。方法可以使用变量作为参数，接受提供输入数据的参数，并且可以通过参数返回输出数据。方法还可以不使用参数而直接返回值。
- 构造函数是在第一次创建对象时调用的方法。它们通常用于初始化对象的数据。
- 析构函数是当对象即将从内存中移除时由执行引擎调用的方法。它们通常用来确保需要释放的所有资源都得到了适当的处理。

如定义一个计算器类 Class1，包含类的字段 num、方法 addnum()、构造函数 Class1()

面向对象编程基础

和析构函数 Class1()，如练习 5-1 所示。

【练习 5-1】

定义计算器类，定义 addnum() 方法，接收变量 addnum() 表示每次累加的数，变量 count 表示累加的次数，计算变量累加结果；定义内部变量 num，表示 addnum() 方法最终累加的数值，代码如下：

```
class Class1                                    //定义类
    {
        private int num;                        //字段：定义类的变量
        public Class1()                         //构造函数：初始化变量
        {
            num = 0;
        }
        public int addnum(int addnum,int count) //方法：定义类的操作
        {
            for (int i = 0; i < count; i++)
            {
                num = addnum + num;
            }
            return num;
        }
         ~Class1()                              //析构函数：释放资源
        {
        }
    }
```

5.1.3 访问修饰符

在类的定义中有着访问修饰符，从练习 5-1 的代码中可以看到，除了 public 关键字修饰类，还有 private 关键字修饰字段。类和类的成员都可以使用访问修饰符限定访问权限。

通过访问修饰符，可以实现如下几点：

❑ 限制类只有声明类的程序或命名空间才能使用类。

❑ 限制类成员只有派生类才能使用它们。

❑ 限制类成员只有当前命名空间或程序中的类才能使用它们。

类是可以嵌套使用的，格式如同语句的嵌套一样。但类的嵌套中，内部的类不能使用外部类的非公有成员。外部的类也无法访问内部类的非公有成员，具体的限制使用访问修饰符实现。

访问修饰符是类或成员声明中的关键字，指定类和成员的受保护程度。访问修饰符及其含义如表 5-1 所示。

表 5-1 访问修饰符

访问修饰符	含义
public	公共成员
private	私有成员
protected	受保护成员
internal	内部成员
protected internal	受保护的内部成员

public 为公共访问，是允许的最高访问级别。对访问公共成员没有限制，可以由任何其他类成员访问。

private 为私有访问，是允许的最低访问级别。私有成员只有在声明它们的类中才能被访问。同一体中的嵌套类型可以访问那些私有成员。在定义私有成员的类以外引用类成员将导致编译错误。

protected 为受保护访问，受保护访问的成员可以在类内部被访问和被以该类作为基类的派生类访问。即 protected 成员可以被继承。

internal 为内部访问，只有在同一程序集的文件中，内部类或成员才可以被访问。

内部访问通常用于基于组件的开发，因为它使一组组件能够以私有方式进行合作，而不必向应用程序代码的其余部分公开。

例如练习 5-1 中的成员变量 num 是私有变量，只有在类 Class1 中才能被使用，如类的方法 addnum()可以使用 num 变量，但其他类中不能使用。

访问修饰符不影响类和成员自身，它始终能够访问自身及其所有成员。一个成员或类只能有一个访问修饰符，使用 protected internal 组合时除外。命名空间上不允许使用访问修饰符。命名空间没有访问限制。

如果在声明中未指定访问修饰符，则使用默认的可访问性。类和成员的默认访问修饰符如下：

❏ 类默认为 internal 访问修饰符。
❏ 构造函数默认为 public 访问修饰符。
❏ 析构函数不能显示使用访问修饰符且默认为 private 访问修饰符。
❏ 类的成员默认访问修饰符为 private。
❏ 嵌套类型的默认访问修饰符为 private。

派生类的可访问性不能高于基类。即内部基类不能派生出公共访问性的派生类，否则基类的访问性将失去控制，可以直接从派生类调用。成员的可访问性决不能高于其包含类的可访问性。

除了上述访问修饰符以外，还有一些特定的修饰符，如修饰静态类和类成员的 static 关键字，可将类或类成员定义为静态类型。静态类和类成员只有在其访问方式上不同。

5.2 字段和属性

字段和属性在类之外，可以被作为变量来使用。在类的内部，字段的作用与变量一样；属性定义相关的数据和行为，控制对字段的访问。本节介绍类成员：字段和属性的用法。

5.2.1　字段

字段默认是私有的，不能被类以外的程序访问，供在类的内部使用。字段可以声明为任何类型，包括变量类型、可访问类型和静态类型。

字段根据可访问性可标记为 public、private、protected、internal 或 protected internal 类型；还可以声明为只读字段，使用 readonly 关键字。

只读字段只能在初始化期间或在构造函数中赋值，而静态的只读字段类似于常量，只是只读字段不能在编译时访问，而是在运行时访问。

字段通常有以下几个特点。

❏　字段可以被类的多个方法访问，否则可以在方法内部定义变量，而非定义类的字段。

❏　字段的生命周期比类中单个方法的生命周期长。

❏　字段可以在声明时赋值，但若构造函数包含了字段的初始值，则字段声明值将被取代。

❏　字段初始值不能引用其他实例字段，但可以是其他类的静态字段。

字段声明需要指定其可访问性，默认是私有非静态非只读的字段。若定义公共的静态的只读的整型字段 num，具体语句如下：

```
public static readonly int num;
```

语句中 public、static 和 readonly 都是可以省略的，字段的初始化可以在声明时直接赋值，也可以由构造函数赋值。在类的内部对字段的操作，与对变量的操作是一样的，直接使用字段名称即可。

5.2.2　属性

属性结合了字段和方法的性质，可以看作特殊的方法。属性可以像字段一样使用，其具体使用形态如下所示。

❏　对于对象来说，属性可以看作是字段，访问属性与访问字段的语法和访问结果一样。

❏　对于类来说，属性是一个或两个语句块，表示一个 get 访问器和/或一个 set 访问器。

属性使类能够以一种公开的方法获取数据，同时隐藏实现或验证代码。属性可使用访问修饰符来定义，但是属性与其他成员不同：属性中有 get 和 set 语句块，而同一属性的 get 和 set 语句块可以具有不同的访问修饰符。除了访问修饰符，属性还可以有以下标记。

❏　使用 static 关键字将属性声明为静态属性。

❏　使用 virtual 关键字将属性标记为虚属性。

❑ 使用 sealed 关键字标记，表示它对派生类不再是虚拟的。

❑ 使用 abstract 声明属性，在派生类中实现。

属性在类块中是按以下方式来声明的：指定字段的访问级别，接下来指定属性的类型和名称，最后声明 get 访问器和 set 访问器的代码块。属性声明语法格式如下所示：

```
可访问性 类型 名称
    {
        get {}
        set {}
    }
```

get 访问器和 set 访问器都是可以省略的，不具有 set 访问器的属性是只读属性；不具有 get 访问器的属性是只写属性；同时具有这两个访问器的属性是读写属性。它们的用法及特点如下：

❑ get 访问器与方法相似。它必须返回属性类型的值作为属性的值，当引用属性时，若没有为属性赋值，则调用 get 访问器获取属性的值。

❑ get 访问器必须以 return 或 throw 语句终止，并且控制权不能离开访问器。

❑ get 访问器除了直接返回字段值，还可通过计算返回字段值。

❑ set 访问器类似于返回类型为 void 的方法。它使用属性类型的 value 隐式参数，当对属性赋值时，用提供新值的参数调用 set 访问器。

❑ 在 set 访问器中，对局部变量声明使用隐式参数名称 value 是错误的。

如一个有着 80 名学生的班级，定义字段 num 和属性 addnum，分别表示学生编号的开始和终止，则该字段和属性的声明语句如下所示：

```
public class count
{
    public int num;
    public int addnum
    {
        get { return num + 80; }
        set { num = value - 80; }
    }
}
```

这是属性作为字段的用法，当读取属性时，执行 get 访问器的代码块；当向属性分配一个新值时，执行 set 访问器的代码块。

与字段不同，属性不作为变量来使用。因此，不能将属性作为 ref 参数或 out 参数传递。除了作为字段使用，属性还可以控制私有字段的值，如练习 5-2 所示。

【练习 5-2】

定义字段 agenum 和属性 num，agenum 为年龄，num 控制私有字段 agenum。由于年龄是大于 0 小于 200 的，因此可定义字段 agenum 和属性 num 代码如下：

```
public class age
{
    public int agenum;
```

```
public int num
{
    get { return agenum; }
    set
    {
        if ((value > 0) &&( value < 200))          //验证字段的值
        {
            value = agenum;
        }
    }
}
```

当属性不作为字段使用时，可以在数据更改前验证数据，可以透明地公开某个类上的数据。

5.3 方法

方法定义了类中的行为，即类中需要实现的功能。在 C#中，所有的指令都是在方法中定义的。

方法包含了一系列的语句，构成实现某种功能的语句块。与其他语句块不同的是，方法可以使用参数和返回值。

5.3.1 方法概述

程序中的方法，大多并不只是实现固定数据的逻辑运算，更多的时候，方法在执行前，并不能确定所参与数据的具体值。

如一个根据长和高，计算三角形面积的方法，该方法实现了三角形面积的计算，但若只是求解固定长和高的三角形面积，那么使用方法来实现就大材小用了。在 C#中，可以将三角形的长和高定义为方法的参数，而在方法内部，参数作为确定的值来使用。参数在方法执行时赋值，参数的赋值又称作是参数传递；为方法传递参数，才能执行方法语句块。

方法中除了参数，还有返回值的概念。方法的返回值通常为方法内语句块的执行结果，如计算三角形面积的方法，其返回值可以是三角形面积的最终结果。返回值可以是变量、常量或表达式。

方法在声明时需要指定其返回类型，即方法返回值的数据类型。没有返回值的方法，使用"void"关键字来声明。方法声明时的数据类型，必须和返回值的数据类型一致。而没有使用"void"关键字修饰的方法，必须有 return 关键字定义的返回值。

方法在声明时需要指定方法的访问级别、返回值类型、方法名称以及所有参数。参数的声明包含参数类型和参数名，放在方法名后的括号中，各参数之间用逗号隔开。空括号表示方法不需要参数。格式如下：

访问级别 是否为静态方法 返回值类型 方法名（参数类型 参数1，参数类型 参数2）
{语句块}

返回值类型不为 void 的方法，在定义时必须定义返回值；语句块中的返回值类型应该与声明中方法名前的返回值类型一致。

5.3.2 返回值

方法用于实现功能，一些功能是直接实现的，如删除方法，方法执行后就结束了。但更多的功能是与其他命令相联系的。如计算方法，在计算结束后需要将计算结果传给需要的地方，并进行其他操作。

方法的调用完成了，方法产生的结果将无法获取。C#通过返回值来控制方法的最终结果，使用 return 关键字定义返回值，一个方法只能有一个返回值。

方法的返回值有多种：

❏ **无返回值**　在方法的声明或定义时，方法名前加 void 关键字。
❏ **返回变量**　变量类型要与方法声明或定义的类型一致。
❏ **返回常量**　常量类型要与方法声明或定义的类型一致。
❏ **返回表达式**　表达式的类型要与方法声明或定义的类型一致。

不同类型的方法，返回值代码如下所示：

```
int a()
{
    return 0;                      //返回常数
}
string a(string b)
{
    return b;                      //返回参数
}
void a()
{
    return;                        //无返回，用于结束方法
}
char a()
{
    char b='b';
    return b;                      //返回变量
}
int a(int x, int y)
{
    return (x + y);                //返回表达式
}
```

无返回值的方法在语句块执行完停止，可以使用 return，但不能返回任何值。有返回值的方法在执行 return 语句之后结束，后面的语句不再执行。方法返回值可以被程序使用，也可以用来为其他同类型变量赋值。

5.3.3 方法的定义

方法的定义包括参数和返回值，但参数是可以省略的。如分别定义一个不含参数和返回值的方法，和一个既有参数又有返回值的方法，如练习 5-3 所示。

【练习 5-3】

定义一个类，包含字段 num。将该字段初始化为 1，通过没有参数没有返回值的方法 show()将该值输出。定义一个用于累加的方法 addnum()，添加两个整型参数，分别表示为初始数据和累加的次数，而字段 num 表示累加的数，该方法返回累加的执行结果。类和方法的定义语句如下所示：

```
public class nums
{
    private int num;
    public nums()
    {
        num =1;
    }
    public void show()
    {
        Console.WriteLine("num 的值为: {0}",num);          //输出类的字段值
    }
    public int addnum(int addnum, int count)              //累加方法
    {
        for (int i = 0; i < count; i++)
        {
            num = addnum + num;
        }
        return num;                                       //返回累加结果
    }
}
```

5.4 类和对象

非静态类在使用时，需要为其定义一个对象。对象是类的实例，类定义了一系列属性和方法，实现相应的功能。

如一个表示树的类，类中可以有树的高度、生长环境、和半径等属性，可以有树的年龄求解等方法，而对象是类的确切实例。如一棵银杏，为其指定高度、生长环境和半径，即可求出这一棵银杏的树龄。银杏只是树类的一个实实在在的例子。同样是银杏，也可以因为生长环境和半径的不同，得到不同的树龄；不同的树木是树这个类的不同实例，是树这个类的不同对象。本节详细介绍类和对象的概述及其使用，以及静态类和类成员的使用。

5.4.1 对象

对象是类的一个实际的例子，一个类可以有多个对象，对象与对象之间没有联系。只有非静态的类才能定义实例对象，本节和 5.4.2 节以非静态类为例，介绍类和对象及类成员的使用。静态类在本章 5.4.3 节和 5.4.4 节介绍。

对象的名称定义规则同变量的命名一样。创建类的实例后，开发人员可以通过对象访问类，包括为字段和属性赋值、管理类的属性和方法等。

对象的创建使用 new 关键字。在类名后为对象指定名称，使用 new 关键字新建实例并赋给对象。如创建类 Class1 的 cl 对象，语法格式如下：

```
Class1 cl=new Class1();
```

在上例中，cl 是对基于 Class1 的对象的引用，而 Class1() 是 Class1 类的构造函数。构造函数是与类名称一致的函数，其作用是初始化类的成员，创建类对象。上述语句引用了新对象，但不包含对象数据。对象可以在不创建引用的情况下声明，格式如下：

```
Class1 cl;
```

这里的对象没有赋值，是空的，如同声明的变量，需要赋值才能使用。对象的赋值同样需要使用构造函数，格式如下：

```
Class1 cl;
cl=new Class1();
```

对象可以由其他对象来赋值，其声明语句如下所示：

```
Class1 cl=new Class1();
Class1 newcl= cl;
```

5.4.2 对象应用

对类成员的使用，需要通过对象来调用。通过对象访问类的成员，在对象名称后加圆点和类成员名称。

如现有非静态的类 Mnum，类中有 public 修饰的属性 num1、num2 和方法 numadd()。创建该类的对象 onum，为两个属性赋值，并调用没有参数的方法 numadd()，代码如下：

```
Mnum onum=new Mnum();
onum. num1=45;
onum. num2=54;
onum. numadd();
```

上述代码对方法的调用，是没有参数和返回值的方法。方法的调用需要注意方法中参数的传递和返回值的使用。

为参数赋值可以直接赋数据值，也可以传递一个变量，传递变量不需要让变量名和方法参数名一致；而返回值可以作为方法的值，被调用的方法可以作为一个数据值被使用。

如定义一个方法，该方法有两个参数，用于计算两个数相除的运算结果，方法的定义语句如下所示：

```
public class count
{
    public int delnum(int amount, int del)
    {
        int num = amount / del;
        return num;
    }
}
```

在主函数中，对方法进行调用。首先初始化 count 类的对象，接下来为方法的参数赋值，使用变量为被除数赋值，使用数据值为除数赋值，代码如下：

```
class Program
{
    static void Main(string[] args)
    {
        count oper = new count();
        int num = 12;
        Console.WriteLine("12 除以 3 的结果是: {0}",oper.delnum(num, 3));
    }
}
```

上述代码中，方法的两个参数分别使用变量和数据值来传值，而方法的调用被作为一个值输出，代码的执行结果如下所示：

```
12 除以 3 的结果是: 4
```

由上述运行结果可以看出，方法可以直接使用对象名和方法名来调用，而含有返回值的方法，被作为确定的值来输出。返回值即为方法的值。

5.4.3 参数传递

参数传递可以从参数本身说起，参数分为有值类型的参数和引用类型参数这两种。

值类型参数可以获取数据值，也可以获取数据变量。若传递的是数据值，则方法根据具体数据值执行操作；若传递的是数据变量，则编译器将生成数据变量的副本并传给值类型参数，参数在方法中发生的变化与传递的变量无关。

引用类型本身存储的是一个引用，而不是数据本身。引用类型在传值时，不会创建副本，而是创建变量的引用。当参数改变时，改变的是引用的值，即原数据，因此引用类型能改变原变量的值。

而尽管是值类型的参数，方法在传递参数时也有两种形式：

❑ **按值传递** 传递给参数一个数据值。

❑ **按引用传递** 传递给参数一个引用。

值类型的参数传递引用，可以使用 ref 或 out 关键字来定义参数。定义引用传递参数的方法格式如下：

访问修饰符 方法返回值类型 方法名(ref 参数类型 参数名)

比较引用类型传递和值类型传递的效果，如练习 5-4 所示。

【练习 5-4】

定义方法 Numbers1()接收传递的值类型参数，并将参数乘以 2 返回；定义方法 Numbers2()接收传递的引用类型参数，同样将参数乘以 2 返回。定义两个名称不同、类型和数据值相同的变量，分别传递给两个方法，输出两个方法的返回值和两个变量。代码如下：

```
class show
{
    public int Numbers1(int number)
    {
        number = number * 2;
        return number;
    }
    public int Numbers2(ref int number)
    {
        number = number * 2;
        return number;
    }
}
class Program
{
    static void Main(string[] args)
    {
        int num1 = 5;
        int num2 = 5;
        show shownum = new show();
        Console.WriteLine(shownum.Numbers1(num1));
        Console.WriteLine("传值后，变量 num1 值为 {0}",num1);
        Console.WriteLine(shownum.Numbers2(ref num2));
        Console.WriteLine("传值后，变量 num2 值为 {0}", num2);
    }
}
```

执行结果为：

```
10
传值后，变量 num1 值为 5
10
传值后，变量 num2 值为 10
```

从执行结果看得出，同样的变量，按照值类型传递后变量值不变；按照引用类型传递后，方法在改变参数的同时改变了变量的值。

注 意

对象只能调用类的公共成员。私有成员和受保护成员不能被调用。

5.4.4 静态类和类成员

静态类是类的一种，与非静态类唯一的区别为：静态类不能被实例化，即不能使用 new 关键字创建静态类的实例对象。静态类不能被实例化，因此静态类不能像非静态类那样拥有多个互不关联的对象。静态类如同一个确定的对象的非静态类，该类可以看作有着指定对象的类，对象的名称即为类的名称。类中的成员由类名称直接访问。

静态类和类成员也是对字段和方法的保护，静态类中的所有成员都是静态成员。在类的声明或定义时，class 关键字与访问修饰符之间，添加 static 关键字声明静态类。如定义静态类 car，代码如下：

```
public static class car
{
public static string WriteName() { return "静态成员"; }
}
```

除了静态类，一般的类中也可以有静态成员，静态成员是不能被对象访问的，需要由类访问，在类名后加圆点和类成员名访问类的成员。如访问类 car 的 WriteName()静态方法，代码如下：

```
car.WriteName();
```

类在加载时首先执行构造函数，静态类也是如此，但静态类的静态构造函数仅调用一次，在程序驻留的应用程序域的生存期内，静态类一直保留在内存中。静态类有以下几个特性。

❏ 静态类的所有成员都是静态成员。

❏ 静态类不能被实例化。

❏ 静态类是密封的，不能被继承。

❏ 静态类不能包含实例构造函数，但可以定义静态构造函数。

无论对一个类创建多少个实例，它的静态成员都只有一个副本。静态方法和属性不能访问其包含类型中的非静态字段和事件，并且不能访问任何对象的实例变量（除非在方法参数中显式传递）。静态成员有以下几个特点。

❏ 含有静态成员的类必须由静态构造函数来初始化。

❏ 静态字段通常用来记录实例对象的个数，或存储该类所有对象共享的值。

❏ 静态方法可以被重载但不能被重写。

❏ 局部变量不能被声明为静态变量，如方法中不能声明静态变量。

123

技 巧

除了类的实例化和类成员的调用不同，静态类的成员构成及定义方式与非静态类一样。

5.4.5 静态方法的调用

静态方法可以在静态类中定义，也可以在非静态类中定义。而不论是静态类还是非静态类，调用静态方法的步骤是一样的。若定义一个静态类和一个非静态类，都包含有静态方法，调用这两个方法，如练习 5-5 所示。

【练习 5-5】

创建两个类，静态类 stashow 包含静态方法 Writeshow()用于输出"静态类方法调用"字样，非静态类 ustashow 包含静态方法 Writeshow()用于输出"非静态类静态方法调用"字样，定义两个类的代码如下所示：

```csharp
public static class stashow
{
    public static void Writeshow()
    {
        Console.WriteLine("静态类方法调用");
    }
}
public class ustashow
{
    public static void Writeshow()
    {
        Console.WriteLine("非静态类静态方法调用");
    }
}
```

接下来是两个方法的调用，分别调用 stashow 类和 ustashow 类的 Writeshow()方法，在主函数中使用代码如下：

```csharp
stashow.Writeshow();
ustashow.Writeshow();
```

运行上述代码，其结果如图 5-1 所示。两个方法的调用方式完全一样，由图 5-1 可以看出，两个方法被执行出来。

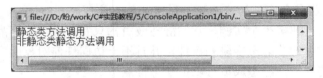

图 5-1 静态方法调用

注 意

静态类中定义的方法，默认并不是静态方法，因此需要使用 static 关键字声明。

5.5 构造函数

构造函数是类的调用中首先执行的函数，是方法的一种。与其他方法不同的是，构造函数在创建类的对象时自动执行。无论程序是否调用类中的字段、属性或方法，构造函数都将在创建对象时执行。

构造函数具有与类相同的名称，通常用来初始化新对象的数据成员。构造函数不需要指定返回值类型，也不需要指定返回值。即使使用 void 定义也是不允许的。构造函数在定义时需要指定可访问性，使用 public、private、protected、internal 或 protected internal 关键字。

没有定义构造函数的类，在 C#中编译器为其提供一个公共的默认构造函数来实例化对象，并将所有成员变量设置为它们各自类型的默认值。

静态类也有构造函数，其作用与非静态类构造函数作用一样，但静态类中的构造函数为静态构造函数。非静态类也可以有静态构造函数。构造函数可分为静态构造函数、实例构造函数和私有构造函数等，静态构造函数有以下几个特点：

- ❑ 静态构造函数没有访问修饰符和参数。
- ❑ 静态构造函数在首次访问类时自动调用。
- ❑ 静态构造函数由编译器控制调用，开发人员无法直接调用静态构造函数。
- ❑ 一个类只能有一个静态构造函数。
- ❑ 无参数的构造函数可以与静态构造函数共存。
- ❑ 静态构造函数最多只运行一次。
- ❑ 静态构造函数不可以被继承。
- ❑ 如果没有写静态构造函数，而类中包含带有初始值设定的静态成员，那么编译器会自动生成默认的静态构造函数。

私有构造函数是一种特殊的构造函数。它通常用在只有静态成员的类中。如果类具有一个或多个私有构造函数而没有公共构造函数，则不允许其他类创建该类的实例。

常见的是实例构造函数，一个类中可以定义多个构造函数，但同一个类中的构造函数不能具有相同的参数。

通过不同的构造函数可以初始化不同的类数据。构造函数在实例化时调用，不同参数的构造函数调用时使用 new 语句或 base 语句。

其中，new 语句用于创建实例对象，而 base 语句用于调用基类的构造函数。通过 new 语句用于创建实例对象，调用不同的构造函数如练习 5-6 所示。

【练习 5-6】

定义类 showname 包含字段 name，分别用不同参数的构造函数初始化类字段，并将字段输出，类的定义代码如下：

```
class showname
{
    public string name;
    public showname ()
```

```
        { name = "default"; }
        public showname (string name1)
        {
            name = name1;
        }
        public showname (int name2)
        {
            name = "int show";
        }
    }
```

接下来是主函数中的调用，分别使用不同的构造函数初始化字段值，输出字段的值，
代码如下：

```
class Program
{
    static void Main(string[] args)
    {
        showname showname1 = new showname();
        Console.WriteLine(showname1.name);
        showname showname2 = new showname("string show");
        Console.WriteLine(showname2.name);
        showname showname3 = new showname(3);
        Console.WriteLine(showname3.name);
    }
}
```

执行结果为：

```
default
string show
int show
```

技巧

构造函数可以使用 this 关键字调用同一对象中的另一构造函数。构造函数中的任何参数
都可用作 this 的参数，或者用作 this 表达式的一部分。

5.6 析构函数

与构造函数相反，析构函数用来释放类资源。析构函数与一般的方法区别很大，主
要有以下特点：

❑ 一个类只能有一个析构函数。

❑ 析构函数无法被继承。

❑ 析构函数由编译器调用，开发人员无法控制何时调用，由垃圾回收器决定。

❑ 析构函数没有访问修饰符和参数。

❑ 析构函数不能定义返回值类型，也不能定义返回值。

❑ 程序退出时自动调用析构函数。

析构函数也需要使用类名命名，只是在命名前使用~符号与构造函数区别。析构函数的作用是检查对象是否不再被应用程序调用，并在对象不再调用时释放存储对象的内存。

通过调用 Collect 可以强制进行资源释放，但这种做法可能会导致程序性能受损。通过析构函数，在确定资源不再需要时释放资源，确保程序完整性。

垃圾回收器检查是否存在应用程序不再使用的对象。如果垃圾回收器认为某个对象符合析构，则调用析构函数（如果有）并回收用来存储此对象的内存。

通过来自 IDisposable 接口的 Dispose()可以显式地释放一些资源，为对象执行必要清理。虽然这样可以提高应用程序的性能，但垃圾回收器同样会调用析构函数对对象资源彻底清理。

5.7 实验指导 5-1：创建数据统计类

创建数据统计类 operation，包含静态字段 nums 统计对象数。定义两个构造函数：一个用于利用字段 nums 统计对象数；一个用于在接收到任意一个整型参数后，将对象数清零，并继续统计对象数。

定义方法：

❑ 无返回值的方法 addnums(int num,int addnum) 将 num 与 addnum 相加，并赋值给 num，同时改变传值的原变量值。

❑ 返回整型的方法 delnums(int num,int delnum) 在不改变传值的原变量值的情况下，返回 num 除以 delnum 的商。

实现部分：

❑ 创建 3 个对象，使用默认构造函数，并在每个对象创建后输出 nums 的值。

❑ 创建 1 个对象，使用清零构造函数，并输出 nums 的值；创建 1 个对象，使用默认构造函数，并在对象创建后输出 nums 的值。

❑ 定义 2 个变量为方法 addnums(int num,int addnum)赋值，输出原变量的值。

❑ 定义 2 个变量为方法 delnums(int num,int delnum)赋值，输出原变量和返回结果的值。

字段 nums 用于统计对象数，在没有创建过对象时为 0，每创建一个 nums 加 1。整型变量的默认值是 0，因此第一个构造函数只需将 nums 加 1 即可。

第二个构造函数接收任意整型参数，参数在函数内部不起作用，只是用于区别第一个构造函数，需要将 nums 清零，再加 1。

方法 addnums(int num,int addnum)改变了 num 参数传值的原变量值，需要引用类型的传递，要在参数 num 前加 ref。方法 delnums(int num,int delnum)不需要改变原变量，可以直接输出返回值。具体步骤如下所示。

（1）创建类 operation，执行语句如下：

```
public class operation
{
    public static int nums;
    public operation()
    {
        nums = nums + 1;
    }
    public operation(int news)
    {
        nums = 0;
        nums = nums + 1;
    }
    public void addnums(ref int num, int addnum)
    {
        num = num + addnum;
    }
    public int delnums(int num, int delnum)
    {
        return num / delnum;
    }
}
```

（2）实现部分。创建 3 个对象，使用默认构造函数，并在每个对象创建后输出 nums 的值。代码如下：

```
class Program
{
    static void Main(string[] args)
    {
        operation oper1 = new operation();
        Console.WriteLine("第 1 个对象的 nums 值为：{0}",operation.nums);
        operation oper2 = new operation();
        Console.WriteLine("第 2 个对象的 nums 值为：{0}", operation.nums);
        operation oper3 = new operation();
        Console.WriteLine("第 3 个对象的 nums 值为：{0}", operation.nums);
    }
}
```

（3）创建 1 个对象，使用清零构造函数，并输出 nums 的值；创建 1 个对象，使用默认构造函数，并在对象创建后输出 nums 的值。在（1）的 static void Main(string[] args){} 内添加如下代码：

```
operation operFrom0 = new operation(0);
Console.WriteLine("清零对象的 nums 值为：{0}", operation.nums);
operation oper4 = new operation();
Console.WriteLine("对象的 nums 值为：{0}", operation.nums);
```

（4）定义 2 个整型变量 renum 和 addnum 为方法 addnums(ref int num,int addnum)赋值，

面向对象编程基础

输出原变量的值。在 Main(string[] args){}内添加如下代码:

```
int num = 63; int addnum = 37;
oper1.addnums(ref num, addnum);
Console.WriteLine("num: {0} , addnum: {1}",num,addnum);
```

（5）定义 2 个整型变量 num 和 delnum 为方法 delnums(int num,int delnum)赋值，输出原变量和方法的返回值。在 Main(string[] args){}内添加如下代码:

```
int renum = 63; int delnum = 3;
int delnumsReturn=oper1.delnums(renum,delnum);
Console.WriteLine("renum: {0} , delnum: {1}", renum, delnum);
Console.WriteLine("delnums 返回值 {0}", delnumsReturn);
```

执行结果为:

```
第 1 个对象的 nums 值为: 1
第 2 个对象的 nums 值为: 2
第 3 个对象的 nums 值为: 3
清零对象的 nums 值为: 1
对象的 nums 值为: 2
num: 100 , addnum: 37
renum: 63 , delnum: 3
delnums()返回值: 21
```

实例中所有对象公用静态字段 nums，并在前 3 个对象中通过构造函数依次递加。静态字段和方法是类的所有对象共有的，在创建对象时通过构造函数初始化。

引用传递通常隐藏了方法的内部结构，直接在实现中改变原有变量。而值传递的方法若没有返回值，除非功能在方法中结束，否则只能通过改变类的字段展示运行效果。

5.8 思考与练习

一、填空题

1. 类的成员有字段、_____、方法、构造函数和析构函数。

2. 类可以分为_____和非静态类。

3. 方法中的参数变量有值类型和_____。

4. 属性中有 get 访问器和_____。

5. 类中没有定义也会执行的函数是构造函数和_____。

二、选择题

1. 字段不可以标记为_____。

A. public

B. static

C. protected

D. protected internal

2. 以下不能定义的是_____。

A. 类中的静态字段

B. 静态方法

C. 静态构造函数

D. 方法中的静态变量

3. 以下不属于类成员的是_____。

A. 结构

B. 方法

C. 字段

D．属性

4．以下代码的输出结果是_____。

```
public class name
 {
    public string aname;
    public name()
    { aname = "李丽"; }
    public string bname
    {
        get { return aname; }
        set
        {
            value = aname;
        }
    }
    public string newname(string
    addstring)
    {
        aname = aname + adds
        tring;
        return bname;
    }
 }
class Program
{
    static void Main(string[] a
    rgs)
    {
        name oname = new name();
        oname.bname = "小华";
        Console.WriteLine(oname.
        newname("在这里"));
    }
}
```

A．小华

B．在这里

C．小华在这里

D．李丽在这里

5．以下元素不能有参数的是_____。

A．方法

B．构造函数

C．析构函数

D．静态方法

6．以下代码的输出的结果是_____。

```
class show
{
    public int Numbers(ref int
    number)
    {
        number = number * 2;
        return number;
    }
}
class Program
{
    static void Main(string[]
    args)
    {
    int num = 5;
    show shownum = new show();
    shownum.Numbers(ref num);
    Console.WriteLine(num);
    }
}
```

A．0

B．5

C．10

D．20

三、简答题

1．简要概述可访问性。

2．简单说明类和对象的区别。

3．简单说明字段和属性的区别。

4．简单说明方法中的参数类型。

第6章 类的高级应用

类的应用不只是将字段、属性和方法包含在内，供其他程序调用；在本书第 5 章简单提到过，类有着封装、继承和多态三大特性。

封装、继承和多态是面向对象程序设计中重要的特性，使类的应用更加广泛、灵活。本章通过类的封装、继承和多态，介绍类的高级应用。

本章学习目标：

❑ 理解封装的含义。
❑ 理解继承的意义。
❑ 熟练使用类的继承。
❑ 理解虚函数和抽象类的用法。
❑ 理解多态的意义。
❑ 掌握重载和重写的使用。
❑ 掌握虚函数和抽象类的使用。
❑ 掌握泛型的使用。
❑ 掌握接口的使用。

6.1 封装

类的使用改变了传统的根据过程定义的数据和方法，它将数据和方法封装在一起，构成有机整体。

类的设计者需要根据具体情况判断并定义类成员的可访问性，而类的使用者只需根据类可被外部使用的部分来为自己的程序服务，并不需要考虑这些方法在类中是怎样实现的。这就是类的封装。

6.1.1 封装概述

在本书第 5 章，介绍了类的定义和使用。数据的直接存取安全性不高，类将数据和操作包含在内，通过设计方法或属性来处理数据，保护了数据的私有性，对于系统日后的维护和升级也方便。

面向对象程序设计通常使用类作为数据封装的基本单位。封装对象，并非是将整个对象完全包裹起来，而是根据具体的需要，设置使用者访问的权限,即类成员的可访问性。访问修饰符有 public、internal、protected 和 private。

第 5 章曾介绍类和类成员的可访问性，通过对类成员可访问性的设计，将类封装成一个空间，允许部分成员被继承和访问。

其中，对数据的封装有两种实现方式：编写类数据的读写方法；定义相关属性。

因此，在设计程序的时候，除了要考虑识别对象，还要充分考虑该对象的封装。类对象内的字段、属性和方法，包括类本身，哪些应该暴露在外，哪些应该被隐藏，都需要根据实际的需求，给予正确的设计。

6.1.2　封装的使用

例如，用户名和密码总是被定义为隐私的，是不能被很容易访问到的。关于用户名和密码的访问，如练习 6-1 所示。

【练习 6-1】

定义类 Privacy 包含用户名字段 username 和密码字段 password，两字段为私有成员；定义方法 read() 读取字段值，定义属性 name 和属性 pad。代码如下：

```csharp
public class Privacy
{
    private string username;
    private string password;
    public void read(string user, string pasd)
    {
        username = user;
        password = pasd;
    }
    public string name
    {
        get { return username; }
    }
    public string pad
    {
        get { return password; }
    }
}
```

通过 read() 方法来为 Privacy 类的字段赋值，通过属性来显示用户的用户名和密码，代码如下：

```csharp
class Program
{
    static void Main(string[] args)
    {
        Privacy pri = new Privacy();
        pri.read("user", "123");
        Console.WriteLine(pri.name);
        Console.WriteLine(pri.pad);
    }
```

```
    }
```

执行结果为：

```
user
123
```

代码中对 Privacy 类中的字段 username 和字段 password 无法直接访问，但可以通过 read()方法赋值，通过 name 属性和 pad 属性获取。

6.2 继承

继承是指一个类建立在另一个类的基础上，新建的类可以使用被继承的类的属性和方法等成员，还可以有自己的新的属性和方法。被继承的类称为基类，在基类基础上建立的类称为派生类。

6.2.1 继承简述

通过继承，基类中的成员被重新利用。如现有新闻类，有着新闻标题、新闻发布时间和新闻内容等字段；有着新闻添加、新闻删除等方法。而娱乐新闻类有娱乐人物、娱乐类型等字段的同时，又有与新闻类中一样的字段和方法。此时，不需要对娱乐类重新定义，而可以继承新闻类，在新闻类的基础上，增加其特有的字段和方法即可。

类的继承增加了代码的可重用性，派生类不需要重新定义基类中已经有的字段和方法，只需定义其特有的数据和操作即可。

如与娱乐新闻类对新闻类的继承类似，体育新闻类同样可以继承新闻类。通常将多个类中共有的字段、属性和方法提取出来，定义为基类，既可以增加代码重用性，又方便对代码的理解、修改和维护。

基类可以被连环派生，如娱乐新闻类继承了新闻类，而郑州娱乐新闻类又可以继承娱乐新闻类。一个派生类除了可以包括基类成员，还可以包含基类的基类成员。如郑州娱乐新闻类中，既包含娱乐新闻类的成员，又包含了新闻类的成员。但需要注意的是，在 C#中，一个派生类只能继承一个基类。

 提 示

在 C#中有特殊的基类 Object。Object 类没有基类，它是 C#中所有类的默认基类。

派生类在声明或定义时需要指出所派生的基类，格式为派生类名称、冒号、基类名称。如类 SportNews 继承了基类 News，其定义格式如下：

```
class News
{}
class SportNews:News
{}
```

类 News 称作是 SportNews 类的直接基类，类 News 没有指定基类，但默认继承了 Object 类。派生类可以直接使用基类成员，如练习 6-2 所示。

【练习 6-2】

定义 News 类和 SportNews 类，其中 News 类有成员：静态字段 num 在创建对象时递加、字符串字段 title 表示新闻标题和 ShowT()方法输出新闻标题。类 SportNews 继承 News 类，不定义任何成员。创建 SportNews 类的实例，为字段 title 赋值，调用 ShowT()方法并输出 num 的值。代码如下：

```
class News
{
  public string title;
  public static int num;
  public News()
  { num++; }
  public void ShowT()
  {
      Console.WriteLine("新闻标题：{0}",title);
  }
}
class SportNews : News
{
}
```

实例化 SportNews 类，为该类的新闻标题字段赋值并输出、输出对象的个数，主函数中代码如下：

```
class Program
{
  static void Main(string[] args)
  {
      SportNews sport=new SportNews();
      sport.title = "手机特卖会";
      sport.ShowT();
      Console.WriteLine("对象个数：{0}",SportNews.num);
  }
}
```

执行结果为：

```
新闻标题：手机特卖会
对象个数：1
```

从练习 6-2 的执行结果可以看到，在创建 SportNews 类的实例时，基类 News 的构造函数也被调用。在 C#中，当派生类实例化时首先执行基类的构造函数，接着再执行派生类的构造函数。练习 6-3 在练习 6-2 的基类的基础上定义自身的成员。

【练习 6-3】

定义 SportNews 类有成员字段 body 和方法 ShowS()，SportNews 类继承 News 类。

输出 body 和基类的 title 字段。SportNews 类和 Main(string[] args)方法的实现代码如下：

```
class SportNews : News
{
    public string body = "手机特卖会何时举行";
    public void ShowS()
    {
        Console.WriteLine("新闻标题：{0}\n新闻内容：{1}", title, body);
    }
}
class Program
{
    static void Main(string[] args)
    {
        SportNews sport=new SportNews();
        sport.title = "手机特卖会";
        sport.ShowS();
    }
}
```

执行结果为：

```
新闻标题：手机特卖会
新闻内容：手机特卖会何时举行
```

警告

派生类只能继承基类的非私有成员。

6.2.2 抽象类及类成员

抽象类是一种仅用于继承的类。定义一个抽象类的目的主要是为派生类提供可共享的基类成员的公共声明。

抽象类中的抽象成员只有声明部分，没有实现部分。抽象类中的成员完全由其派生类来实现，因此抽象类和抽象成员不能是私有类型，而应该是能够被派生类继承和实现的类型。

抽象类和抽象成员使用关键字 abstract 声明，抽象成员一定在抽象类中，但是抽象类中可以没有抽象成员。格式如下：

```
public abstract class A
{
    public abstract int B();
}
```

抽象类不能被实例化。抽象类中可以定义非抽象成员，但由于抽象类不能创建对象，因此只能由派生类对象调用。

与一般的继承不同，抽象类的继承必须实现抽象类中的所有未实现成员，包括属性和方法。与一般继承一样，在创建派生类实例时，首先执行基类的构造函数。

抽象类中抽象成员的实现，需要在方法名前使用 override 关键字。具体语法如练习 6-4 所示。

【练习 6-4】

定义抽象类 A 和 A 的派生类 B。A 中有抽象成员方法 num() 和属性 astr，非抽象成员字段 anum 和构造函数。在 B 中实现 A 的抽象成员，在 Main() 函数中输出 A 成员实现后的值，步骤如下：

（1）定义抽象类 A，代码如下：

```
public abstract class A
{
    public abstract int num();          //未实现的方法
    public int anum;                    //非抽象成员
    public A()                          //非抽象构造函数
    {
        anum = 12;
    }
    public abstract string astr         //未实现的属性
    { get; set; }
}
```

（2）定义类 A 的派生类 B，实现类 A 中的所有抽象成员，代码如下：

```
public class B : A
{
    public override int num()           //实现抽象类中的方法
    {
        Console.WriteLine("抽象方法的实现");
        return 0;
    }
    public override string astr         //实现抽象类中的属性
    {
        get { return "抽象属性"; }
        set { value ="抽象属性"; }
    }
}
```

（3）定义主函数，实例化 B，并输出 B 的成员值，代码如下：

```
class Program
{
    static void Main(string[] args)
    {
        B b = new B();
        Console.WriteLine(b.anum);
        Console.WriteLine(b.num());
```

```
        Console.WriteLine(b.astr);
    }
}
```

（4）运行上述代码，执行结果为：

```
12
抽象方法的实现
0
抽象属性
```

 提 示

因抽象类中的方法没有被声明，因此需要在方法的（）后加分号。

6.2.3 密封类

密封类是一种独立的、不能被继承的类，通常用来限制扩展性。继承将一个类的非私有成员作为其他类的成员使用，来扩展类的功能；而密封类限制了类的继承，其内部成员将不能被其他类作为内部成员使用。

密封类是不能被继承的，它的成员是孤立的，只能内部使用。但密封类可以继承其他类，属于基类的终止。

除了不能被继承，密封类的其他用法和实例类区别不大。密封类中的成员可以是静态的，也可以是实例的；可以是私有的，也可以是共有的；甚至可以有虚方法。

虚方法是可以被继承、被派生类实现的方法，将在本章 6.3.3 节介绍。密封类中的虚方法将隐式的转化为非虚方法，但密封类本身不能再增加新的虚方法。

密封类的定义通过 sealed 关键字来实现，声明密封类的方法是，在关键字 class 的前面使用关键字 sealed，格式如下：

```
public sealed class D
{}
```

密封类和静态类都是不能被继承的类，不同的是：

❑ 密封类可以实例化，静态类没有实例。

❑ 密封类成员由对象调用，静态类成员由类调用。

❑ 密封类可以继承基类，静态类无法继承类。

密封类和静态类的具体用法和区别，如练习 6-5 所示。通过练习 6-5 同时定义了密封类和静态类。

【练习 6-5】

定义密封类 Privacyover 继承练习 6-1 中的类 Privacy，定义静态类 StaticClass 将类 Privacy 成员改为静态成员。步骤如下。

（1）定义 Privacyover 类代码如下：

```
public sealed class Privacyover: Privacy
{
}
```

（2）定义 StaticClass 类的代码如下：

```
public static class StaticClass
{
    private static string username;
    private static string password;
    public static void read(string user, string pasd)
    {
        username = user;
        password = pasd;
    }
    public static string name
    {
        get { return username; }
    }
    public static string pad
    {
        get { return password; }
    }
}
```

（3）定义 Main()函数代码如下：

```
class Program
{
    static void Main(string[] args)
    {
        Privacyover pro = new Privacyover();
        pro.read("user", "123");
        Console.WriteLine(pro.name);
        Console.WriteLine(pro.pad);
        StaticClass.read("user", "123");
        Console.WriteLine(StaticClass.name);
        Console.WriteLine(StaticClass.pad);
    }
}
```

执行结果为：

```
user
123
user
123
```

6.3 多态

派生类中可以定义与基类重名的方法。如新闻类中的新闻添加方法，只添加新闻标题、发布时间和新闻内容；而娱乐新闻类继承新闻类，其新闻添加方法除了要添加新闻标题、发布时间和新闻内容以外，还要添加娱乐中心人物，那么可在娱乐新闻类中，对新闻添加方法进行修改。

为了区分基类和派生类中的同名方法，派生类可对基类中的方法进行重载、隐藏和覆盖。这种对类成员多种形态的使用，称作类的多态性；类的方法有着 3 种多态形式，如下所示。

- ❑ 定义同名但参数列表不同的方法，称为方法的重载。
- ❑ 定义同名且参数列表也相同的方法，并且父类中的方法用 abstract/virtual 进行修饰，称为方法的覆盖。子类中的同名方法用 override 进行了修饰，如虚方法和抽象类的覆盖。
- ❑ 定义同名且参数列表也相同的方法，其父类中的方法没有用 abstract/virtual 进行修饰，称为方法的隐藏，需要在子类新建的同名方法前面用 new 修饰符。

若子类方法和父类中方法名、参数列表一样，方法名前没有任何修饰，则在 Visual Studio 2010 中默认为方法的隐藏。多态通过单一标识支持方法的不同行为能力，有静态多态和动态多态。其中静态多态常见的是方法重载，动态多态有继承、虚函数的实现等。

6.3.1 重载

重载是可使方法、运算符等处理不同类型数据或接受不同个数的参数的一种方法。方法的重载，可以使用一个方法名，执行多种不同的操作。

方法的重载，同名称的方法中，参数列表或参数类型不同，但实现步骤或实现功能有共同点。如将两个整型参数相加的方法和两个字符串相连的方法定义为同名方法 addnum()，代码如下：

```
public int addnum(int num1, int num2)              //整型数相加
{
    return (num1 + num2);
}
public double addnum(double num1, double num2)     //浮点型相加
{
    return (num1 + num2);
}
```

如上所示的代码，方法的参数类型不同，返回类型也不同，但方法执行的功能一样，使用相同的方法名称。

严格来说，重载是编译时多态，即静态多态，根据不同类型函数编译时会产生不同的名字如 int_ addnum 和 char_ addnum 等，以此来区别、调用。方法的重载遵循以下几

个特点。

- ❑ 方法名必须相同。
- ❑ 返回值可以相同，也可以不同，但参数列表不能相同。编译器首先根据方法名选择方法，然后再根据参数列表在众多重载的函数中找到合适的函数。
- ❑ 匹配函数时，编译器将不区分类型引用和类型本身，也不区分 const 和非 const 变量。

【练习 6-6】

定义数据运算类 Operation 有方法 LoopAdd()，用于计算数字或字符串的累加，使用代码如下：

```csharp
public class Operation
{
    public int LoopAdd(int num1, int num2, int num3)
    {
        int num = num1 + num2 + num3;
        return num;
    }
    public int LoopAdd(int num,int addnum)
    {
        num = num + addnum;
        return num;
    }
    public string LoopAdd(string num,  string addnum)
    {
        num = num + addnum;
        return num;
    }
}
```

定义主函数，分别执行三个整型数据的相加、两个整型数据的相加和两个字符串的连接，代码如下：

```csharp
static void Main(string[] args)
{
    Operation oper = new Operation();
    Console.WriteLine("3个数(1, 2, 3)的和：\t{0}", oper.LoopAdd(1, 2, 3));
    Console.WriteLine("2个数(12, 3)的和：\t{0}", oper.LoopAdd(12, 3));
    Console.WriteLine("2 个字符串(\"12\", \"3\")的和：{0}", oper.LoopAdd
    ("12", "3"));
}
```

执行结果如下所示：

```
3个数(1, 2, 3)的和：      6
2个数(12, 3)的和：        15
2个字符串("12", "3")的和：123
```

140

程序运行时根据参数的不同选取对应的方法来执行，与方法的创建顺序无关。上述代码分别输出了整型数 1、2 和 3 的和；整型数 12 和 3 的和；字符串"12"与"3"的连接。

6.3.2　重写

重写是针对方法名相同、参数列表也相同的方法的多态，通常是在子类中重写基类的方法。基类中的方法通常适用于多个子类，但个别子类不适用，因此需要对基类中的方法重新定义，以实现功能类似、不需要参数的方法。

类似于哺乳动物大部分都是陆生的，但鲸鱼生活在水里。鲸鱼同样用肺呼吸，但却生活在水里，就需要在派生类鲸类中重新定义。方法的重写有两种形式：

❑　隐藏　直接使用 new 关键字重写基类中的一般方法。

❑　覆盖　覆盖需要重写被 abstract/virtual 关键字修饰的方法，在重写时使用关键字 override。

隐藏和覆盖有以下几个特点。

❑　隐藏和覆盖都不会改变基类中的方法，只是反映在派生类中对象和方法的调用上。

❑　覆盖通常针对抽象类、抽象类成员和虚方法，只有这三种才能被重写。方法重写后，即使是基类类型的派生类对象，所调用的方法也是重写后的方法。

❑　而隐藏不同，只有派生类类型的派生类对象才能使用重写后的方法。

重写有以下几个特点：

❑　静态方法、密封方法和非虚方法不能被覆盖。

❑　非虚方法可以被隐藏，但静态方法和密封方法不能被隐藏。

❑　重写方法和已重写了的基方法具有相同的返回类型。

❑　重写声明和已重写了的基方法具有相同的声明可访问性。重写声明不能更改所对应的虚方法的可访问性。

但是，如果已重写的基方法是 protected internal，并且声明它的程序集不是包含重写方法的程序集，则重写方法声明的可访问性必须是 protected。覆盖和隐藏的使用如练习6-7 所示。

【练习 6-7】

使用练习 6-6 中的类作为基类，分别对 LoopAdd(int num1, int num2, int num3)方法和LoopAdd(int num,int addnum)方法进行隐藏和覆盖，将相加改为相乘，子类 multiply 和类的实现代码如下：

```
class Program
{
    static void Main(string[] args)
    {
        Operation oper = new Operation();
        Console.WriteLine("基类 {0}", oper.LoopAdd(12, 3, 4));
```

141

```
        Console.WriteLine("基类  {0}", oper.LoopAdd(12, 4));
//定义multiply类型对象
        multiply mul = new multiply();
        Console.WriteLine("隐藏    {0}", mul.LoopAdd(12, 3, 4));
        Console.WriteLine("覆盖    {0}", mul.LoopAdd(12, 4));
//定义Operation类型的multiply对象
        Operation operMul = new multiply();
        Console.WriteLine("隐藏    {0}", operMul.LoopAdd(12, 3, 4));
        Console.WriteLine("覆盖    {0}", operMul.LoopAdd(12, 4));
    }
}
    public class multiply : Operation
    {
        public new int LoopAdd(int num1, int num2, int num3)
        {
        int num = num1 * num2 * num3;
        return num;
        }
        public override int LoopAdd(int num, int addnum)
        {
        num = num * addnum;
        return num;
        }
    }
```

执行结果为：

```
基类   24
基类   16
隐藏   768
覆盖   48
隐藏   24
覆盖   48
```

可见由 Operation operMul = new multiply()定义的对象 operMul,在子类中被隐藏的方法，这里还是基类的方法；而在子类中被覆盖的方法，这里是子类重写后的方法。

提 示

> 由于覆盖需要重写被 abstract/virtual 关键字修饰的方法，因此练习 6-7 中，需要将练习 6-6 基类的 LoopAdd(int num, int addnum)方法使用 virtual 关键字修饰。

对基类虚成员进行重写，可将该成员声明为密封成员。在派生类中，需要取消基类成员的虚效果，则需要在基类虚成员声明时，将 sealed 关键字置于 override 关键字的前面。

6.3.3 虚函数

虚函数又称作虚方法，是一种可以被派生类实现、重载或重写的方法。虚方法同选

类的高级应用 ————

择语句一样有着执行条件，根据不同的情况执行不同的操作。

一般方法在编译时就静态地编译到了执行文件中，其相对地址在程序运行期间是不发生变化的；而虚函数在编译期间并不能被静态编译，它的相对地址是不确定的。

虚方法根据运行时期的对象实例，来动态判断需要调用的函数。其中，声明时定义的类叫声明类，执行时实例化的类叫实例类。

虚方法有以下几个特点：

❏ 虚方法通过 virtual 关键字声明。

❏ 虚方法通过 override 关键字在派生类中实现。

❏ 虚方法前不允许有 static、abstract 或 override 修饰符。

❏ 虚方法不能是私有的，因此不能使用 private 修饰符。

虚函数的执行过程如下：

（1）当调用一个对象的函数时，系统会直接去检查这个函数声明定义所在的类，即声明类，查看函数是否为虚函数。

（2）若不是虚函数，那么直接执行该函数。但如果是虚函数，程序不会立刻执行该函数，而是检查对象的实例类，即继承函数声明类的类。

（3）在这个实例类里，程序将检查这个实例类的定义中是否包含实现该虚函数或者重写虚函数的方法。

（4）如果有，执行实例类中实现的虚函数的方法。如果没有，系统就会不停地往上找实例类的父类，并对父类重复刚才在实例类里的检查，直到找到第一个重载了该虚函数的父类为止，然后执行该父类里重载后的方法，如练习 6-8 所示。

【练习 6-8】

定义类 Vfun 包含虚函数 num 输出"虚函数 V"，定义类 Dfun 实现虚函数 num 输出"虚函数 D"，创建类 Vfun 类型的对象类 Dfun 的实例，调用虚函数 num。代码如下：

```
class Program
{
    static void Main(string[] args)
    {
        Vfun fun = new Dfun();
        fun.num();
    }
}
class Vfun
{
    public virtual void num()
    {
        Console.WriteLine("虚函数 V");
    }
}
class Dfun:Vfun
{
    public override void num()
    {
```

```
        Console.WriteLine("虚函数 D");
      }
   }
```

执行结果为：

虚函数 D

6.4 实验指导 6-1：虚函数与抽象类

多态包括方法的重载与重写及虚方法和抽象类的实现。6.3 节只进行了虚方法和抽象类的简单介绍，本节通过实验指导来实现虚方法和抽象类，实现重写基类中的方法。

定义 Round 类和一个抽象类圆类 round。round 类包含字段半径、属性半径和方法面积 area()，由 Round 类继承。定义一个包含求面积的虚方法的非抽象类 oblong，有长和宽两个字段，定义 Box 类继承实现。步骤如下。

（1）定义 round 类和 Round 类代码如下：

```
public abstract class round
{
   public abstract double area();
   public int radius;
   public abstract int Radius
   { get; }
}
public class Round : round
{
   public override int Radius
   {
      get
      {
         return radius;
      }
   }
   public override double area()
   {
      return radius * radius * 3.14;
   }
}
```

（2）定义 oblong 类和 Box 类的代码如下：

```
class oblong
{
   public int longNum;
   public int wideNum;
   public virtual int area()
   {
```

```
            return longNum * wideNum;
        }
    }
    class Box:oblong
    {
        public int highNum;
        public override int area()
        {
            return 2 * (longNum * wideNum+longNum*highNum+wideNum*highNum);
        }
    }
```

（3）定义 Main()函数，输出圆的半径、面积和长方体的体积，代码如下：

```
class Program
{
    static void Main(string[] args)
    {
        Round run = new Round();
        run.radius = 3;
        Console.WriteLine("圆的半径 {0}",run.Radius);
        Console.WriteLine("圆的面积 {0}", run.area());
        Box box = new Box();
        box.highNum = 3;
        box.longNum = 3;
        box.wideNum = 3;
        Console.WriteLine("长方体体积 {0}", box.area());
    }
}
```

执行结果为：

```
圆的半径 3
圆的面积 28.26
长方体体积 54
```

6.5 接口

　　和类一样，接口也定义了一系列属性、方法和事件。但是与类不同的是，接口并不提供实现，它们由类来实现并在类中被定义为单独的实体。接口表示一种约定，实现接口的类必须严格按照其定义来实现接口的每个细节。

6.5.1 接口简介

　　接口的类型与用法同抽象类相似，接口中可以包含属性和方法，但是不提供属性和方法的实现。接口成员与抽象成员一样，需要通过继承该接口的类来实现，而继承接口的类，必须实现接口中的所有成员。与抽象类相比，接口有以下几个特点。

❑ 抽象类是一个类，可以有实现的和未实现的成员；而接口只能包含未实现的成员，是一个行为的规范或规定。

❑ 一个类可以继承并实现多个接口，但是只能继承一个父类。

❑ 接口可以用于支持回调。

❑ 抽象类实现的具体方法默认为虚的，但实现接口的类方法默认为非虚的。

❑ 抽象类可用于设计大的功能单元，而接口适合定义专一功能。

接口规范了对象的功能、约束类的实现。如同样是手机，所有手机都提供接听电话、拨打电话、接收短信和发送短信等功能，这些功能是必不可少的，它们构成了手机的接口。

而手机厂商有多家，不同的厂家使用不同的软硬件来制造手机，如手机的输入模式可以是全键盘输入，也可以是全触屏输入，但无论哪种手机，都要实现接听电话、拨打电话、接收短信和发送短信等基本功能。

将接听、拨打电话这些基本功能定义为接口成员，则继承手机接口的类需要将这些成员全部实现，而不需要使用相同的实现方法。接口定义了一个对象能做什么，而不需要知道具体是怎么做的；不同的类继承同一个接口，可以定义接口成员的不同实现方式，正如手机的输入模式有多种，但其所实现的是同一个接口成员。

不难理解，接口向不同类的对象提供一套通用的方法和属性。这些方法和属性使得程序可以多态地处理不同的类对象。

因此，我们就可以用接口提供某种方法或属性，让各类对象实现它们，然后返回各自的年龄。

C#中的接口和类一样都属于引用类型，它用来描述属于类或结构的一组相关功能，即定义了一种协议或者规范和标准。使用接口时要注意以下几点：

❑ 接口中只能包含属性、方法、事件和索引器，不能包含其他成员，如接口中不能有常量、域、构造函数、析构函数、静态成员等。

❑ 接口的修饰符包括 private、public、protected、internal 和 new，默认为 public。

❑ 接口中的属性、方法、事件和索引器都不能够实现。

❑ 接口名称通常都是以"I"开头，例如 IList、IComparable 等。

❑ 实现一个接口的语法和继承类似，如 class Person：IPerson。

❑ 如果类已经继承了一个父类，则以","分隔父类和接口。

❑ 接口成员的访问级别是默认的（默认为 public），所以在声明时不能再为接口成员指定任何访问修饰符，否则编译器会报错。

❑ 接口成员不能有 static、abstract、override、virtual 修饰符，使用 new 修饰符不会报错，但会给出警告说不需要关键字 new。

❑ 接口可继承接口。

6.5.2 接口定义

在 C#中使用 interface 关键字定义接口，接口的定义需要有访问修饰符和接口名称，接口名称的定义与类名称的定义法则一样，声明语法如下所示：

```
[修饰符] interface 接口名称{
    接口主体
};
```

接口可以继承接口，继承的语法与类的继承一样，如创建一个继承 ISubject 接口名称为 IDetails 的接口，格式如下：

```
interface IDetails:ISubject
{
    //接口代码
}
```

注 意

　　一个接口可以不包括任何成员，也可以包括一个或多个成员，所有成员默认具有 public 修饰符，而且声明接口成员时不能含有任何的修饰符，否则会发生编译错误。

接口的成员可以是方法、属性、索引器或者事件，而不能包括常量、字段、运算符、构造函数、析构函数或类型等，也不能包含任何类的静态成员。

1．方法

接口中定义的方法只能包含其声明，不能包含具体实现，即使用空的方法体。如创建一个用于对商品信息进行添加、修改、删除和查询操作的接口，并定义每个操作的方法。具体代码如下所示：

```
public interface IProduct {
    void DeleteProduct(int ProductId);      //按编号删除商品信息
    Product QueryById(int ProductId);       //按编号查询商品详细信息
}
```

2．属性

接口中的属性只能声明具有哪个访问器（get 或 set 访问器），而不能实现该访问器。get 访问器声明该属性是可读的，set 访问器声明该属性是可写的。如对 IProduct 接口进行扩展，添加用于表示商品编号、商品名称和生产日期的属性。具体代码如下所示：

```
int ProductId
{
    get;                    //get 访问器，表示读取商品编号
}
string MadeDate
{
    set;                    //set 访问器，表示写入生产日期
}
string ProductName
{
```

```
        get;                    //get 访问器，表示读取商品名称
        set;                    //set 访问器，表示写入商品名称
    }
```

上述代码中设置商品编号 ProductId 属性为只读，生产日期 MadeDate 属性为只写，商品名称 ProductName 为可读取。

3. 索引器

在接口中声明索引器和接口属性比较相似，也是只能声明属性具有哪个访问器。为 IProduct 接口添加一个 int 类型索引器，具体代码如下：

```
int this[int index]
{
get;                //get 索引器
set;                //set 索引器
}
```

4. 事件

接口中事件的类型必须是 EventHandler，同样只能包含声明不包含具体实现。为 IProduct 接口添加一个表示商品过期的事件，具体代码如下：

```
    event EventHandler Expired;        //声明一个事件
```

注 意　接口中的属性访问器体、索引器访问器体以及事件的名称之后都只能是一个分号（；），不能包括其具体的实现代码。

6.5.3　实现接口

使用接口的意义在于定义了一系列的标准，然后由具体的类来实现。实现接口的语法形式非常简单，和类的继承相同，不同的是一个类可以同时实现两个或两个以上的接口。

【练习 6-9】

创建一个商品类 ProductDao 并实现 IProduct 接口。具体步骤如下：

（1）创建 ProductDao 类并实现 IProduct 接口，创建代码如下所示：

```
class ProductDao : IProduct
{
}
```

（2）在 ProductDao 类中编写代码对 IProduct 接口中定义的属性进行实现，在此之前，需要定义对应的字段，以及为字段初始化的构造函数，代码如下所示：

```
private int pid;                    //商品编号
```

```
private string pdate;                //商品日期
private string pname;                //生产名称
public ProductDao(int id, string time, string name)
{
    pid = id;
    MadeDate = time;
    pname = name;
}
public int ProductId
{
    get { return pid; }
}
public string MadeDate
{
    set { pdate = value; }
}
public string ProductName
{
    get { return pname; }
    set { pname = value; }
}
```

（3）在 ProductDao 类中编写代码对 IProduct 接口中定义的方法进行实现，代码如下所示：

```
public void DeleteProduct(int ProductId)
{
    Console.WriteLine("实现：对编号{0}商品信息的删除功能",ProductId);
}
public void QueryById(int ProductId)
{
    Console.WriteLine("实现：对编号{0}商品信息的查询功能",ProductId);
}
```

（4）在 ProductDao 类中编写代码对 IProduct 接口中定义的索引器进行实现，代码如下所示：

```
public int this[int index]
{
    get
    {
        if (index < 0 || index >= 100)          //判断 index 是否合法
            return 0;
        else
            return index;
    }
    set
    {
        if (!(index < 0 || index >= 100))        //判断 index 是否合法
```

```
        index = value;
    }
}
```

（5）在 ProductDao 类中编写代码对 IProduct 接口中定义的事件进行实现，代码如下所示：

```
public event EventHandler Expired
{
    add { Expired += value; }          //add 访问器，向 Expired 中注册事件
    remove { Expired -= value; }       //remove，从 Expired 中移除事件
}
```

（6）经过上面的步骤，ProductDao 类已经完整实现 IPrdouct 接口中所有的定义。接下来编写代码对 ProductDao 类进行测试，代码如下所示：

```
static void Main(string[] args)
{
    ProductDao p = new ProductDao(52,"2013.7.9","手机");
    Console.WriteLine("商品编号:{0}；商品名称:{1}\n",p.ProductId, p.Product
    Name);
    p.DeleteProduct(p.ProductId);
    p.QueryById(p.ProductId);
}
```

从上述代码可以看到，接口的使用重在类的实现，调用方式与普通类相同。运行后的效果如图 6-1 所示。

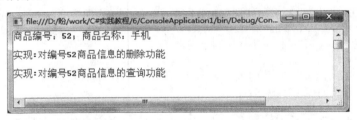

图 6-1　接口示例运行效果

6.5.4　IComparable 接口

在.NET Framework 中有内置的 IComparable 接口，定义了通用的比较方法。在程序中经常需要对数据进行排序，例如需要排序结构数组或者其他对象数组。虽然用户可以手工编写代码来排序数组元素，修改列表项目，但是通过实现一个预定义的接口可以使处理变得异常方便。

IComparable 接口由值类型或类实现以创建类型特定的比较方法。接口的定义语句如下所示：

类的高级应用

```
public interface IComparable
{
    int CompareTo(object obj);
}
```

如上述代码所示，IComparable 接口非常简单，仅包含一个 CompareTo()方法。该方法的作用是：将当前实例与同一类型的另一个对象进行比较，并返回一个整数；该整数指示当前实例在排列顺序中的位置是位于另一个对象之前、之后还是相同位置。

CompareTo()方法的 obj 参数是参与比较的对象，返回整数的含义如下所示。

❑ **小于零**　当前实例小于 obj 参数。

❑ **等于零**　当前实例等于 obj 参数。

❑ **大于零**　当前实例大于 obj 参数。

6.5.5　IComparer 接口

除了 IComparable 接口之外，.NET Framework 还提供了一个 IComparer 接口进行排序。这两个接口都是.NET Framework 中比较对象的标准方式，其中 IComparable 接口和 IComparer 接口的区别主要有如下两点。

❑ IComparable 在要比较的对象的类中实现，可以比较该对象和另一个对象。

❑ IComparer 在单独的一个类中实现，可以比较任意两个对象。

IComparer 接口的声明如下：

```
public interface IComparer
{
    int Compare(object x, object y);
}
```

可以看到，IComparer 接口也非常简单，仅包含一个 Compare()方法。该方法的作用是：比较两个对象并返回一个值，指示一个对象是小于、等于还是大于另一个对象。

Compare()方法的两个参数是要参与比较的对象，返回整数的含义如下：

❑ **小于零**　x 参数小于 y 参数。

❑ **等于零**　x 参数等于 y 参数。

❑ **大于零**　x 参数大于 y 参数。

6.6　实验指导 6-2：实现简单数学运算

本节所讲功能主要在多个类中进行实现，本示例要实现简单的数学运算，包括数字的运算和几何图形的相关运算。要求包含以下各类：

❑ 密封类 Operation 主要实现数字运算，包括静态的方法实现等差数列求和、一般的方法实现求等比数列某一项的值。

❑ 定义抽象类 geometric 有抽象方法 area()返回 double 型。

❑ 简单图形类 Geometric 继承类 geometric，有成员字段底 long_num 和高 high_num，

实现方法 area()为求矩形或平行四边形等常规四边形面积的方法 area()，重载 area()为求三角形面积的方法。

❏ 梯形类 trapezoid 继承类 Geometric 包括字段上底 up_num 和下底 down_num，定义求面积的方法 area()。

实现部分，调用密封类的两个方法；为类 Geometric 的字段赋值，并调用输出两个 area()方法返回值；为类 trapezoid 的字段赋值，并调用输出 area()方法返回值。

密封类中的方法都是独立的，不能够被继承，使用关键字 sealed 定义类。类中有静态方法和非静态方法，需要分别用类和对象调用。

抽象类 geometric 和成员方法 area()都需要用 abstract 定义，以便子类可以重写。

简单图形类 Geometric 继承抽象类，必须实现抽象类中所没有实现的方法 area()，在此类中既有实现又有重载。

梯形类是简单图形的特例，需要重写 area()方法。

（1）首先创建例子中的类，创建密封类 Operation 包括静态的方法实现等差数列求和、一般的方法实现求等比数列某一项的值。代码及注释如下：

```csharp
public sealed class Operation
{
    /// <summary>
    /// 等差数列求和
    /// </summary>
    /// <param name="num">第一项</param>
    /// <param name="count">一共有几项</param>
    /// <param name="addnum">两项间的差</param>
    /// <returns></returns>
    public static int LoopAdd(int num, int count, int addnum)
    {
        int renum=num;
        for (int i = 1; i < count; i++)
        { num = num + addnum; }
        renum = (renum + num) * count / 2;
        return renum;
    }
    /// <summary>
    /// 等比数列求值
    /// </summary>
    /// <param name="num">第一项的值</param>
    /// <param name="count">要求的项</param>
    /// <param name="addnum">两项间的比值</param>
    /// <returns></returns>
    public int rationum(int num, int count, int addnum)
    {
        for (int i = 1; i < count; i++)
        { num = num * addnum; }
        return num;
    }
```

```
        }
```

（2）接着是抽象类 geometric 由抽象方法 area()返回 double 型，创建的代码和注释如下：

```
    public abstract class geometric
    {
        public abstract double area();
    }
```

（3）类 Geometric 继承类 geometric，有成员字段底 long_num 和高 high_num，实现方法 area()为求矩形或平行四边形等常规四边形面积的方法，重载 area()为求三角形面积的方法。代码如下：

```
    public class Geometric: geometric
    {
        public  double long_num;
        public  double high_num;
        public override double area()
        {
            return long_num * high_num;
        }
        public double area(int area)
        {
            return long_num * high_num/2;
        }
    }
```

（4）类 trapezoid 继承类 Geometric 包括字段上底 up_num 和下底 down_num，定义求面积的方法 area()。代码如下：

```
public class trapezoid : Geometric
{
    public double up_num;
    public double down_num;
    public new double area()
    {
        return ( up_num+ down_num) * high_num/2;
    }
}
```

（5）最后的实现部分代码如下：

```
class Program
{
    static void Main(string[] args)
    {
        Operation oper = new Operation();
        Console.WriteLine("等差数列和 {0}",Operation.LoopAdd(2, 3, 1));
```

```
Console.WriteLine("等比数列值 {0}", oper.rationum(2, 3, 2));
Geometric geo = new Geometric();
geo.high_num = 5;
geo.long_num = 6;
Console.WriteLine("矩形面积 {0}", geo.area());
Console.WriteLine("三角形面积 {0}", geo.area(0));
trapezoid tra = new trapezoid();
tra.high_num = 6;
tra.up_num = 2;
tra.down_num = 3;
Console.WriteLine("梯形面积 {0}", tra.area());
    }
}
```

（6）执行结果为：

```
等差数列和  9
等比数列值  8
矩形面积  30
三角形面积  15
梯形面积  15
```

6.7 思考与练习

一、填空题

1. 类有三大特性，分别是封装、_____ 和多态。

2. 方法可以被重新定义，有两种形式，重载和_____。

3. 虚方法通过_____关键字声明。

4. 类 B 是类 A 的派生类，则使用_____ 来声明类 B。

5. 虚方法通过_____关键字在派生类中实现。

6. 抽象类通过_____关键字定义。

二、选择题

1. 以下说法正确的是_____。

A. 密封类是已经实现了类的方法，可以被继承的类

B. 静态类与密封类性质一样，是同一种类

C. 只有抽象类可以被继承

D. 多态只能通过重写和重载实现

2. 以下不能在基类中实现的是_____。

A. 抽象类中的方法

B. 密封类中的方法

C. 静态类中的方法

D. 抽象类成员

3. 以下不能被继承的是_____。

A. 抽象类

B. public 类

C. private 类

D. protected 类

4. 以下代码的输出结果是_____。

```
class Program
{
    static void Main(string[]
    args)
    {
        Operation operMul =
        new multiply();
```

```
            Console.WriteLine(oper
      Mul.LoopAdd(10, 1, 4));
            Console.WriteLine(oper
      Mul.LoopAdd(10, 4));
      }
}
public class multiply : Opera
tion
{
      public new int LoopAdd(int
num, int count, int addnum)
      {
            for (int i = 0; i < count;
            i++)
            { num = num * addnum; }
            return num;
      }
      public override int Loop
Add(int num, int addnum)
      {
            num = num * addnum;
            return num;
      }
}
public class Operation
{
      public int LoopAdd(int num,
      int count,int addnum)
      {
            for (int i = 0; i < count;
            i++ )
            { num = num + addnum; }
            return num;
      }
      public virtual int LoopAdd
      (int num, int addnum)
      {
            num = num + addnum;
            return num;
      }
```

```
      }
```
A.
```
18
40
```
B.
```
160
40
```
C.
```
18
14
```
D.
```
160
14
```

5. 以下元素不能被重写的是_____。
    A. 属性
    B. 方法
    C. 抽象类成员
    D. 密封类成员

6. 以下不能成立的是_____。
    A. 子类中出现与父类同名的方法
    B. 子类中出现与父类同名不同访问修饰的方法
    C. 同一个类中出现多个同名方法
    D. 子类中出现与父类同名的属性

三、简答题

1. 简要概述继承的概念。
2. 简单说明虚方法的特点。
3. 简单说明密封类与静态类的区别。
4. 简单说明重写与重载的区别。

第7章 字 符 串

通过前面几章的学习，读者已经掌握了 C#的编程语法，并可以根据需要编写程序实现所需的类和接口。

为了提高开发效率，C#提供了很多内置的类，可供开发人员直接调用。本章将针对 C#中，字符串处理的类进行介绍。

字符串是一种引用类型，其实质相当于一个字符数组，但通过字符串处理的类，可将字符串当作值类型来使用。

本章详细介绍字符串处理相关的类，包括 String 类、StringBuilder 类和 Regex 类。

本章学习目标：

❑ 掌握使用 String 类创建字符串。
❑ 掌握使用 StringBuilder 类创建字符串。
❑ 掌握字符串的大小写替换、去除空格和特定字符的操作。
❑ 掌握字符串的连接、比较、查找、分隔、截取和移除操作。
❑ 掌握字符串的插入、追加、移除和替换操作。
❑ 了解正则表达式的功能。
❑ 掌握正则表达式的编写和使用。

7.1 String 类字符串

字符串是 C#程序代码的基本组成元素，它被当作一个整体处理的一系列字符，其中可以包含大小写字母、数字以及特殊符号，甚至汉字等。

字符串类型 string 其实是 String 类的别名，String 类位于 System 命令空间，并且使用 sealed 关键字进行修饰，所以不能被继承。但是 String 类提供了大量对字符串进行操作的方法，本节将详细介绍使用 String 类处理字符串。

7.1.1 创建字符串

C#中一个字符串由很多字符组成，也就是说 String 对象是 System.Char 对象的有序集合，用于表示字符串。由于字符串类型数据中，数据值内部可以有字符、特殊符号和数字等，为确定其数据值，将其值使用双引号（" "）引起来。

例如，下面的代码创建了一个包含 "hello C#" 字符串的变量 str，语法格式如下所示：

```
string str="hello C#";
```

由于字符串的每个字符都是连续的，所以也可以把字符串作为数组来处理。如图 7-1

所示为两者之间的转换示意图。

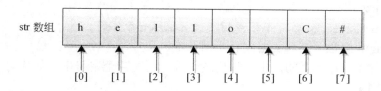

str 数组

| h | e | l | l | o | | C | # |

[0]　　[1]　　[2]　　[3]　　[4]　　[5]　　[6]　　[7]

图 7-1　字符串与数组的转换示意图

除了通过 string 类型创建字符串之外，String 类还提供了 8 个构造函数来创建一个字符串。这些构造函数语法及作用如下。

❑ 将 String 类的新实例初始化为由指向 Unicode 字符数组的指定指针指示的值，构造函数如下所示：

```
public String(char* value);
```

❑ 将 String 类的新实例初始化为由 Unicode 字符数组指示的值，构造函数如下所示：

```
public String(char[] value);
```

❑ 将 String 类的新实例初始化为由指向 8 位有符号整数数组的指针指示的值，构造函数如下所示：

```
public String(sbyte* value);
```

❑ 将 String 类的新实例初始化为由重复指定次数的指定 Unicode 字符指示的值，构造函数如下所示：

```
public String(char c, int count);
```

❑ 将 String 类的新实例初始化为由指向 Unicode 字符数组的指定指针、该数组内的起始字符位置和一个长度指示的值，构造函数如下所示：

```
public String(char* value, int startIndex, int length);
```

❑ 将 String 类的新实例初始化为由 Unicode 字符数组、该数组内的起始字符位置和一个长度指示的值，构造函数如下所示：

```
public String(char[] value, int startIndex, int length);
```

❑ 将 String 类的新实例初始化为由指向 8 位有符号整数数组的指定指针、该数组内的起始字符位置和一个长度指示的值，构造函数如下所示：

```
public String(sbyte* value, int startIndex, int length);
```

❑ 将 String 类的新实例初始化为由指向 8 位有符号整数数组的指定指针、该数组内的起始字符位置、长度以及 Encoding 对象指示的值，构造函数如下所示：

```
public String(sbyte* value, int startIndex, int length, Encoding enc);
```

String 类包含 1 个只读字段和 2 个属性，它们分别是：

- **Empty 字段**　表示空字符串。
- **Chars 属性**　从当前字符串指定位置获取一个字符。
- **Length 属性**　获取当前字符串的长度。

如分别使用 String 类的其中 4 种构造函数，创建 4 个字符串，如练习 7-1 所示。

【练习 7-1】

使用 String 类的构造函数创建 4 个字符串，代码如下：

```
char[] charStr = { '明', '天', '更', '美', '好' };
string str = "春夏秋冬";
string str0 = str;
string str1 = new string(charStr);        //使用 charStr 字符数组创建字符串
string str2 = new string(charStr, 2, 3);   //在 charStr 字符数组中从索引 2
开始，获取 3 个字符
string str3 = new string('*', 10);        //将字符'*'重复 10 次组成一个字符串
Console.WriteLine("str0 的值是: " + str0);
Console.WriteLine("str1 的值是: " + str1);
Console.WriteLine("str2 的值是: " + str2);
Console.WriteLine("str3 的值是: " + str3);
```

上述代码，首先声明一个字符数组和字符串，然后再声明 4 个 String 类的对象，分别为 str0、str1、str2 和 str3。接着调用不同的构造函数获取不同的字符，最后输出它们的值。

运行后的输出结果如下所示：

```
str0 的值是: 春夏秋冬
str1 的值是: 明天更美好
str2 的值是: 更美好
str3 的值是: **********
```

7.1.2　大小写转换

转换字符串的大小写是最常见的字符串处理之一，String 类提供了 ToUpper()方法和 ToLower()方法来实现。其中 ToUpper()方法表示将字符串全部转换为大写；ToLower()方法表示将字符串全部转换为小写。

这两个方法的定义非常简单，直接将转换结果作为字符串返回。分别进行大小写的转换，如练习 7-2 所示。

【练习 7-2】

创建一个字符串，然后输出原始内容以及转换大写和小写后的结果。示例代码如下：

```
string str = "Hello World";       //原始字符串
Console.WriteLine("原句为: {0}", str);
Console.WriteLine();
Console.WriteLine("全部转换为小写: {0}", str.ToLower());   //转换为小写
Console.WriteLine("全部转换为大写: {0}", str.ToUpper());   //转换为大写
```

运行后的输出结果如下所示：

原句为：Hello World

全部转换为小写：hello world
全部转换为大写：HELLO WORLD

7.1.3　去除指定字符

去除指定字符的方法，能够将字符串中的空格、指定符号或指定数字去掉。去除指定字符的方法能够规范字符串的格式，如删除开始位置、结尾位置的空格，以规范用户的输入数据。

去除指定字符包括去除字符串左侧的指定字符、去除字符串右侧的指定字符和同时去除字符串两侧的指定字符。

String 类提供了 Trim()方法、TrimStart()方法和 TrimEnd()方法实现这些功能，每个方法的具体作用如下：

❑ **Trim()方法**　返回一个前后不含任何空格的字符串。

❑ **TrimStart()方法**　表示从字符串的开始位置删除空白字符或指定的字符。

❑ **TrimEnd()方法**　用于从字符串的结尾删除空白字符或指定的字符。

【练习 7-3】

下面创建一个练习演示如何使用以上 3 种方法去除字符串左右的空格和特定字符。代码如下所示：

```
string str = "    用户名    ";                //创建第一个测试字符串
string str1 = "******何晓青******";          //创建第二个测试字符串
Console.WriteLine("原始字符串：'{0}'", str);
Console.WriteLine("去除左边空格：'{0}'", str.TrimStart());
Console.WriteLine("去除右边空格：'{0}'", str.TrimEnd());
Console.WriteLine("去除左右空格：'{0}'", str.Trim());
Console.WriteLine();
Console.WriteLine("原始字符串：'{0}'", str1);
Console.WriteLine("去除左右字符：'{0}'", str1.Trim('*'));
```

这 3 个方法不带参数时表示默认去除空格，还可以在参数中指定要去除的字符。最终运行效果如下所示。

原始字符串：'   用户名   '
去除左边空格：'用户名   '
去除右边空格：'   用户名'
去除左右空格：'用户名'

原始字符串：'******何晓青******'
去除左右字符：'何晓青'

7.1.4 合并字符串

String 类的 Concat()方法和 Join()方法都可以实现字符串的合并，也叫作字符串的连接。

Concat()方法用于将一个或多个字符串对象连接为一个新的字符串。Concat()方法有很多重载形式，最常用的格式如下：

```
public static string Concat(object arg0);
public static string Concat(params object[] args);
public static string Concat(params string[] values);
public static string Concat(object arg0, object arg1);
public static string Concat(string str0, string str1);
public static string Concat(object arg0, object arg1, object arg2);
public static string Concat(string str0, string str1, string str2);
public static string Concat(object arg0, object arg1, object arg2, object arg3);
public static string Concat(string str0, string str1, string str2, string str3);
```

上述代码中，object 是对象类型，任意类型的变量都可定义为对象，如定义一个字符串类型的变量 str，并将其赋值给对象变量 obj，代码如下：

```
string str = "Hello";
Object obj = str;
```

Concat()方法可合并 2 个、3 个、4 个字符串，也可将字符串数组合并，使用 Concat()方法合并字符串，如练习 7-4 所示。

【练习 7-4】

定义 4 个字符串，分别赋予当前的时间和日期的文字和值；定义两个对象，分别赋予当前时间的文字和时间值；将两个对象合并输出；将日期的文字和值合并输出，使用代码如下所示：

```
string str0 = "当前时间为: ";
string stime = "10:50";
string str1 = "当前日期为: ";
string sdate = "2013.6.14";
object ostr = str0;
object ostime = stime;
Console.WriteLine(String.Concat(ostr,ostime));
Console.WriteLine(String.Concat(str1, sdate));
```

运行上述代码，其结果如下所示。

```
当前时间为: 10:50
当前日期为: 2013.6.14
```

7.1.5 替换字符

字符的替换也是字符串处理中较常用的，在 Microsoft Office Word 文本编辑器中，就有指定字符的替换功能。

替换字符是指将字符串中指定的字符替换为新的字符，或者将指定的字符串替换为新的字符串。使用 String 类实例的 Replace()方法可以替换字符。Replace()方法有两种重载形式，具体如下。

❑ 将字符串中指定的字符替换为新的字符。

```
string Replace(char oldChar,char newChar)
```

❑ 将字符串中指定的字符串替换为新的字符串。

```
string Replace(string oldValue,string newValue)
```

上面的重载方法中，oldChar 参数表示原字符，newChar 参数表示替换字符；oldValue 参数表示原字符串内部的一段字符，newValue 参数表示替换字符串。

替换字符的应用非常广，例如对敏感字符替换为"**"，替换错别字，以及替换特殊的分隔符等。

Replace()方法可以替换单个字符，也可替换原字符串中的一部分字符（字符串）。分别替换原字符串中的字符串和字符，如练习 7-5 所示。

【练习 7-5】

使用字符串替换，定义两个字符串。将第一个字符串中的"主任"替换为"科长"；将第二个字符串中的字符 'r' 替换为字符 'e'，代码如下：

```
string str1 = "您是王主任吗？";
Console.WriteLine("原字符串：{0}", str1);
Console.WriteLine("新字符串：{0}", str1.Replace("主任", "科长"));
Console.WriteLine();
string str2 = "My namr is Wang";
Console.WriteLine("原字符串：{0}", str2);
Console.WriteLine("新字符串：{0}", str2.Replace('r', 'e'));
```

运行上述代码，结果如下所示，

```
原字符串：您是王主任吗？
新字符串：您是王科长吗？

原字符串：My namr is Wang
新字符串：My name is Wang
```

7.1.6 比较字符串

字符串的比较可以使用最简单的比较运算符 "=="，判断两个字符串是否相等。而在 String 类中有着更精确的比较方法，可以比较两个字符串是否一致、比较某个字符串中是否包含另一个字符串等。使用 Equals()、Contains()、Compare()和 CompareTo()方法。

1. Equals()方法

Equals()方法用来比较两个字符串是否相等，具有如下几种语法形式：

```
public override bool Equals(object obj);
public bool Equals(string value);
public static bool Equals(string a, string b);
public bool Equals(string value, StringComparison comparisonType);
public static bool Equals(string a, string b, StringComparison comparison
Type);
```

该方法在比较时区分大小写，返回值是 bool 类型。如果返回 true 表示相等，否则返回 false。

【练习 7-6】

在系统登录时要求用户名和密码必须完全正确，否则登录失败。下面使用 Equals()方法实现登录验证的功能，代码如下所示：

```
string username = "abc", userpass = "123";      //指定用户名和密码
string uname,upass;

Console.WriteLine("请输入用户名：");
uname = Console.ReadLine();                       //获取输入的用户名
Console.WriteLine("请输入密码：");
upass = Console.ReadLine();                       //获取输入的密码

if (uname.Equals(username) && upass.Equals(userpass))      //登录验证
    Console.WriteLine("恭喜您，登录成功！");
else
    Console.WriteLine("很抱歉，您的用户名和密码有误！");
```

上述代码中，使用 Equals()方法将输入的用户名和密码与预先指定的进行比较，并根据比较结果给出提示。程序的运行结果如图 7-2 所示。

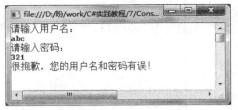 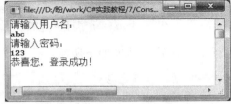

图 7-2　使用 Equals()方法的运行效果

注意

　　Equals()方法和==操作符都可以用来比较字符串，但是它们之间也有不同。Equals()方法比较的是两个对象的内容是否一致，而==比较引用类型是否为对同一个对象的引用，比较的是两个变量的值是否相等。

2. Contains()方法

Contains()方法用于确定某个字符串中是否包含另一个字符串。如一个长字符串中包含了第一小组学生的名字,判断某同学的姓名是否在该字符串内,可使用 Contains()方法。Contains()方法定义语法如下:

```
public bool Contains(string value);
```

该方法在比较时区分大小写,返回一个 bool 类型,如果参数 value 出现在此字符串,或者 value 为空字符串则返回 true,否则返回 false。Contains()方法的应用,如练习 7-7 所示。

【练习 7-7】

创建一个包含若干颜色的字符串,然后判断用户输入的颜色是否在此字符串中,并输出结果。主要代码如下:

```
string lovecolor = "我喜欢的颜色有: white、red、blue、green、yellow";
Console.WriteLine(lovecolor);
Console.WriteLine("请输入一个用英文表示的颜色: ");
string color = Console.ReadLine();
if (lovecolor.Contains(color))
{
    Console.WriteLine("\n{0}是我喜欢的颜色之一", color);
}
else
{
    Console.WriteLine("\n{0}颜色不喜欢", color);
}
```

上述代码声明并初始化两个字符串变量 lovecolor 和 color,然后使用 Contains()方法判断 lovecolor 变量中是否包含 color 变量的内容。运行后控制台输出的结果如图 7-3 所示。

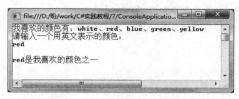 

图 7-3　使用 Contains()方法的运行效果

3. Compare()方法和 CompareTo()方法

Compare()方法和 CompareTo()方法都可以用来比较字符串,但是它们使用的方式有所不同。Compare()方法和 CompareTo()方法比较两个字符串,有 3 种不同的结果和返回值,而两个方法在相同结果下,返回值相同,如下所示。

❑ 当 str1>str2 时,返回 1。

❑ 当 str1==str2 时,返回 0。

163

❑ 当 str1<str2 时，返回-1。

Compare()方法和 CompareTo()方法的使用方式不同，如比较字符串 str1 和 str2，分别使用 Compare()方法和 CompareTo()方法，代码如下：

```
str1.CompareTo(str2);
string.Compare(str1,str2);
```

此外，CompareTo()方法和 Compare()方法都实现了方法的重载。CompareTo()方法的重载如下所示：

```
CompareTo(Object)          //将此实例与指定的 Object 进行比较
CompareTo(String)          //将此实例与指定的 String 对象进行比较
```

Compare()方法的主要重载如下：

```
Compare(str1,str2)
Compare(str1,str2,boolean)
Compare(str1,str2,boolean,CultureInfo)
Compare(str1,index1,str2,index2,length)
Compare(str1,index1,str2,index2,length,boolean)
Compare(str1,index1,str2,index2,length,boolean,CultureInfo)
```

上述代码中，str1 和 str2 表示进行比较的字符串；boolean 是布尔类型，表示是否忽略比较字符的大小写；CultureInfo 表示一个对象，提供区域性特定的比较信息；index1 和 index2 表示比较的相应整数偏移量；length 表示要比较的字符串中字符的最大数量。

由两个方法的重载可以看出，Compare()方法的应用较多。CompareTo()方法和 Compare()方法的使用，如练习 7-8 所示。

【练习 7-8】

定义 3 个字符串，赋值为 3 个姓名。根据这 3 个姓名的大小，将三个字符串由小到大排列，代码如下：

```
string name1 = "张无忌",name2 = "令狐冲",name3 = "杨过";
string[] names = new string[3];
if(name1.CompareTo(name2)==1)
{
    if (string.Compare(name1, name3) == 1)
    {
    names[2] = name1;
    if (string.Compare(name2, name3) == 1)
    {
        names[0] = name3;
        names[1] = name2;
    }
    else
    {
        names[0] = name2;
        names[1] = name3;
    }
```

```
      }
      else
      {
          names[2] = name3;
          names[1] = name1;
          names[0] = name2;
      }
  }
  else
  {
  //部分代码省略
  }
  foreach (string s in names)
  {
      Console.WriteLine(s);
  }
```

上述代码类似于冒泡排序，但该练习是三个变量之间的排序，而不是数组排序。CompareTo()方法和 Compare()方法被当作比较运算符来使用。上述代码的执行结果如下所示。

令狐冲
杨过
张无忌

7.1.7 查找字符串

字符串的查找功能，能够在长字符串中，找到指定的字符或字符串第一次出现的位置、最后一次出现的位置和原字符串是否以指定的字符串开始或结束等。

字符串的查找需要使用多种方法，分别实现不同功能。其相关方法及其说明如表 7-1 所示。

表 7-1 常用查找字符串方法及其说明

方法名称	说明
IndexOf()	返回子字符串或字符串第一次出现的索引位置（从 0 开始计算）。如果没有找到字符串，则返回-1
IndexOfAny()	返回子字符串或部分匹配第一次出现的索引位置（从 0 开始计数）。如果没有找到子字符串，则返回-1
LastIndexOf()	返回指定子字符串的最后一个索引位置。如果没有找到子字符串，则返回-1
LastIndexOfAny()	返回指定子字符串或部分匹配的最后一个位置。如果没有找到子字符串，则返回-1
StartsWith()	判断字符串是否以指定子字符串开始，返回值为 true 或 false
EndsWith()	判断字符串是否以指定子字符串结束，返回值为 true 或 false

表 7-1 中的每种方法都提供了几种不同的重载形式，这里就不再一一介绍。通过一个对电话号码的判断介绍查找方法的使用，如练习 7-9 所示。

【练习 7-9】

定义三个字符串，分别为学生名单和两个电话号码，查询名字中有"思"字的第一个人的索引，查询电话号码是否为郑州固定电话，代码如下：

```
string str = "林芝、程思、唐柯、巩荷、毛永辉";
string phone1 = "0371-62112654";
string phone2 = "0372-62112654";
int startIndex = str.IndexOf("思");                    //获取思的索引
Console.WriteLine(str);
Console.WriteLine("思字出现的索引为：{0}", startIndex);
if (phone1.StartsWith("0371"))                         //当字符串以 0371 开头
{
    Console.WriteLine("号码：{0} 为郑州市号码", phone1);
}
else
{
    Console.WriteLine("号码：{0} 不是郑州市号码", phone1);
}
if (phone2.StartsWith("0371"))
{
    Console.WriteLine("号码：{0} 为郑州市号码", phone2);
}
else
{
    Console.WriteLine("号码：{0} 不是郑州市号码", phone2);
}
```

运行结果如下所示：

```
林芝、程思、唐柯、巩荷、毛永辉
思字出现的索引为：4
号码：0371-62112654 为郑州市号码
号码：0372-62112654 不是郑州市号码
```

由于索引从 0 开始，因此处在第 5 个位置的字符串"思"的索引为 4；第一个号码以 0371 开头，为郑州号码；第二个不是郑州号码。

7.1.8 分隔字符串

分隔字符串能够将长字符串根据指定的分隔符号（空格、逗号、句号等）分隔成为若干小字符串。分隔后的字符串可称作原字符串的子字符串。

字符串的分隔使用 String 类的 Split()方法，该方法返回一个字符串类型的数组。Split()方法有多种重载形式，如下所示：

```
string[] Split(params char[] separator)
string[] Split(char[] separator,int count)
string[] Split(char[] separator,StringSplitOptions options)
```

```
string[] Split(string[] separator,StringSplitOptions options)
string[] Split(char[] separator,int count,StringSplitOptions options)
string[] Split(string[] separator,int count,StringSplitOptions options)
```

上述代码中，separator 参数表示分隔字符或字符串数组；count 表示要返回的字符串的最大数量；options 参数表示字符串分隔选项，它是一个枚举类型，主要有两个值：

- **System.StringSplitOptions.RemoveEmptyEntries**　省略返回的数组中的空数组元素。
- **System.StringSplitOptions.None**　要包含返回的数组中的空数组元素。

【练习 7-10】

定义一个字符串 str，包含四大名著的名称，用顿号（、）隔开。定义一个字符串类型的数组 newstr，使用 str 根据顿号分隔的字符串数组来赋值，并输出 newstr 数组值，代码如下：

```
string str = "《三国演义》、《水浒传》、《红楼梦》、《西游记》";
string[] newstr = str.Split('、');
Console.WriteLine(str); Console.WriteLine();
foreach (string s in newstr)
{
    Console.WriteLine(s);
}
```

运行上述代码，结果如下所示。

```
《三国演义》、《水浒传》、《红楼梦》、《西游记》

《三国演义》
《水浒传》
《红楼梦》
《西游记》
```

7.1.9　截取字符串

同样是在原字符串中获取一部分作为新的字符串，字符串的分隔是根据指定的字符来截取，而本节将要介绍的截取字符串是根据原字符串的指定位置和字符数量来截取，并且得到的是单个字符串。

截取字符串使用 String 类的 Substring()方法，Substring()方法有两个重载，其参数及其说明如下。

- 检索子字符串，子字符串从指定的字符位置开始，并且返回用户想要提取的字符串。

```
String Substring(int index1);
```

- 检索字符串时传入两个参数。第一个参数指定子字符串开始提取的位置；第二个参数指定字符串中的字符数。

```
String Substring(int index1,int length);
```

【练习 7-11】

定义一个字符串，截取该字符串中从索引 5 位置开始，5 个字符所构成的字符串，代码如下：

```
string str = "0123456789";
Console.WriteLine("原字符串: {0}",str);
string newstr = str.Substring(5, 5);
Console.WriteLine("新字符串: {0}", newstr);
```

运行上述代码，效果如图 7-4 所示。从第五个索引处截取了 5 个字符，成为新的字符串。

图 7-4 字符串截取

警告

截取字符串时，必须确保从该索引处开始，指定数量的字符存在，否则将引发异常。如练习 7-11 中，索引 5 之后只有 5 个字符，则使用 str.Substring(5, 6)将引发异常。

7.1.10 移除字符串

移除字符串是指从一个原始字符串中去掉指定的字符或者指定数量的字符，而形成一个新字符串。String 类提供了 Remove()方法实现移除功能，该方法有如下两种形式：

```
public string Remove(int startIndex);
public string Remove(int startIndex, int count);
```

startIndex 参数表示要移除字符的开始索引，count 参数表示移除字符的数量，如果省略第 2 个参数则表示到字符末尾。

Remove()方法返回移除之后的新字符串，该方法与字符串的截取使用步骤一样，但Remove()方法返回的是除去了截取字符串后剩下的字符。其使用方式及效果如练习 7-12所示。

【练习 7-12】

同样创建如练习 7-11 所示的原字符串，移除从 5 索引位置开始，5 个字符所构成的字符串，代码如下：

```
string str = "0123456789";
```

```
Console.WriteLine("原字符串：{0}", str);
string newstr = str.Remove(5, 5);
Console.WriteLine("新字符串：{0}", newstr);
```

运行上述代码，其结果如图 7-5 所示。该结果与练习 7-11 的结果刚好可以合并为原字符串。

图 7-5　字符串移除

7.2 StringBuilder 类字符串

同样是对字符串类型数据的操作，String 类中，其对象是不发生改变的。该类的对象可根据不同的方法返回不同的值，但原字符串不发生改变，即使是字符串的移除操作，也没有改变原字符串的值。

每次使用 System.String 类中的方法时，都要在内存中创建一个新的字符串对象，这就需要为该新对象分配新的空间。在需要对字符串执行重复修改的情况下，与创建新的 String 对象相关的系统开销可能会非常昂贵。

而 System.Text.StringBuilder 类对字符串的操作不会创建新的对象，而是直接对字符串进行修改。本节介绍 StringBuilder 类的使用方法。

7.2.1 创建字符串

字符串的创建即为字符串类型变量的声明。除了使用 string 关键字来声明字符串类型变量以外，还可使用 StringBuilder 关键字，通过 StringBuilder 类的构造函数来声明。

StringBuilder 类提供了 6 种构造函数形式来创建一个字符串。这些构造函数语法及作用如下。

❑ 初始化一个空的 StringBuilder 类实例。

```
public StringBuilder();
```

❑ 使用指定的容量初始化 StringBuilder 类的新实例。

```
public StringBuilder(int capacity);
```

❑ 使用指定的字符串初始化 StringBuilder 类的新实例。

```
public StringBuilder(string value);
```

❑ 初始化 StringBuilder 类的新实例，该类起始于指定容量并且可增长到指定的最大容量。

```
public StringBuilder(int capacity, int maxCapacity);
```

❑ 使用指定的字符串和容量初始化 StringBuilder 类的新实例。

```
public StringBuilder(string value, int capacity);
```

❑ 用指定的子字符串和容量初始化 StringBuilder 类的新实例。

```
public StringBuilder(string value, int startIndex, int length, int
capacity);
```

【练习 7-13】

下面依次使用 StringBuilder 类的每个构造函数创建一个字符串，代码如下所示：

```
StringBuilder sb1 = new StringBuilder();
Console.WriteLine("sb1 的内容是：{0}", sb1);

StringBuilder sb2 = new StringBuilder(20);
Console.WriteLine("sb2 的内容是：{0}", sb2);

StringBuilder sb3 = new StringBuilder("string 3");
Console.WriteLine("sb3 的内容是：{0}", sb3);

StringBuilder sb4 = new StringBuilder(8, 20);
Console.WriteLine("sb4 的内容是：{0}", sb4);

StringBuilder sb5 = new StringBuilder("string 5",20);
Console.WriteLine("sb5 的内容是：{0}", sb5);

StringBuilder sb6 = new StringBuilder("string 6", 0, 8, 20);
Console.WriteLine("sb6 的内容是：{0}", sb6);
```

在上述代码中根据 StringBuilder 类构造函数的不同传递不同的参数，最终创建 6 个 StringBuilder 类的实例，再输出这些实例中保存的字符串，运行效果如图 7-6 所示。

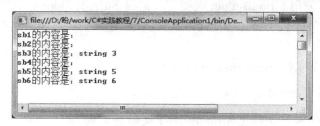

图 7-6　运行效果

7.2.2　插入字符串

字符串的插入是指在字符串的指定位置，插入指定的内容。其插入内容可以是整型、浮点型、字符型、字符串类型和布尔类型等。

字符串的插入使用 StringBuilder 类的 Insert()方法，该方法的功能强大，提供了 18 种重载形式，几乎可以将任意类型的值插入到字符串的指定位置。在表 7-2 中列出了常用重载方式的语法及其说明。

表 7-2　Insert()方法常用的重载方式

重载方式	说明
Insert(int index,double value)	将双精度浮点数的字符串表示形式插入到此实例中的指定字符位置
Insert(int index,string value)	将字符串插入到此实例中的指定字符位置
Insert(int index,char value)	将指定 Unicode 字符的字符串表示形式插入到实例中的指定字符位置
Insert(int index,bool value)	将布尔值的表示形式插入到此实例中的指定字符位置
Insert(int index,int vlaue)	将指定的 32 位带符号整数的字符串表示形式插入到此实例中的指定字符位置
Insert(int index,string value,int count)	将指定字符串的一个或更多副本插入到此实例中的指定字符位置

表 7-2 中列举的重载方式已经包含了常见的数据类型。字符串的插入常用来补全字符串，如练习 7-14 所示。

【练习 7-14】

定义 4 个 StringBuilder 类的字符串，输出原字符串。分别为这 4 个字符串插入整型数值、字符串、字符和布尔类型数值，再次输出这 4 个字符串，代码如下：

```
StringBuilder age = new StringBuilder("小妹今年有　岁");
StringBuilder names = new StringBuilder("小妹的名字是 ");
StringBuilder chars = new StringBuilder("小妹最喜欢　字母");
StringBuilder ans = new StringBuilder("若问小妹是否漂亮, it is ");
Console.WriteLine(age);
Console.WriteLine(names);
Console.WriteLine(chars);
Console.WriteLine(ans);
Console.WriteLine();
age.Insert(6,7);
names.Insert(7,"媛媛");
chars.Insert(6,'Q');
ans.Insert(15,true);
Console.WriteLine(age);
Console.WriteLine(names);
Console.WriteLine(chars);
Console.WriteLine(ans);
```

运行上述代码，其效果如图 7-7 所示。可见，使用 StringBuilder 类对字符串进行操作，原字符串被修改。

图 7-7　字符串插入

7.2.3　追加字符串

与插入字符串不同，追加字符串可以将指定的字符或字符串插入到字符串的末尾，相当于字符串的合并。

与字符串的插入和合并不同，追加字符串不需要关注原字符串的长度，字符串插入需要知道原字符串的长度，才能在末尾位置进行插入；字符串的合并，需要相合并的数据均为字符串类型或对象类型，而追加字符串所追加的数据支持多种类型。

StringBuilder 类提供了如下的追加字符串方法：

❑　**Append()方法**　将指定的字符或字符串追加到字符串的末尾。

❑　**AppendLine()方法**　追加指定的字符串完成后，还追加一个换行符号。

❑　**AppendFormat()方法**　首先格式化被追加的字符串，然后将其追加到字符串的末尾。

1．Append()方法

Append()方法提供了 19 种重载形式，几乎可以将任何类型追加到字符串后面，如表 7-3 所示。

表 7-3　Append()方法常用的几种重载形式

重载方式	说明
Append(bool value)	在此实例的结尾追加指定的布尔值的字符串表示形式
Append(char value)	在此实例的结尾追加指定 Unicode 字符的字符串表示形式
Append(double value)	在此实例的结尾追加指定的双精度浮点数的字符串表示形式
Append(int value)	在此实例的结尾追加指定的 32 位有符号整数的字符串表示形式
Append(string value)	在此实例的结尾追加指定字符串的副本
Append(string value,int index,int count)	在此实例的结尾追加指定子字符串的副本

表 7-3 列举的 Append()方法常用重载形式，包含了几乎所有常见类型，如分别使用字符串类型、双精度浮点数类型和字符型来对字符串进行追加操作，如练习 7-15 所示。

【练习 7-15】

定义 3 个字符串，分别用来描述本次考试中，总分最高的班级、年级平均分和第 5

题答案的修改。3 个字符串都没有结尾，使用 Append()方法为这 3 个字符串追加班级字符串、双精度浮点数平均分数和字符型答案，代码如下：

```
StringBuilder clas = new StringBuilder("本次考试，总分最高的是：");
StringBuilder aver = new StringBuilder("本次考试，年级平均分为：");
StringBuilder change = new StringBuilder("本次考试，第5题答案修改为：");
Console.WriteLine(clas);
Console.WriteLine(aver);
Console.WriteLine(change);
Console.WriteLine();
clas.Append("1305班");
aver.Append(78.7);
change.Append('D');
Console.WriteLine(clas);
Console.WriteLine(aver);
Console.WriteLine(change);
```

执行上述语句，其结果如图 7-8 所示。3 种不同类型的数据被追加进原字符串，修改了原字符串的值。

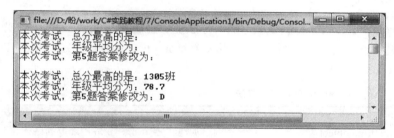

图 7-8　Append()追加字符串

2. AppendLine ()方法

AppendLine()方法在 Append()方法功能的基础上，每次追加一个换行符。AppendLine()方法有如下两种重载方式：

❑ **AppendLine()**　将默认的行终止符追加到当前对象的末尾。

❑ **AppendLine(string value)**　将后面跟有默认行终止符的指定字符串的副本追加到当前对象的末尾。

直接使用没有参数的 AppendLine()方法，可在原字符串末尾添加行终止符，而使用含有一个字符串类型的参数，可在原字符串末尾添加新的字符串和一个行终止符。

与 Append()方法相比，AppendLine()方法虽然可在追加结束后添加行终止符，但却只能追加字符串类型数据，如练习 7-16 所示。

【练习 7-16】

使用练习 7-15 中的原字符串，分别追加班级名称、平均分和修改选项。由于 AppendLine()方法只能追加字符串，因此需要将浮点型和字符型改为字符串类型；将练习 7-15 中的追加语句修改如下：

```
clas.AppendLine("1305班");
aver.AppendLine("78.7");
change.AppendLine("D");
```

运行上述代码，其效果如图 7-9 所示。与图 7-8 相比，追加后的字符串中，每个字符串后被添加了行终止符。

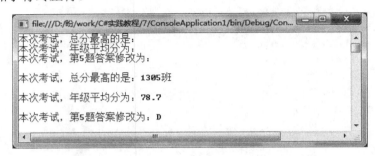

图 7-9 AppendLine()追加字符串

3．AppendFormat()方法

使用 StringBuilder 类 AppendFormat()方法能够在追加字符串时进行格式化。该方法可以避免创建多余的字符串（即避免调用多个 string.Format()方法）。AppendFormat()方法的重载形式如表 7-4 所示。

表 7-4 AppendFormat()的重载方法

重载方式	说明
AppendFormat (string,object)	向此实例追加包含零个或更多格式规范的格式化字符串。每个格式项都替换为一个参数的字符串表示形式
AppendFormat(string,object[])	向此实例追加包含零个或更多格式规范的格式化字符串。每个格式项都替换为形参数组中相应实参的字符串表示形式
AppendFormat(IFormatProvider,string,object[])	向此实例追加包含零个或更多格式规范的格式化字符串。使用指定的格式提供程序将每个格式项都替换为形参数组中相应实参的字符串表示形式
AppendFormat(string,object,object,object)	向此实例追加包含零个或更多格式规范的格式化字符串。每个格式项都替换为这三个参数中任意一个参数的字符串

7.2.4 移除和替换

字符串的移除和替换是常用功能，在 StringBuilder 类中分别使用 Remove()方法和 Replace()方法来实现字符串的移除和替换，其方法与 String 类的移除和替换方法可以替换使用。

但两个类的移除和替换执行的最终结果不同，String 类中两方法不改变原字符串的值，而是将移除和替换的结果作为返回值返回；而 StringBuilder 类中两方法，原字符串被修改为移除和替换后的值。

1．移除

StringBuilder 类提供了 Remove()方法，用于从字符串中指定位置开始移除其后指定数量的字符。Remove()方法语法如下：

```
public StringBuilder Remove(int startIndex, int length);
```

Remove()方法中有两个参数，第一个参数表示开始移除字符的位置，第二个参数表示要移除的字符数量。

2．替换

StringBuilder 类中的 Replace()方法实现字符串的替换，该方法有多种形式的重载，其重载形式如下所示：

```
public StringBuilder Replace(char oldChar, char newChar);
public StringBuilder Replace(string oldValue, string newValue);
public StringBuilder Replace(char oldChar, char newChar, int startIndex,
int count);
public StringBuilder Replace(string oldValue, string newValue, int
startIndex, int count);
```

上述代码中，startIndex 表示此实例中子字符（串）开始的位置，count 表示子字符（串）的长度。

由上述重载形式可以看出，Replace()方法除了可替换原字符串中的指定字符、可替换原字符串中的指定字符串以外，还可根据指定位置的指定字符或字符串来替换。这种替换可以避免原字符串中的重复字符或字符串被误替换。

7.2.5 StringBuilder 类的其他常用成员

StringBuilder 类中除了上面介绍的方法之外，还有许多其他的方法，例如 Equals()、EnsureCapacity()和 ToString()等，下面对它们进行简要介绍。

1．Equals()方法

StringBuilder 类的 Equals()方法用于比较两个 StringBuilder 类的实例是否相等，如果相等则返回 true，否则返回 false。

2．EnsureCapacity()方法

EnsureCapacity()方法用于保证 StringBuilder 有指定的最小的容量。它的使用简单，如下所示：

```
StringBuilder sb = new StringBuilder();
sb.EnsureCapacity(128);
```

EnsureCapacity()方法保证了 sb 至少有 128 个字符的容量。但其结果将设置为 256 个字符容量，因为该容量为指定容量的 2 倍，也就是说把最小的容量设置为 128，其实际

容量为256。

3．ToString()方法

ToString()方法用于把 StringBuilder 类的实例转换成字符串，该方法有如下重载形式：

❑ **ToString()** 　将此实例的值转换为 String。

❑ **ToString(int startIndex, int length)** 　　将此实例中子字符串的值转换为 String。

在上述第二个重载方法中，第一个 Int32 参数是开始提取字符的 StringBuilder 中的开始位置，而第二个 Int32 参数是转换的字符的数量。

7.3　正则表达式

正则表达式是一种规定了字符串格式的表达式。软件系统或者网站系统中，在多种情况下都需要用户对信息进行输入。但不合法的输入（如姓名一栏使用数字或特殊符号）将给系统或工作带来不同程度的麻烦，而正则表达式的使用，是为了规范用户对指定信息的填写格式。

7.3.1　基本语法

正则表达式是事先定义好的格式，对用户的输入信息进行验证，以判断用户的输入是否合法。本节介绍正则表达式的书写和使用。

由于正则表达式是针对字符串的格式，因此需要对不同的字符（如数字、大写字母、小写字母、标点符号、特殊符号等）有不同的匹配，以及对字符组合使用的规则。

定义一个正则表达式需要掌握的基本语法包括字符匹配、重复匹配、字符定位和转义匹配。

1．字符匹配

字符匹配是对字符的格式匹配，可验证是否是数字、是否是非数字、是否是单个字符、是否是空白字符等，如表 7-5 所示。

表 7–5　字符匹配

字符	说明	示例
\d	匹配数字（0~9）	123
\D	匹配非数字	ABC
\w	匹配任意单字符	'A' 'B'
\W	匹配非单字符	"ABCDEF"
\s	匹配空白字符	\d\s\d 匹配"3 3"
\S	匹配非空字符	\d\S\d 匹配"343"
.	匹配任意字符	...匹配 ab$2
\	匹配特殊字符、原义字符、向后引用或一个八进制转义符	\n 匹配一个换行符
[...]	匹配括号中的任意字符	[b-d]匹配 b、c、d
[^...]	匹配非括号的字符	[^b-z]匹配 a

如[0-9]可以匹配所有的单个数字，而使用^符号用于排除字符，[^0-9] 匹配除了数字以外的所有字符。常用的^符号匹配字符如下所示。

❑ [^a-z]　匹配除了小写字母以外的所有字符。

❑ [^A-Z]　匹配除了大写字母以外的所有字符。

❑ [^\\/\^]　匹配除了"\"、"/"和"^"以外的所有字符。

❑ [^\"\']　匹配除了双引号和单引号以外的所有字符。

2. 重复匹配

在更多的情况下，可能要匹配一个单词或者一组数字。一个单词由若干个字母组成，一组数字由若干个单数组成。在字符或者字符串后面的大括号（{}）用来确定前面的内容重复出现的次数。重复匹配语法如表 7-6 所示。

表 7-6　重复匹配

重复语法	语法解释
{n}	匹配 n 次字符
{n,}	匹配 n 次和 n 次以上
{n,m}	匹配 n 次以上和 m 次以下
?	匹配 0 或者 1 次
+	匹配 1 次或者多次
*	匹配 0 次以上

如表 7-6 所示，需要重复使用的字符放在大括号{}或? 、+、*的左侧，根据不同的重复个数，匹配指定字符串。如分别使用表中的语法，匹配不同字符串如下所示。

❑ a{3}　匹配 aaa，不匹配 aa 或 aaad。

❑ a{2,}　匹配 aa 和 aaa 以上，不匹配 a。

❑ a{1,3}　匹配 a、aa、aaa，不匹配 aaaa。

❑ 5?　匹配 5 或 0，不匹配非 5 和 0。

❑ S+　匹配一个以上 S，不匹配非一个以上 S。

❑ W*　匹配 0 以上 W，不匹配非 W。

3. 字符定位

定位字符所代表的是一个虚的字符，代表一个位置，可以直观地认为"定位字符"所代表的是某个字符与字符间的间隙。字符语法如表 7-7 所示。

表 7-7　字符定位

符号	语法解释
^	定位后面模式开始位置
$	前面模式位于字符串末端
\A	前面模式开始位置
\z	前面模式结束位置
\Z	前面模式结束位置（换行前）
\b	匹配一个单词边界
\B	匹配一个非单词边界

4. 转义匹配

转义匹配的工作方式与 C#的转义字符相同，都是以反斜杠\开头的字符，具有特殊的含义，如表 7-8 所示。

表 7-8 转义匹配

转义语法	语法解释
"\"+实际字符	例如，\\匹配字符"\"
\n	匹配换行
\r	匹配回车
\t	匹配水平制表符
\v	匹配垂直制表符
\f	匹配换页
\nnn	匹配一个 8 进制 ASCII
\xnn	匹配一个 16 进制 ASCII
\unnnn	匹配 4 个 16 进制的 Uniode
\c+大写字母	匹配 Ctrl+大写字母，例如，\cS 匹配 Ctrl+S

5. 常用的正则表达式

上述内容已经将正则表达式的语法结构说明清楚，但这些语法理论性较强、语法较为分散，不宜结合使用。

结合上述语法，列举常用的正则表达式，匹配常用的字符串输入，如电子邮箱的正则表达式、身份证号的正则表达式等，如表 7-9 所示。

表 7-9 常见正则表达式

匹配数据	表达式
正整数	^[1-9]\d*$
负整数	^-[1-9]\d*$
整数	^-?[1-9]\d*$
非负整数	^\d+$
中文字符	[\u4e00-\u9fa5]
双字节字符（包括汉字）	[^\x00-\xff]
货币（非负浮点数）	\d+(\.\d\d)?
货币（正数或负数）	(-)?\d+(\.\d\d)?
电子邮箱	\w+([-+.]\w+)*@\w+([-.]\w+)*\.\w+([-.]\w+)*
腾讯 QQ 号码	[1-9][0-9]{4,}

表 7-9 中的垂直符号"|"表示"或"，即匹配"|"左侧或右侧的表达式。举一个简单的例子，如匹配一个字符串，表示类似 0371-66202195 的国内电话，由 4 个数字、一个连接符"-"和 8 个数字组成。则其匹配的正则表达式为：

```
\d{4}-\d{8}
```

由于中国城市的区号有 3 位和 4 位的区别，如北京区号 010，郑州区号 0371，因此若需要匹配国内电话，则上面语句需要修改为：

```
\d{3,4}-\d{8}
```

7.3.2 正则表达式常用类

C#中提供了多个类，来利用正则表达式操作数据。这些类集中在 System.
Text.RegularExpressions 命名空间下，共有 8 个正则表达式类，它们的类名称和说明如表
7-10 所示。

表 7–10　正则表达式类

类名称	说明
Capture	用于单个表达式捕获结果
CaptureCollection	用于一个序列进行字符串捕获
Group	表示单个捕获的结果
GroupCollection	表示捕获组的集合
Match	表示匹配单个正则表达式结果
MatchCollection	表示通过叠代方式应用正则表达式到字符串中
Regex	表示不可变的正则表达式
RegexCompilationInfo	将编译正则表达式需要提供信息

对于正则表达式的使用来说，最为常用的是，验证字符串是否匹配、将指定格式（匹
配正则表达式）的内容进行替换、将指定格式（匹配正则表达式）的内容进行拆分和获
取字符串中指定格式（匹配正则表达式）的内容。

在表 7-10 中，上述方法集中在 Regex 类中，该类的常用方法 IsMatch()、Replace()、
Split()和 Match()足以实现上述功能。

以下主要介绍 Regex 类的常见方法及其使用。由于该类在
System.Text.RegularExpressions 命名空间下，因此在使用前，需要有对该命名空间的引用。

7.3.3 字符串验证

根据字符串的格式与正则表达式是否匹配，可以验证字符串的格式是否合法。字符
串的格式验证使用 IsMatch()方法进行，如果格式匹配则返回 true，否则返回 false。该方
法有如下重载形式：

```
bool IsMatch(string input);
bool IsMatch(string input, int startat);
static bool IsMatch(string input, string pattern);
static bool IsMatch(string input, string pattern, RegexOptions options);
```

如对国内的电话进行验证，使用正则表达式"\d{3,4}-\d{8}"，分别判断正确的号码
和不正确格式的验证结果，如练习 7-17 所示。

【练习 7-17】

接收两条电话号码，判断并输出两条号码是否属于国内固定电话的格式，使用
IsMatch()方法代码如下：

```csharp
string str = @"\d{3,4}-\d{8}";
Console.WriteLine("请输入电话号码");
string num1 = Console.ReadLine();
if (Regex.IsMatch(num1, str))
{
    Console.WriteLine("{0} 号码格式正确",num1);
}
else
{
    Console.WriteLine("{0} 号码格式有误",num1);
}
Console.WriteLine("请输入电话号码");
string num2 = Console.ReadLine();
if (Regex.IsMatch(num2, str))
{
    Console.WriteLine("{0} 号码格式正确", num2);
}
else
{
    Console.WriteLine("{0} 号码格式有误", num2);
}
```

运行上述代码，分别使用号码"0371-66202195"，和不含连接线"-"的号码"037166202195"来验证，效果如图7-10所示。

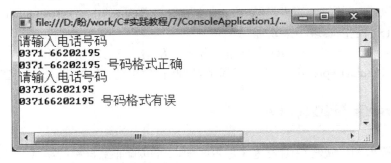

图 7-10　国内电话的验证

由于在正则表达式中，定义了字符串的格式需要是 3 或 4 个字符，一个连接符和 8 位数字组成，因此少了连接符的数字没有通过验证。

7.3.4　字符串替换

对字符串中指定格式的替换是生活中非常有用的。如一个字符串内容较长，无法获取需要替换的子字符串的位置，此时对字符串中指定子字符串的替换无法使用 String 类和 StringBuilder 类的 Replace()方法进行操作。

但若获取该字符串的格式，并对长字符串中该格式子字符串进行替换，操作简单且结果准确。如一个长字符串中只有一个电话号码，该号码需要修改，即可使用 Regex 类中的 Replace()方法，针对指定格式来替换。

　　Replace()方法含有两个参数，一个是原始的字符串，一个是需要替换的字符串。由于 Replace()方法不是静态方法，在使用前需要初始化，使用正则表达式进行初始化。

　　因此 Replace()方法的使用，首先需要定义正则表达式，接下来根据正则表达式来初始化 Regex 类，最后使用 Replace()方法替换指定字符串，如练习 7-18 所示。

【练习 7-18】

　　定义一个含有电话号码的字符串和一个电话号码匹配正则表达式，使用 Replace()方法将字符串中原有的电话号码替换掉，代码如下：

```
string str = "我们公司的电话是：0371-12345678。感谢您的支持！";
Console.WriteLine("原文：{0} ", str);
string phone = @"\d{3,4}-\d{8}";
Regex reg = new Regex(phone);
string rights =reg.Replace(str,"0371-66202195");
Console.WriteLine("修改后：{0} ", rights);
```

　　运行上述代码，其结果如图 7-11 所示。原文中其他内容没有变化，只有符合指定格式的电话号码被成功替换。

图 7-11　指定格式的替换

7.3.5　字符串拆分

　　字符串的拆分同样可以根据正则表达式来执行。在 String 类曾介绍了根据指定的字符或字符串，将长字符串分隔成为若干小字符串，而本节使用 Regex 类的 Split()方法，根据指定的格式来拆分字符串。

　　Split()方法是一个正则表达式的拆分方式，它可以根据匹配正则表达式把原始字符串匹配的字符拆分保存到字符串类型的数组中。

　　该方法与 Replace()方法一样，需要对 Regex 类进行实例化才能使用。其实例化方式一样是使用正则表达式来执行，如练习 7-19 所示。

【练习 7-19】

　　定义一个字符串，为一个单位各部门的电话信息。使用电话类型拆分部门电话字符串，获取该单位的部门信息。

　　由于部门电话信息中，在部门名称与电话号码之间有冒号，电话号码与下一个部门名称之间有分号，因此需要定义正则表达式，匹配一个冒号、国内电话和一个分号，代码如下：

```
string phone = @"[\: ]\d{3,4}-\d{8}[\; ]";
string str = "人事部：010-12345678；技术部：010-23456789；后勤部：010-01234567；
财务部：010-11111111；广告部：010-22222222；";
Console.WriteLine(str);
Regex reg = new Regex(phone);
string[] bumen = reg.Split(str);
Console.WriteLine("\n 企业部门名单如下：\n");
foreach (string b in bumen)
{
    Console.WriteLine(b);
}
```

执行上述代码，其效果如图 7-12 所示。

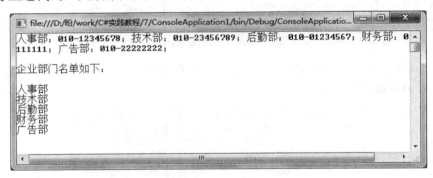

图 7-12　拆分并提取部门名称

7.3.6　获取匹配项

Regex 类的 Match()方法主要用于获取字符串中第一个与正则表达式匹配的项，返回结果是一个 Match 类型的对象。Match()方法有多种重载形式，如表 7-11 所示。

表 7-11　Match()方法重载方式

名称	说明
Match(String)	在指定的输入字符串中搜索 Regex 构造函数中指定的正则表达式匹配项
Match(String,Int32)	从指定的输入字符串起始位置开始在输入字符串中搜索正则表达式匹配项
Match(String,String)	在指定的输入字符串中搜索参数中提供的正则表达式的匹配项
Match(String,Int32,Int32)	从指定的输入字符串起始位置开始在输入字符串中搜索具有指定输入字符串长度的正则表达式匹配项
Match(String,String,RegexOptions)	在输入字符串中搜索参数中提供的正则表达式的匹配项

如表 7-11 所示，在方法的参数中有 RegexOptions 类型，提供用于设置正则表达式选项的枚举值，该枚举的成员及其说明如表 7-12 所示。

字符串

表 7-12 RegexOptions 成员

成员名称	说明
None	指定不设置任何选项
IgnoreCase	指定不区分大小写的匹配
Multiline	多行模式。更改^和$的含义，使它们分别在任意一行的行首和行尾匹配，而不仅仅在整个字符串的开头和结尾匹配
ExplicitCapture	指定唯一有效的捕获是显式命名或编号的(?<name>...)形式的组
Compiled	指定将正则表达式编译为程序集
Singleline	指定单行模式。更改点(.)的含义，以使它与每个字符匹配
IgnorePatternWhitespace	消除模式中的非转义空白，并启用由#标记的注释
RightToLeft	指定搜索从右向左而不是从左向右进行
ECMAScript	为表达式启用符合 ECMAScript 的行为。该值只能与 IgnoreCase、Multiline 和 Compiled 值一起使用
CultureInvariant	指定忽略语言中的区域性差异

利用 Match()方法的上述重载形式，除了可以找出第一个与正则表达式匹配的项，还能够找出一个字符串中所有的匹配项及其位置，如练习 7-20 所示。

【练习 7-20】

定义 1 个字符串，描述企业的部门电话。该电话信息是初始信息，因此信息可能会有缺失。该企业共有 5 个部门，统计该信息中电话的数量和位置，确认部门和电话是否存在缺失。代码如下：

```
string phone = @"\d{3,4}-\d{8}";
string str = "人事部：010-12345678；\n 技术部：010-23456789；\n 后勤部：
010-01234567；\n 财务部：；\n 广告部：010-22222222；\n";
Console.WriteLine("电话记录原文：\n{0} ", str);
Regex reg = new Regex(phone);
Match m = reg.Match(str);                          //执行正则表达式的匹配
int cound = 0;                                     //获取匹配数量
while (m.Success)                                  //若匹配成功，则执行
{
    cound++;                                       //匹配数量加 1
//输出匹配值和匹配的位置（索引）
    Console.WriteLine("电话 {0} 位置 {1}", m.Value, m.Index);
    m = m.NextMatch();                             //执行下一个匹配
}
Console.WriteLine("文中共有电话 {0} 条记录，缺少记录 {1} 条", cound, 5 -
cound);
```

运行上述代码，其结果如图 7-13 所示。原文中有 5 个部门，这是已知的。查询结果中只有 4 条记录，因此缺少一条记录。

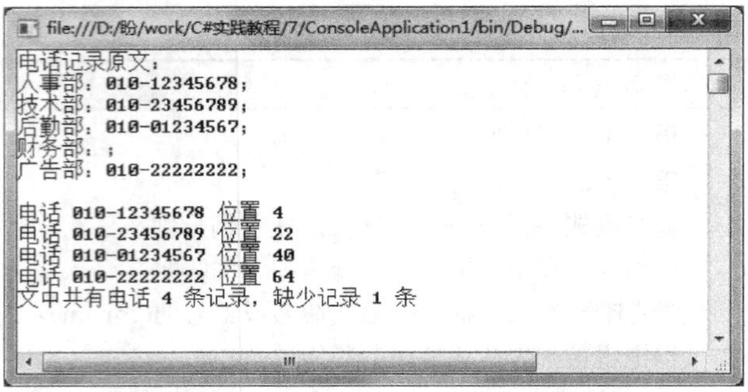

图 7-13　正则表达式的匹配获取

7.4　实验指导 7-1：用户注册

本章主要介绍字符串相关的处理，包括使用 String 类和 StringBuilder 类对字符串进行的大小写转换、字符/字符串替换、字符串的合并和拆分等，以及使用正则表达式对字符串匹配，结合字符串的拆分和替换处理。

用户注册是软件系统中的常用功能，结合本章内容，以用户注册所填写的信息，及对信息的处理为例，介绍字符串处理的综合应用。

用户注册所需要填写的内容有用户名、密码、性别、现居住地、验证码（不区分大小写）和邮箱，要求如下：

- ❏ 上述信息分别接收，每接收一条需要验证的信息，都要执行验证，验证完成才能继续进行。
- ❏ 用户名要求是中文，至少 2 个字，最多 10 个字。
- ❏ 密码由数字和字母组成，不能含有标点和特殊符号。
- ❏ 性别只能是男或女，若输入为男性或女性等带有性别文字的字样，提取"男"或"女"字样。
- ❏ 输出一个验证码，接收用户的输入，判断是否合法，判断时不区分大小写。
- ❏ 验证邮箱格式。
- ❏ 将用户的信息合并在一起，完整输出。

在控制台实现，首先接收用户名的输入，并对其进行验证。验证成功后才能执行对密码的验证，否则继续接收用户对用户名新的输入。具体步骤如下所示。

（1）接收用户名输入，并对其进行验证。由于在用户名不合法的情况下，需要继续接受用户名，因此需要使用循环语句，当用户名不合法时执行，代码如下：

```
Console.WriteLine("请输入用户名：");
string name = Console.ReadLine();
string sname = @"[\u4e00-\u9fa5]{2,10}";
while (!Regex.IsMatch(name, sname))
{
    Console.WriteLine("请输入 2-10 个汉字");
    name = Console.ReadLine();
```

```
    }
```

（2）密码由数字和字母组成，不能含有标点和特殊符号，其所使用的正则表达式如下所示：

```
string spas = @"^\w+$";
```

由于用户名和密码都使用正则表达式进行验证，因此步骤一样，这里省略密码验证的代码。

（3）性别只有男和女两种可能，但用户可能输入男性、女性之类的词语，因此可以判断用户输入中是否含这两个字，若含有，则通过验证。代码如下：

```
Console.WriteLine("请输入性别");
string sex = Console.ReadLine();
string ssex = @"[男]|[女]";
while (!Regex.IsMatch(sex, ssex))
{
    Regex reg = new Regex(ssex);
    Match m = reg.Match(sex);
    if (m.Success)
    {
        sex = m.Value;
    }
    else
    {
        Console.WriteLine("请输入合理性别");
        sex = Console.ReadLine();
    }
}
```

（4）现居住地省略，接下来是验证码。验证码的输出采用随机输出，使用 52 个大小写英文字母。首先将这些字母赋予字符型数组，接着产生 4 个 51 以内的数字，对应数组成员，产生验证码，接着对用户的输入进行验证，代码如下：

```
Random rd = new Random();
char[] letter = { 'a', 'b', 'c', 'd', 'e', 'f', 'g', 'h', 'i', 'j', 'k',
'l', 'm', 'n', 'o', 'p', 'q', 'r', 's', 't', 'u', 'v', 'w', 'x', 'y', 'z',
'A', 'B', 'C', 'D', 'E', 'F', 'G', 'H', 'I', 'J', 'K', 'L', 'M', 'N', 'O',
'P', 'Q', 'R', 'S', 'T', 'U', 'V', 'W', 'X', 'Y', 'Z' };
int i = rd.Next() % 51;
int i1 = rd.Next() % 51;
int i2 = rd.Next() % 51;
int i3 = rd.Next() % 51;
string rand = string.Concat(letter[i], letter[i1], letter[i2], letter
[i3]);
Console.WriteLine("请输入验证码:{0}", rand);
string num = Console.ReadLine();
while (!Equals(rand.ToLower(), num.ToLower()))
```

```
{
    Console.WriteLine("验证码有误!请重新输入");
    num = Console.ReadLine();
}
```

（5）邮箱的验证同用户名和密码的验证一样，直接使用正则表达式，验证的代码省略。其中，正则表达式为：

```
string seml = @"\w+([-+.]\w+)*@\w+([-.]\w+)*\.\w+([-.]\w+)*";
```

由于邮箱的验证是最后一步，因此在邮箱的验证通过之后，需要提示注册完成，并输出注册信息，代码如下：

```
Console.WriteLine("注册成功! 您的注册信息为：");
Console.WriteLine("用户名 {0}；密码 {1}；性别 {2}；现居住地 {3}；邮箱 {4}。",
name, pas, sex, address,email);
```

（6）最后是代码的执行。首先验证用户名，分别输入错误和正确的用户名，效果如图 7-14 所示。

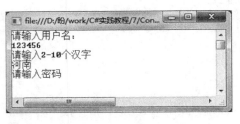

图 7-14 用户名验证

（7）如图 7-14 所示，非汉字的输入被提示输入汉字，2 个汉字通过了验证。接下来依次执行所有验证，其效果如图 7-15 所示。

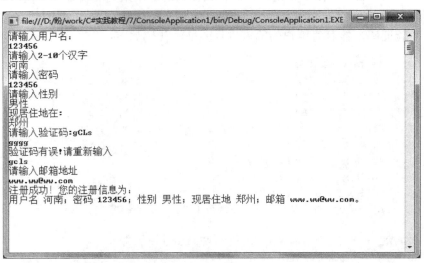

图 7-15 用户注册

由图 7-15 可以看出，含有"男"字的"男性"通过了验证，不合法的验证码没有通过验证，但全小写的验证码输入通过了验证。

7.5 思考与练习

一、填空题

1．下列代码运行后 s 变量的结果是_____。

```
char[] words={'n','i',' ','h','a','o'};
string s=new string(words);
```

2．在 String 类中_____方法和 Compare()方法都可以用来比较字符串。

3．使用 String 类的_____方法可以移除字符串中的部分字符。

4．使用 StringBuilder 类的构造函数创建一个包含"good"的字符串，应该使用代码_____。

5．如果要比较两个 StringBuilder 类的实例是否相等应该使用_____方法。

二、选择题

1．下列关于 String 类的说法，错误的是_____。

    A．String 类与 string 类型是相同的

    B．String 类创建的字符串不可被修改

    C．String 类具有 sealed 访问作用域

    D．String 类中仅提供了字符串操作的静态方法

2．下列代码运行后 s 变量的结果是_____。

```
char[]  words={'A','B','C','D',
'E','F'};
 string s=new string(words,3,2);
```

    A．ABCDEF

    B．CD

    C．DE

    D．DF

3．假设字符串 s 的内容是"   **公告**   "，那么运行 s.TrimStart().TrimEnd().Trim('*') 之后的结果是_____。

    A．公告

    B．**公告

    C．公告**

    D．**公告**

4．在下列程序的填空处使用代码_____可使运行后输出"HelloWorld"。

```
string s1 = "Hello";
string s2 = "World";
Console.WriteLine(__(s1,s2));
```

    A．String.Replace

    B．String.Join

    C．String.Substring

    D．string.Concat

5．下列关于 String 类和 StringBuilder 类的说法，错误的是_____。

    A．String 类被称作不可变字符串，StringBuilder 类被称作可变字符串

    B．String 类存储对象的效率比 StringBuilder 类的效率高

    C．String 类和 StringBuilder 类中都有 Remove()方法和 Copy()方法

    D．StringBuilder 类可以动态地插入字符串、追加字符串以及删除字符串

6．下列关于 StringBuilder 类的使用方式，错误的是_____。

    A．StringBuilder sb = new StringBuilder (25, 100);

    B．sb.Insert(3, ',');

    C．sb.AppendFormat("2) [{0}],[{1}]", var1, var2);

　　D．sb.Substring(0,2)；

　　7．下列方法中，若含参数，则参数只能是字符串类型的是_____。

　　A．Append()方法

　　B．AppendLine()方法

　　C．AppendFormat()方法

　　D．StringBuilder()方法

三、简答题

1．罗列在 C#中创建字符串的几种方法，它与字符数组是什么关系。

2．String 类提供了几种实现连接字符串的方式，请举例说明。

3．举例说明 String 类实现字符串比较、查找和分隔的具体方法。

4．举例说明 StringBuilder 类构造一个字符串的几种形式。

5．简述 String 和 StringBuilder 的区别。

6．举例说明 StringBuilder 类实现追加字符串的方法。

第 8 章　其他常用类

除了字符串的处理之外，在编程过程中显示时间和日期、格式化日期等也是开发人员最常使用的。为此，.NET Framework 中提供了 DateTime 结构和 TimeSpan 结构。本章详细介绍这两种结构对日期和时间进行的处理操作。

本章学习目标：

❑ 掌握 TimeSpan 表示日期与时间的方法。
❑ 熟悉 TimeSpan 结构的属性和方法。
❑ 掌握 DateTime 表示日期与时间的方法。
❑ 熟悉 DateTime 结构的属性和方法。
❑ 了解 Math 类的常用方法。
❑ 掌握基本数学运算方法的使用。
❑ 了解 Random 类的属性和方法。
❑ 掌握随机数的使用。

8.1　时间和日期

时间和日期是程序中常常要用到的数据，通过时间和日期类的使用，可以获取时间间隔以及当前时间和日期的多种形式，满足不同的数据需求。

8.1.1　TimeSpan 结构

TimeSpan 对象表示时间间隔或持续时间，按照正负天数、小时数、分钟数、秒数以及秒的小数部分进行度量。由于月和年的天数不一样，因此用于度量持续时间的最大时间单位是天。

TimeSpan 的值等于所表示时间间隔的刻度数。一个刻度等于 100 纳秒，TimeSpan 对象值的范围在 MinValue 和 MaxValue 之间。

时间间隔可用于对重要事件的倒计时，或对指定事件的控制。一个 TimeSpan 值表示的时间形式如下：

```
[-]d.hh:mm:ss.ff
```

其中减号是可选的，它指示负时间间隔；d 表示天；hh 表示小时（24 小时制）；mm 表示分钟；ss 表示秒；ff 表示秒的小数部分。即时间间隔包括整的正负天数和剩余的不足一天的时长，或者只包含不足一天的时长。

掌握 TimeSpan 结构的应用，首先要了解 TimeSpan 结构的构造函数、属性、字段和方法。

1．构造函数

TimeSpan 结构提供了 4 种构造函数来初始化一个时间间隔，正如人民币使用不同的面额一样，TimeSpan 时间间隔也使用了不同的间隔单位来初始化，如下所示。

```
public TimeSpan(long ticks);
public TimeSpan(int hours, int minutes, int seconds);
public TimeSpan(int days, int hours, int minutes, int seconds);
public TimeSpan(int days, int hours, int minutes, int seconds, int
milliseconds);
```

上述代码中，days、hours、minutes、seconds、milliseconds 分别表示为天数、小时数、分钟数、秒数和毫秒数；而 ticks 表示刻度数，相当于 100 毫微秒（纳秒）。

如分别定义间隔为 1 秒、1 小时 20 分钟 30 秒的间隔、1 天零 6 个小时 12 分钟 20 秒、20 天 10 个小时 40 分钟 20 秒零 20 毫秒，使用构造函数如下所示：

```
TimeSpan ts1 = new TimeSpan(10000000);        //时间间隔1秒
TimeSpan ts2 = new TimeSpan(1, 20, 30);       //时间间隔1小时20分钟30秒
TimeSpan ts3 = new TimeSpan(1, 6, 12, 20);
//时间间隔1天零6个小时12分钟20秒
TimeSpan ts4 = new TimeSpan(20, 10, 40, 20, 200000);
//时间间隔20天10个小时40分钟20秒零20毫秒
```

上述代码中，由于 1 秒是 10^9 纳秒，而含有一个参数的构造函数，参数单位为 100 纳秒，因此 1 秒相当于 10^7 刻度数。常见的时间单位换算，如下所示。

```
1 秒=10³ 毫秒 (ms)= 10⁶ 微秒 (μs)= 10⁹ 纳秒 (ns)/毫微秒=10⁷ 刻度数
1 毫秒=10⁶ 纳秒=10⁴ 刻度数
1 微秒=10³ 纳秒=10 刻度数
```

2．字段

TimeSpan 结构中包含 8 个静态字段，其中有 3 个只读字段和 5 个常数字段。3 个只读字段中的 MaxValue 表示最大的 TimeSpan 值；MinValue 表示最小的 TimeSpan 值；Zero 指定零 TimeSpan 值。5 个常数字段的具体说明如下所示：

❏ **TicksPerDay**　一天中的刻度数。
❏ **TicksPerHour**　1 小时的刻度数。
❏ **TicksPerMillisecond**　1 毫秒的刻度数。
❏ **TicksPerMinute**　1 分钟的刻度数。
❏ **TicksPerSecond**　1 秒的刻度数。

由于 TimeSpan 结构中的字段为公共静态字段，因此可以像属性一样使用。如分别使用上述字段，获取 1 天、1 小时、1 毫秒等的刻度数，如练习 8-1 所示。

【练习 8-1】

调用 TimeSpan 结构的字段，输出表示各个时间间隔单位的刻度数，代码如下所示：

```
Console.WriteLine("TimeSpan 的最大值: " + TimeSpan.MaxValue);
Console.WriteLine("TimeSpan 的最小值: " + TimeSpan.MinValue);
Console.WriteLine("一天中的刻度数: " + TimeSpan.TicksPerDay );
Console.WriteLine("1 小时的刻度数: " + TimeSpan.TicksPerHour);
Console.WriteLine("1 毫秒的刻度数: " + TimeSpan.TicksPerMillisecond );
Console.WriteLine("1 分钟的刻度数: " + TimeSpan.TicksPerMinute );
Console.WriteLine("1 秒的刻度数: " + TimeSpan.TicksPerSecond );
```

控制台输出的结果如下:

```
TimeSpan 的最大值: 10675199.02:48:05.4775807
TimeSpan 的最小值: -10675199.02:48:05.4775808
一天中的刻度数: 864000000000
1 小时的刻度数: 36000000000
1 毫秒的刻度数: 10000
1 分钟的刻度数: 600000000
1 秒的刻度数: 10000000
```

3. 属性

TimeSpan 结构的公共实例属性共有 11 个,这些属性均为只读属性,其属性名称及其说明如表 8-1 所示。

表 8-1　TimeSpan 结构的实例属性

属性名称	说明
Days	获取 TimeSpan 结构所表示的时间间隔的天数部分
Hours	获取 TimeSpan 结构所表示的时间间隔的小时数
Milliseconds	获取 TimeSpan 结构所表示的时间间隔的毫秒数
Minutes	获取 TimeSpan 结构所表示的时间间隔的分钟数
Seconds	获取 TimeSpan 结构所表示的时间间隔的秒数
Ticks	表示当前 TimeSpan 结构的值的刻度数
TotalDays	获取以整天数和天的小数部分表示的当前 TimeSpan 结构的值
TotalHours	获取以整小时数和小时的小数部分表示的当前 TimeSpan 结构的值
TotalMinutes	获取以整分钟数和分钟的小数部分表示的当前 TimeSpan 结构的值
TotalSeconds	获取以整秒数和秒的小数部分表示的当前 TimeSpan 结构的值
TotalMilliseconds	获取以整毫秒数和毫秒的小数部分表示的当前 TimeSpan 结构的值

【练习 8-2】

创建 TimeSpan 结构的实例对象 timepan,然后获取该对象 Days、Hours、Minutes、Seconds、TotalMinutes 和 TotalSeconds 属性的值,最后将它们的值输出。具体代码如下:

```
TimeSpan timespan = new TimeSpan(12,20,13, 29, 50);
int days = timespan.Days;
int hours = timespan.Hours;
Console.WriteLine("获取 TimeSpan 对象的天数: " + days);
Console.WriteLine("获取 TimeSpan 对象的小时数: " + hours);
Console.WriteLine("获取 TimeSpan 对象的分钟数: " + timespan.Minutes);
Console.WriteLine("获取 TimeSpan 对象的毫秒数: " + timespan.Seconds);
```

4．方法

TimeSpan 结构中包含 13 个静态方法和 9 个实例方法。使用这些方法可以用来创建新的结构实例、比较不同实例的值以及指定对象值的转换等。表 8-2 列出了 TimeSpan 结构中的静态方法。

表 8-2　TimeSpan 结构的静态方法

方法名称	说明
Compare()	比较两个 TimeSpan 的值，它的返回值为–1、0 和 1
Equals()	判断两个 TimeSpan 结构的实例是否相等。如果相等返回 true，否则返回 false
FromDays()	根据指定的天数，创建一个 TimeSpan 结构的实例
FromHours()	根据指定的小时数，创建一个 TimeSpan 结构的实例
FromMinutes()	根据指定的分钟数，创建一个 TimeSpan 结构的实例
FromSeconds()	根据指定的秒数，创建一个 TimeSpan 结构的实例
FromMilliseconds()	根据指定的毫秒数，创建一个 TimeSpan 结构的实例
FromTicks()	根据指定的刻度数，创建一个 TimeSpan 结构的实例
Parse()	将时间间隔的字符串转换为相应的 TimeSpan 结构
ParseExact()	将时间间隔的字符串转换为相应的 TimeSpan 结构。该字符串的格式必须与指定的格式完全匹配
ReferenceEquals()	确定指定的 System.Object 实例是否是相同的实例
TryParse()	将时间间隔的字符串转换为相应的 TimeSpan 结构。返回一个指示是否成功的值
TryParseExact()	将时间间隔的字符串转换为相应的 TimeSpan 结构。返回一个指示是否成功的值，且该字符串的格式必须与指定的格式完全匹配

【练习 8-3】

调用 TimeSpan 结构的 FromDays()方法创建一个 TimeSpan 对象 tspan。然后调用 Compare()方法和 Equals()方法比较 TimeSpan 对象值的大小。具体代码如下：

```
TimeSpan tspan = TimeSpan.FromDays(1.005);
int num = TimeSpan.Compare(tspan, TimeSpan.Zero);
bool equ = TimeSpan.Equals(tspan, TimeSpan.FromHours(1.005));
Console.WriteLine(num + ">>>>" + equ);
```

上述代码中 TimeSpan.Zero 表示获取零 TimeSpan 的值。Compare()方法比较 tspan 和 Time.Zero 时，如果 tspan 大于 Time.Zero，则返回值为 1；如果 tspan 等于 Time.Zero，则返回值为 0；如果 tspan 小于 Time.Zero，则返回值为–1。FromHours()方法根据指定的小时数创建一个 TimeSpan 对象。Equals()方法比较 tspan 和小时对象的值，返回 bool 类型，如果相等返回 true，否则返回 false。控制台输出的效果是："1>>>>False"。

TimeSpan 结构中 9 个实例方法的具体说明如表 8-3 所示。

表 8-3　TimeSpan 结构的实例方法

方法名称	说明
Add()	将指定的 TimeSpan 添加到实例中
CompareTo()	将当前实例与指定的 TimeSpan 对象进行比较，返回值为–1、0 和 1
Duration()	返回新的 TimeSpan 对象，其值是当前 TimeSpan 对象的绝对值

其他常用类 ————

方法名称	说明
Equals()	判断两个 TimeSpan 结构的实例是否相等。如果相等返回 true，否则返回 false
GetHashCode()	返回此实例的哈希代码
GetType()	获取当前实例的 System.Type
Negate()	获取当前实例的值的绝对值
Subtract()	从此实例中减去指定的 TimeSpan
ToString()	将当前对象的值转换为其等效的字符串表示形式

【练习 8-4】

创建 TimeSpan 结构的对象 tim，然后调用 Duration()方法获得 tim 对象的绝对值，并将它的值保存为 time 对象。具体代码如下：

```
TimeSpan tim = new TimeSpan(-2,30,45);
TimeSpan time = tim.Duration();
Console.WriteLine(tim+"<<<>>>"+time);
```

上述代码中 tim 对象的值为–1:30:45，time 对象的值为 1:30:45，输出效果是

```
-01:29:15<<<>>>01:29:15
```

193

8.1.2　DateTime 结构

TimeSpan 表示时间间隔，而 DateTime 结构表示某一刻的时间，通常使用日期和时间的组合来表示。DateTime 值类型表示值范围在公元（基督纪元）0001 年 1 月 1 日午夜 12:00:00 到公元(C.E.)9999 年 12 月 31 日晚上 11:59:59 之间的日期和时间。

DateTime 结构表示的时间值以 100 纳秒为单位进行计算，而特定日期是自 GregorianCalendar 日历中公元(C.E.)0001 年 1 月 1 日午夜 12:00 以来的刻度数。例如，刻度值 31241376000000000L 表示 0100 年 1 月 1 日午夜 12:00:00。

1．构造函数

与 TimeSpan 结构相比，DataTime 结构提供了更多的构造函数来初始化一个时间，如表 8-4 所示。

表 8-4　DataTime 结构的构造函数及其说明

构造函数	说明
DateTime(longticks)	将 DateTime 结构的新实例初始化为指定的计时刻度数
DateTime(longticks,DateTimeKindkind)	将 DateTime 结构的新实例初始化为指定的计时刻度数以及协调世界时 (UTC) 或本地时间
DateTime(intyear,intmonth,intday)	将 DateTime 结构的新实例初始化为指定的年、月和日
DateTime(intyear,intmonth,intday,Calendarcalendar)	将 DateTime 结构的新实例初始化为指定日历的指定年、月和日
DateTime(intyear,intmonth,intday,inthour,intminute,intsecond)	将 DateTime 结构的新实例初始化为指定的年、月、日、小时、分钟和秒

构造函数	说明
DateTime(intyear,intmonth,intday,inthour,intminute,intsecond,Calendarcalendar)	将 DateTime 结构的新实例初始化为指定年、月、日、小时、分钟、秒和协调世界时（UTC）或本地时间
DateTime(intyear,intmonth,intday,inthour,intminute,intsecond,DateTimeKindkind)	将 DateTime 结构的新实例初始化为指定日历的指定年、月、日、小时、分钟和秒
DateTime(intyear,intmonth,intday,inthour,intminute,intsecond,intmillisecond)	将 DateTime 结构的新实例初始化为指定的年、月、日、小时、分钟、秒和毫秒
DateTime(intyear,intmonth,intday,inthour,intminute,intsecond,intmillisecond,Calendarcalendar)	将 DateTime 结构的新实例初始化为指定年、月、日、小时、分钟、秒、毫秒和协调世界时（UTC）或本地时间
DateTime(intyear,intmonth,intday,inthour,intminute,intsecond,intmillisecond,DateTimeKindkind)	将 DateTime 结构的新实例初始化为指定日历的指定年、月、日、小时、分钟、秒和毫秒
DateTime(intyear,intmonth,intday,inthour,intminute,intsecond,intmillisecond,Calendarcalendar,DateTimeKindkind)	将 DateTime 结构的新实例初始化为指定日历的指定年、月、日、小时、分钟、秒、毫秒和协调世界时（UTC）或本地时间

根据表 8-4 所列举的构造函数，创建集中常见的时间表示形式，如创建 2013 年 12 月 31 日、2013 年 12 月 31 日 12 点 59 分 59 秒和 2013 年 12 月 31 日 12 点 59 分 59 秒 59 毫秒，定义语句如下：

```
DateTime dt1 = new DateTime();                        //空的时间
DateTime dt2 = new DateTime(2013,12,31);              //年、月和日
DateTime dt3 = new DateTime(2013, 12, 31,12,59,59);
//年、月、日、小时、分钟和秒
DateTime dt4 = new DateTime(2013, 12, 31, 12, 59, 59,59);
//年、月、日、小时、分钟、秒和毫秒
```

2. 字段

DateTime 结构中有两个静态的只读字段：MaxValue 和 MinValue。MaxValue 表示 DateTime 的最大可能值，MinValue 表示 DateTime 的最小可能值。

分别调用 DateTime 的 MaxValue 和 MinValue 获得最大值和最小值，然后在控制台输出。具体代码如下：

```
DateTime maxtime = DateTime.MaxValue;
DateTime mintime = DateTime.MinValue;
Console.WriteLine("DateTime 的最小值是：{0} ", mintime);
Console.WriteLine("DateTime 的最大值是：{0} ", maxtime);
```

运行上述代码，控制台输出的结果是：

```
DateTime 的最小值是：0001-1-1 00:00:00
DateTime 的最大值是：9999-12-31 23:59:59
```

8.1.3 DateTime 结构应用

对 DateTime 结构的应用主要表现在对其属性和方法的使用。C#提供了 16 个公共属性和 42 个公共方法来解决时间的使用。包括对当前时间的获取，对某个时间中，年份、月份、小时和分钟等信息的获取等。

1. 属性

通过 DateTime 结构的属性可以获取系统的当前时间、年份、月份、分钟等。这些属性共有 16 个，其中分为 3 个静态属性和 13 个实例属性，具体说明如表 8-5 所示。

表 8-5　DateTime 结构的属性

属性名称	说明
Now	静态属性，获取计算机上的当前时间
Today	静态属性，获取当前日期
UtcNow	静态属性，获取计算机上的当前时间，表示为协调通用世界时间(UTC)
Date	获取日期部分
Day	获取此实例所表示的日期为该月中的第几天
DayOfWeek	获取此实例所表示的日期是星期几
DayOfYear	获取此实例所表示的日期是该年中的第几天
Hour	获取日期的小时部分
Kind	类型为 DateTimeKind 值，该值指示是本地时间、协调世界时，还是两者都不是
Millisecond	获取日期的毫秒部分
Minute	获取日期的分钟部分
Month	获取日期的月份部分
Second	获取日期的秒部分
Ticks	获取日期和时间的刻度数（计时周期数）
TimeOfDay	获取当天时间，即当天自午夜以来已经过时间的部分
Year	获取年份部分

【练习 8-5】

调用 DateTime 结构的静态属性 Now 获取系统的当前时间，并将该时间保存到 nowtime 变量，然后输出系统的年份、月份、日和分钟等属性值。具体代码如下：

```
DateTime nowtime = DateTime.Now;
Console.WriteLine("当前时间: " + nowtime);
Console.WriteLine("当前年份: " + DateTime.Now.Year);
Console.WriteLine("当前月份: " + DateTime.Now.Month);
Console.WriteLine("当前天数: " + DateTime.Now.Day);
Console.WriteLine("当前小时: " + DateTime.Now.Hour);
Console.WriteLine("当前分钟: " + DateTime.Now.Minute);
Console.WriteLine("当前秒: " + DateTime.Now.Second);
```

运行上述代码，最终运行效果如图 8-1 所示。

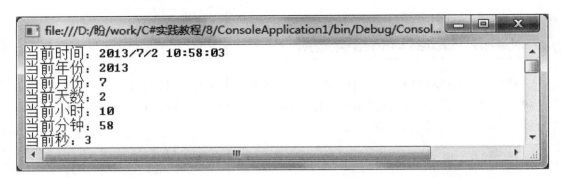

当前时间：2013/7/2 10:58:03
当前年份：2013
当前月份：7
当前天数：2
当前小时：10
当前分钟：58
当前秒：3

图 8-1　获得系统的时间

2. 方法

与 TimeSpan 结构一样，DateTime 结构除了构造函数、字段和属性之外还包括方法。DateTime 结构中的方法也分为静态方法和实例方法，其中静态方法 14 个，实例方法 28 个。在表 8-6 列出了 DateTime 结构的静态方法。

表 8-6　DateTime 结构的静态方法

方法名称	说明
Compare()	比较两个 DateTime 实例，返回一个指示第一个实例是早于、等于还是晚于第二个实例
DaysInMonth()	返回指定年和月中的天数
Equals()	比较两个 DateTime 结构是否相等
FormBinary()	反序列化一个 64 位二进制值，并重新创建序列化的 DateTime 初始对象
FormFileTime()	将指定的 Windows 文件时间转换为等效的本地时间
FormFileTimeUtc()	将指定的 Windows 文件时间转换为等效的 UTC 时间
FormOADate()	将指定的 OLE 自动化日期转换为等效的 DateTime
IsLeapYear()	判断指定的年份是否为闰年。如果是返回 true，否则返回 false
Parse()	将字符串转换为等效的 DateTime
op_Subtraction	从指定的 DateTime 减去指定的 DateTime 或 TimeSpan
ParseExact()	将字符串转换为等效的 DateTime。该字符串的格式必须与指定的格式完全匹配
ReferenceEquals()	确定指定的 System.Object 实例是否是相同的实例
SpecifyKind()	创建新的 DateTime 对象，并且指定该对象是本地时间或协调通用时间，或两者都不是
TryParse()	将字符串转换为等效的 DateTime。如果成功返回 true，否则返回 false
TryParseExact()	将字符串转换为等效的 DateTime。该字符串的格式必须与指定的格式完全匹配

【练习 8-6】

创建一个表示 2012-12-21 的时间，然后判断该年是否为闰年，输出 12 月的天数，并与当前的时间比较。具体代码如下：

```
DateTime dt = new DateTime(2012, 12, 21);
 string s = DateTime.IsLeapYear(2012) ? "闰年" : "平年";
 int days = DateTime.DaysInMonth(2012, 12);
 Console.WriteLine("当前时间: {0}", DateTime.Now);
```

其他常用类 ————

```
Console.WriteLine("创建的时间: {0}", dt.ToString());
Console.WriteLine("2012 年是{0}", s);
Console.WriteLine("2012 年 12 月有{0}天", days);
int result = DateTime.Compare(DateTime.Now,dt);
Console.WriteLine("与当前时间的比较结果: {0}", result);
```

上述代码中 DaysInMonth()方法中传入两个参数，第一个参数表示年，第二个参数表示月，返回 1~31 之间的一个数字。IsLearpYear()方法判断 2012 年是否为闰年。Compare()方法比较两个日期的大小，如果第一个日期大于第二个日期，结果返回 1；如果第一个日期等于第二个日期，结果返回 0；如果第一个日期小于第二个日期，结果返回–1。运行代码，输出效果如图 8-2 所示。

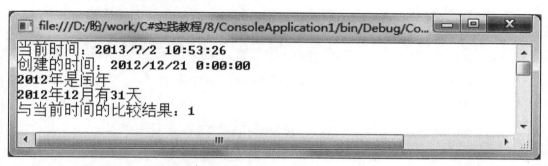

file:///D:/盼/work/C#实践教程/8/ConsoleApplication1/bin/Debug/Co...

当前时间: 2013/7/2 10:53:26
创建的时间: 2012/12/21 0:00:00
2012年是闰年
2012年12月有31天
与当前时间的比较结果: 1

图 8-2 DateTime 结构静态方法运行效果

DateTime 结构的实例方法比较多，表 8-7 列举了 DateTime 结构常用的实例方法。包括对实例时间详情的添加、多日期表示形式的转化等。

表 8-7 DateTime 结构常用的实例方法

方法名称	说明
Add()	将当前实例的值加上指定的 TimeSpan 的值
AddYears()	将指定的年份数加到当前实例的值上
AddMonths()	将指定的月份数加到当前实例的值上
AddDays()	将指定的天数加到当前实例的值上
AddHours()	将指定的小时数加到当前实例的值上
AddMinutes()	将指定的分钟数加到当前实例的值上
AddSeconds()	将指定的秒数加到当前实例的值上
ToLongDateString()	转换为长日期字符串表示形式
ToLongTimeString()	转换为长时间字符串表示形式
ToShortDateString()	转换为短日期字符串表示形式
ToShortTimeString()	转换为短时间字符串表示形式
ToString()	转换为字符串表示形式
ToOADate()	转换为 OLE 自动化日期
CompareTo()	与指定的 DateTime 值相比较
Subtract()	从当前实例中减去指定的日期和时间

　　追加时间是指将指定的时间追加到一个时间上，获得一个新的时间。上述静态方法和实例方法中，以 Add 开头的方法都可以实现追加时间的功能。主要包括 Add()方法、AddYears()方法、AddMonths()方法、AddDays()方法、AddHours()方法、AddMinutes()方法、AddSeconds()方法、AddMilliseconds()方法和 AddTicks()方法。

【练习 8-7】

　　声明 2 个 DateTime 类型的实例 dt 和 dtr，分别表示当前时间和 2013 年国庆节的时间。输出当前时间、两个小时后的时间、当前时间 dt 距离国庆节时间 dtr 的倒计时以及 91 天之后的时间，最后将当前时间转化格式进行输出，步骤如下。

　　（1）声明 DateTime 类型的实例 dt 和 dtr，其中，实例 dt 直接赋值，而实例 dtr 使用构造函数，声明语句如下：

```
DateTime dt = DateTime.Now;
DateTime dtr = new DateTime(2013,10,1);
```

　　（2）由于 dt 即为当前时间，因此输出 dt 即可。两个小时后的时间需要使用 AddHours()方法，语句如下：

```
Console.WriteLine("当前时间: \t \t{0}", dt);
Console.WriteLine("2 个小时后的时间: \t{0}", dt.AddHours(2));
```

　　（3）通过 DateTime 来进行倒计时，可使用 Subtract()方法，通过日期较大的实例 dtr 来调用该方法，计算当前时间到国庆节的时间，代码如下：

```
Console.WriteLine("距离十一还有: \t\t{0} 天", dtr.Subtract(dt));
```

　　（4）当前时间距离十一有 91 天，通过 AddDays()方法获取 91 天之后的时间，与步骤（3）的结果进行对比，代码如下：

```
Console.WriteLine("91 天后的时间: \t\t{0}", dt.AddDays(91));
```

　　（5）显示格式的转化，分别转化为月/日/年 小时：分钟：秒的格式，并转化为短日期的格式，代码如下：

```
Console.WriteLine("转换显示格式: \t \t" + dt.ToString("MM/dd/yyyy HH:mm:
ss"));
Console.WriteLine("转换为短日期格式: \t" + dt.ToShortDateString());
```

　　（6）运行上述代码，其效果如下所示。当前时间距离十一还有 90 天 9 个小时 24 分钟 50.1682035 秒，由于该时间大于 90 天，因此当前时候之后 90 天的时间，为 9 月 30 日。而 91 天之后的时间，是 10 月 1 日下午。

```
当前时间:              2013/7/2 14:35:09
2 个小时后的时间:       2013/7/2 16:35:09
距离十一还有:          90.09:24:50.1682035 天
91 天后的时间:         2013/10/1 14:35:09
转换显示格式:          07/02/2013 14:35:09
转换为短日期格式:       2013/7/2
```

8.1.4 格式化

日期和时间的格式化有多种方法，例如使用 String 类的 Format()方法和 StringBuilder 类的 AppendFormat()方法。除此之外，DateTime 结构也提供了多个方法，这些方法主要以 To 开头，像上节使用的 ToString()、ToLongDateString()、ToLongTimeString()、ToShortDateString()和 ToShortTimeString()等，使用这些方法可以将 DateTime 对象转换为不同的字符串格式。

Format()方法可以使用日期和时间标识符来指定显示格式，常用的标识符如表 8-8 所示。

表 8-8 时间日期标识符及其说明

标识符	说明
d	短日期模式，通过当前 ShortDatePattern 属性定义的自定义 DateTime 格式化字符串。例如，用于固定区域的自定义格式字符串为 "MM/dd/yyyy"
D	长日期模式，通过当前 LongDatePattern 属性定义的自定义 DateTime 格式化字符串。例如，用于固定区域的自定义格式字符串为 "dddd,dd MMMM yyyy"
f	完整日期/时间模式（短时间），表示长日期和短时间模式的组合，由空格分隔
F	完整日期/时间模式（长时间），表示长日期和长时间模式的组合，由空格分隔
M 或 m	月日模式，通过当前 MonthDayPattern 属性定义的自定义 DateTime 格式化字符串。例如，用于固定区域的自定义格式字符串为 "MMMM dd"
t	短时间模式，通过当前 ShortTimePattern 属性定义的自定义 DateTime 格式化字符串。例如，用于固定区域的自定义格式字符串为 "HH:mm"
T	长时间模式，通过当前 LongTimePattern 属性定义的自定义 DateTime 格式化字符串。例如，用于固定区域的自定义格式字符串为 "HH:mm:ss"
Y 或 y	年月模式，通过当前 YearMonthPattern 属性定义的自定义 DateTime 格式化字符串。例如，用于固定区域的自定义格式字符串为 "yyyy MMMM"

【练习 8-8】

如表 8-8 所示，利用表中的标识符，输出不同的事件格式，代码如下：

```
string time1 = string.Format("{0:d}", System.DateTime.Now);
Console.WriteLine("{0:d}" + "  格式下的日期  " + time1);
string time2 = string.Format("{0:D}", System.DateTime.Now);
Console.WriteLine("{0:D}" + "  格式下的日期  " + time2);
string time3 = string.Format("{0:f}", System.DateTime.Now);
Console.WriteLine("{0:f}" + "  格式下的日期  " + time3);
string time4 = string.Format("{0:F}", System.DateTime.Now);
Console.WriteLine("{0:F}" + "  格式下的日期  " + time4);
string time5 = string.Format("{0:g}", System.DateTime.Now);
Console.WriteLine("{0:g}" + "  格式下的日期  " + time5);
string time6 = string.Format("{0:G}", System.DateTime.Now);
Console.WriteLine("{0:G}" + "  格式下的日期  " + time6);
string time7 = string.Format("{0:m}", System.DateTime.Now);
Console.WriteLine("{0:m}" + "  格式下的日期  " + time7);
string time8 = string.Format("{0:t}", System.DateTime.Now);
```

```
Console.WriteLine("{0:t}" + "  格式下的日期  " + time8);
string time9 = string.Format("{0:T}", System.DateTime.Now);
Console.WriteLine("{0:T}" + "  格式下的日期  " + time9);
```

运行上述代码，效果如图8-3所示。

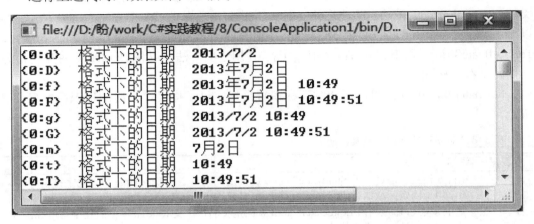

图8-3　日期格式

8.1.5　计算时间差

DateTime 结构和 TimeSpan 结构的实例方法都提供了 Subtract()方法，该方法用于计算时间差。Subtract()方法的参数可以是 DateTime 类型，也可以是 TimeSpan 类型。

如果参数为 DateTime 类型返回值为 TimeSpan 类型；如果参数为 TimeSpan 类型返回值为 DateTime 类型。在练习 8-7 中曾使用 DateTime 结构的 Subtract()方法返回当前时间到国庆节的时间间隔，但练习 8-7 中得到的结果没有格式，不够直观。本节通过练习8-9，介绍时间差的使用。

【练习 8-9】

编写程序计算距 2013 年 1 月 1 日还差多少时间，以及再过多久就第 2 天了。具体代码如下所示：

```
DateTime dt = DateTime.Now;
DateTime dt1 = new DateTime(2014, 1, 1);
TimeSpan ts = dt1.Subtract(dt);
Console.WriteLine("当前时间：{0}", dt);
Console.WriteLine("距2014年新年还差：{0}天{1}小时{2}分{3}秒", ts.Days,ts.
Hours,ts.Minutes,ts.Seconds);

TimeSpan ts1 = new TimeSpan(24,0,0);
TimeSpan ts2 = new TimeSpan(dt.Hour,dt.Minute,dt.Second);
TimeSpan ts3 = ts1.Subtract(ts2);
Console.WriteLine("还有{0}小时{1}分{2}秒就到第2天了", ts.Hours, ts.
Minutes, ts.Seconds);
```

运行上述代码，控制台输出的结果如图 8-4 所示。

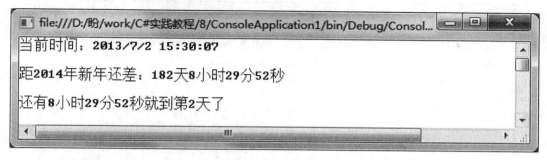

图 8-4　计算时间差运行效果

8.2　数学类

在 C#中提供了数学运算相关的类，用户处理数据间的运算。在本书第 2 章介绍了 C#中的运算符，这些运算符并不能执行较为复杂的算法，如求一个数的平方根、求一个角度的正弦值或余弦值等。本节介绍 C#中，数学运算相关的类 Math。

8.2.1　Math 类简介

Math 类提供了数学运算相关的方法。由于数学运算中有着特殊的常量，如自然对数的底和圆周率，这些数据是有确定数值的，但由于数据构成的数字较为复杂，因此在 Math 类中使用字段来表示。Math 类中的字段及其解释如下所示。

- ❑　**E**　表示自然对数的底，它由常数 e 指定。
- ❑　**PI**　表示圆的周长与其直径的比值，由常数 π 指定。

对 Math 类的应用即为对该类中方法的应用，Math 类中所定义的方法及其说明如表 8-9 所示。

表 8-9　Math 类的常用方法

方法名称	说明
Abs()	求绝对值，7 个重载形式，支持多种数据类型
Acos()	返回余弦值为指定数字的角度
Asin()	返回正弦值为指定数字的角度
Atan()	返回正切值为指定数字的角度
Atan2()	返回正切值为两个指定数字的商的角度
BigMul()	生成两个 32 位数字的完整乘积
Ceiling(Decimal)	返回大于或等于指定数据的最小整数值。2 个重载，支持十进制数和双精度浮点数
Cos()	返回指定角度的余弦值
Cosh()	返回指定角度的双曲余弦值
DivRem(Int32,Int32,Int32)	计算两个整数的商，并通过输出参数返回余数(32 位或 64 位有符号)
Exp	返回 e 的指定次幂

方法名称	说明
Floor()	返回小于或等于指定数的最大整数
IEEERemainder()	返回一指定数字被另一指定数字除的余数
Log(Double)	返回指定数字的自然对数（底为 e）
Log(Double,Double)	返回指定数字在使用指定底时的对数
Log10()	返回指定数字以 10 为底的对数
Max()	返回两个同类型数据中较大的一个。有 11 个重载，支持多种数据类型
Min()	返回两个同类型数据中较小的一个。有 11 个重载，支持多种数据类型
Pow()	返回指定数字的指定次幂
Round(Decimal)	将数据舍入到最接近的整数值。有 8 个重载，支持多种数据类型
Sign(Decimal)	返回表示数字符号的值
Sin()	返回指定角度的正弦值
Sinh()	返回指定角度的双曲正弦值
Sqrt()	返回指定数字的平方根
Tan()	返回指定角度的正切值
Tanh()	返回指定角度的双曲正切值
Truncate(Decimal)	计算指定小数的整数部分
Truncate(Double)	计算指定双精度浮点数的整数部分

8.2.2　Math 类的应用

对 Math 类的应用即为执行相关的数学运算。在三角函数的运算中，由于角度无法使用现有的数据类型来描述，因此角度使用 0 到 2π 的弧度数。

对表 8-9 中的方法总结如下。Math 类提供的方法大多针对三角函数，可根据角度求三角函数的值，可以根据三角函数的值求角度。

❑　除了三角函数以外，可求解一个数的绝对值。
❑　求两个整型数的乘积，返回常整型。
❑　求大于或等于指定数据的最小整数值、求小于或等于指定数据的最大整数值。
❑　求 e 的指定次幂。
❑　求解指定数的平方根。
❑　将含小数的数据转换成最接近的整数。
❑　获取小数的整数部分和小数部分。

利用 Math 类执行数学相关的运算，如练习 8-10 所示。

【练习 8-10】

在直角三角形中，常见的角度组合为 30°、60°和 90°，三边的比例为 $1:\sqrt{3}:2$，分别对应这 3 个角度的对边。角度 30°、60°和 90°分别对应弧度为 $\frac{\pi}{6}$、$\frac{\pi}{3}$、$\frac{\pi}{2}$。30°的正弦值应为 0.5，60°的正弦值应为 $\frac{\sqrt{3}}{2}$，计算 30°和 60°的正弦值，计算 $\frac{\sqrt{3}}{2}$ 的值并输出，查看计算结果。

其他常用类

π 为圆周率，在 Math 类中由字段 PI 表示。因此 30°表示为 Math.PI/6。而 $\dfrac{\sqrt{3}}{2}$ 的值需要使用求平方根的方法。使用代码如下：

```
Console.WriteLine(Math.Sin(Math.PI / 6));
Console.WriteLine(Math.Sin(Math.PI / 3));
Console.WriteLine(Math.Sqrt(3) / 2);
```

运行上述代码其结果如下所示：

```
0.5
0.866025403784439
0.866025403784439
```

8.3 随机数

随机数类和方法的功能主要是产生一个随机的数据，通常为整数或小数。随机数应用于多种环境，如验证码的产生，需要随机数；抽奖的产生，需要随机数；人员的分组、扑克牌的发牌等，都需要随机数。

随机数需要通过 Random 类来产生，本节介绍该类的成员及其使用。

8.3.1 Random 类简介

Random 类只提供了公共实例方法，因此需要对其进行实例化，Random 类的构造函数有两种，如下所示。

❑ **Random()** 使用与时间相关的默认种子值，初始化 Random 类的新实例。

❑ **Random(Int32)** 使用指定的种子值初始化 Random 类的新实例。

上述构造函数中，没有指定种子值的构造函数，每次可生成不同的随机数；而使用了确定种子值的构造函数，其生成随机数有着相同的数字序列。随机数的产生根据 Random 类的方法来实现，其方法及其说明如表 8-10 所示。

表 8-10　**Random 类常用方法**

方法名称	说明
Equals()	确定两个 Object 实例是否相等
GetHashCode()	用作特定类型的哈希函数
GetType()	获取当前实例的 Type
Next()	返回随机数
NextBytes()	用随机数填充指定字节数组的元素
NextDouble()	返回一个介于 0.0 和 1.0 之间的随机数
ReferenceEquals()	确定指定的 Object 实例是否是相同的实例
ToString()	返回表示当前 Object 的 String

Next()方法返回随机数，该方法有 3 种形式的重载，可对其产生的随机数进行限制，

重载形式如表 8-11 所示。

表 8-11 　Next()方法重载

重载方法	说明
Next ()	返回非负随机数
Next (Int32)	返回一个小于所指定最大值的非负随机数
Next (Int32, Int32)	返回一个指定范围内的随机数

如分别使用无参数和含有两个参数的 Next()方法来获取随机数，如练习 8-11 所示。

【练习 8-11】

创建随机数实例，分别产生两个无限制的随机数和两个 1 到 20 之间的随机数，代码如下：

```
Random ran = new Random();
Console.WriteLine(ran.Next());
Console.WriteLine(ran.Next());
Console.WriteLine(ran.Next(1,20));
Console.WriteLine(ran.Next(1,20));
```

运行上述代码，效果如图 8-5 所示。

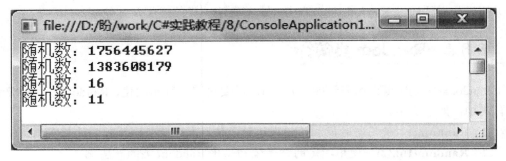

图 8-5 　随机数

8.3.2 随机数的应用

随机数的产生可以是默认范围的整数，可以产生指定类型的数，还可以根据数学运算，来改变随机数的结果。

在随机数类中，提供了产生整型和 0 到 1 之间的浮点数两种，但浮点数产生后，可对其使用 10 的次幂进行相乘，即可得到各种长度的数据。如下列是默认产生的整数和浮点数，代码如下：

```
Random ran = new Random();
Console.WriteLine(ran.Next());
Console.WriteLine(ran.Next());
Console.WriteLine(ran.NextDouble());
Console.WriteLine(ran.NextDouble());
```

204

运行上述代码，结果如下所示：

```
1288227010
81825266
0.963060079590911
0.48715133941134
```

也可对随机数产生的结果进行计算，以得到适合的数据。如一个班级有 50 个学生，为产生 50 以内的随机数，来安排学生的随机座号，则可以随机产生默认范围的整数，通过除以 50 取余的做法，来获取 50 以内的数。

为了防止座号重复，可使用循环语句和条件语句的嵌套，如随机产生 50 以内的 4 个整数，代码如下：

```
Random ran = new Random();
int num1 = ran.Next() % 50;
int num2 = ran.Next() % 50;
int num3 = ran.Next() % 50;
int num4 = ran.Next() % 50;
Console.WriteLine(num1 + "、" + num2 + "、" + num3 + "、" + num4 + "、" +
ran.Next() % 50);
```

运行上述代码，结果如下所示：

```
28、38、29、10、18
```

8.4 实验指导 8-1：时间与随机数的综合运算

本章主要介绍了在 C#中常用的类和结构及其应用。包括时间与日期结构、数学运算类和随机数类。结合本章内容，实现以下功能。

❑ 获取 2000 到 3000 以内的随机数，作为年份。
❑ 获取 1 到 12 之间的随机数作为月份。
❑ 获取该年该月的天数，并获取该数以内的随机整数作为日期。
❑ 计算该日期距离现在的天数。
❑ 获取该天数的平方根。

（1）获取 2000 到 3000 以内的随机数，作为年份。

```
Random ran = new Random();
int year = ran.Next(2000, 3000);
```

（2）获取 1 到 12 之间的随机数作为月份。

```
int month = ran.Next(1, 12);
```

（3）获取该年该月的天数，并获取该数以内的随机整数作为日期。

```
int days = DateTime.DaysInMonth(year, month);
int day = ran.Next(1, days);
```

```
DateTime dt = new DateTime(year, month, day);
```

（4）计算该日期距离现在的天数。

```
DateTime dtn = DateTime.Now;
TimeSpan ts = dtn.Subtract(dt);
Console.WriteLine(dt);
Console.WriteLine(dtn);
Console.WriteLine("距离现在{0}天", ts.Days.ToString());
```

（5）获取该天数的平方根。转化为整型、转化为绝对值，求平方根。

```
int daytime = Convert.ToInt32(ts.Days.ToString());
daytime = Math.Abs(daytime);
int sday = (int)Math.Sqrt(daytime);
Console.WriteLine("距离现在{0}天，是{1}的平方数", daytime,sday);
```

运行上述代码，结果如下所示：

```
2079/2/21 0:00:00
2013/7/13 16:20:39
距离现在-23963天
距离现在23963天，是154的平方数
```

8.5 思考与练习

一、填空题

1. 时间间隔刻度数与秒之间的关系是，1秒等于_____刻度数。

2. TimeSpan 与 DateTime 中，表示时间间隔的是_____。

3. Math 类中，表示圆周率的字段是_____。

4. Random 类的 NextDouble()方法获取的是0 到_____之间的随机数。

5. Math 类中，_____方法返回指定数字的指定次幂。

6. DateTime 值表示的时间有一定范围，最大为_____。

二、选择题

1. TimeSpan 的值为所表示时间间隔的刻度数。一个刻度等于_____。

A. 1 秒

B. 10 毫秒

C. 100 纳秒

D. 100 微秒

2. 以下不能够作为 Sin()方法参数的是_____。

A. （空）

B. 0

C. Math.PI / 3

D. 30°

3. 日期格式中，短日期使用标识符_____。

A. f

B. F

C. d

D. D

4. 下列关于 NextDouble()方法返回值的说法，正确的是_____。

A．返回 0 到 1 的小数

B．返回 0 到 10 的小数

C．返回 0 到 100 的小数

D．返回–1 到 1 的小数

5．获取当前时间使用的是_____。

A．DateTime.Today

B．DateTime.Now

C．DateTime.Date

D．DateTime.Time

三、简答题

1．总结创建一个日期和时间的几种方式。

2．总结 DateTime 结构处理时间的方法。

3．总结时间间隔的初始化方式。

4．简单概括数学运算类所提供的方法。

第9章 枚举、结构和集合

在 C# 的数据类型中，根据其对数据的描述可分为两种：一种数据类型只描述一个单独的数据，如字符类型数据，只定义一个字符值或字符变量；而另一种数据类型可以描述多个数据，如数组类型，描述一系列相同类型、有着连续索引和关联的数据。

对于多个相关联的数据而言，使用数组满足不了这些数据间的关系。如描述手机信息的数据，手机的信息包括手机品牌、手机价格、硬件配置、操作系统、上市时间等。这些数据都是用来描述手机，但它们的数据类型不同，无法使用数组来管理，但在 C# 中可以使用结构来管理。

枚举、结构和集合都属于特殊的数据类型，用来管理多个有着一定关联的数据，弥补数组的局限性，而泛型和集合类密切相关。本章详细介绍枚举、结构和集合的相关知识，以及集合类和泛型的使用。

本章学习目标：

❏ 了解枚举的特点。
❏ 掌握枚举的声明和使用方法。
❏ 掌握枚举与整数的转换以及 Enum 类的使用。
❏ 了解结构的声明语法及使用方法。
❏ 了解集合的含义。
❏ 掌握几种常见集合的概念。
❏ 熟练使用常见集合。
❏ 熟练使用自定义集合。
❏ 了解泛型的含义。
❏ 掌握泛型类的创建和使用。

9.1 枚举

枚举就是一一列举，其在程序中的作用，即为声明一组有着相同数据类型的常数。当一个变量有几种可能的取值时，可以将它定义为枚举类型。如一周的 7 天，这 7 天是密切相关的，使用枚举将它们一一列出，作为一个枚举的 7 个值。

9.1.1 枚举简介

所谓枚举是指将变量的值一一列出来，而且变量的值只限于在列举出来的值的范围内。枚举属于值类型，与其他值类型继承 System.ValueType 类不同，枚举继承 System.Enum 类。Enum 是引用类型，但是该类型的值却是值类型。

枚举类型是一种与数组类型较为接近的数据类型，其内部数据都是具有相同数据类型的值，但枚举类型列举的是常量，而数组可以看作是一列有着连续索引的变量。使用枚举具有如下两点好处。

❑ 枚举使代码更易于维护，有助于确保给变量指定合法的、期望的值。

❑ 枚举使代码更清晰，允许用描述性的名称表示整数值，而不用含义模糊的数来表示。

与其他数据类型相比，枚举有着独特的性质，主要表现如下所示。

❑ 枚举不能继承其他的类，也不能被其他的类所继承。

❑ 枚举类型实现了 IComparable 接口。

❑ 枚举类型只能拥有私有构造器。

❑ 枚举类型中成员的访问修饰符是 public static final。

❑ 枚举类型中成员列表名称区分大小写。

9.1.2　声明枚举

枚举使用 enum 关键字来声明，枚举名称的定义与变量名称的定义规则一样。在声明中需要指定枚举的名称、访问修饰符和所包含数据的类型等。对于枚举的声明，有以下几个特点。

❑ 枚举名称必须符合 C#标识符的定义规则。

❑ 在声明枚举时成员的整型常数默认从 0 开始。

❑ 无论整型枚举成员值从哪个数值开始，没有赋值的成员默认是前一个成员的数据值加一。如枚举值分别为 2、4、6、x，则 x 位置的值默认为 7，而不是间隔 2 的数值 8。

❑ 定义了枚举成员的数据类型之后，枚举成员的值必须在该数据类型范围内。

❑ 枚举成员的数据值允许重复。

❑ 多个成员之间使用逗号分隔，且不能使用相同的标识符。

具体语法如下所示：

```
[修饰符]  enum 枚举名称  [:数据类型]{
      标识符[=整型常数],
      标识符[=整型常数],
      ...
      标识符[=整型常数]
};
```

枚举的修饰符可以是 public、private 或者 internal，默认为 public。枚举类型可以是 byte、sbyte、short、ushort、int、unit、long 或者 ulong 类型，默认为 int。

枚举的成员放在大括号"{}"中，每个成员包括标识符和常数值两部分，常数值必须在该枚举类型的范围之内。如将一年四季定义为枚举，则其语法如下所示：

```
public enum Season:int {
    Spring=0,
    Summer=1,
    Autumn=2,
    Winter=3
};
```

上述代码创建了一个修饰符为 public，名称为 Season，类型为 int，且包含 4 个成员的枚举，其中第一个成员 Spring 的值是 0。由于枚举可以使用默认值，因此，上面的 Season 可以简化成如下代码：

```
enum Season {
    Spring,
    Summer,
    Autumn,
    Winter
};
```

每个枚举成员均具有相关联的常数值，该值的类型就是枚举类型。因此每个枚举成员的常数值必须在该枚举类型的范围之内。如将 Season 定义为 uint 类型，Spring 值定义为–2，则该语句使用有误，因为–2 不是 uint 类型。

9.1.3　使用枚举

声明枚举之后便可以将它作为类型，然后定义该类型的变量并使用。但是枚举类型变量的值只能是枚举成员之一，否则将出错。如定义一个表示水平对齐方式的枚举 Alignment，然后声明该类型的变量。示例代码如下：

```
enum Alignment {                   //声明枚举
    Left,Center,Right              //枚举成员
};
 static void Main(string[] args)
 {
    Alignment top;                 //声明枚举类型的变量 top
    top = Alignment.Center;        //使用 Center 成员进行赋值，正确
 }
```

【练习 9-1】

```
public enum weekdays
{
    Sunday,
    Monday,
```

```
        Tuesday,
        Wednesday,
        Thursday,
        Friday,
        Saturday
    };
```

```
static string weekC(weekdays week)
{
    string days = "";
    switch (week)
    {
        case weekdays.Sunday:
            days = "星期天";
            break;
        case weekdays.Monday:
            days = "星期一";
            break;
        case weekdays.Tuesday:
            days = "星期二";
            break;
//部分代码省略
    }
    return days;
}
```

```
static void Main(string[] args)
{
    string days1 = weekC(weekdays.Monday);
    string days2 = weekC(weekdays.Tuesday);
    string days3 = weekC(weekdays.Wednesday);
    string days4 = weekC(weekdays.Saturday);
    Console.WriteLine("{0} {1} {2} {3}", days1, days2, days3, days4);
}
```

执行结果如图 9-1 所示。

图 9-1 枚举的使用

9.1.4 转换枚举类型

每个枚举成员都对应一个指定数据类型的常数。因此，枚举成员可以与指定数据类型之间进行类型转换。

但是整型不能隐式地向枚举类型转换，枚举类型也不能隐式地向整型类型转换，它们之间必须使用强制类型转换，如练习9-2所示。

【练习9-2】

为练习9-1中的枚举赋值，星期一对应整型数字1。使用类型转化，将成员 Monday 和 Tuesday 转化为整型数字，而将整型数字3和4转化为 weekdays 枚举，输出转化后的值，枚举赋值的代码如下：

```
public enum weekdays
{
    Sunday = 7,
    Monday = 1,
    Tuesday = 2,
    Wednesday = 3,
    Thursday = 4,
    Friday = 5,
    Saturday = 6
};
```

使用类型转化，将成员 Monday 和 Tuesday 转化为整型数字，而将整型数字3和4转化为 weekdays 枚举，输出转化后的值，代码如下：

```
int days1 = (int)weekdays.Monday;
int days2 = (int)weekdays.Tuesday;
weekdays days3 = (weekdays)3;
weekdays days4 = (weekdays)4;
Console.WriteLine("{0} {1} {2} {3}", days1, days2, days3, days4);
```

运行上述代码，其效果如图9-2所示。运行中，Monday 和 Tuesday 被转化为1和2，而数字3、4被转化为 Wednesday 和 Thursday。

图 9-2　枚举的数据类型转换

9.1.5　使用 Enum 类型

使用 enum 关键字可以声明枚举类型，但 Enum 类型并不是枚举类型，而是一种引用类型。System.Enum 类型是所有枚举类型的抽象基类，从 System.Enum 继承的成员在任何枚举类型中都可用。

通过 Enum 类可以对枚举类型进行操作。做法是，首先定义一个枚举，接下来实例化该枚举，通过实例对象对其进行操作，可执行的常用操作如下所示。

- ❏ 通过枚举名称.成员名称获取枚举成员。
- ❏ 根据枚举的值来获得枚举成员。
- ❏ 将一个或多个枚举常数的名称或数字值的字符串表示转换成等效的枚举对象。
- ❏ 遍历枚举成员。

Enum 类中提供了多个方法及其重载形式，来实现上述操作，其常见的方法及其说明如表 9-1 所示。

表 9-1　Enum 类常用方法

方法名称	说明
CompareTo()	将此实例与指定对象进行比较并返回一个对二者的相对值的指示
Equals()	返回一个值，该值指示此实例是否等于指定的对象
Format()	静态方法，根据指定格式将指定枚举类型的指定值转换为其等效的字符串表示形式
GetName()	静态方法，在指定枚举中检索具有指定值的常数的名称
GetNames()	静态方法，检索指定枚举中常数名称的数组
GetType()	获取当前实例的 Type
GetValues()	静态方法，检索指定枚举中常数值的数组
Parse(Type, String)	将一个或多个枚举常数的名称或数字值的字符串表示转换成等效的枚举对象
Parse(Type, String, Boolean)	将一个或多个枚举常数的名称或数字值的字符串表示转换成等效的枚举对象。Boolean 参数指定该操作是否区分大小写。
ToObject(Type, 整数类型)	将指定类型的整数类型换为枚举成员，有多种重载形式
ToString()	将此实例的值转换为其等效的字符串表示形式

使用表 9-1 中的方法，实现枚举的成员获取、成员值获取以及枚举的遍历，如练习 9-3 所示。

【练习 9-3】

使用练习 9-2 中的枚举，分别执行：定义其中一个成员的枚举对象，获取该枚举成员的名称；根据枚举的值，获取成员名称；将常数名称或数值转化为枚举对象；执行枚举的遍历，步骤如下。

（1）通过周三和周四的枚举名称.成员名称获取该枚举成员的名称，并将其输出，代码如下：

```
weekdays days1=weekdays.Wednesday;
weekdays days2 = weekdays.Thursday;
Console.WriteLine("获取枚举成员名称：{0}、{1}", days1,days2);
```

（2）根据 1 和 2 两个枚举值，获取对应的枚举成员名称，并将其输出，使用 GetName()
方法，该方法为 Enum 类的静态方法，代码如下：

```
string num1 =Enum.GetName(typeof(weekdays), 1);
string num2 = Enum.GetName(typeof(weekdays), 2);
Console.WriteLine("获取枚举成员名称：{0}、{1}", num1, num2);
```

上述代码中，GetName()方法中传入两个参数，第一个参数表示枚举类型，其语法是
关键字 typeof 后跟放在括号中的枚举类名；第二个参数表示枚举常数的值，方法的返回
值为 string 类型。

执行上述两个步骤，其效果如图 9-3 所示。

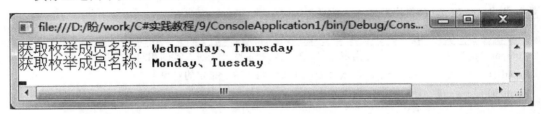

🔘 图 9-3 获取成员名称

（3）枚举常数的名称或数值转换成等效的枚举对象。分别使用常量"Friday"和数值 6，
来获取枚举对象，代码如下：

```
weekdays week1 = (weekdays)Enum.Parse(typeof(weekdays), "Friday", true);
weekdays week2 = (weekdays)Enum.Parse(typeof(weekdays), "6", true);
Console.WriteLine("枚举对象名称：{0}、{1}", week1, week2);
```

Parse()方法实际上返回一个对象的引用，用户需要将返回的对象强制转换为需要的
枚举类型。

（4）枚举的遍历可以使用 GetNames()方法和 GetValues()方法。GetNames()方法主要
获得枚举中所有的常数名称，方法返回一个数组；GetValues()方法表示指定枚举中所有
常数的值，返回数组对象。分别使用这两个方法，对枚举执行遍历，代码如下：

```
Console.WriteLine("GetNames()方法遍历枚举：");
foreach (string w in Enum.GetNames(typeof(weekdays)))
{
    Console.WriteLine(w);
}
Console.WriteLine();
Console.WriteLine("GetValues()方法遍历枚举:：");
foreach (int w in Enum.GetValues(typeof(weekdays)))
{
    Console.WriteLine(w);
}
```

（5）执行步骤（3）和步骤（4），其效果如图 9-4 所示。

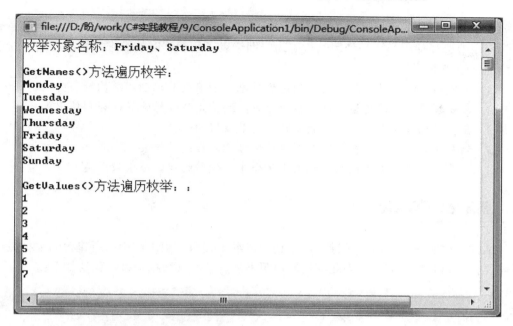

图 9-4　对象获取和枚举的遍历

9.2　结构

结构和类有很多相似的地方。类和结构都可以包含多个数据、方法和函数成员，但结构是一种值类型，不需要堆分配；而且结构不支持继承。

结构中包含了有着一定关联的数据，如一个名为学生信息的结构，其成员可以有学生身高、体重、姓名、性别、年龄、班级等数据，这些数据都属于生活中与学生密切相关的。本节介绍结构的概念、声明及其使用。

9.2.1　结构简介

结构属于值类型，派生自 System.ValueType 类。由于类和结构的构成相似，因此以类和结构的区别来介绍结构的特点。类和结构的区别有以下几点。

- ❑ 结构是值类型，而类是引用类型。
- ❑ 结构在栈中分配空间，而类在堆中分配空间。
- ❑ 在结构中所有成员默认为 public 修饰符，而类中默认为 private 修饰符。
- ❑ 结构支持构造函数，但无参构造函数不能自定义，而类可以。
- ❑ 结构不支持析构函数，而类支持。
- ❑ 在结构中不对成员进行初始化操作，而类可以。
- ❑ 结构派生自 System.ValueType，而类派生自 System.Object。
- ❑ 结构不支持继承，也不能被继承，而类可以。
- ❑ 结构可以不使用 new 进行初始化，而类必须使用 new 进行初始化。

由于类和结构的内容都较为抽象，因此简单的了解类和结构的区别，并不能很好地判断程序中选择使用类还是使用结构。为帮助读者了解编程时的需求，将类和结构的使用范围总结如下。

- 堆栈的空间有限，对于大量的逻辑对象，创建类要比创建结构好一些。
- 大多数情况下该类型只是一些数据时，结构是最佳的选择，否则使用类。
- 在表现抽象或者多层次的数据时，类是最好的选择。
- 如果该类型不继承自任何类型时使用结构，否则使用类。
- 该类型的实例不会被频繁地用于集合中时使用结构，否则使用类。

9.2.2 声明结构

结构的声明使用 struct 关键字，结构可以继承接口，由于结构中所包含的数据成员不需要有相同的数据类型，因此结构的声明不需要声明其数据类型，语法如下：

```
[修饰符] struct 结构名称 [接口] {
    结构体
}
```

与枚举的声明一样，结构的声明同样需要修饰符和自定义的名称，修饰符与名称的使用与枚举一样。

枚举可以实现接口，但不能从另一个结构或类继承，而且不能作为一个类的基类。结构中可以包含数据成员和成员函数，但不能使用 protected 或 protected internal 修饰符，也不能使用 abstract 和 sealed 修饰符。如创建一个表示坐标系中点的结构，它由 X 和 Y 两个成员组成，代码如下：

```
struct Point{
    public int X{get;set;}
    public int Y{get;set;}
}
```

上述代码创建的结构名称为 Point，它的两个数据 X 和 Y 都是 int 类型，作用域为 public。如定义一个学生结构，其定义方式如练习 9-4 所示。

【练习 9-4】

定义一个结构，描述学生信息。要求包含整型的学号 ID、字符串类型的学生姓名 Name、双精度浮点数的学生身高 Hight 等数据，代码如下：

```
public struct Student
{
    public int ID;              //学号
    public string Name;         //姓名
    public bool Sex;            //性别
    public double Hight;        //身高
    public DateTime Birthday;   //出生日期
    public string Phone;        //联系电话
```

```
    }
```

9.2.3　使用结构

结构的成员分为两类：数据成员和函数成员。其中数据成员包括常量和字段；函数成员包括属性、方法、事件、索引器、运算符以及构造函数。对这些成员的具体说明如下所示：

- ❑ **常量**　用来表示常量的值。
- ❑ **字段**　结构中声明的变量。
- ❑ **属性**　用于访问对象或结构的特性的成员。
- ❑ **方法**　包含一系列语句的代码块，通过这些代码块能够实现预先定义的计算或操作。
- ❑ **事件**　一种使对象或结构能够提供通知的成员。
- ❑ **索引器**　又被称为含参属性，是一种含有参数的属性。提供以索引的方式访问对象。
- ❑ **运算符**　通过表达式运算符可以对该结构的实例进行运算。
- ❑ **构造函数**　包括静态构造函数和实例构造函数，静态构造函数使用 static 修饰；实例构造函数不必使用 static 修饰符。

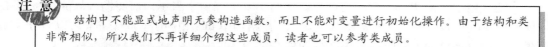

注意　结构中不能显式地声明无参构造函数，而且不能对变量进行初始化操作。由于结构和类非常相似，所以我们不再详细介绍这些成员，读者也可以参考类成员。

【练习 9-5】

```
struct Students
{
    public int ID;                  //学号
    public string Name;             //姓名
    public string Sex;              //性别
    public double Hight;            //身高
    public string Phone;            //联系电话
    public Students(int ID, string Name, string Sex, double Hight, string
    Phone)
    {
        this.ID = ID;
        this.Name = Name;
        this.Sex = Sex;
        this.Hight = Hight;
        this.Phone = Phone;
    }
    public void show()
    {
```

217

```
            Console.WriteLine("学生姓名:{0} 性别:{1} 身高:{2}", this.Name,this.
            Sex,this.Hight);
    }
}
```

```
Students stu1 = new Students();
stu1.Name = "梁燕";
stu1.Sex = "女";
stu1.Hight=1.58;
stu1.show();
Students stu2 = new Students(5,"梁爽","女",1.66,"13333333333");
stu2.show();
```

运行结果如图 9-5 所示。

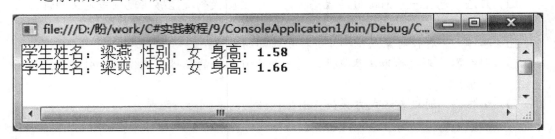

图 9-5　运行结果

上述代码中，声明有参的构造函数时使用了 this 保留字表示当前实例，只能在实例方法、实例访问器以及实例构造函数中使用。在结构中 this 相当于一个变量，可以对 this 赋值，也可以通过 this 修改其所属结构的值。

9.3 集合

集合是与数组最为相似的数据类型，它弥补了数组长度不能增加、插入和删除的缺点，使用动态的数据成员和长度，可快捷地执行其成员的插入和删除。

在第 4 章曾讲述了集合对象中的 ArrayList 类对象。ArrayList 类是集合类的一种，被作为动态数组使用。不同的集合类适用于不同的地方，正如 ArrayList 类对象能够看作是动态的数组。除此之外，C#还提供了对堆栈、队列、列表和哈希表等的支持。

9.3.1　C#内置集合概述

集合类是定义在 System.Collections 或 System.Collections.Generic 命名空间的一部分，因此需要在使用之前添加以下语句。

```
using System.Collections.Generic;
using System.Collections;
```

在 C#中，所有集合都实现了 ICollection 接口，而 ICollection 接口继承自 IEnumerable

接口，所以每个内置的集合也都实现了 IEnumerable 接口。

接口的继承需要将接口中的方法全部实现，因此集合类中都含有 ICollection 接口成员，这些成员是集合类分别拥有实现、功能相似的。ICollection 接口的成员及其作用说明如表 9-2 所示。

表 9-2 ICollection 接口的成员

成员	说明
GetEnumerator	从 IEnumerable 接口继承得到，返回一个枚举数对象，用来遍历整个集合
Count	获得集合中元素的数量
IsSynchronized	此属性表明这个类是否是线程安全的
SyncRoot	使用此属性使对象与集合同步
CopyTo	将集合中的元素复制到数组中

接口成员表明集合对象都可以有表 9-2 中的成员。这些成员在各自的类中实现，功能一样，可以直接使用。

集合和数组都是数据集，用来处理一系列相关的数据，包括集合元素和数组元素的初始化、赋值、遍历等，不同的是：

- ❑ 数组是长度固定，不能伸缩的。
- ❑ 数组要声明元素的类型，集合类的元素类型却是 object。
- ❑ 数组可读可写，不能声明只读数组。集合类可以提供 ReadOnly()方法以只读方式使用集合。
- ❑ 数组要有整数下标才能访问特定的元素，但集合可以通过其他方式访问元素，而且不是每个集合都能够使用下标。

9.3.2 常见的几种集合类

集合类大多分布在 System.Collections 命名空间下，常见的集合类及其说明，如表 9-3 所示。

表 9-3 System.Collections 命名空间常用的集合类

集合类	说明
ArrayList	实现了 IList 接口，可以动态增加数据成员和删除数据成员等
Hashtable	哈希表，表示键/值对的集合，这些键/值对根据键的哈希代码进行组织
Stack	堆栈，表示对象简单的后进先出的非泛型集合
Queue	队列，表示对象的先进先出集合
BitArray	布尔集合类，管理位值的压缩数组
SortedList	排序集合类，表示键/值对的集合，这些键值对按键排序并且可以按键和索引访问
CollectionBase	为强类型集合提供 abstract 基类
Comparer	比较两个对象是否相等，其中字符串比较是区分大小写的
DictionaryBase	为键/值对的强类型集合提供 abstract 基类

不同的类针对不同的数据对象，有些类是可以完成相同功能的，但类的侧重不同，运行效率就不同，各种集合类的具体含义及其应用如下面几节。

9.3.3 ArrayList 集合类

ArrayList 集合用于动态化数组，能够对数组成员方便地添加、插入和删除，其相关的属性和方法在第 4 章已经做了介绍。

本节通过练习 9-6，介绍 ArrayList 集合类中添加、插入方法的使用，及对数量、容量等属性的获取等；在练习 9-7 中进行不同的条件下元素的删除。

【练习 9-6】

定义 ArrayList 类集合 list，分别使用 Add()方法添加集合元素{e,f,g,h,i}，使用 Insert()方法添加元素{a,b,c,d}放在原来的元素前面，并输出所有元素值、数组的容量和现有元素个数，使用代码如下：

```
Array Listlist=newArrayList();
char charnum='a';
list.Add('e');
list.Add('f');
list.Add('g');
list.Add('h');
list.Add('i');
for(inti=0;i<4;i++)
{
    list.Insert(i,charnum);
    charnum++;
}
foreach(object listnuminlist)
{
    Console.Write("{0}",listnum);
}
Console.WriteLine("");
Console.WriteLine(list.Count);
Console.WriteLine(list.Capacity);
```

执行结果为：

```
abcdefghi
9
16
```

Add()方法将元素添加到数组末尾，而 Insert()方法将元素插入指定的索引处。Capacity 属性表示数组容量，而 Count 属性为数组现有的元素个数及数组长度。

【练习 9-7】

分别将练习 9-6 中的数组元素 h 删除、将第 6 个元素 g 删除、将元素 b 和 e 中间的两个元素删除，步骤如下。

（1）删除元素 h 代码如下：

```
list.Remove('h');
foreach(objectlistnuminlist)
{
    Console.Write("{0}",listnum);
}
```

（2）删除第 6 个元素，并遍历输出，省略遍历步骤，代码如下：

```
list.RemoveAt(5);
```

（3）从第 3 个元素起，b 和 e 中间的两个元素，省略遍历步骤，代码如下：

```
list.RemoveRange(2,2);
```

执行结果为：

```
删除元素 h：
abcdefgi
删除第 6 个元素：
abcdegi
从第 3 个元素起，b 和 e 中间的两个元素：
abegi
```

方法 Remove('h')删除指定元素'h'，方法 RemoveAt(5)删除索引为 5 的元素，即第 6
个元素，方法 RemoveRange(2,2)删除从第 2 个索引开始，删除两个元素。

9.3.4　Stack 集合类

Stack 集合又称作堆栈，堆栈中的数据遵循后进先出的原则，即后来被添加的元素将
默认首先被遍历。如依次将 1、2、3 这 3 个元素加入堆栈，则使用 foreach 语句遍历输出
时，输出结果为：321。

Stack 集合的容量表示 Stack 集合可以保存的元素数。默认初始容量为 10。向 Stack
添加元素时，将通过重新分配来根据需要自动增大容量。Stack 集合有以下属性。

❑　Count 获取 Stack 中包含的元素数。

❑　IsSynchronized 获取一个值，该值指示是否同步对 Stack 的访问。

❑　SyncRoot 获取可用于同步 Stack 访问的对象。

如果元素数 Count 小于堆栈的容量，则直接将对象插入集合的顶部，否则需要增加
容量以接纳新元素，将元素插入集合尾部。Stack 集合接受 null 作为有效值，并且允许有
重复的元素。

Stack 集合类有公共方法和受保护的方法，供继承和使用。其中，常用的公共方法如
表 9-4 所示。

::: 表 9-4 ＊Stack 集合类常用方法

方法名称	说明
Clear()	从 Stack 中移除所有对象
Clone()	创建 Stack 的浅表副本
Contains()	确定某元素是否在 Stack 中
CopyTo()	从指定数组索引开始将 Stack 复制到现有一维 Array 中
Equals()	确定两个 Object 实例是否相等
GetEnumerator()	返回 Stack 的 IEnumerator
GetHashCode()	用作特定类型的哈希函数。GetHashCode 适合在哈希算法和数据结构（如哈希表）中使用
GetType()	获取当前实例的 Type
Peek()	返回位于 Stack 顶部的对象但不将其移除
Pop()	移除并返回位于 Stack 顶部的对象
Push()	将对象插入 Stack 的顶部
ReferenceEquals()	确定指定的 Object 实例是否是相同的实例
Synchronized()	返回 Stack 的同步（线程安全）包装
ToArray()	将 Stack 复制到新数组中
ToString()	返回表示当前 Object 的 String

222

由表 9-4 可以看出，一些方法与 ArrayList 集合类中方法作用类似，如 CopyTo()方法、ToArray()方法、Clear()方法和 Clone()方法等，这些方法名称一样、功能相似，可以结合在一起记忆。对于 Stack 集合类方法和属性的应用，如练习 9-8 所示。

【练习 9-8】

定义 Stack 类集合 sta，完成下列操作。

❑ 使用 Push()方法添加数组元素{1,2,3,4,5,6}并遍历输出。

❑ 输出 Pop()方法的返回值，之后输出此时的集合元素。

❑ 调用方法 Pop()并遍历输出集合的元素值。

（1）使用 Push()方法添加数组元素{1,2,3,4,5,6}并遍历输出，代码如下：

```
Stacksta=newStack();
sta.Push(1);
sta.Push(2);
sta.Push(3);
sta.Push(4);
sta.Push(5);
sta.Push(6);
foreach(Objectobjinsta)
{
Console.Write("{0}",obj);
}
```

（2）输出 Pop()方法的返回值，之后输出此时的集合元素。

```
Console.WriteLine(sta.Pop());//执行结果为 6
```

```
foreach(Object obj in sta)
{
Console.Write("{0}",obj);
}//执行结果为 54321，在输出头部之后删除头部
```

（3）调用方法 Pop()并遍历输出集合的元素值。

```
sta.Pop();
foreach(Object obj in sta)
{
Console.Write("{0}",obj);
}
Console.WriteLine("");
Console.WriteLine(sta.Pop());
```

输出结果为：

```
654321
6
54321
4321
4
```

从练习 9-8 可见，Console.WriteLine(sta.Pop());语句首先执行了输出顶部元素，之后将顶部元素删除。后面直接执行 sta.Pop()语句，元素减少一个。

9.3.5 Queue 集合类

Queue 集合又称作队列，是一种表示对象先进先出的集合。队列按照接收顺序存储，对于顺序存储，处理信息比较方便。Queue 集合可看作是循环数组，元素在队列的一端插入，从另一端移除。

Queue 的默认初始容量为 32，元素添加时，将自动重新分配，增大容量。还可以通过调用 TrimToSize 来减少容量。

集合容量扩大时，扩大一个固定的倍数，这个倍数称作等比因子，等比因子在 Queue 集合类创建对象时确定，默认为 2。Queue 集合同样接受 null 作为有效值，并且允许重复的元素。

Queue 集合类的属性都是共有的，可以直接使用，共有三个：

❏ **Count** 获取 Queue 中包含的元素数。

❏ **IsSynchronized** 是否同步对 Queue 的访问。

❏ **SyncRoot** 可用于同步 Queue 访问的对象。

Queue 集合类有着公共方法和受保护的方法，同样有着与 ArrayList 类和 Stack 类作用相似的方法，如表 9-5 所示。

表 9-5　Queue 集合类常用方法

方法名称	说明
Clear()	从 Queue 中移除所有对象
Clone()	创建 Queue 的浅表副本
Contains()	确定某元素是否在 Queue 中
CopyTo()	从指定数组索引开始将 Queue 元素复制到现有一维 Array 中
Dequeue()	移除并返回位于 Queue 开始处的对象
Enqueue()	将对象添加到 Queue 的结尾处
Equals()	已重载。确定两个 Object 实例是否相等
GetEnumerator()	返回循环访问 Queue 的枚举数
GetHashCode()	用作特定类型的哈希函数。GetHashCode 适合在哈希算法和数据结构（如哈希表）中使用
GetType()	获取当前实例的 Type
Peek()	返回位于 Queue 开始处的对象但不将其移除
ReferenceEquals()	确定指定的 Object 实例是否是相同的实例
Synchronized()	返回同步的（线程安全）Queue 包装
ToArray()	将 Queue 元素复制到新数组
ToString()	返回表示当前 Object 的 String
TrimToSize()	将容量设置为 Queue 中元素的实际数目

224

通过对 ArrayList 类和 Stack 类的认识，Queue 集合类理解起来也比较容易，相关属性和方法的应用如练习 9-9 所示。

【练习 9-9】

定义 Queue 集合类对象 que，添加元素"a"、"b"、"c"、"d"、"e"、"f"、"g"、"h"，并遍历输出元素值及集合元素总数。检验元素"c"和"q"是否在集合中，若不在集合中，将元素添加。重新遍历输出元素值。使用 Dequeue()方法移除并返回位于 Queue 开始处的对象，遍历输出元素值。

（1）添加元素"a"、"b"、"c"、"d"、"e"、"f"、"g"、"h"，并遍历输出元素值及集合元素总数。省略部分添加语句，代码如下：

```
Queue que = new Queue();
que.Enqueue("a");
que.Enqueue("b");
// 省略部分添加语句
que.Enqueue("h");
foreach (Object obj in que)
{
    Console.Write("{0} ", obj);
}
Console.WriteLine("长度：{0} ",que.Count);
```

（2）检验元素"c"和"q"是否在集合中，若不在集合中，将元素添加。重新遍历输出元素值。省略遍历语句，代码如下：

```
if (!que.Contains("c"))
{
```

枚举、结构和集合

```
    que.Enqueue("c");
    Console.WriteLine("c 元素不在集合中，已添加");
}
if (!que.Contains("q"))
{
    que.Enqueue("q");
    Console.WriteLine("q 元素不在集合中，已添加");
}
//省略遍历输出语句
```

（3）使用 Dequeue()方法移除并返回位于 Queue 开始处的对象，并遍历输出元素值。

```
Console.WriteLine(que.Dequeue());
foreach (Object obj in que)
{
    Console.Write("{0} ", obj);
}
```

执行结果为：

```
a b c d e f g h 长度：8
q 元素不在集合中，已添加
a b c d e f g h q
a
b c d e f g h q . . .
```

执行结果中的第一行为元素添加后的遍历及集合的长度；第二行为判断"q"不在集合中的提示；第三行是添加元素 q 后的集合；第四行输出并移除集合的开始元素；第五行为首元素移除后的集合。

9.3.6 BitArray 集合类

BitArray 集合类专用于处理 bit 类型的数据集合，集合中只有两种数值：true 和 false。可以用 1 表示 true，用 0 表示 false。

BitArray 集合元素的编号（索引）同样是从 0 开始，与前几个集合不同的是，BitArray 集合类在创建对象时，需要指定集合的长度，如定义长度为 3 的 bitnum 对象，使用代码如下所示：

```
BitArray bitnum = new BitArray(3);
```

若编写索引时超过 BitArray 的结尾，将引发 ArgumentException。但 BitArray 集合类的长度属性 Length 不是只读的，可以在添加元素时重新设置，如练习 9-10 所示。

【练习 9-10】

定义长度为 3 的 BitArray 集合类数组，为每个元素赋值，重新定义数组的长度为 4，为第 4 个元素赋值，使用代码如下：

```
BitArray bitnum = new BitArray(3);
```

```
bitnum.Set(0, true);
bitnum.Set(1, false);
bitnum.Set(2, true);
bitnum.Length = 4;
bitnum.Set(3, true);
foreach (bool bita in bitnum)
{
    Console.Write("{0} ", bita);
}
```

执行结果如下：

```
True False True True
```

BitArray 集合的初始化和赋值有多种形式，可以直接使用 Set()方法，如练习 9-10 所示；也可以直接使用默认值、直接赋值或通过其他数组赋值。BitArray 集合类的构造函数有多重重载，如表 9-6 所示。

表 9–6 BitArray 集合类构造函数

构造函数	说明
BitArray(BitArray)	该实例包含从指定的 BitArray 复制的位值
BitArray(Boolean[])	该实例包含从指定的布尔值数组复制的位值
BitArray(Byte[])	该实例包含从指定的字节数组复制的位值
BitArray(Int32)	该实例可拥有指定数目的位值，位值最初设置为 false
BitArray(Int32[])	该实例包括从指定的 32 位整数数组复制的位值
BitArray(Int32,Boolean)	该实例可拥有指定数目的位值，位值最初设置为指定值

表 9-6 列举了 6 种重载形式，通过不同的构造函数重载形式，为 BitArray 集合初始化，如练习 9-11 所示。

【练习 9-11】

定义长度为 5 的 5 个 BitArray 集合 bit1、bit2、bit3、bit4 和 bit5，分别使用不同方式为它们初始化、赋值，并分别输出。

（1）定义一个 bool 型的数组，用于为集合赋值；定义两个不同长度的整型数组，用于为另两个集合对象赋值。代码如下：

```
bool[] myBools = new bool[5] { true, false, true, true, false };
int[] num1 = new int[1] { 1};
int[] num2 = new int[2] { 1,1 };
```

（2）定义 BitArray 集合对象 bit1 并初始化，不进行显式的赋值；定义对象 bit2 全部赋值为 true；定义对象 bit3，使用 bool 型数组进行赋值；定义对象 bit4 和 bit5，分别接受不同长度的一维整型数组的赋值。省略部分遍历语句，使用代码如下：

```
BitArray bit1 = new BitArray(5);
BitArray bit2 = new BitArray(5,true);
BitArray bit3 = new BitArray(myBools);
BitArray bit4 = new BitArray(num1);
```

```
BitArray bit5 = new BitArray(num2);
//省略 bit1、bit2 和 bit3 的遍历输出语句
Console.WriteLine("***********bit4:***********");
//将 bit4 的元素按照每行 8 个输出
for (int i = 0; i < bit4.Count; i++)
{
    Console.Write("{0} ", bit4.Get(i));
    if ((i + 1) % 8 == 0)
    {
        Console.WriteLine("");
    }
}
Console.WriteLine("bit4 长度为：{0} \n", bit4.Count);
Console.WriteLine("***********bit5:***********");
//将 bit5 的元素按照每行 8 个输出
for (int i = 0; i < bit5.Count; i++)
{
    Console.Write("{0} ", bit5.Get(i));
    if ((i + 1) % 8 == 0)
    {
        Console.WriteLine("");
    }
}
Console.WriteLine("bit5 长度为：{0} ", bit5.Count);
```

执行结果如图 9-6 所示。

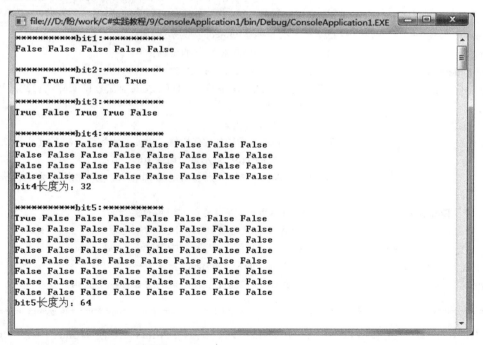

 图 9-6　BitArray 集合初始化

练习 9-11 的前 3 个数组较容易理解，最后两个数组使用的初始化和赋值方式一样，不是常用的类型。由于后两个数组长度较大，本练习按照每行输出 8 个元素的格式进行输出。

BitArray 集合类的属性相对较多，除了 Length 属性，还有如表 9-7 所示的公共属性，用于设置或获取元素值。

表 9-7 BitArray 集合类公共属性

属性名称	说明
Count	获取 BitArray 中包含的元素数
IsReadOnly	获取一个值，该值指示 BitArray 是否为只读
IsSynchronized	获取一个值，该值指示是否同步对 BitArray 的访问（线程安全）
Item	获取或设置 BitArray 中特定位置的位的值
Length	获取或设置 BitArray 中元素的数目
SyncRoot	获取可用于同步 BitArray 访问的对象

BitArray 集合类的常用方法将 bit 类型的数据运算、位值运算和移位都包含了，具体如表 9-8 所示。

表 9-8 BitArray 集合类常用方法

方法名称	说明
And()	对当前 BitArray 中的元素和指定的 BitArray 中的相应元素执行按位"与"运算
Clone()	创建 BitArray 的浅表副本
CopyTo()	从目标数组的指定索引处开始将整个 BitArray 复制到兼容的一维 Array
Equals()	已重载。确定两个 Object 实例是否相等
Get()	获取 BitArray 中特定位置处的位的值
GetEnumerator()	返回循环访问 BitArray 的枚举数
GetHashCode()	用作特定类型的哈希函数。GetHashCode 适合在哈希算法和数据结构（如哈希表）中使用
GetType()	获取当前实例的 Type
Not()	反转当前 BitArray 中的所有位值，以便将设置为 true 的元素更改为 false；将设置为 false 的元素更改为 true
Or()	对当前 BitArray 中的元素和指定的 BitArray 中的相应元素执行按位"或"运算
ReferenceEquals()	确定指定的 Object 实例是否是相同的实例
Set()	将 BitArray 中特定位置处的位设置为指定值
SetAll()	将 BitArray 中的所有位设置为指定值
ToString()	返回表示当前 Object 的 String
Xor()	对当前 BitArray 中的元素和指定的 BitArray 中的相应元素执行按位"异或"运算

BitArray 集合元素可以按位进行逻辑运算，如方法 And()、方法 Not()、方法 Or()和方法 Xor()，如练习 9-12 所示。

枚举、结构和集合 ————————

【练习 9-12】

定义两个长度为 6 的 BitArray 集合，分别赋值为 { true, true, true, false, false, false } 和 { false, false, true, false, true, true }，依次执行方法 And()、方法 Or()和方法 Xor()运算，输出运算结果，步骤如下。

（1）定义两个长度为 6 的 bool 数组，分别赋值为 { true, true, true, false, false, false } 和 { false, false, true, false, true, true }，并分别赋值给 BitArray 集合的两个对象 bita1 和 bita2，省略遍历输出语句，使用代码如下：

```
//定义数组并赋值、输出
bool[] bool1 = new bool[6] { true, true, true, false, false, false };
bool[] bool2 = new bool[6] { false, false, true, false, true, true };
BitArray bita1 = new BitArray(bool1);
BitArray bita2 = new BitArray(bool2);
//此处省略bita1和bita2遍历输出语句
```

（2）分别用对象 bita1 与 bita2 执行 And()方法、用 bita2 与 bita1 执行 And()方法，并将执行结果分别赋给 BitArray 集合对象 bitand1 和 bitand2，省略遍历输出的语句，使用代码如下：

```
//执行运算并赋给其他数组
BitArray bitand1 = new BitArray(bita1.And(bita2));
BitArray bitand2 = new BitArray(bita2.And(bita1));
//此处省略bitand1和bitand2的遍历输出语句
```

（3）分别用对象 bita1 与 bita2 执行 Or()方法、用 bita2 与 bita1 执行 Or()方法，并定义两个 BitArray 集合对象 bitor1 和 bitor2，分别接受两种执行 Or()方法的结果。省略遍历输出的语句，使用代码如下：

```
BitArray bitor1 = new BitArray(bita1.Or(bita2));
BitArray bitor2 = new BitArray(bita1.Or(bita2));
//此处省略bitor1和bitor2的遍历输出语句
```

（4）分别用对象 bita1 与 bita2 执行 Xor()方法、用 bita2 与 bita1 执行 Xor()方法，并定义两个 BitArray 集合对象 bitXor1 与 bitXor2，分别接受两种执行 Xor()方法的结果。省略遍历输出的语句，使用代码如下：

```
BitArray bitXor1 = new BitArray(bita1.Xor(bita2));
BitArray bitXor2 = new BitArray(bita2.Xor(bita1));
//此处省略bitXor1与bitXor2的遍历输出语句
```

执行结果为：

```
bita1
True True True False False False
bita2
False False True False True True
bita1.And(bita2):
```

```
False False True False False False
bita2.And(bita1):
False False True False False False
bita1.Or(bita2):
False False True False False False
bita2.Or(bita1):
False False True False False False
bita1.Xor(bita2):
False False False False False False
bita2.Xor(bita1)):
False False True False False False
```

9.3.7　SortedList 集合类

SortedList 集合类又称作排序列表类，是键/值对的集合。SortedList 集合的元素是一组键/值对，这种有着键和值的集合又称作字典集合，在 C#中有 SortedList 集合和 Hashtable 集合这两种字典集合。

SortedList 的默认初始容量为 0，元素的添加使集合重新分配、自动增加容量。容量可以通过调用 TrimToSize()方法，或设置 Capacity 属性减少容量。

在 SortedList 集合内部维护两个数组以存储列表中的元素：一个数组用于键，另一个数组用于相关联的值。SortedList 集合元素有以下特点：

- ❑ SortedList 集合中的键不能为空 null，但值可以。
- ❑ 集合中不允许有重复的键。
- ❑ 键和值可以是任意类型的数据。
- ❑ 每个元素都可作为 DictionaryEntry 对象的键/值对。
- ❑ SortedList 集合中的元素的键和值可以分别通过索引访问。
- ❑ 索引从 0 开始。
- ❑ 使用 foreach in 语句遍历集合元素时需要集合中的元素类型，SortedList 元素的类型为 DictionaryEntry 类型。
- ❑ 集合中元素的插入是顺序插入，操作相对较慢。
- ❑ SortedList 允许通过相关联键或通过索引对值进行访问，提供了更大的灵活性。
- ❑ 键值可以不连续，但键值根据索引顺序排列。

SortedList 集合索引的顺序是基于排序顺序的，集合中元素的插入类似于一维数组的插入排序法：每添加一组元素，都将元素按照排序方式插入，同时索引会相应地进行调整。

当移除元素时，索引也会相应地进行调整。因此，当在 SortedList 中添加或移除元素时，特定键/值对的索引可能会被更改。SortedList 集合类的常用属性和方法及说明如表 9-9 和表 9-10 所示。

枚举、结构和集合

表 9-9 SortedList 集合类常用属性

属性名称	说明
Capacity	获取或设置 SortedList 的容量
Count	获取 SortedList 中包含的元素数
IsFixedSize	获取一个值，该值指示 SortedList 是否具有固定大小
IsReadOnly	获取一个值，该值指示 SortedList 是否为只读
IsSynchronized	获取一个值，该值指示是否同步对 SortedList 的访问
Item	获取并设置与 SortedList 中的特定键相关联的值
Keys	获取 SortedList 中的键
SyncRoot	获取可用于同步 SortedList 访问的对象
Values	获取 SortedList 中的值

表 9-10 SortedList 集合类常用方法

方法名称	说明
Add()	将带有指定键和值的元素添加到 SortedList
Clear()	从 SortedList 中移除所有元素
Clone()	创建 SortedList 的浅表副本
Contains()	确定 SortedList 是否包含特定键
ContainsKey()	确定 SortedList 是否包含特定键
ContainsValue()	确定 SortedList 是否包含特定值
CopyTo()	将 SortedList 元素复制到一维 Array 实例中的指定索引位置
Equals()	已重载。确定两个 Object 实例是否相等
GetByIndex()	获取 SortedList 的指定索引处的值
GetEnumerator()	返回循环访问 SortedList 的 IDictionaryEnumerator
GetHashCode()	用作特定类型的哈希函数。GetHashCode 适合在哈希算法和数据结构中使用
GetKey()	获取 SortedList 的指定索引处的键
GetKeyList()	获取 SortedList 中的键
GetType()	获取当前实例的 Type
GetValueList()	获取 SortedList 中的值
IndexOfKey()	返回 SortedList 中指定键从零开始的索引
IndexOfValue()	返回指定的值在 SortedList 中第一个匹配项从零开始的索引
ReferenceEquals()	确定指定的 Object 实例是否是相同的实例
Remove()	从 SortedList 中移除带有指定键的元素
RemoveAt()	移除 SortedList 中指定索引处的元素
SetByIndex()	替换 SortedList 中指定索引处的值
Synchronized()	返回 SortedList 的同步包装
ToString()	返回表示当前 Object 的 String
TrimToSize()	将容量设置为 SortedList 中元素的实际数目

接下来，通过练习来说明 SortedList 集合对象的声明、元素插入、通过索引和键操作集合元素等特点和使用，如练习 9-13 所示。

【练习 9-13】

定义 SortedList 集合对象 sorte，为对象的键和值赋值，并根据索引输出键和值的值，使用代码如下：

```
SortedList sorte = new SortedList();
sorte.Add(1,'a');
sorte.Add(4, 'd');
sorte.Add(7, 'c');
sorte.Add(9, 't');
sorte.Add(2, 'b');
sorte.Add(6, 'e');
for (int i = 0; i < sorte.Count; i++)
{
    Console.WriteLine("元素的键为：{0} 值为：{1}", sorte.GetKey(i),sorte.
    GetByIndex(i));
}
```

执行结果为：

```
元素的键为：1 值为：a
元素的键为：2 值为：b
元素的键为：4 值为：d
元素的键为：6 值为：e
元素的键为：7 值为：c
元素的键为：9 值为：t
```

可见，任意顺序添加的元素已经按照键值从小到大排列了。SortedList 集合元素顺序排列是根据键的值，而不是元素值的值。元素的值可以通过索引替换，也可以分别通过键和索引移除元素，如练习 9-14 所示。

【练习 9-14】

使用练习 9-13 中定义的集合，分步骤实现元素的替换和移除。具体步骤如下所示。

（1）替换 3 索引处的值为 f，执行语句如下：

```
Console.WriteLine("*********替换3索引处的值为f********");
sorte.SetByIndex(3,'f');
for (int i = 0; i < sorte.Count; i++)
{
    Console.WriteLine("元素的键为：{0} 值为：{1}", sorte.GetKey(i), sorte.
    GetByIndex(i));
}
```

（2）移除键值为 7 的元素，省略遍历输出的步骤，代码如下：

```
Console.WriteLine("*********移除键值为7的元素********");
sorte.Remove(7);
//此处省略元素遍历输出的步骤
```

（3）移除索引为 1 的元素，省略遍历输出的步骤，代码如下：

```
Console.WriteLine("*********移除索引为1的元素********");
sorte.RemoveAt(1);
//此处省略元素遍历输出的步骤
```

（4）与练习 9-13 中的代码合在一起，执行结果为：

```
元素的键为：1 值为：a
元素的键为：2 值为：b
元素的键为：4 值为：d
元素的键为：6 值为：e
元素的键为：7 值为：c
元素的键为：9 值为：t
*********替换 3 索引处的值为 f********
元素的键为：1 值为：a
元素的键为：2 值为：b
元素的键为：4 值为：d
元素的键为：6 值为：f
元素的键为：7 值为：c
元素的键为：9 值为：t
*********移除键值为 7 的元素********
元素的键为：1 值为：a
元素的键为：2 值为：b
元素的键为：4 值为：d
元素的键为：6 值为：f
元素的键为：9 值为：t
*********移除索引为 1 的元素********
元素的键为：1 值为：a
元素的键为：4 值为：d
元素的键为：6 值为：f
元素的键为：9 值为：t
```

9.3.8 Hashtable 集合类

Hashtable 集合类是一种字典集合，有着键/值对的集合。同时，Hashtable 集合又被称作哈希表。

由于 Hashtable 集合有着键和值，属于字典集合，因此有着与 SortedList 集合相同的以下几个特点：

❑ 每个元素都可作为 DictionaryEntry 对象的键/值对被访问。

❑ Hashtable 集合中的键不能为空 null，但值可以。

❑ 使用 foreach in 语句遍历集合元素时需要集合中的元素类型，Hashtable 元素的类型为 DictionaryEntry 类型。

❑ 键和值可以是任意类型的数据。

哈希表是一种常见数据结构，Hashtable 类在内部维护着一个内部哈希表，这个内部哈希表为高速检索数据提供了较好的性能。内部哈希表为插入到 Hashtable 的每个键进行哈希编码，在后续的检索操作中，通过哈希代码，可以遍历所有元素。

Hashtable 集合类提供了 15 个构造函数，常用的有如下 4 个，如表 9-11 所示。

表 9-11　Hashtable 类构造函数

构造函数	说明
public Hashtable()	使用默认的初始容量、加载因子、哈希代码提供程序和比较器来初始化 Hashtable 类的实例
public Hashtable(int capacity)	使用指定容量、默认加载因子、默认哈希代码提供程序和比较器来初始化 Hashtable 类的实例
public Hashtable(int capacity, float loadFactor)	使用指定的容量、加载因子来初始化 Hashtable 类的实例
public Hashtable(IDictionary d)	通过将指定字典中的元素复制到新的 Hashtable 对象中，初始化 Hashtable 类的一个新实例。新对象的初始容量等于复制的元素数，并且使用默认的加载因子、哈希代码提供程序和比较器

　　Hashtable 的默认初始容量为 0。随着向 Hashtable 中添加元素，容量通过重新分配按需自动增加。

　　当把某个元素添加到 Hashtable 时，根据键的哈希代码将该元素放入存储桶（Bucket）中。该键的后续查找将使用键的哈希代码只在一个特定存储桶中搜索。

　　Hashtable 的加载因子确定元素与存储桶的最大比率。加载因子越小，平均查找速度越快，但消耗的内存也增加。默认的加载因子 1.0，提供速度和内存之间的最佳平衡。当创建 Hashtable 时，也可以指定其他加载因子。

　　在哈希表中，键被转换为哈希代码，而值存储在存储桶中。Hashtable 集合没有自动排序的功能，也没有使用索引的方法，它需要将键作为索引使用。关于 Hashtable 集合的属性和方法如表 9-12 和表 9-13 所示。

表 9-12　Hashtable 类常用属性

属性名称	说明
Count	获取包含在 Hashtable 中的键/值对的数目
IsFixedSize	获取一个值，该值指示 Hashtable 是否具有固定大小
IsReadOnly	获取一个值，该值指示 Hashtable 是否为只读
IsSynchronized	获取一个值，该值指示是否同步对 Hashtable 的访问
Item	获取或设置与指定的键相关联的值
Keys	获取包含 Hashtable 中键的 ICollection
SyncRoot	获取可用于同步 Hashtable 访问的对象
Values	获取包含 Hashtable 中值的 ICollection

表 9-13　Hashtable 类常用方法

方法名称	说明
Add()	将带有指定键和值的元素添加到 Hashtable 中
Clear()	从 Hashtable 中移除所有元素
Clone()	创建 Hashtable 的浅表副本
Contains()	确定 Hashtable 是否包含特定键
ContainsKey()	确定 Hashtable 是否包含特定键
ContainsValue()	确定 Hashtable 是否包含特定值
CopyTo()	将 Hashtable 元素复制到一维 Array 实例中的指定索引位置
Equals()	已重载。确定两个 Object 实例是否相等

续表

方法名称	说明
GetEnumerator()	返回循环访问 Hashtable 的 IDictionaryEnumerator
GetHashCode()	用作特定类型的哈希函数 GetHashCode()适合在哈希算法和数据结构（如哈希表）中使用
GetObjectData()	实现 ISerializable 接口，并返回序列化 Hashtable 所需的数据
GetType()	获取当前实例的 Type
OnDeserialization()	实现 ISerializable 接口，并在完成反序列化之后引发反序列化事件
ReferenceEquals()	确定指定的 Object 实例是否是相同的实例
Remove()	从 Hashtable 中移除带有指定键的元素
Synchronized()	返回 Hashtable 的同步（线程安全）包装
ToString()	返回表示当前 Object 的 String

相关 Hashtable 类集合的应用，可以使用练习来说明。如练习 9-15 创建对象并添加元素、遍历元素等。

【练习 9-15】

创建 Hashtable 类集合对象 hash，为 hash 对象添加元素键和值，遍历输出对象元素值，使用代码如下：

```
Hashtable hash = new Hashtable();
hash.Add(1, 'w');
hash.Add(4, 'r');
hash.Add(2, 'g');
hash.Add(8, 'v');
hash.Add(5, 'q');
hash.Add(7, 't');
foreach (DictionaryEntry has in hash)
{
    Console.WriteLine("元素的键为：{0} 值为：{1}", has.Key.ToString(), has.
    Value.ToString());
}
```

执行结果为：

```
元素的键为：8 值为：v
元素的键为：7 值为：t
元素的键为：5 值为：q
元素的键为：4 值为：r
元素的键为：2 值为：g
元素的键为：1 值为：w
```

从结果看得出，元素的添加顺序与遍历顺序不同，输出结果按照元素的键值从大到小排列。通过练习 9-16 查看元素的哈希码如下。

【练习 9-16】

使用练习 9-10 定义的集合，将集合中的元素遍历输出元素对应的的哈希码，使用代码如下：

```
foreach (DictionaryEntry has in hash)
{
    Console.WriteLine("元素的键为：{0} 哈希码为：{1}", has.Key.ToString(),
    has.GetHashCode());
}
```

执行结果为：

```
元素的键为：8 哈希码为：-1888265873
元素的键为：7 哈希码为：-1888265888
元素的键为：5 哈希码为：-1888265886
元素的键为：4 哈希码为：-1888265885
元素的键为：2 哈希码为：-1888265883
元素的键为：1 哈希码为：-1888265882
```

9.4 自定义集合类

在 System.Collections 命名空间下，常用的集合类如表 9-2 所示，但有两个集合在前面没有讲到，这两个类并不常用作集合，而是常作为自定义集合的基类。

内置的集合并不能满足所有的数据集合处理，C#为用户自定义集合提供了条件。这两个基类如下：

❏ **CollectionBase**　为强类型集合提供 abstract 基类。

❏ **DictionaryBase**　为键/值对的强类型集合提供 abstract 基类。

集合类有着键/值对的字典集合和一般的集合，这两个基类一个作为非字典集合的基类，另一个作为字典集合的基类。

以一般的集合类创建为例，首先要了解基类 CollectionBase 的成员，以便利用基类和重写基类。CollectionBase 类的属性如表 9-14 所示，方法如表 9-15 所示。

表 9-14　**CollectionBase 类的属性**

属性名称	说明
Capacity	获取或设置 CollectionBase 可包含的元素数
Count	获取包含在 CollectionBase 实例中的元素数，不能重写此属性
InnerList	获取一个 ArrayList，它包含 CollectionBase 实例中元素的列表
List	获取一个 IList，它包含 CollectionBase 实例中元素的列表

表 9-15　**CollectionBase 类的方法**

方法名称	说明
Clear()	从 CollectionBase 实例移除所有对象，不能重写此方法
Equals()	已重载。确定两个 Object 实例是否相等
GetEnumerator()	返回循环访问 CollectionBase 实例的枚举数
GetHashCode()	用作特定类型的哈希函数。GetHashCode()适合在哈希算法和数据结构中使用
GetType()	获取当前实例的 Type
ReferenceEquals()	确定指定的 Object 实例是否是相同的实例

续表

方法名称	说明
RemoveAt()	移除 CollectionBase 实例的指定索引处的元素，此方法不可重写
ToString()	返回表示当前 Object 的 String
Finalize()	允许 Object 在"垃圾回收"回收 Object 之前尝试释放资源并执行其他清理操作
MemberwiseClone()	创建当前 Object 的浅表副本
OnClear()	当清除 CollectionBase 实例的内容时执行其他自定义进程
OnClearComplete()	在清除 CollectionBase 实例的内容之后执行其他自定义进程
OnInsert()	在向 CollectionBase 实例中插入新元素之前执行其他自定义进程
OnInsertComplete()	在向 CollectionBase 实例中插入新元素之后执行其他自定义进程
OnRemove()	当从 CollectionBase 实例移除元素时执行其他自定义进程
OnRemoveComplete()	在从 CollectionBase 实例中移除元素之后执行其他自定义进程
OnSet()	当在 CollectionBase 实例中设置值之前执行其他自定义进程
OnSetComplete()	当在 CollectionBase 实例中设置值后执行其他自定义进程
OnValidate()	当验证值时执行其他自定义进程

在了解了基类 CollectionBase 的成员后，不妨先建一个实体类，之后创建集合来操作实体类中的数据，如练习 9-17 所示。

【练习 9-17】

创建实体类食品信息类 Food；创建集合类 Foodlist 管理类 Food 中的数据，实现数据的添加、查询和删除；将 Foodlist 类和 Food 类实例化，执行数据的添加和删除等操作，步骤如下。

（1）创建食品信息类 Food，有字段 fname 表示食品名称和字段 fprice 表示食品价格。使用代码如下：

```
public class Food
{
    public string fname;
    public double fprice;
    public Food()
    { }
    public Food(string name,double price)
    {
        fname = name;
        fprice = price;
    }
    public string fnames
    {
        get { return fname;}
        set { fname = value; }
    }
    public double fprices
    {
        get { return fprice; }
```

237

```
        set { fprice = value; }
    }
}
```

（2）创建集合类 Foodlist，实现最基本的元素添加、查询和删除，继承基类 CollectionBase 并重写基类的方法。使用代码如下：

```
public class Foodlist : CollectionBase
{
    public virtual int Add(Food food)      //重写基类的添加方法
    {
        return InnerList.Add(food);
    }
    public new void RemoveAt(int index)
    //基类中该方法不允许覆盖，使用 new 关键字重写
    {
        InnerList.RemoveAt(index);
    }
    public Food GetItem(int index)          //根据索引获得类对象
    {
        return (Food)List[index];
    }
}
```

（3）类中的方法是可以自定义的，也可以选择重写其他方法。本节只重写了最基础的元素添加，根据索引获得和根据索引删除。类的实现代码如下：

```
class Program
{
    static void Main(string[] args)
    {
        Food food1 = new Food("苹果", 2.0);
        Food food2 = new Food("橘子", 1.5);
        Food food3 = new Food("香蕉", 2.0);
        Food food4 = new Food("柚子", 2.8);
        Foodlist foodlist = new Foodlist();
        foodlist.Add(food1);
        foodlist.Add(food2);
        foodlist.Add(food3);
        foodlist.Add(food4);
        Console.WriteLine("****************元素添加后：");
        for (int i = 0; i < foodlist.Count; i++)
        {
            Console.WriteLine("名称：{0} 价格：{1}", foodlist.GetItem(i).
            fname, foodlist.GetItem(i).fprice);
        }
        Console.WriteLine("****************删除索引为 1 的元素：");
        foodlist.RemoveAt(1);
        for (int i = 0; i < foodlist.Count; i++)
```

```
        {
            Console.WriteLine("名称：{0} 价格：{1}", foodlist.GetItem(i).
            fname, foodlist.GetItem(i).fprice);
        }
    }
}
```

执行结果如下：

```
*****************元素添加后：
名称：苹果 价格：2
名称：橘子 价格：1.5
名称：香蕉 价格：2
名称：柚子 价格：2.8
*****************删除索引为 1 的元素：
名称：苹果 价格：2
名称：香蕉 价格：2
名称：柚子 价格：2.8
```

步骤（3）中，实现部分先实例化了实体类，为类 Food 创建 4 个对象，并为每一个对象的字段赋值。接下来将 Food 类的对象添加到集合类 Foodlist 的对象中，遍历集合中的元素、根据索引删除集合元素，最后再遍历一次集合元素。

类的继承虽然是单一的，但基类的基类也将被继承，因此在自定义集合类时，用户有多种可利用的方法。

9.5 泛型

集合和类是分不开的，而泛型是一种特殊的类，其最主要的应用就是创建集合类。集合类的对象元素都是有数据类型的，这个数据类型在使用 foreach in 语句遍历时使用。泛型集合类没有数据类型，而是在使用时定义其类型。

9.5.1 泛型概述

计算机处理数据，需要依据数据类型来执行，方便计算机内部的运转。而泛型使用符号 T 作为数据类型，替代所需要使用的数据类型。在调用前，需要为 T 定义一个数据类型，以供程序执行。

在 C#中，类和方法均可以定义为泛型类型，使用尖括号和包含在内的符号 T：<T>。如定义一个泛型类，名称为 List，使用如下语句：

```
public class List<T>{}
```

使用泛型可以减少数据类型的转化，尤其是在需要装箱和拆箱的时候。装箱和拆箱很容易操作，但多余的操作使系统性能损失。

❑ 使用泛型集合类可以提供更高的类型安全性。

❑ 使用泛型类型可以最大限度地重用代码、保护类型的安全以及提高性能。

❑ 泛型最常见的用途是创建集合类。

❑ 可以对泛型类进行约束以访问特定数据类型的方法。

❑ 关于泛型数据类型中使用的类型的信息可在运行时通过反射获取。

泛型类和泛型方法同时具备可重用性、类型安全和效率，泛型通常用在集合和在集合上运行的方法中。.NET Framework 类库提供了命名空间 System.Collections.Generic，包含几个新的基于泛型的集合类，如 List 类。

泛型同样支持用户自定义，创建自定义的泛型类和方法，设计类型安全的高效模式以满足需求。

大多数情况下，直接使用.NET Framework 类库提供的 List<T>类即可，不需要自行创建类。

在使用具体类型来指示列表中所存储项的类型时，使用类型参数 T。它的使用方法如下：

❑ 在 AddHead()方法中作为方法参数的类型。

❑ 在 Node 嵌套类中作为公共方法 GetNext 和 Data 属性的返回类型。

❑ 在嵌套类中作为私有成员数据的类型。

T 可用于 Node 嵌套类，但使用具体类型实例化 GenericList<T>，则所有的 T 都将被替换为具体类型。

9.5.2 泛型类

泛型类常用于集合，如 9.6.1 节提到的 List 集合类，集合中元素的添加、移除等操作的执行与元素的数据类型无关，泛型类针对的就是不特定于具体数据类型的操作。

在.NET Framework 类库中所提供的泛型集合类，可以直接使用。这些泛型类大多在 System.Collections.Generic 命名空间下，需要在使用前添加如下语句：

```
using System.Collections.Generic;
```

System.Collections.Generic 命名空间下的常用泛型集合类及其使用说明如表 9-16 所示。

表 9-16 泛型类

类名称	说明
Dictionary	表示键和值的集合
LinkedList	表示双向链表
List	表示可通过索引访问的对象的强类型列表。提供用于对列表进行搜索、排序和操作的方法

类名称	说明
Queue	表示对象的先进先出集合
SortedDictionary	表示按键排序的键/值对的集合
SortedDictionary.KeyCollection	表示 SortedDictionary 中键的集合。无法继承此类
SortedDictionary.ValueCollection	表示 SortedDictionary 中值的集合。无法继承此类
SortedList	表示键/值对的集合，这些键/值对基于关联的 IComparer 实现按照键进行排序
Stack	表示同一任意类型的实例的大小可变的后进先出集合

前几节讲述的集合类 ArrayList 集合、HashTable 集合、Queue 集合、Stack 集合和 SortedList 集合，可以使用对应的泛型类替换。将非泛型类对应到泛型类，对应效果如下：

❏ ArrayList 对应 List。

❏ HashTable 对应 Dictionary。

❏ Queue 对应 Queue。

❏ Stack 对应 Stack。

❏ SortedList 对应 SortedList。

泛型类的创建可以从一个现有的具体类开始，逐一将每个类型改为类型参数，但要求更改后的类成员既要通用化又要实际可用。自定义泛型类时，需要注意以下几点。

❏ 能够参数化的类型越多，代码就会变得越灵活，重用性就越好。但是，太多的通用化会使其他开发人员难以阅读或理解代码。

❏ 应用尽可能多的约束，但仍能使您处理需要处理的类型。例如，如果您知道您的泛型类仅用于引用类型，则应用类约束。这可以防止您的类被意外地用于值类型，并允许您对 T 使用 as 运算符以及检查空值。

❏ 由于泛型类可以作为基类使用，此处适用的设计注意事项与非泛型类相同。

❏ 判断是否需要实现一个或多个泛型接口。

如系统内置的泛型类 List 类，类 List 内部使用字符 T 替换了数据类型名称。但如果对 List 类的类型 T 使用引用类型，则两个类的行为是完全相同的；如果对类型 T 使用值类型，则需要考虑实现和装箱问题。

类 List 继承了多个泛型接口和非泛型接口，其声明语句如下：

```
public class List<T> : IList<T>, ICollection<T>, IEnumerable<T>, IList,
ICollection, IEnumerable
```

下面的练习 9-18 展示了泛型类 List 的使用，它是 ArrayList 类的泛型等效类，对应着相似的功能实现，如下例子显示了两个类之间的区别。

【练习 9-18】

分别定义 List 类型和 ArrayList 类型的数组，分别对两个数组进行元素的添加和遍历，具体步骤如下：

（1）分别声明两种类型集合的整型和字符型对象，使用语句如下：

```
List<int> list1 = new List<int>();              //定义整型集合 list1
List<char> list2 = new List<char>();            //定义字符型集合 list2
ArrayList arr1 = new ArrayList();               //定义为整型集合 arr1
ArrayList arr2 = new ArrayList();               //定义字符型集合 arr2
```

（2）分别为两种类型集合的整型和字符型对象添加元素，使用代码如下：

```
list1.Add(1);list1.Add(2);list1.Add(3);list1.Add(4);
list2.Add('a');list2.Add('b');list2.Add('c');list2.Add('d');
arr1.Add(5);arr1.Add(6);arr1.Add(7);arr1.Add(8);
arr2.Add('h');arr2.Add('i');arr2.Add('j');arr2.Add('k');
```

（3）分别遍历输出 4 个集合的元素值，注意遍历时使用 foreach in 语句中变量的数据类型，具体代码如下：

```
Console.WriteLine("list1 元素的值为：");
foreach (int list in list1)                     //遍历整型的成员
{
    Console.Write ("{0} ", list);
}
Console.WriteLine("");
Console.WriteLine("list2 元素的值为：");
foreach (char list in list2)                    //遍历字符型的成员
{
    Console.Write ("{0} ", list);
}
Console.WriteLine("");
Console.WriteLine("arr1 元素的值为：");
foreach (object arr in arr1)                    //遍历 object 型的成员
{
    Console.Write ("{0} ", arr);
}
Console.WriteLine("");
Console.WriteLine("arr2 元素的值为：");
foreach (object arr in arr2)                    //遍历 object 型的成员
{
    Console.Write ("{0} ", arr);
}
```

执行结果为：

```
list1 元素的值为：
1 2 3 4
list2 元素的值为：
a b c d
arr1 元素的值为：
5 6 7 8
arr2 元素的值为：
h i j k
```

注意

> 泛型类可以继承也可以派生，但泛型类的派生类必须重复或指明基类的类型。

9.5.3 泛型方法

泛型方法是使用泛型类型参数声明的方法，而方法中参数的类型需要在调用时指定。同泛型类的声明一样，泛型方法在声明或定义时添加<T>，并在泛型参数前使用符号 T。

并不是只有在泛型类中才能创建泛型方法，泛型方法可用于泛型类和非泛型类，如练习 9-19 所示。

【练习 9-19】

定义泛型方法，包含两个泛型参数，将两个参数的值互换，同时影响到为参数传值的变量，步骤如下。

（1）定义包含两个泛型参数的泛型方法，用于将两个参数值互换位置，同时互换为参数赋值的变量，定义如下：

```
public class swapnum
{
    public void Swap<T>(ref T num1, ref T num2)
    {
        T num;
        num = num1;
        num1 = num2;
        num2 = num;
    }
}
```

（2）定义两个整型变量和两个 char 型变量，分别为方法的参数赋值，即将方法分别实现为整型和字符型，使用代码如下：

```
class Program
{
    static void Main(string[] args)
    {
        int a = 1;
        int b = 2;
        char c = 'c';
        char d = 'd';
        swapnum swapo = new swapnum();
        swapo.Swap<int>(ref a, ref b);
        swapo.Swap<char>(ref c, ref d);
        Console.WriteLine("a = {0} b = {1}",a,b);
        Console.WriteLine("c = {0} d = {1}", c, d);
    }
}
```

243

执行结果为：

```
a = 2 b = 1
c = d d = c
```

泛型方法的类型及泛型参数的类型可以省略，编译器将根据传入的参数确定方法及参数的类型。如在练习 9-19 中的 Main(string[] args)方法中添加如下代码，再查看输出结果：

```
swapo.Swap(ref c, ref d);
Console.WriteLine("c = {0} d = {1}", c, d);
```

执行结果如下：

```
a = 2 b = 1
c = d d = c
c = c d = d
```

警告

若泛型方法没有参数，在调用时不能省略泛型方法的类型。

泛型方法也支持重载，当参数数据类型不同时，需要使用不同的字符表示。如方法 swap 中的两个参数数据类型不同，则可以定义为下面的语句：

```
void swap<T,R>(T a,R b);
```

9.5.4 泛型参数

这里的泛型参数并不是指方法的参数，而是用来定义类型的参数，也可称作类型参数。在泛型类和方法的定义中，类型参数是实例化时，泛型类型变量所指定的类型，是特定类型的占位符。

泛型类实际上并不是一个类型，而是一个类型的蓝图，需要在指定了尖括号<>内的类型参数后加上一个具体的类型。泛型参数有以下几个特点：

❑ 类型参数可以是编译器能够识别的任何类型。

❑ 可以创建任意多个不同类型的泛型类的实例。

❑ 指定了类型参数后，编译器在运行时将每个 T 替换为相应的类型参数。

❑ 泛型参数在制定后不能够更改。

泛型类和方法中，泛型参数可以不止定义一个，不同的泛型参数要使用不同的名称，泛型参数的命名通常满足以下几个特点：

❑ 使用描述性的名称命名，使人明白参数含义。

❑ 将"T"作为描述性类型参数名的前缀。

❑ 在泛型参数名中指示对此泛型参数的约束。

❑ 若只有一个泛型参数，使用 T 作为泛型参数名。

类型参数在之前的练习中已经使用过，这里通过练习 9-20 来说明包括同一个类或方法中的不同泛型参数的使用。

【练习 9-20】

定义类 Numeric 和它的两个泛型方法 num()和 stradd()，分别实现同类型参数的互换位置及不同类型的参数合并。

（1）定义类 Numeric 和它的两个泛型方法 num()和 stradd()，num()方法只有一个泛型类型参数，用于实现参数值互换。stradd()方法含有两个不同的泛型类型参数，实现参数如同 string 类型的合并。类的定义如下：

```
public class Numeric
{
    public void num<T>(ref T num1, ref T num2)
    {
        T num;
        num = num1;
        num1 = num2;
        num2 = num;
    }
    public void stradd<T,R>(T str1,R str2)
    {
        Console.WriteLine(str1.ToString()+str2.ToString());
    }
}
```

（2）类的实现部分，定义 4 个简单的变量分别为类的方法提供参数，将 num()方法分别实现为 int 型和 char 型，为 stradd()提供整型和字符串型，并输出方法的执行结果，使用代码如下：

```
class Program
{
    static void Main(string[] args)
    {
        Numeric nume = new Numeric();
        int a = 1;
        int b = 2;
        char c = 'c';
        char d = 'd';
        nume.num<int>(ref a,ref b);
        nume.num<char>(ref c, ref d);
        Console.WriteLine("a = {0} b = {1}", a, b);
        Console.WriteLine("c = {0} d = {1}", c, d);
        nume.stradd<int,string>(123,"abc");
    }
}
```

执行结果如下：

```
a = 2 b = 1
c = d d = c
123abc
```

非泛型类中可以定义泛型方法，在实例化非泛型类时不需要指明类型参数，但泛型类在实例化时必须指明类型参数，并且该实例的成员必须遵循这样的类型参数，不能修改。如定义泛型类如下：

```
public class Num<T>
{
    public void numshow<T>(T num)
    {
        Console.WriteLine(num);
    }
}
```

实例化时，若使用语句 Num<int> num = new Num<int>();实例化类，则 num 对象的numshow()方法必须使用 int 类型。

9.5.5 类型参数的约束

编译器能够识别的类型有很多，但在定义泛型类时，可以对类型参数添加约束来限制类型参数的取值范围。对于有着类型参数约束的类，使用不被允许的类型初始化，会产生编译错误。这就是本节要讲的约束。

泛型参数的范围很广，但不同的类型并不能肯定适合特定的泛型类，约束的定义能够保证指定的类型值被支持。一个类型参数可以使用一个或多个约束，并且约束自身可以是泛型类型。

类型参数的约束使用 where 关键字指定，但与 where 语句不同。参数类型的约束有6 种类型，如表 9-17 所示。

表 9-17　类型参数约束

约束	说明
T：结构	类型参数必须是值类型。可以指定除 Nullable 以外的任何值类型
T：类	类型参数必须是引用类型，包括任何类、接口、委托或数组类型
T：new()	类型参数必须具有无参数的公共构造函数。当与其他约束一起使用时，new()约束必须最后指定
T：<基类名>	类型参数必须是指定的基类或派生自指定的基类
T：<接口名称>	类型参数必须是指定的接口或实现指定的接口。可以指定多个接口约束
T：U	为 T 提供的类型参数必须是为 U 提供的参数或派生自为 U 提供的参数。这称为裸类型约束

表 9-17 中的内容表示约束的格式和对应的说明，直接看表不宜理解。下面的练习9-21 通过使用"T：类"这样的格式，举例说明类型参数约束、引用类型约束的使用。

【练习 9-21】

定义非泛型类 Info，包含姓名、年龄、户籍等字段；定义泛型类，要求泛型类的类型必须是 Info 类的类型，具体步骤如下：

（1）定义非泛型的实体类 Info，包含姓名、年龄、户籍等字段及属性。使用代码
如下：

```
public class Info
{
    string name;
    int age;
    string from;
    public string Iname
    {
        get { return name; }
        set { name = value; }
    }
    public int Iage
    {
        get { return age; }
        set { age = value; }
    }
    public string Ifrom
    {
        get { return from; }
        set { from = value; }
    }
}
```

（2）定义两个构造函数，一个初始化成员为默认类型值，另一个用于接收数据初始
化成员，使用语句如下：

```
public Info()
{ }
public Info(string Iname, int Iage, string Ifrom)          //重载构造函数
{
    name = Iname;
    age = Iage;
    from = Ifrom;
}
```

（3）定义泛型类 InfoList，使用"where T:类"的形式将类设置为指定的引用类型的
约束。代码如下：

```
public class InfoList<T> : CollectionBase where T : Info
{
    public virtual int Add(T info)
    {
        return InnerList.Add(info);
    }
    public Info GetItem(int index)
```

```
    {
        return (Info)List[index];
    }
}
```

（4）类的实现部分，定义 Info 类的对象，为对象成员赋值为"司红"、12 和"河南"。实现时，泛型类实例化语句 InfoList<Info> infoList=new InfoList<Info>();尖括号中只能是 Info 类型，这就是"T：类"约束。代码如下：

```
class Program
{
    static void Main(string[] args)
    {
        Info info = new Info("司红",12,"河南");
        InfoList<Info> infoList=new InfoList<Info>();
        infoList.Add(info);
        Console.WriteLine(infoList.GetItem(0).Iname);
    }
}
```

执行结果为：

```
司红
```

除了类约束，基类约束表示，只有基类类型的对象或从该基类派生的对象，才能作为泛型的类型参数。

没有任何约束的类型参数，称作未绑定的类型参数。未绑定的类型参数具有以下几个特点。

❑ 不能使用!=和==运算符，因为无法保证具体类型参数能支持这些运算符。

❑ 可以在它们与 System.Object 之间来回转换，或将它们显式转换为任何接口类型。

❑ 可以将它们与 null 进行比较。将未绑定的参数与 null 进行比较时，如果类型参数为值类型，则该比较将始终返回 false。

9.6　实验指导 9-1：手机信息管理

本章主要介绍了用于处理若干关联数据的技术，包括枚举、结构和集合。本节通过对手机信息的管理，综合介绍枚举、结构和集合的使用。

手机网购系统和厂家对手机的统计中，都有着对手机信息的管理。而通过枚举、结构和集合来管理手机，要求如下：

❑ 将手机外观定义为枚举，包括直板、滑盖、翻盖、旋转、侧滑、腕表。

❑ 将手机品牌定义为集合，包括飞利浦、黑莓、惠普。

❑ 向集合中添加诺基亚、三星、苹果，放在最前面。

❑ 将手机信息定义为结构，包括外观（获取枚举成员）、品牌（获取集合成员）、上市时间、价位等。

枚举、结构和集合 ───────

❏ 在结构中为手机信息赋值，并输出部分手机信息。

由于集合成员需要获取，因此可以使用有着键和值的 SortedList 集合。集合中首先添加 3 个手机品牌，后添加 3 个手机品牌，因此先添加的信息，键值不能比后面的键值小。集合定义的代码如下：

```
SortedList brand= new SortedList();
brand.Add(4, "黑莓");
brand.Add(5, "飞利浦");
brand.Add(6, "惠普");
brand.Add(1, "诺基亚");
brand.Add(2, "苹果");
brand.Add(3, "三星");
```

手机外观需要使用枚举来定义，由于手机外观都是中文汉字，只能使用字符串类型。但枚举值是不能使用字符串类型的，因此需要让各个外观值作为枚举的成员，使用枚举代码如下：

```
public enum Skins
{
    直板,
    滑盖,
    翻盖,
    旋转,
    侧滑,
    腕表
};
```

将手机信息定义为结构，包括外观（获取枚举成员）、品牌（获取集合成员）、上市时间、价位等，代码如下：

```
public struct phone
{
    public int ID;                  //编号
    public string brand;            //手机品牌
    public Skins skin;              //手机外观
    public string times;            //上市时间
    public string price;            //手机价格
    public phone(int ID, string brand, Skins skin,string times, string price)
    {
        this.ID = ID;
        this.brand = brand;
        this.skin = skin;
        this.times = times;
        this.price = price;
    }
    public void show()
    {
```

```
        Console.WriteLine("手机品牌：{0} 外观：{1} 价格：{2}", this.brand,
        this.skin, this.price);
    }
}
```

在结构中为手机信息赋值，分别用两种形式，定义 3 个手机品牌、外观和价格，代码如下所示：

```
phone pho1 = new phone();
pho1.brand = brand.GetByIndex(1).ToString();
pho1.skin = Skins.直板;
pho1.price = "2555";
pho1.show();

phone pho2 = new phone();
pho2.brand = brand.GetByIndex(2).ToString();
pho2.skin = Skins.侧滑;
pho2.price = "1086";
pho2.show();

phone pho3 = new phone(2, brand.GetByIndex(3).ToString(), Skins.翻盖,
"2012", "3021");
pho3.show();
```

运行上述代码，效果如图 9-7 所示。

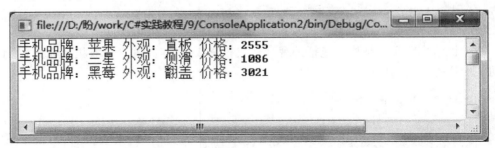

图 9-7　手机信息管理

9.7　思考与练习

一、填空题

1. 在 C#中可以使用_____来定义变量是一个整型常数的集合。

2. 假设有如下代码定义的枚举类型，其中 Member2 成员的整数值是_____。

```
enum Example {
```

```
    Member1 = -2, Member2, Member3
= 2, Member4 = 4
};
```

3. 假设有如下代码定义的枚举类型，语句 "Enum.GetName(typeof(Example), 4)" 返回的结果是_____。

```
enum Example {
```

枚举、结构和集合 ─────

```
        Member1 = 0, Member2, Member3
        = 4, Member4=8
    };
```

4．要输出枚举类型的所有成员名称，可以调用 Enum 类的_____方法。

5．在 C#中所有集合都实现了 ICollection 接口和_____。

6．拥有值和键的集合称作_____集合。

7．Stack 集合又称作_____。

8．SortedList 集合根据键值_____排序。

二、选择题

1．下列关于结构的描述不正确的是_____。

    A．声明结构时，可以使用 public、private 和 protected 等修饰符

    B．结构是值类型，而且在结构中不能显式地声明无参的构造函数

    C．在结构中，可以包含字段、属性、方法、索引器和构造函数等成员

    D．结构的内存是分配在堆上的，声明结构时主要使用关键字 struct

2．下列关于枚举的描述不正确的是_____。

    A．枚举可以是任意类型

    B．枚举的基类是 System.Enum

    C．枚举类型只能拥有私有构造器

    D．枚举不能继承其他的类，也不能被其他的类所继承

3．假设有如下代码定义的结构，那么运行"Console.WriteLine(MyStruct.value)"语句的输出为_____。

```
struct MyStruct
{
```

```
    static int year = 2012;
}
```

    A．2012

    B．null

    C．0

    D．出错

4．下列后进先出的集合是_____。

    A．ArrayList 集合

    B．HashTable 集合

    C．Queue 集合

    D．Stack 集合

5．下列方法_____不能用来添加元素。

    A．Add()

    B．Push()

    C．Get()

    D．Enqueue()

6．以下_____属于字典集合。

    A．ArrayList 集合

    B．HashTable 集合

    C．Queue 集合

    D．Stack 集合

7．自定义的非字典集合通常以_____类为基类。

    A．CollectionBase 集合

    B．ArrayList 集合

    C．Queue 集合

    D．Stack 集合

三、简答题

1．简述枚举的概念及其特点。

2．列出结构和类的区别，并给出区分的方法。

3．简要概述集合与数组的区别。

4．简要概述几种常见集合类的区别。

251

第 10 章　委托和事件

委托和事件相当于类的另一种高级应用。委托实现了方法作为参数的应用，其作用相当于方法指针；而事件是对象发出的消息，对象可以是鼠标、键盘或程序等，对象的变化引起了相应的处理程序。事件由委托来声明定义，二者是紧密关联的。

本章学习目标：

❑　了解委托的特点。
❑　掌握委托的使用。
❑　掌握委托的方法绑定。
❑　了解事件的概念及构成。
❑　掌握事件的应用。

10.1　委托

委托是 C#中非常重要的一个概念，它替代了 C++中的指针，但它的使用比指针安全、容易控制。委托相当于方法的指针。

10.1.1　委托简介

委托替代了指针，但它与指针的概念和用法是完全不同的。委托的主要功能是为方法定义一个类型，使方法可以作为参数，参与到其他方法中。

委托是一种引用方法的类型。一旦为委托分配了方法，委托将与该方法具有完全相同的行为。委托方法的使用可以像其他任何方法一样，具有参数和返回值。委托具有以下特点。

❑　委托类似于 C++ 函数指针，但它是面向对象的、类型安全的。
❑　委托允许将方法作为参数进行传递。
❑　委托可用于定义回调方法。
❑　委托可以将方法连接在一起，一个委托可以调用多个方法。
❑　方法不需要与委托签名精确匹配。
❑　提供匿名方法，允许将代码块作为参数传递，以代替单独定义的方法。

委托是一个类，它定义了方法的类型，使得可以将方法当作另一个方法的参数来进行传递。这种将方法动态地赋给参数的做法，使调用方法能够根据需要获取所需的功能模块，而不需要使用 if else 语句、switch 语句或枚举来根据不同情况调用所需方法。增加了程序的可扩展性。

举一个简单的例子，如一个方法 bank()实现存款的功能，但若是有卡存款，则需要调用方法A；若进行无卡存款，则需要调用方法B。使用委托将A方法和B方法作为bank()方法的参数，则不需要在 bank()中判断是有卡存款还是无卡存款，而根据参数，调用不同的方法。

10.1.2　委托的应用

委托的声明使用 delegate 关键字，其声明方式与方法的声明一样，不同的是需要有 delegate 关键字。

若需要作为参数的方法有参数，则委托的声明也需要有参数；同样道理，需要作为参数的方法返回值，要与委托的返回值一致。委托的使用分为以下几个步骤。

（1）定义需要作为参数的方法。

（2）定义相对应的委托。

（3）定义以方法作为参数的方法。

（4）调用以方法作为参数的方法，传递参数的值。

其中，方法作为参数，方法名称后不需要加括号和参数，而是在以该方法作为参数的方法中传递参数值。步骤（1）和步骤（2）没有先后顺序，如定义两个方法，分别根据不同语言来打招呼，方法的定义语句如下：

```
private static void English(string name)
{
    Console.WriteLine("Hello, " + name);
}
private static void Chinese(string name)
{
    Console.WriteLine("您好, " + name);
}
```

上述两个方法，根据不同的语言，显示不同的语言来打招呼，两个方法都含有一个参数，用于接收用户的姓名，则需要定义含有一个字符串类型参数的委托，委托的声明如下所示：

```
public delegate void Hello(string name);
```

委托的命名规则与方法的命名一样，上述代码中，委托的名称为"Hello"，是公共的无返回值的委托，对应上述无返回值含有一个字符串类型参数的方法。

委托声明后，即可作为方法的类型被使用。如定义一个方法，需要上述两个方法作为参数，方法的定义语句如下：

```
private static void GreetPeople(string name, Hello language)
{
    language(name);
}
```

上述代码中，被定义的委托"Hello"作为类型名称，用在 GreetPeople()方法的定义中。在主函数中调用 GreetPeople()方法，代码如下：

```
static void Main(string[] args)
{
    GreetPeople("Lucy", English);
    GreetPeople("路西", Chinese);
}
```

运行上述代码，其结果如下所示：

```
Hello, Lucy
您好，路西
```

通过一个完整的练习，来介绍委托的使用，如练习 10-1 所示。

【练习 10-1】

定义两个方法 USA()和 China()，分别输出 "This is America！" 字样和 "这里是中国！" 字样；定义相对应的委托 Country()和以这两个方法作为参数的方法 Show()；在主函数中调用 Show()方法。代码如下：

```
namespace ConsoleApplication1
{
    class Program
    {
        static void Main(string[] args)
        {
            Show(USA);
            Show(China);
            Console.ReadLine();
        }
        private static void China()
        {
            Console.WriteLine("这里是中国！");
        }
        private static void USA()
        {
            Console.WriteLine("This is America！");
        }
        private static void Show(Country country)
        {
            country();
        }
    }
    public delegate void Country();
}
```

运行上述代码，其结果如下所示：

```
This is America!
这里是中国！
```

由练习 10-1 中的代码可以看出，委托和方法的声明和定义是没有关联的，并没有在委托中指明其所包含的方法。只要参数和返回值一致，即将该委托作为方法的数据类型。

警告

委托返回值大多定义为 void，因为一个委托变量可以供多个方法来绑定，如果定义了返回值，那么多个有返回值的方法都会向调用语句返回数值，结果就是后面一个返回的方法值将前面的返回值覆盖掉了，因此，委托只能获得最后一个方法调用的返回值。

10.1.3 方法绑定

方法是可以绑定在委托上的，委托被作为一种数据类型来定义方法的参数，也可像其他数据类型一样来定义方法，如练习 10-2 所示。

【练习 10-2】

使用练习 10-1 中的方法和委托，定义该委托类型的两个变量，并使用两个方法为委托类型的变量赋值，调用 Show()方法，使用代码如下：

```
Country coun1=China;
Country coun2 = USA;
Show(coun1);
Show(coun2);
```

运行上述代码，其结果如下所示：

```
这里是中国！
This is America！
```

除了方法的调用顺序不同，与练习 10-1 的运行结果一样。可见委托可以作为数据类型来定义变量。但与其他变量不同的是，多个方法可赋给同一个委托变量，当调用该委托时，依次执行该委托的所有方法。

多方法的委托，在被赋值一个方法后，通过 "+=" 运算符来添加其他的方法，如练习 10-3 所示。

【练习 10-3】

使用练习 10-1 中的方法和委托，定义该委托类型的变量，并使用两个方法为该委托类型的变量赋值，调用 Show()方法，使用代码如下：

```
Country coun = China;
coun += USA;
Show(coun);
```

运行上述代码，其结果与练习 10-2 的运行结果一样。通过一个 Show()方法的调用，执行该委托的所有方法。

注 意

委托变量的赋值，第一次使用"="，是赋值的语法；第二次使用"+="，是绑定的语法。如果第一次就使用"+="，将出现"使用了未赋值的局部变量"的编译错误。

10.2 事件

事件是面向对象程序中常用的，如鼠标单击事件，在单击鼠标时发生；鼠标双击事件，在鼠标双击时被启发。

事件由两部分构成，事件的发生和事件的处理，如一个按钮，在单击时，该按钮的鼠标单击事件发生；而接下来是对该事件的处理，即该按钮被单击后所要执行的操作。

10.2.1 事件简介

事件是特殊化的委托，委托是事件的基础。事件和委托是分不开的，在C#中使用委托来声明事件。

事件是对象发送的消息，发送信号通知客户发生了操作。这个操作可能是由鼠标单击引起的，也可能是由某些其他的程序逻辑触发的。如图书管理系统中，有借书信息处理和还书信息处理，当管理员单击不同的按钮时，即可进入不同的系统，如图10-1所示。

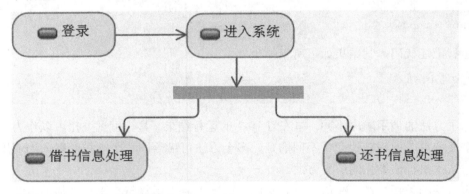

图 10-1　图书信息管理系统

如图10-1所示，程序的执行并不是预先设计好的。正如图书馆中，前来办理手续的用户可能是来借书，也可能是来还书，在同一个系统下执行。而借书和还书需要进入不同的子系统执行，因此可以使用两个按钮来处理：一个按钮显示借书，单击进入借书系统；一个按钮显示还书，单击进入还书系统。

按钮的单击触发了事件，而不同的按钮单击，可能触发不同的事件。图10-1所示的例子中，借书按钮的单击，触发借书事件，进入借书系统，即为该事件所执行的操作。

事件和按钮是独立的，按钮可能只是该事件被触发的条件之一，因此事件和触发该事件的对象没有一一对应关系。如同样是用户注册时的警告事件，在用户没有输入用户名的情况下会触发；在用户没有输入电子邮箱的情况下也会触发。

在本书前面的章节中，程序往往采用等待机制，为了等待某件事情的发生，需要不断地检测某些判断变量，最终完成程序。而引入事件后，通过事件，可以很方便地确定程序执行顺序。事件驱动程序的特点如下所示。

- 与过程式程序最大的不同就在于，程序不再不停地检查输入设备，而是呆着不动，等待消息的到来，每个输入的消息会被排进队列，等待程序处理它。
- 如果没有消息在等待，程序会把控制交回给操作系统，以运行其他程序。
- 事件简化了编程。操作系统只是简单地将消息传送给对象，由对象的事件驱动程序确定事件的处理方法。
- 操作系统不必知道程序的内部工作机制，只需要知道如何与对象进行对话，也就是如何传递消息。

事件构成需要分成两部分：事件的触发和事件的处理。事件的发送和接受需要一个媒介：委托。委托作为事件的类型，参与事件的定义。

10.2.2　事件的应用

事件需要通过委托来定义，除此之外还需要了解 EventArgs 类。EventArgs 是包含事件数据的类的基类，此类不包含事件数据，在事件引发时不向事件处理程序传递状态信息的事件会使用此类。

事件的声明使用 event 关键字。如果事件处理程序需要状态信息，则应用程序必须从此类派生一个类来保存数据。C#中使用事件需要的步骤如下。

（1）创建一个委托。

（2）将创建的委托与特定事件关联。

（3）编写事件处理方法。

（4）利用编写的事件处理程序生成一个委托实例。

（5）把这个委托实例添加到产生事件对象的事件列表中去，这个过程又叫订阅事件。

在.Net 类库中的很多事件都是已经定制好的，所以它们也就有相应的一个委托，在编写关联事件处理程序。也就是当有事件发生时我们要执行的方法的时候我们需要和这个委托有相同的签名。

事件应用中，重要的一步是事件的注册，没有注册的事件将不会被触发。事件的注册是将事件与指定的操作联系起来，如练习 10-4，分别使用注册的事件和未注册事件，来处理事件的触发。

【练习 10-4】

创建年龄修改事件，在年龄被修改时触发，判断修改后的年龄是否小于 0，若修改后的数据小于 0，则提示年龄有误，否则提示允许修改，步骤如下。

（1）创建委托，由于事件需要验证年龄，因此委托需要包含一个年龄参数。接下来创建类和事件，类中有年龄属性，当年龄被修改时触发事件，代码如下：

```
public delegate void AgeChangeHandler(int age);
class Person
{
```

```
/// <summary>
/// 定义事件
/// </summary>
public event AgeChangeHandler AgeChange;
private int age = 0;
public int Age
{
    set
    {
        if (AgeChange != null)      //触发事件
        {
            AgeChange(value);
        }
        age = value;
    }
    get
    {
        return age;
    }
}
}
```

（2）事件所执行操作的具体定义，操作放在方法中，方法名称不需要与事件同名。在验证年龄的同时，显示事件被触发，代码如下：

```
private static void MyAgeChangeHandler(int age)
{

    if (age < 0)
    {
        Console.WriteLine("===============年龄小于 0，不允许修改！");
    }
    else
    {
        Console.WriteLine("===============事件被触发，允许修改！");
    }
}
```

（3）主函数的编写，可创建 Person 类的两个实例，分别在事件的注册和不注册情况下，对年龄进行修改，代码如下：

```
static void Main(string[] args)
{
    Console.WriteLine("*******注册了事件的处理*******\n");
    Person p1 = new Person();// 类实例化 1
    p1.AgeChange += new AgeChangeHandler(MyAgeChangeHandler); // 注册事件
    p1.Age = 50;
    Console.WriteLine("调用后 Age = {0}", p1.Age);
    p1.Age = -1;
```

```
        Console.WriteLine("调用后 Age = {0}\n", p1.Age);
        Console.WriteLine("*******没有注册事件的处理********\n");
        Person p2 = new Person();//类实例化 2
        p2.Age = 50;
        Console.WriteLine("调用后 Age = {0}", p2.Age);
        p2.Age = -1;
        Console.WriteLine("调用后 Age = {0}", p2.Age);
        Console.ReadLine();
    }
```

（4）运行上述代码，其效果如图 10-2 所示。在事件注册的情况下，事件被触发，在
对年龄进行验证后，显示是否允许修改；而事件未注册的情况下，只有属性被修改的操
作被执行。

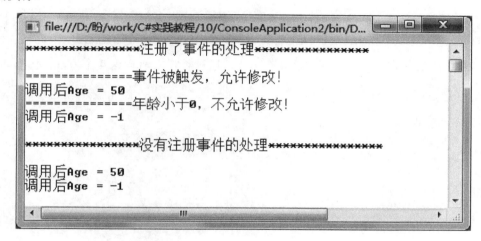

图 10-2　年龄修改事件

10.3　实验指导 10-1：多方法执行

创建一个委托，来同时执行多个方法；创建 4 个方法，分别使用 4 种语言输出"你
好"，具体步骤如下所示：

（1）定义 4 个方法代码如下：

```
private static void China()
{
    Console.WriteLine("汉语：你好！");
}
private static void USA()
{
    Console.WriteLine("英语：Hello！");
}
private static void Korea()
{
```

```
    Console.WriteLine("日语：こんにちは！");
}
private static void French()
{
    Console.WriteLine("法语：bonjour！");
}
```

（2）定义委托，该委托不需要有参数和返回值，代码如下：

```
public delegate void Country();
```

（3）定义以4个方法为参数的方法，执行步骤（1）中的方法，代码如下：

```
private static void Show(Country country)
{
    country();
}
```

（4）主函数的定义，分别绑定这4个方法，通过委托来执行这4个方法，代码如下：

```
static void Main(string[] args)
{
    Country coun = China;
    coun += USA;
    coun += Korea;
    coun += French;
    Show(coun);
    Console.ReadLine();
}
```

（5）运行上述代码，其效果如图10-3所示。

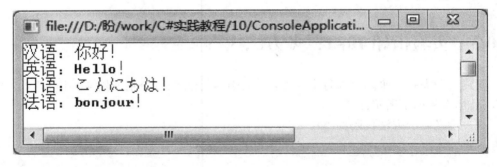

图 10-3　多方法执行

10.4　实验指导 10-2：信息修改

信息修改是常用的功能，在修改时对输入信息进行验证，也是不可缺少的步骤。本节通过正则表达式和事件，来验证用户名和性别的输入，步骤如下。

（1）创建委托 ObjeChangeHandle 和类 Log，类中包含用户名和性别两个属性，当被修改时激发事件，代码如下：

```csharp
public delegate void ObjeChangeHandler(string obj);
class Log
{
    public event ObjeChangeHandler NameChange;
    private string name = "";
    public string Name
    {
        set
        {
            if (NameChange != null) //触发事件
            {
                NameChange(value);
            }
            name = value;
        }
        get
        {
            return name;
        }
    }
    public event ObjeChangeHandler SexChange;
    private string sex = "";
    public string Sex
    {
        set
        {
            if (SexChange != null) //触发事件
            {
                SexChange(value);
            }
            sex = value;
        }
        get
        {
            return sex;
        }
    }
}
```

（2）为用户名的修改事件创建验证方法，验证用户名是否为 2~10 个汉字，若不是则提示"用户名为 2-10 个汉字"字样，否则提示修改成功，代码如下：

```csharp
private static void NameChanges(string name)
{
    string sname = @"[\u4e00-\u9fa5]{2,10}";
    if (!Regex.IsMatch(name, sname))
    {
```

```
        Console.WriteLine("用户名为 2-10 个汉字");
    }
    else
    {
        Console.WriteLine("用户名修改成功");
    }
}
```

（3）为性别的修改事件创建验证方法，但与用户名的验证不同，除非用户输入正确的格式，才能显示修改成功，否则一直显示"请输入合法性别"，并等待用户新的输入，代码如下：

```
private static void SexChanges(string sex)
{
    string ssex = @"[男]|[女]";
    while (!Regex.IsMatch(sex, ssex))
    {
        Regex reg = new Regex(ssex);
        Match m = reg.Match(sex);
        if (m.Success)
        {
            sex = m.Value;
        }
        else
        {
            Console.WriteLine("请输入合法性别");
            sex = Console.ReadLine();
        }
    }
    Console.WriteLine("性别修改成功");
}
```

（4）主函数部分，首先需要将两个事件与各自对应的操作方法绑定，接下来直接修改用户名和密码即可，代码如下：

```
static void Main(string[] args)
{
    Log log = new Log();
    log.NameChange += new ObjeChangeHandler(NameChanges);
    log.SexChange += new ObjeChangeHandler(SexChanges);
    Console.WriteLine("请输入用户名");
    string name = Console.ReadLine();
    log.Name = name;
    Console.WriteLine("请输入性别");
    string sex = Console.ReadLine();
    log.Sex = sex;

    Console.ReadLine();
}
```

（5）运行上述代码，输入汉字"北京"作为用户名，输入不合法的性别和合法性别，效果如图 10-4 所示。

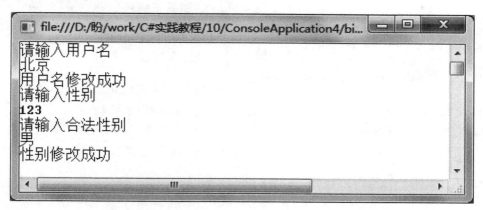

图 10-4　用户名性别验证

10.5　思考与练习

一、填空题

1．委托允许将_____作为参数进行传递。

2．委托使用关键字_____声明。

3．方法的绑定，使用_____运算符。

4．事件的类型声明使用_____。

5．事件使用_____关键字声明。

6．事件和事件引发的方法定义之后，需要对事件进行_____才能激发事件。

二、选择题

1．通过委托，能够将_____作为方法的参数。

A．常量

B．变量

C．引用类型

D．方法

2．由于可同时运行多个方法，委托的返回值类型通常为_____。

A．int

B．string

C．void

D．string[]

3．事件通过 event 关键字声明，其数据类型为_____。

A．int

B．string

C．void

D．委托

4．事件的注册使用_____运算符。

A．+

B．−

C．+=

D．−=

5．方法的绑定使用_____运算符。

A．+=

B．−=

C．+

D．−

6．对于 ObjeChangeHandler 委托的 NameChange 事件，下列属于事件注册语句的是_____。

A．

```
public event ObjeChangeHandler
NameChange;
```

B.

```
Log log = new Log();
log.NameChange += new
ObjeChangeHandler(NameChanges);
```

C.

```
NameChange(value);
```

D.

```
public delegate void
ObjeChangeHandler(string obj);
public event ObjeChangeHandler
NameChange;
```

三、简答题

1. 简述委托的用法。

2. 总结事件的组成部分。

3. 总结事件应用的一般步骤。

4. 简述方法绑定的步骤。

第 11 章　Windows 窗体控件

本章之前所创建的项目都是控制台应用程序，从本章内容开始，将详细介绍 C#中的窗体应用程序。窗体就是用户界面，通常为一个窗口或对话框。窗体是一个容器，可以放置各种控件，常见的有按钮、下拉框、图片等，直接展示给用户。

Windows 窗体控件是窗体应用程序的基础，了解这些控件的属性、方法和事件对以后的学习尤其重要。本章主要介绍窗体、控件以及控件的属性、事件和窗体的综合应用等。

本课学习目标：

❑ 了解窗体的分类、常用属性、常用方法以及常用事件。
❑ 熟悉窗体控件的公有属性和事件。
❑ 掌握常用的基本类型控件和选择类型控件。
❑ 掌握图像显示类型控件和列表类型控件的使用方法。
❑ 熟悉常用的容器类型控件。
❑ 掌握 DateTimePicker 控件和 Timer 控件的使用方法。
❑ 熟悉如何使用 NotifyIcon 控件。
❑ 掌握如何使用常用的控件创建窗体应用程序。

11.1　Windows 窗体概述

窗体是用户直接看到的界面，窗体应用程序通过向界面中添加控件，为控件定义属性和事件来实现。如向窗体中添加一个文本框和一个按钮，则可以定义该文本框中的内容为关键字，该按钮为查询按钮；定义按钮的鼠标单击事件，使程序根据文本框中的内容，查询指定关键字并显示出来。本节介绍窗体的基础知识。

11.1.1　窗体概述

Windows 窗体也称为 WinForms，由两部分构成：用户界面和窗体的功能实现。在 VS 中，窗体应用程序可以使用任何一种.NET 支持的语言来编写功能的实现，本书以 C# 语言为例，介绍窗体应用程序。

一个 WinForms 应用程序通常包含一个或者多个窗体，供用户与应用程序交互。窗体可包含文本框、标签、按钮等控件。

大型 WinForms 应用程序有许多窗体，一些用于获取用户输入的数据，一些用于向用户显示数据，一些窗体会有变形、透明等其他效果甚至让你看不出它的真实面目。C# 中的窗体分为两种：普通窗体和 MDI 父窗体。它们的具体说明如下：

（1）普通窗体　普通窗体也叫单文档窗体，本章所介绍的窗体都属于普通窗体。普通窗体可以分为模式化窗体和无模式窗体。

- ❑ **模式化窗体**　一般通过调用 ShowDialog()方法来显示。
- ❑ **无模式窗体**　一般通过调用 Show()方法来显示。

（2）MDI 父窗体　又称作多文档窗体，在单窗体中放置多个普通子窗体。

1．窗体属性

窗体控件可以包含属性和事件，窗体也不例外。窗体利用自身的属性可以设置窗体的外观，利用相关事件执行用户退出系统时的相关操作。窗体属性有多种，例如 AutoSize 属性指定控件是否自动调整自身的大小以适应其内容的大小、Icon 属性设置窗体的图标和 Size 属性设置窗体的大小等。表 11-1 对窗体的常用属性进行了说明。

表 11-1　窗体的常用属性

属性名称	说明
BackColor	用来获取或设置窗体的背景色
BackgroundImage	用来获取或设置窗体的背景图像
ControlBox	获取或设置一个值，该值指示在该窗体的标题栏中是否显示控制框。默认值为 True
Width	用来获取或设置窗体的宽度
Height	用来获取或设置窗体的高度
Icon	窗体的图标，该图标会在窗体的系统菜单框中显示，以及在窗体最小化时显示
IsMdiContainer	获取或设置一个值，该值指示窗体是否为多文档界面（MDI）中的子窗体的容器。默认值为 False
Opacity	窗体的不透明度百分比
MaximumBox	获取或设置一个值，该值指示是否在窗体的标题栏中显示最大化按钮。默认值为 True
MinimizeBox	获取或设置一个值，该值指示是否在窗体的标题栏中显示最小化按钮。默认值为 True
Name	用来获取或设置窗体的名称
Text	用来设置或返回在窗口标题栏中显示的文字，该属性的值是一个字符串
ShowInTaskbar	获取或设置一个值，该值指示是否在 Windows 任务栏中显示窗体，默认值为 True
WindowState	获取或设置窗体的窗口状态，其值包括 Normal（默认值）、Minimized 和 Maximized
StartPosition	用来获取或设置运行时窗体的起始位置，默认值是 WindowsDefaultLocation

表 11-1 中 StartPosition 属性可以设置运行时窗体的起始位置，该属性的属性值有 5 个。其具体说明如下：

- ❑ **Manual**　根据自定义位置显示初始位置。
- ❑ **CenterScreen**　在屏幕中央显示初始位置。
- ❑ **WindowsDefaultLocation**　Windows 的默认位置，但大小由属性决定。
- ❑ **WindowsDefaultBounds**　Windows 默认位置和默认大小。
- ❑ **CenterParent**　在父窗口的中央显示初始位置。

2．窗体方法

窗体中可以包含多个方法，如 Show() 方法用来显示窗体，Hide() 方法用来隐藏窗体。表 11-2 对窗体的方法进行了说明。

表 11-2　窗体的常用方法

方法名称	说明
Show()	显示窗体，调用格式为：窗体对象名.Show()
ShowDialog()	将窗体显示为模式对话框，调用格式为：窗体对象名.ShowDialog()
Hide()	将窗体隐藏起来，调用格式为：窗体对象名.Hide()
Refresh()	刷新并重画窗体，调用格式为：窗体对象名.Refresh()
Activate()	激活窗体使其获得焦点，调用格式为：窗体对象名.Activate()
Close()	关闭窗体，调用格式为：窗体对象名.Close()

例如，用户单击按钮弹出某个窗体时的代码如下：

```
StudentForm stu = new StudentForm();
stu.Show ();
```

3．窗体事件

窗体除了包含属性和方法外，还可以包含事件。窗体的常用事件有 4 个：Activated、Deactivate、FormClosing 和 FormClosed。具体说明如下所示。

- ❏ **Activated 和 Deactivate**　窗体的激活和非激活状态，即鼠标焦点聚焦和非聚焦的状态。当窗体激活时会触发 Activated 事件；当窗体被停用时会触发 Deactivate 事件。
- ❏ **FormClosing**　每当用户关闭窗体时，在窗体已关闭并指定关闭原因之间引发该事件。
- ❏ **FormClosed**　每当用户关闭窗体时，在窗体已关闭并指定关闭原因之后引发该事件。

4．窗体特点

创建 Windows 窗体应用程序的用户界面时所需要的类包含在 System.Windows.Forms 命名空间下。而 Windows 窗体的特点如下所示。

- ❏ **简单强大**　Windows 窗体可用于设计窗体和可视控件，以便于创建丰富的基于 Windows 的应用程序。
- ❏ **新的数据提供程序管理**　数据提供程序管理提供易于连接 OLEDB 和 ODBC 数据源的数据控件，其中包括 Microsoft SQL Server、Microsoft Access、Jet、DB2 以及 Oracle 等。
- ❏ **非常安全**　Windows 窗体可以充分利用公共语言运行库的安全特性，包括在浏览器中运行的不可信控件和用户硬盘上安装的完全可信的应用程序等都可以通过 Windows 窗体来实现。

- ❏ **拥有丰富灵活的控件**　Windows 窗体提供了一套丰富的控件，另外开发人员可以自己开发有特色的新控件。
- ❏ **方便的数据显示和操作**　在窗体上显示数据是应用程序开发过程中最常见的一种操作，Windows 窗体对数据库处理提供了全面的支持，可以访问数据库的数据，并且在窗体上显示和操作数据。
- ❏ **提供向导支持**　向用户提供创建窗体、数据处理、打包以及部署时的分布指导。

5．窗体与控制台

控制台的运行是直接运行主函数，而控制台应用程序中，可能存在多个窗口，每个窗口都有一个主函数，因此需要对运行主窗体进行设置。运行主窗体的设置在项目的 Program.cs 文件中进行设置，代码如下：

```
static void Main()
{
    Application.EnableVisualStyles();
    Application.SetCompatibleTextRenderingDefault(false);
    Application.Run(new Form1());
}
```

将上述代码最后一行中的 **Form1** 改为窗体名称即可。窗体的执行与网页的执行类似，执行时有一个显示窗体前的加载事件，该事件通常为窗体中的控件初始化。在设计界面中，双击窗体即可创建并打开该事件，如 **Form1** 窗体，在显示窗体前执行的加载事件代码如下：

```
private void Form11_Load(object sender, EventArgs e)
{}
```

11.1.2　窗体控件的公有属性

Windows 窗体提供了许多控件和组件，大多数的控件都派生于 Control 类。这些窗体控件是用户可以与之交互并且方便输入或操作数据的对象，一般情况下，Windows 窗体应用程序都是通过向窗体上添加控件的方式实现的。

窗体控件包括多种，如文本类控件、选择类控件、列表类控件、图像显示类控件以及计时类控件等，由于这些控件派生自 Control 类，所以这些控件的许多属性、方法和事件等相同。表 11-3 列出了窗体控件比较常见的公有属性。

表 11-3　窗体控件的公有属性

属性名称	说明
Anchor	获取或设置控件绑定到的容器的边缘并确定控件如何随其父级一起调整大小
BackColor	获取或设置控件的背景色
ContextMenuStrip	获取或设置与控件相关联的 ContextMenuStrip
Cursor	获取或设置当鼠标指针位于控件上时显示的光标
Dock	获取或设置哪些控件边框停靠到其父控件并确定控件如何随其父级一起调整大小

续表

属性名称	说明
Enabled	获取或设置一个值，该值指示是否启用该控件。默认值为 True
Font	用于定义显示控件中文本的字体
ForeColor	获取或设置控件的前景色
Location	控件左上角相对于其容器左上角的坐标
Name	指定用来标识控件的唯一名称
Size	控件的大小（以像素为单位），包括 width 和 height
Text	获取或设置控件上的文本
Tag	获取或设置包含有关控件的数据的对象，这个值通常不由控件本身使用，而是在控件中存储该控件的信息。当通过 Windows 窗体给该属性赋值时只能赋予字符串值
Visible	获取或设置一个值，该值指示控件是可见的还是隐藏的。默认值为 True

表 11-3 中 Anchor 属性和 Dock 属性非常有用，它解决了用户更改窗体大小时如何通过 Anchor 属性和 Dock 属性设置窗体控件的对齐方式。这两个属性的具体说明如下：

❑ **Anchor 属性**　该属性指定在用户重新设置窗口的大小时控件应该如何响应。如果指定控件重新设置大小，则会根据控件的边界合理地锁定控件，或者不改变控件的大小，但是会根据窗口的边界来锚定它的位置。

❑ **Dock 属性**　该属性指定控件依靠在容器的边框上。如果用户重新设置窗口的大小，该控件将继续停放在窗口的边框上。例如指定控件停靠在容器的底部边界上，则无论窗口的大小如何改变都不会改变控件的大小，或者移动其位置，确保总是位于屏幕的底部。

11.1.3　窗体控件的公有事件

Windows 窗体中可以包含多个控件，当用户对窗体或其中的某个控件进行操作时将会生成事件。例如，用户单击按钮时会触发该按钮的一个事件说明发生了什么。事件的处理就是指程序开发人员为该按钮提供了某些功能的实现方式。

Control 类中除了提供多个属性外，还定义了所用控件的一些比较常见的事件。这些事件的说明如表 11-4 所示。

表 11-4　窗体控件的公有事件

事件名称	说明
Click	单击控件时引发该事件。在某些情况下，这个事件也会在用户按下回车键时引发
DoubleClick	双击控件时引发该事件。处理某些控件上的 Click 事件（例如 Button 控件）表示永远不会调用 DoubleClick 事件
KeyDown	当控件有焦点时，按下一个键时会引发该事件，该事件在 KeyPress 和 KeyUp 之前引发
KeyPress	当控件有焦点时，按下一个键时会引发该事件，该事件在 KeyDown 事件之后且在 KeyUp 事件之前引发
KeyUp	当控件有焦点时，释放一个键时会引发该事件，该事件在 KeyDown 和 KeyPress 之后引发

续表

事件名称	说明
MouseDown	鼠标指针指向一个控件并且鼠标按钮被按下时引发该事件
MouseMove	鼠标指针移过控件时发生
MouseUp	鼠标指针在控件上方并释放鼠标按钮时发生
Validated	当控件的 CausesValidation 属性设置为 True 且该控件获得焦点时引发该事件。它在 Validating 事件之后发生
Validating	当控件的 CausesValidating 属性设置为 True 且该控件获得焦点时引发该事件。需要注意的是被验证的控件是正在失去焦点的控件而不是正在获得焦点的控件
VisibleChanged	在控件验证时会引发该事件

表 11-4 中，KeyDown 事件和 KeyPress 事件除了执行时间不一致外，还有执行事件时的传送值也不一致。KeyDown 事件传送被按下的键的键盘码，而 KeyPress 事件则传送被按下的键盘的 char 值。

本节以及后面章节中所介绍的事件示例都使用相同的格式，首先创建窗体的可视化外观选择并且定位控件，再添加事件处理程序，事件处理程序包含了示例的主要工作代码。为某个控件添加事件时最常用的手段是直接双击控件进入默认的事件处理程序，但是该事件因控件而异。如果该事件是开发人员所需要的则可以直接编码；如果需要的事件与默认的事件不同可以使用两种方式处理。

❑ 利用【属性】窗格中的事件列表　选中某个控件，然后单击 Properties 选项弹出 Properties 窗格，在该窗格中选择事件列表后查找需要添加处理的事件，找到该事件后直接双击该事件则自动生成控件事件代码，包括处理该事件的方法签名。另外还可以在该事件的旁边为该事件的处理方法输入一个名称，主要效果如图 11-1 所示。

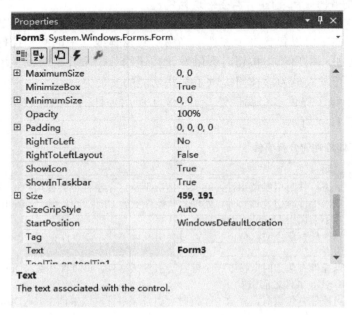

图 11-1　Properties 窗格中的事件列表

❑ **开发人员自己添加事件的代码**　开发人员可以直接在后台添加事件的相关代码，在添加代码时 Visual Studio 2010 会自动检测到所添加的代码，并在代码中添加方法签名，就好像窗体设计器一样。另外如果在事件代码中更改默认事件的方法签名以处理另一个事件就会失败，这时还需要修改 InitializeComponent() 中的事件代码，所以这种方法并不是处理特定事件的快捷方式。

提 示

　表 11-3 和表 11-4 中仅仅列出了大多数控件常用的属性和事件，后续章节在介绍控件时不再详细介绍和列举这些属性与事件，只介绍一些特殊的属性和事件。

11.2　基本类型控件

基本类型控件包括标签类控件、文本类控件和按钮类控件，其中每类控件也包含一个或多个控件。本节介绍基本控件的种类和用法。

11.2.1　基本控件

基本控件大体分为 3 类，详细分类如图 11-2 所示，图 11-2 描述了基本类型控件所包含的控件。

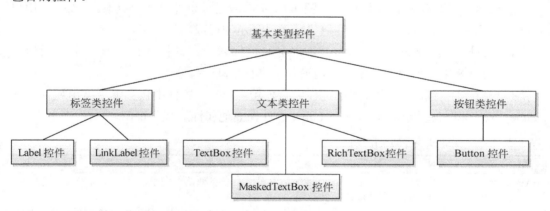

图 11-2　基本类型控件结构图

从图 11-2 中可以看出，标签类控件包括 Label 和 LinkLabel；文本类控件包括 TextBox、RichTextBox 和 MaskedTextBox；按钮类控件是指 Button 控件。图 11-3 为基本控件在窗体中的外观。

11.2.2　Label 控件

Label 控件也叫标签控件，用于显示文本或图像。该控件显示的内容是不允许用户修改的，它可以标识窗体上的对象，如向文本框、列表框或组合框添加描述性标题或提供信息等。

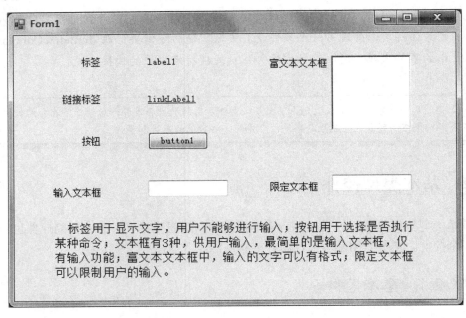

图 11-3　基本控件显示效果

Label 控件可以编写代码使标签显示的文本响应运行事件而做出更改。例如，在用户注册的界面中，用户提交信息，注册成功后，显示注册成功的文字。

Label 控件是 Windows 窗体中最常用的控件之一，该控件在工具箱中的图标为 **A** Label，在 VS 中，可直接从工具栏向窗体中进行拖动。

Label 控件经常与其他类型的控件结合使用。Label 控件中包含多个常用属性（如 Name、Text 和 Size 等），表 11-5 对 Label 控件的其他属性进行了说明。

表 11-5　Label 控件的常用属性

属性名称	说明
AutoSize	获取或设置一个值，该值指示是否根据内容自动调整大小，默认值为 True。这只对文本不换行的 Label 控件有用
BorderStyle	获取或设置标签控件的边框样式，它的值包括 None（默认值）、FixedSingle 和 Fixed3D
TextAlign	用来获取或设置标签中文本的位置，默认值为 TopLeft（左上角）
Image	获取或设置显示在控件上的图像
ImageAlign	获取或设置在控件中显示图像的对齐方式
MaximumSize	获取或设置控件的最大值
MinimumSize	获取或设置控件的最小值

在上述属性中，由于标签的作用主要为显示信息，因此 Text 属性、文字属性和背景属性最为常用，这些属于窗体控件所公有的属性，可参考表 11-3。对属性的设置，在 VS 右下角的属性窗口中进行，如图 11-1 所示。

注意

如果开发人员想要将 Label 控件的背景色设置为透明的，只需要将 Label 控件 BackColor 的属性值设置为 Web 选项卡下面的 Transparent 值即可。

Label 控件中包含多个事件，如 Click 事件、DoubleClick 事件、MouseDown 事件、MouseEnter 事件、MouseHover 事件、MouseLeave 以及 MouseDoubleClick 事件等。但是 Label 最常用的事件有两个，具体说明如下：

❑ **Click 事件**　单击控件时会引发该事件。

❑ **MouseDoubleClick 事件**　用鼠标双击控件时会引发该事件。

提示

Label 控件没有专用于换行的属性，但可以通过将 AutoSize 设为 False，并调节大小的方式，将控件所显示的文本换行。

11.2.3　LinkLabel 控件

Label 控件是一个标准的 Windows 标签，而 LinkLabel 是一个类似于标准标签（派生于标准标签）的控件，它以超链接的方式显示文本信息。

LinkLabel 控件在工具箱中的图标是 LinkLabel，可以向 Windows 窗体应用程序中添加 Web 样式的链接。一切使用 Label 控件的地方都可以使用 LinkLabel 控件，另外 LinkLabel 控件还可以将文本的一部分设置为指向某个文件、文件夹或网页的链接。

与 Lable 控件的属性相比，LinkLabel 控件不仅包含了它的大多属性、方法和事件，还额外增加了许多属性和事件。表 11-6 列出了 LinkLabel 控件所特有的其他属性。

表 11-6　LinkLabel 控件的其他属性

属性名称	说明
LinkArea	获取或设置文本中视为链接的范围
LinkBehavior	获取或设置一个表示链接的行为的值。默认值为 SystemDefault
LinkColor	获取或设置显示普通链接时使用的颜色
Links	获取包含在 LinkLabel 内的链接的集合，该属性包含多个链接，利用该属性可以查找需要的链接
LinkVisited	获取或设置一个值，该值指示链接是否显示为如同被访问过的链接。默认值为 False
VisitedLinkColor	获取或设置当显示以前访问过的链接时所使用的颜色。LinkVisited 属性为 True 时有效

表 11-6 中 LinkBehavior 属性可以获取或设置链接时的样式值，该属性值是枚举类型 Link 的值之一，如下所示为该枚举的属性值。

❑ **SystemDefault**　默认属性值，该属性的值的设置取决于使用控制面板或 Internet Explorer 中的 Internet 选项对话框的设置。

❑ **AlwaysUnderline**　该链接始终显示为带下划线的文本。

273

- **HoverUnderline**　仅当鼠标悬浮在链接文本上时，该链接才显示带下划线的文本。
- **NeverUnderline**　链接文本从来不带下划线。

与 Label 控件的事件相比，LinkLabel 控件最常用的事件是 LinkClicked。例如，在 LinkLabel 控件的 LinkClicked 事件处理程序中添加代码，调用 System.Diagnostics 命名空间下的 Start()方法通过设置 URL 启动默认浏览器，且将 LinkVisited 属性的值设置为 True。主要代码如下：

```
private void lbShow_LinkClicked_1(object sender,
LinkLabelLinkClickedEventArgs e)
{
    System.Diagnostics.Process.Start("http://www.baidu.com");
    //打开网页的链接
    linkLabel1.LinkVisited = true;
}
```

11.2.4　Button 控件

Button 控件通常叫作按钮控件，它在工具箱中的图标为 Button，在窗口通常表现为一个矩形凸起方块，允许用户通过单击来执行某种操作或某项任务。

Button 控件派生自 ButtonBase 类，该类实现了 Button 控件所需的基本功能。该控件可以用在几乎所有的 Windows 对话框中。它主要用于执行 3 类任务：

- 用某种状态关闭对话框（如 OK 和 Cancel 按钮）。
- 给对话框上输入的数据执行操作（例如输入搜索内容后单击 Search 按钮）。
- 打开另一个对话框或应用程序（如 Help 按钮）。

Button 控件包含多个属性，通过这些属性可以设置按钮的详细信息。如 Text 属性显示按钮的文本内容，Font 属性设置文本字体，表 11-7 对这些常见属性进行了说明。

表 11-7　Button 控件的常见属性

属性名称	说明
AutoSizeMode	获取或设置 Button 控件自动调整大小的模式。默认值是 GrowOnly
BackgroundImage	获取或设置在控件中显示的背景图像
BackgroundImageLayout	获取或设置在 ImageLayout 枚举中定义的背景图像布局。默认值为 Tile
FlatStyle	获取或设置按钮控件的平面样式外观，默认值是 Standard
Image	获取或设置显示在按钮上的控件
ImageAlign	获取或设置按钮控件上的图像对齐方式
ImageKey	获取或设置 ImageList 中的图像的键访问器
ImageList	获取或设置包含按钮控件上显示的 Image 的 ImageList
TextImageRelation	获取或设置文本和图像相互之间的相对设置。默认值为 Overlay

表 11-10 中 FlatStyle 属性返回枚举类型 FlatStyle 的一个值，该枚举类型一共有 4 个值。其具体说明如下：

□ **Flat** 以平面显示。

□ **Standard** 默认值，设置控件的外观为三维。

□ **Popup** 以平面显示，直到鼠标指针移动到该控件为止，此时外观为三维。

□ **System** 控件的外观由用户的操作系统决定。

除了属性外，Button 控件也包含多个常用事件，最常用的事件是 Click 事件。当鼠标指向按钮时，按下鼠标左键然后再进行释放就会引发 Click 事件；如果按钮得到焦点，并且用户按下了回车键时也会触发该事件。

例如，为按钮的 Click 事件添加简单代码，更改 Label 控件的文本内容。具体代码如下：

```
private void btnSearch_Click(object sender, EventArgs e)
{
    lblInfo.Text = "您已经单击了 Button 控件的事件";
}
```

11.2.5 TextBox 控件

TextBox 控件通常用于可编辑的输入文本框，常见的有，系统登录时输入用户名和密码的控件，即为 TextBox 控件。

TextBox 控件可以设置为只读类型，设置后，该控件只用于显示，其显示数据不能修改。TextBox 控件在工具箱中的图标为abl TextBox，TextBox 控件派生自基类 TextBoxBase，该类提供了在文本框中处理文本的基本功能，例如选择文本、剪切和粘贴等。

TextBox 控件也是 Windows 窗体中最常用的控件之一，通过该控件的 Text 属性可以设置或获取用户输入的文本内容，通过 ReadOnly 属性可以将文本框设置为只读，表 11-8 列出了 TextBox 控件常见属性的说明。

表 11-8 TextBox 控件的常见属性

属性名称	说明
CausesValidation	如果该属性设置为 True，且该控件获得焦点时，会触发 Validating 事件和 Validated 事件。验证失去焦点的控件中数据的有效性
CharacterCasing	指示所有字符应保持不变还是应转换为大写或小写。属性值包括 Normal（默认值）、Upper 和 Lower
MaxLength	获取或设置用户可以在文本框控件中输入或粘贴的最大字符数
Multiline	获取或设置文本框控件是否跨越多行
PasswordChar	获取或设置用户输入密码时所显示的字符
ReadOnly	获取或设置一个值，该值指示文本框的内容是否为只读
ScrollBars	如果 Multiline 属性的值为 True，则指定该控件显示哪些滚动条。默认值为 None
ShortcutsEnabled	获取或设置一个值，该值指示是否启用定义的快捷方式。默认值为 True
UseSystemPasswordChar	获取或设置一个值，该值指示控件中的文本是否以默认的密码字符显示。默认值为 False

属性名称	说明
WordWrap	如果 Mulitiline 属性的值为 True，则指示该控件是否自动换行。默认值为 False
SelectedText	获取或设置一个值，该值指示在文本框中选中的值
SelectionLength	获取或设置在文本框中选中的字符数
SelectionStart	获取或设置文本框中选定的文本的起始点
ShowSelectionMargin	获取或设置一个值,通过该值指示 RichTextBox 中是否显示选定内容的边距

表 11-8 中 ScrollBars 属性指定控件可以显示的滚动条，该属性的值是枚举类型 ScrollBars 的值之一。该类型的值如下所示：

❏ **None** 默认值，不显示任何滚动条。

❏ **Horizontal** 只显示水平滚动条。

❏ **Vertical** 只显示垂直滚动条。

❏ **Both** 同时显示水平滚动条和垂直滚动条。

TextBox 控件中提供了一系列有效的验证事件，如果用户在文本框中输入的字符无效或输入的值超出范围时就需要提示用户：输入的内容无效。以下列出了该控件的常见事件：

❏ **TextBoxChanged** 只要文本框中的内容发生了改变都会引发该事件。

❏ **Enter、Leave、Validating 和 Validated 事件** 这 4 个事件统称为焦点事件，它们会按照列出的顺序先后引发。当控件的焦点发生改变时就会引发 Enter 事件和 Leave 事件。Validating 和 Validated 事件仅在控件接收了焦点，且其 CausesValidation 属性设置为 True 时引发。

❏ **KeyDown、KeyPress 和 KeyUp 事件** 这 3 个事件统称为键事件，它们可以监视和改变输入到控件中的内容。KeyDown 和 KeyUp 事件接收所按下键对应的键码，这样可以确定是否按下了特殊的键 Shift 或 Ctrl 和 F1。KeyPress 接收与键对应的字符，这表示小写字母 a 的值与大写字母 A 的值不同。

例如，开发人员在窗体的 Load 事件中添加代码设置用户输入密码时的字符。具体代码如下：

```
private void Form1_Load(object sender, EventArgs e)
{
    textBox1.UseSystemPasswordChar = true;
    textBox1.PasswordChar = '●';
    textBox1.MaxLength = 14;
}
```

11.2.6 RichTextBox 控件

RichTextBox 控件用于显示、输入和操作带有格式的文本，也叫作富文本格式控件。

它与 TextBox 控件一样，都是派生自 TextBoxBase 类。

RichTextBox 控件在工具箱中的图标为 ▓ RichTextBox，其功能比 TextBox 控件的功能更加强大。

除了执行 TextBox 控件的大部分功能外，它还可以显示字体、颜色和链接，也可以从文件加载文本或嵌入图像，它与 Microsoft Office Word 的功能类似。

RichTextBox 控件比 TextBox 控件更加高级，它除了包含 TextBox 控件中的属性以外，还添加了更多新的属性，表 11-9 对常见的新增属性进行了具体说明。

▦ 表 11-9　RichTextBox 控件的常见属性

属性名称	说明
AutoWordSelection	获取或设置一个值，该值指示是否启用自动选择单词。默认值为 False
CanRedo	如果上一个被撤销的操作可以重复使用，则将属性值设置为 True
CanUndo	获取一个值，该值指示用户在文本框控件中能否撤销前一操作
CanFocus	获取一个值，该值指示控件是否可以接收焦点
RedoActionName	获取调用 Redo()方法后可以重新应用到控件的操作名
SelectedRtf	获取或设置控件中当前选择的 RTF 格式的格式化文本
SelectionFont	获取或设置当前选定文本或插入点的字体
SelectionType	获取控件内的选中类型
SelectionAlignment	获取或设置应用到当前选中内容或插入点的对齐方式
SelectionFont	获取或设置当前选定文本或插入点的字体
SelectionColor	获取或设置当前选定文本或插入点的文本颜色
SelectionBackColor	获取或设置 RichTextBox 控件中的文本在选中时的颜色
SelectionIndent	获取或设置当前选定文本或插入点的左边的当前缩进距离
ZoomFactor	获取或设置 RichTextBox 的当前缩放级别
SelectionBullet	获取或设置一个值，通过该值指示项目符号样式是否应用到当前选定内容或插入点

RichTextBox 控件中也包含显示滚动条的 ScrollBars 属性，但是它与 TextBox 控件不同的是：默认情况下，RichTextBox 控件同时显示水平滚动条和垂直滚动条，并且具有更多的滚动条设置。RichTextBox 控件的 ScrollBars 属性是枚举类型 RichTextBoxScrollBars 的值之一，该类型的属性值如下所示：

❑ **Both**　默认值，在需要时同时显示水平滚动条和垂直滚动条。

❑ **ForcedBoth**　始终同时显示水平滚动条和垂直滚动条。

❑ **ForcedVertical**　始终显示垂直滚动条。

❑ **ForcedHorizontal**　始终显示水平滚动条。

❑ **Horizontal**　仅在文本比控件的宽度长时显示水平滚动条。

❑ **Vertical**　仅在文本比控件的高度长时显示垂直滚动条。

❑ **None**　不显示滚动条。

创建一个窗体，添加两个标签、两个富文本文本框和两个按钮，分别显示不同的格式，如练习 11-1 所示。

【练习 11-1】

创建一个窗体，添加两个标签，一个是诗名唐诗乌衣巷，一个是译文二字；两个富文本文本框，供用户写入诗的内容和译文；两个按钮，分别将诗变为宋体粗体的 11 号字，将诗的译文改为带有圆点项目符号的番茄红色字。

Button 控件是按钮控件，在 11.2.4 节已详细介绍。按钮有鼠标单击事件，本练习利用按钮的单击事件，改变富文本文本框中文字的格式。步骤如下。

（1）添加新的窗体应用程序，从【工具箱】中向窗体中添加 Label 控件、RichTextBox 控件和 Button 控件，并根据需要，修改控件的 Text 属性。

- ❑ Label1 控件 Text 属性改为"唐诗乌衣巷"。
- ❑ Label2 控件 Text 属性改为"译文"。
- ❑ Button1 控件 Text 属性改为"宋体 11 号加粗"。
- ❑ Button2 控件 Text 属性改为"圆点番茄红色"

（2）写按钮的单击事件。在设计界面中，双击按钮 Button1，进入窗体的代码页，并自动生成了 private void button1_Click(object sender, EventArgs e)事件。向该事件中写入语句，使诗词内容文本框中的字体变为宋体 11 号加粗，代码如下：

```
private void button1_Click(object sender, EventArgs e)
{
    richTextBox1.Font=new Font("宋体", 11, FontStyle.Bold);
}
```

（3）第一个按钮的单击事件完成，接下来是将译文变为项目符号和番茄红色，使用同样的方法创建 Button2 按钮的鼠标单击事件，写入代码如下：

```
private void button2_Click(object sender, EventArgs e)
{
    richTextBox2.SelectionBullet = true;
    richTextBox2.SelectionColor = Color.Tomato;
}
```

由上述代码可以看出，每一个实体的控件，都相当于是该类的实例，对其属性的赋值，与对类的实例进行属性赋值的语句一样。

（4）运行该窗体，分别写入诗词内容和译文，效果如图 11-4 所示。图 11-4 所显示的是默认的格式。之后分别单击两个按钮，其效果如图 11-5 所示。诗词内容变为加粗字体，译文有了项目符号、文字变为番茄红色。

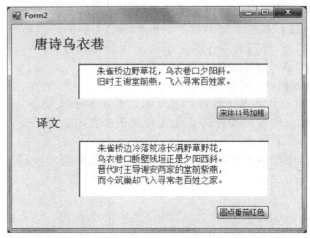

图 11-4　运用格式前

Windows 窗体控件

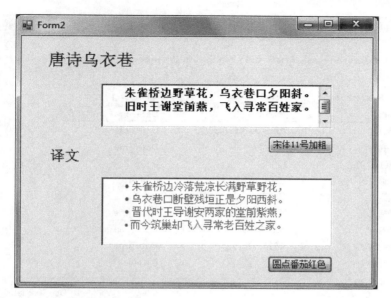

图 11-5 运用格式后

11.2.7 MaskedTextBox 控件

同样是文本输入控件，TextBox 控件用于最基本的输入；RichTextBox 控件侧重于显示文本的格式；而 MaskedTextBox 控件则可以限制用户的输入。

MaskedTextBox 控件的限制方式，主要表现在对输入字符的限制和对输入长度的限制，其在工具箱中的图标为🔾 MaskedTextBox，常用属性及其说明如表 11-10 所示。

表 11-10 MaskedTextBox 控件的常见属性

属性名称	说明
BeepOnError	获取或设置一个值，该值指示掩码文本框控件是否每当用户输入了它拒绝的字符时都发出系统提示音
CutCopyMaskFormat	获取或设置一个值，该值决定是否将原文字符和提示字符复制到剪贴板中
Mask	设置此控件允许的输入的字符串
MaskCompleted	获取一个值，该值指示所有必需的输入是否都已输入到输入掩码中
InsertKeyMode	获取或设置掩码文本框控件的文本插入模式。默认值为 Default
PromptChar	获取或设置用于表示 MaskedTextBox 中缺少用户输入的字符
HidePromptOnLeave	当控件失去输入焦点时用户能否看到提示字符，默认为 False
HideSelection	当编辑控件失去焦点时，应隐藏选定内容
TextMaskFormat	指示在从 Text 属性中返回字符串时是否包含原义字符和（或）提示字符

使用 MaskedTextBox 控件的 Mask 属性不需要再编写任何的验证逻辑，开发人员选择系统提供的掩码，也可以自定义掩码。在 VS 设计界面中，单击 MaskedTextBox 控件 Mask 属性后的按钮，即可打开 Input Mask 对话框，如图 11-6 所示。

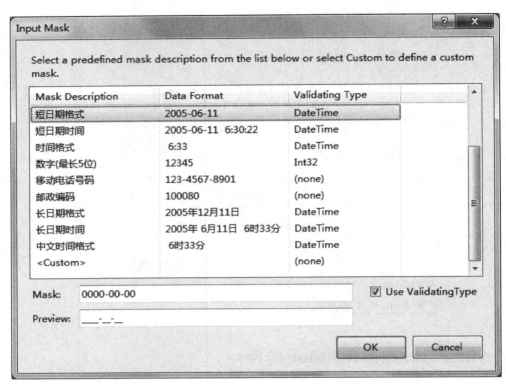

图 11-6　Input Mask 对话框

定义了掩码的 MaskedTextBox 控件，其验证在输入时进行。如短日期的掩码 MaskedTextBox 控件，将无法使用字母、特殊符号和汉字等进行输入，其输入字母的效果相当于键盘失灵（在当前掩码下输入字母，界面没有任何反应）。

虽然 MaskedTextBox 控件可自动对输入进行验证，但为了更好地服务用户，可对该控件使用错误提示信息，以提示用户及时修改。

提示信息需要使用另一个控件，toolTip 控件。该控件可以设置形状和显示内容，与 MaskedTextBox 控件结合使用。toolTip 控件常用属性如下所示：

❑ **BackColor**　获取或设置工具提示的背景色。

❑ **ForeColor**　获取或设置工具提示的前景色。

❑ **InitialDelay**　获取或设置工具提示显示之前经过的时间。

❑ **IsBalloon**　获取或设置一个指示工具提示是否应使用气球状窗口的值。

❑ **OwnerDraw**　获取或设置一个值，该值指示工具提示是由操作系统绘制还是由开发人员提供的代码绘制。

❑ **ReshowDelay**　获取或设置指针从一个控件移到另一控件时，必须经过多长时间才会出现后面的工具提示窗口。

❑ **ShowAlways**　获取或设置一个值，该值指示是否显示工具提示窗口，甚至是在其父控件不活动的时候。

❑ **ToolTipIcon**　获取或设置一个值，该值定义要在工具提示文本旁显示的图标的类型。

❑ **ToolTipTitle**   获取或设置工具提示窗口的标题。

其中，ToolTipIcon 用于设置文本显示类型，该属性的属性值在 ToolTipIcon 枚举中，有 4 个枚举值可用选择，如下所示：

❑ **Error**   错误图标。

❑ **Info**   信息图标。

❑ **None**   不是标准图标。

❑ **Warning**   警告图标。

toolTip 控件最常用的方法是 Show 方法，该方法有 6 种重载形式，可设置显示文字、对应的 MaskedTextBox 控件、提示文字显示时长、指定位置显示提示信息等内容。如练习 11-2 使用显示文字、对应的控件和提示文字显示时长来控制提示信息。

【练习 11-2】

创建新员工登记窗体，添加身份证号和出生日期两个 MaskedTextBox 控件，添加一个 toolTip 控件，为 MaskedTextBox 控件指定掩码，并双击 MaskedTextBox 控件创建 MaskInputRejected 事件，代码如下：

```
private void maskedTextBox3_MaskInputRejected(object sender,
MaskInputRejectedEventArgs e)
{
    ToolTip toolTip = new ToolTip();
    toolTip.IsBalloon = true;  // 使用气球状窗口
    toolTip.ToolTipIcon = ToolTipIcon.Warning;
    toolTip.ToolTipTitle = "系统提示";
    toolTip1.Show("请输入有效的数字! ", maskedTextBox3, 2000);
}
```

运行上述代码，效果如图 11-7 所示。

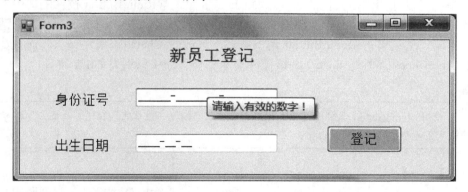

图 11-7   验证提示文字

11.3   选择类型控件

用户注册时会遇到许多类型的控件，如填写性别时，会遇到两个互斥的选项按钮；填写兴趣爱好时，会遇到一组可以多选的按钮。本节介绍 C# 窗体中的选择类型控件，包

281

括单选框和多选框等。

11.3.1 RadioButton 控件

RadioButton 控件也叫单选按钮控件，该控件派生自 ButtonBase 类，因此从某种情况来说，RadioButton 控件也可以看作是按钮控件。

单选按钮在工具箱中的图标为 ⊙ RadioButton，在窗体中显示为一个标签，左边是一个圆圈。圆圈中有实心的圆点，则表示选中状态；否则为未选中状态。

如果需要为用户提供两个或多个互斥选项时可以使用单选按钮，例如用户注册时选择是否为团员、是否为党员等。

RadioButton 控件的属性与 Button 控件有多个相同属性，这里仅介绍几个 RadioButton 控件的常用属性，如表 11-11 所示。

表 11-11　RadioButton 控件的常见属性

属性名称	说明
Appearance	获取或设置一个值，该值用于确定 RadioButton 控件的外观。其值包括 Normal（默认值）和 Button
AutoCheck	获取或设置一个值，它指示单击控件时 Checked 值和控件的外观是否自动更改。默认为 True
Checked	表示该控件是否已经选中，默认为 False
CheckAlign	获取或设置 RadioButton 控件的复选框部分的位置
FlatStyle	确定当用户将鼠标移动到控件上并单击时该控件的外观
GroupName	组名，该名称在控件分组时使用，多与容器控件结合使用

相关人员在处理 RadioButton 控件时通常只使用一个事件：CheckedChanged。

但是还可以订阅许多其他的事件，如 Click 事件。当 RadioButton 控件的选中选项发生改变时会引发该事件，而每次单击 RadioButton 控件时都会引发 Click 事件。这两个事件有所不同，连续单击 RadioButton 两次或多次只改变 Checked 属性一次，而且如果该控件的 AutoCheck 属性是 false，则该控件根本不会被选中只引发 Click 事件。

> **注意**
> 使用 RadioButton 控件时通常会使用分组框或面板把一组单选按钮组合起来，这样可以确保只有一个单选按钮能被选中。

【练习 11-3】

本示例模拟实现考试管理系统中的单选题，并在答案提交之后显示并判断用户选择的答案是否正确。其具体步骤如下：

（1）创建窗体，添加标签来显示题目名称，步骤省略。添加 4 个 RadioButton 控件，4 个控件默认属于互斥关系，只能选择一个。为 4 个 RadioButton 设置 Text 属性，即题目 4 个选项的内容，步骤省略。最后添加一个提交按钮，步骤省略。

（2）定义按钮的单击事件，在提交之后显示用户的答案，并判断是否正确。首先需要添加标签 anslabel，在提交后显示用户的答案，代码如下：

```
private void button1_Click(object sender, EventArgs e)
{
    if (radioButton1.Checked)
    {
        anslabel.Text = "您的答案是：A";
    }
    else if (radioButton2.Checked)
    {
        anslabel.Text = "您的答案是：B";
    }
    else if (radioButton3.Checked)
    {
        anslabel.Text = "您的答案是：C";
    }
    else if (radioButton4.Checked)
    {
        anslabel.Text = "您的答案是：D";
    }
}
```

（3）判断用户的输入是否正确，由于 4 个控件是互斥关系，因此当正确答案处于选中状态，即为正确回答，在按钮的单击事件中添加代码如下：

```
if (radioButton2.Checked)
{
    MessageBox.Show("恭喜，回答正确！");
}
else
{
    MessageBox.Show("很抱歉，回答错误！");
}
```

（4）运行上述代码，选择错误答案 A，其效果如图 11-8 所示。

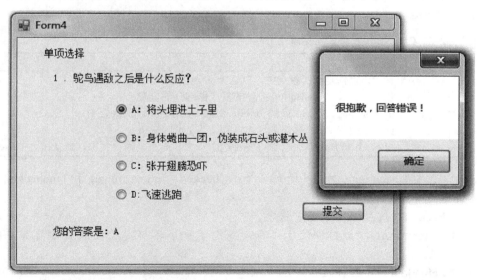

图 11-8　答案错误时的效果

（5）重新运行程序，选择正确答案 B，其效果如图 11-9 所示。

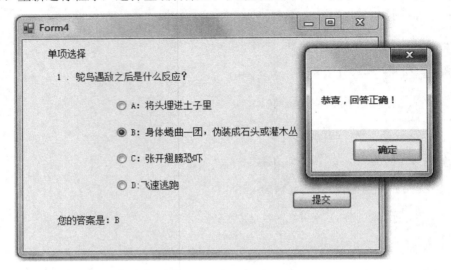

图 11-9　　答案正确时的效果

11.3.2　CheckBox 控件

CheckBox 控件与 RadioButton 控件相反，它表示复选框按钮。CheckBox 控件用来表示某个选项是否被选中，它与 RadioButton 控件存在着明显的差别，RadioButton 控件一次只能选择一个单选按钮，而 CheckBox 控件表示用户一次可以选择多个 CheckBox 控件。

CheckBox 控件在工具箱中的图标为 ☑ CheckBox，包含有多个属性，其属性及其说明如表 11-12 所示。

表 11-12　　CheckBox 控件的常见属性

属性名称	说明
Checked	表示该控件是否已经选中，默认为 False
CheckAlign	获取或设置 RadioButton 控件的复选框部分的位置
AutoCheck	单击控件时，Checked 的值和外观是否自动更改，默认为 True
CheckState	获取或设置 CheckBox 的状态，默认为 Unchecked
ThreeState	指示 CheckBox 是否会允许三种选中状态，而不是两种状态。默认值为 False

表 11-12 中 CheckState 属性的值有 3 个：Checked、Indeterminate 和 Unchecked。具体说明如下：

❑ **Checked**　该控件处于选中状态。
❑ **Indeterminate**　该控件处于不确定状态，一个不确定的控件通常具有灰色的外观。
❑ **Unchecked**　该控件处于未选中状态。

CheckBox 控件的常用事件有两个：CheckedChanged 事件和 CheckedStateChanged。

具体说明如下：

- **CheckedChanged** 当复选框的 Checked 属性发生改变时会引发该事件。另外，当 ThreeState 的属性值为 True 时单击复选框可能不会改变 Checked 属性，在复选框从 Checked 变为 Indeterminate 状态时就会出现这种情况。
- **CheckedStateChanged** 当 CheckedState 属性改变时会引发该事件。

【练习 11-4】

本示例模拟实现考试管理系统中的多选题，并且在 CheckBox 控件的 CheckedChanged 事件中判断用户的选择是否正确。具体步骤如下：

（1）创建窗体，统计用户的兴趣爱好。添加标签和提交按钮，步骤省略。添加若干 CheckBox 控件，显示不同的兴趣名称，步骤省略。

（2）添加按钮的单击事件，添加标签 sellabel 显示用户选择的爱好，判断 CheckBox 控件是否被选中，显示用户的选择，代码如下：

```
private void button1_Click(object sender, EventArgs e)
{
    if (music.Checked)
    {
        sellabel.Text += "音乐、";
    }
    if (movie.Checked)
    {
        sellabel.Text += "影视、";
    }
    if (book.Checked)
    {
        sellabel.Text += "书籍、";
    }
//部分代码省略
}
```

（3）运行上述代码，其效果如图 11-10 所示。选择音乐、游戏和八卦选项，单击"提交"按钮，效果如图 11-11 所示。

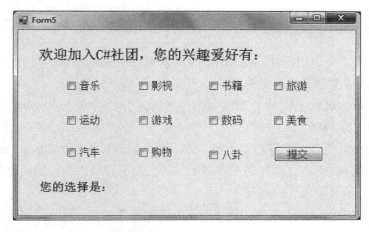

图 11-10　运行效果

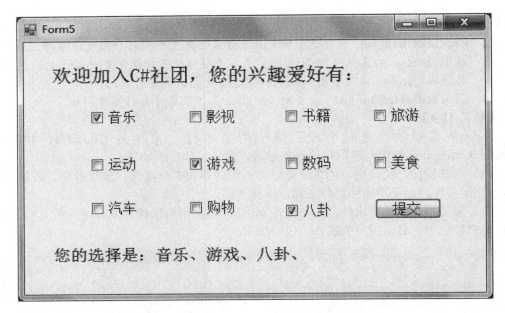

试一试

在 Button 控件的 Click 事件代码中，相关人员也可以通过 CheckBox 控件的 Checked 属性判断用户选项是否正确，感兴趣的读者可以亲自动手试一试。

11.4 图像显示类型控件

常用的图像显示类型的控件有两种：ImageList 和 PitureBox 控件。ImageList 用来存储图像列表，而 PitureBox 控件用来显示图像。

11.4.1 ImageList 控件

ImageList 控件可以用于存储在窗体的其他控件中使用的图像，它提供了一个集合，可以在图像列表中存储任意大小的图像。

但在一个 ImageList 控件中，所存储的图像的大小必须相同。ImageList 空间在工具箱中的图标为 ImageList。

ImageList 控件在程序运行时是不显示的，因此向窗体中添加 ImageList 控件时，该控件将显示在窗体的下方，而不是在窗体中。其功能是存储图像，因此不需要在窗体中显示，但可以显示其所包含的成员。

ImageList 控件的属性、事件和处理方式与其他控件相同。其常见属性及其说明如表 11-13 所示。

表 11-13 ImageList 控件的常见属性

属性名称	说明
ColorDepth	用来呈现图像的颜色数，它的默认值是 Depth8Bit
GenerateMember	指示是否将为此控件生成成员变量，默认为 True
Images	它是一个集合，存储在此 ImageList 控件中的图像
ImageSize	获取或设置该控件中各个图像的大小，默认为 16×16，但可以取 1~256 之间的值
Tag	获取或设置包含有关该控件的其他数据对象
TransparentColor	获取或设置被视为透明的颜色

表 11-13 中 ImageList 控件的 Images 属性可以获取图像列表，该属性返回 ListCollection 集合。该集合对象中包含多个常用属性和方法，通过这些属性和方法可以对图像进行操作。常用的属性和方法如下：

- ❑ **Count 属性** 获取当前列表中的图像数。
- ❑ **Add()方法** 将指定图像添加到 ImageList 中。
- ❑ **AddRange()方法** 向集合中添加图像的数组。
- ❑ **Clear()方法** 从 ImageList 中移除所有图像。
- ❑ **RemoveAt()方法** 根据索引移除列表中的某张图像。

一般情况下，ImageList 控件中不包含常用事件，用户可以通过 Images 属性添加多张图片。将 ImageList 控件添加到窗体后在【属性】窗格中找到 Images 属性，然后单击该属性后的按钮弹出【图像集合编辑器】对话框。单击【添加】按钮向该对话框中添加一张或多张图片，添加完成后的效果如图 11-12 所示。

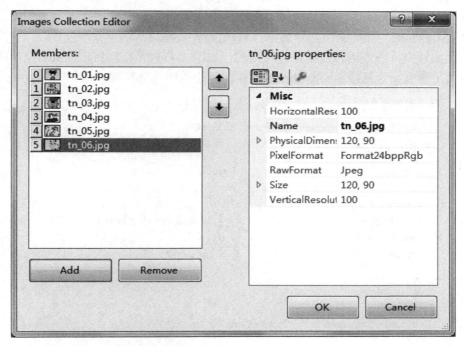

图 11-12 【图像集合编辑器】对话框

ImageList 控件不能显示图片，如果想要访问 ImageList 控件中的某张图像可以直接通过索引（索引开始值为 0）获取，另外，可以通过 Count 属性获取图像的总数量，也可以通过 RemoveAt()方法移除某张图像。代码如下：

```
Image img = imageList1.Images[1];                  //获取第二张图像
int totalCount = imageList1.Images.Count;          //获取图像的总数量
imageList1.Images.RemoveAt(0);                      //移除第一张图像
```

提 示

如果想要使用 ImageList 控件中的图像，可以直接调用图像 Images 属性的索引号就可以了；如果想清空 ImageList 控件中的图片，直接调用 Clear()方法就可以了。

11.4.2 PictureBox 控件

ImageList 控件可以存储多张图片，但是该控件不能显示图片，所以它通常和其他控件一起使用，如 PictureBox 控件和 Label 控件。

PictureBox 控件用于显示图像，用于做图片框控件，在工具箱中的图标为 **PictureBox**，可直接拖进窗体。

PictureBox 控件支持位图、GIF、JPEG、图元文件或图标格式的图形。PictureBox 控件包含多个属性，但是常用的属性并不多，如下所示：

❏ **Image**　获取或设置该控件要显示的图像。

❏ **ImageLocation**　获取或设置在 PictureBox 控件中显示的图像路径或 URL。

❏ **SizeMode**　指示如何显示图像，默认值为 Normal。

上述属性中，图像的路径是可以选择的，如图 11-13 所示为 PictureBox 控件属性，在属性的下面有一个链接 Choose Image，单击可进入图片选择窗口，如图 11-14 所示。

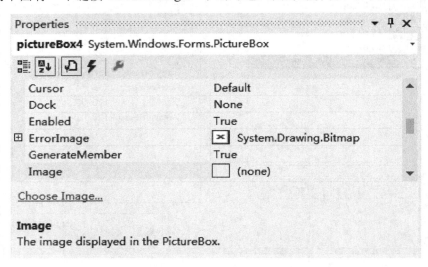

图 11-13　**PictureBox 控件属性**

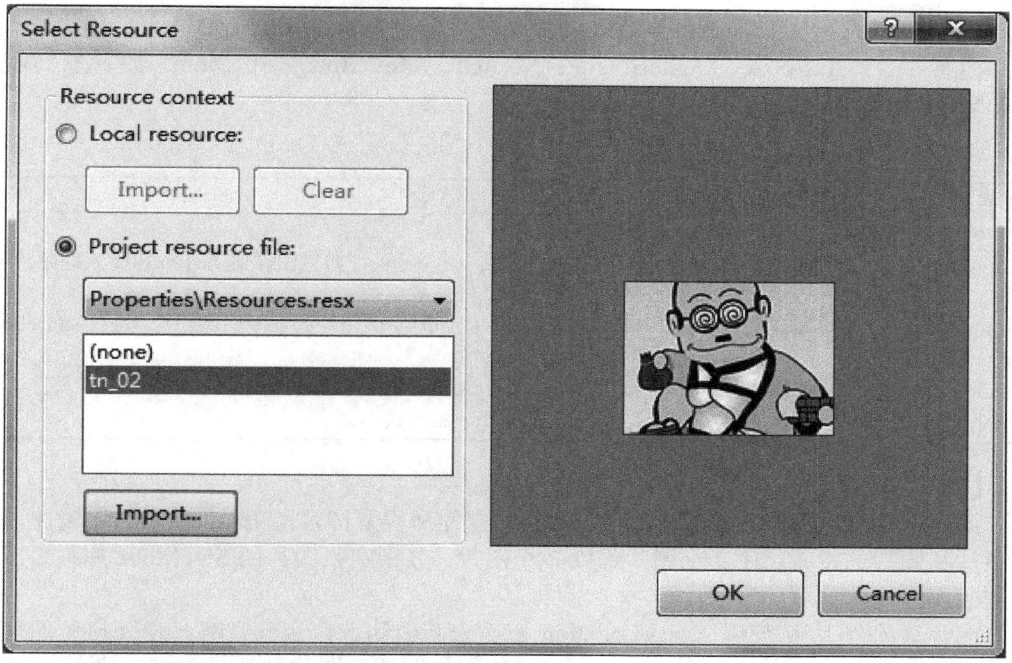

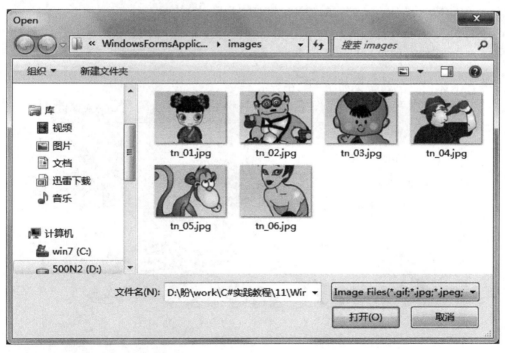

图 11-14　选择图片

如图 11-14 所示，单击 Import 按钮，可打开图片浏览窗体，如图 11-15 所示。选择
需要的图片，单击【打开】按钮即可。

图 11-15　浏览选择图片

PictureBox 控件的 SizeMode 属性的值是枚举类型 PictureBoxSizeMode 的值之一，该枚举值有 5 个：AutoSize、CenterImage、Normal、StretchImage 和 Zoom。它们的具体说明如表 11-14 所示。

表 11-14　枚举 PictureBoxSizeMode 类型的值

枚举值	说明
AutoSize	调整 PictureBox 大小，使其等于所包含的图像大小
CenterImage	如果 PictureBox 比图像大则图像将居中显示；如果图像比 PictureBox 大则图片将居于 PictureBox 中心，而外边缘将被裁剪掉
Nomal	默认值，图像被置于 PictureBox 控件的左上角。如果图像比包含它的 PictureBox 大，则该图像将被裁剪掉
StretchImage	图像被拉伸或收缩，以适合 PictureBox 的大小
Zoom	图像大小按其原有的大小比例被增加或减小

【练习 11-5】

添加 4 个图片控件，分别使用 ImageList 控件和设置图片的 ImageLocation 属性来获取图片和图片的位置，使 4 个图片为同一个图片。分别定义图片的 SizeMode 属性，显示不同效果，步骤如下。

图片 3 和图片 4 使用 ImageLocation 属性来获取图片，步骤省略。定义窗体的加载事件，为图片 1 和图片 2 加载 ImageList 控件中的图片；图片默认是 Nomal 类型，因此分别设置图片 1、3、4 的类型为 AutoSize、CenterImage 和 StretchImage，代码如下：

```
private void Form6_Load(object sender, EventArgs e)
{
    pictureBox1.Image = imageList1.Images[4];
    pictureBox1.SizeMode = PictureBoxSizeMode.AutoSize;
    pictureBox2.Image = imageList1.Images[4];
    pictureBox3.SizeMode = PictureBoxSizeMode.CenterImage;
    pictureBox4.SizeMode = PictureBoxSizeMode.StretchImage;
}
```

运行上述代码，其效果如图 11-16 所示。

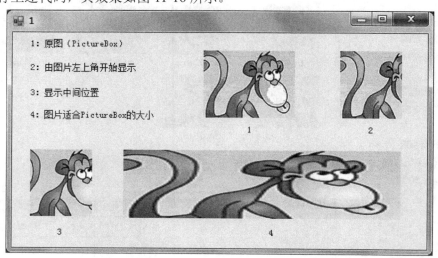

图 11-16　图片效果

11.5 列表类型控件

列表也是软件中常见的控件，有下拉列表、列表视图等。通过列表控件，将用户可选择选项确定下来，供用户选择，以避免不存在的输入。如用户需要填写地址，则提供省、市、区、县列表，供用户选择，以避免输入不存在的地址。

本节介绍常用的列表类型控件，包括 ComboBox 控件、ListView 控件、ListBox 控件和 CheckedListBox 控件。

● 11.5.1 ComboBox 控件

ComboBox 控件提供一个可以选择的下拉框，用户可在下拉框中进行选择，也可重新输入。

ComboBox 控件显示与一个 ListBox 组合的文本框编辑字段，也叫下拉组合框控件，其在工具箱中的图标为 CmboBox。

ComboBox 控件可分两个部分显示：顶部是一个允许用户输入列表项的文本框；下部是一个项列表，用户可以从列表中进行选择。

通过 ComboBox 控件的 Items 属性可对其下拉框中的选项进行编写，首先向窗体中拖入一个 ComboBox 控件，接着选择属性栏中的 Items 属性右侧按钮，有如图 11-17 所示的编辑对话框，用于编辑可选项。

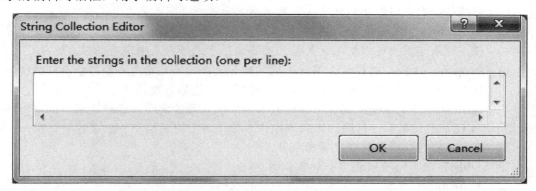

图 11-17　ComboBox 控件 Items 属性

ComboBox 控件中包含多个属性，通过这些属性可以确定要显示的组合框的样式，如表 11-15 对常见属性进行了说明。

表 11-15　ComboBox 控件的常见属性

属性名称	说明
AutoCompleteMode	获取或设置控制自动完成如何作用于 ComboBox 的选项。默认值为 None
AutoCompleteSource	获取或设置一个值，该值指定用于自动完成的完成字符串源。默认值为 None
DataSource	获取或设置此 ComboBox 的数据源
DisplayMember	获取或设置要显示的属性

续表

属性名称	说明
DropDownHeight	获取或设置下拉部分的高度（以像素为单位）
DropDownStyle	获取或设置指定组合框样式的值。默认值为 DropDown
DropDownWidth	获取或设置组合框与下拉部分的宽度
FlatStyle	获取或设置在下拉部分显示的最大项数。它的值包括 Flat、Poput、Standard（默认值）和 System
ItemHeight	获取或设置组合框中某项的高度
Items	获取一个对象，该对象表示控件中包含项的集合
MaxDropDownItems	获取或设置要在控件的下拉部分中显示的最大项数
Sorted	获取或设置指示是否对组合框中的项进行了排序的值
ValueMember	获取或设置一个属性，该属性用作显示项的实际值
SelectedIndex	获取或设置指定当前选定项的索引
SelectedItem	获取或设置控件中当前选定的项
SelectedText	获取或设置控件可编辑部分中选定的文本
SelectedValue	获取或设置由 ValueMember 属性指定的成员属性的值
SelectionLength	获取或设置组合框可编辑部分中选定的字符数
SelectionStart	获取或设置组合框中选定文本的起始索引
Items	获取一个对象，该对象表示下拉框中所包含项的集合

表 11-15 中 DropDownStyle 属性用来确定控件要显示的样式，它的值是枚举类型 ComboBoxStyle 的属性值之一。其具体说明如下：

❏ **Simple** 指定列表始终可见，并且指定文本部分可编辑。这表示用户可以输入新的值，而不仅限于列表中现有的值。

❏ **DropDown** 默认选项，通过单击下箭头指定显示列表，并且指定文本部分可编辑，这表示用户可以输入新的值，而不仅限于选择列表中现有的值。

❏ **DropDownList** 通过单击下箭头指定显示列表，并且指定文本部分不可编辑，这表示用户不能输入新的值，只能选择列表中已经存在的值。

ComboBox 控件的 Items 属性可以获取下拉框包含项的集合，通过该集合的属性和方法可以实现获取总数量、移除和添加等操作。如下对常用属性和方法进行了说明：

❏ **Count 属性** 获取集合中项的数目。

❏ **Add()方法** 向项列表中添加集合项。

❏ **AddRange()方法** 向项列表中添加项的数组。

❏ **Clear()方法** 移除集合项的所有项。

❏ **Remove()方法** 移除指定的项。

❏ **RemoveAt()方法** 移除指定索引的项。

例如，开发人员在后台 Load 事件中动态绑定 ComboBox 控件，使用 DataSource 属性指定数据源列表，DisplayMember 属性指定要显示的项，ValueMember 属性指定项的实际值。Load 事件主要代码如下所示：

```
comboBox1.DataSource = GetBookList();
//调用后台的 GetBookList()方法获取数据
comboBox1.DisplayMember = "bookName";   //数据库中的字段
comboBox1.ValueMember = "bookID";
```

Windows 窗体控件 ——

ComboBox 控件除了包含多个属性外，还包含许多的事件，如 DropDown 事件和 SelectedIndexChanged 事件，表 11-16 对常见的事件进行了说明。

表 11-16　ComboBox 控件的常见事件

事件名称	说明
DropDown	显示 ComboBox 控件的下拉部分时触发该事件
SelectedIndexChanged	最常用的事件之一，当改变了控件的列表部分中的选项时会引发该事件
TextChanged	该事件在控件 Text 属性的值发生改变时引发

【练习 11-6】

本示例使用 3 个 ComboBox 控件显示图书作者所在的省份、城市和地区（县），单击不同的 ComboBox 控件时会动态加载该省份下的城市和该城市下的地区。实现该功能的主要步骤如下：

（1）添加新的窗体，并且设置该窗体的 StartPosition 属性、MaximumBox 属性和 Name 属性等。接着从【工具箱】中分别拖动 6 个 Label 控件、3 个 ComboBox 控件和一个 RichTextBox 控件，然后分别为这些控件设置 Name 属性、Text 属性和其他属性等。

（2）在【属性】窗格中通过 Items 属性为省份所在的 ComboBox 控件添加属性值，具体内容不再显示。

（3）为省份所在 ComboBox 控件添加 SelectedIndexChanged 事件，该事件实现向省份添加城市的功能。主要代码如下：

```
private void Provice_SelectedIndexChanged(object sender, EventArgs e)
{
   City.Items.Clear();
   if (Provice.SelectedIndex == 0)
   {
      City.Items.Add("东城区");
      City.Items.Add("西城区");
      City.Items.Add("海淀区");
      City.Items.Add("朝阳区");
//省略其他区县的添加
   }
   else if (Provice.SelectedIndex == 1)   //如果选择河南省，向该省添加城市
   {
      City.Items.Add("郑州市");
      City.Items.Add("开封市");
      City.Items.Add("平顶山市");
      City.Items.Add("洛阳市");
//省略其他市县的添加
   }
//省略选择其他省份时的添加信息
   City.SelectedIndex = 0;
}
```

上述代码根据 ComboBox 控件的 SelectedIndex 属性的索引值判断用户选择的省份，然后根据不同的省份调用 Add()方法添加城市。添加完成后将 SelectedIndex 属性的值设置为 0，表示默认选择城市的第一个值。

293

（4）为提交按钮编写代码，获取用户选择的现居住地中两个选项内容，并将其通过对话框来显示，代码如下：

```
private void button1_Click(object sender, EventArgs e)
{
    string pro = Provice.SelectedItem.ToString();
    string city=City.SelectedItem.ToString();
    string show=string.Format("您选择了: {0} {1}",pro,city);
    MessageBox.Show(show);
}
```

（5）运行本示例的窗体进行测试，用户选择【北京】时的城市列表如图 11-18 所示，用户选择【河南】时的市/区/县效果如图 11-19 所示。

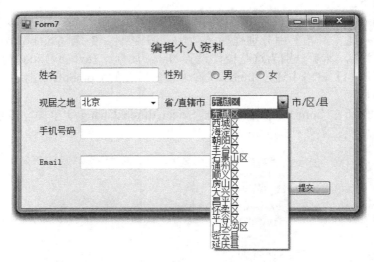

图 11-18　北京区县列表

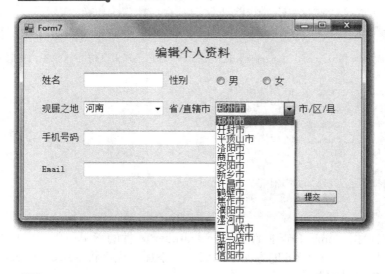

图 11-19　河南市区列表

（6）选择北京海淀区，单击"提交"按钮，其效果如图 11-20 所示。ComboBox 控件中的内容被读取出来。

图 11-20 **ComboBox 控件读取**

11.5.2 ListView 控件

ListView 控件也叫列表视图控件，它通常用于显示数据。其显示方式，与文件夹的查看类似：文件夹打开后所展示的文件列表。

ListView 控件在工具箱中的图标为 ListView，通过 ListView 控件，用户可以对数据和显示方式进行操作，可执行的显示方式如下所示。

❑ 网格那样显示为列和行。

❑ 显示为一列。

❑ 通过图标显示。

ListView 控件中包含多个属性，以便设置 ListView 的显示样式。其常见属性及其说明如表 11-17 所示。

表 11-17 **ListView 控件的常见属性**

属性名称	说明
Alignment	获取或设置控件中项的对齐方式。其值包括 Default、Left、Top（默认值）和 SnapToGrid
AllowColumnReorder	获取或设置一个值，该值指示用户是否可拖动列标题来对控件中的列重新排序
AutoArrange	获取或设置图标是否自动进行排列。默认值为 True
CheckBoxes	获取或设置一个值，该值指示控件中各项的旁边是否显示复选框
Columns	获取控件中显示的所有列标题的集合
FullRowSelect	获取或设置一个值，该值指示单击某项是否选择其所有子项。默认值为 False
GridLines	获取或设置一个值，该值指示在包含控件中项及子项的行和列之间是否显示网格线。默认值为 False

属性名称	说明
ShowGroups	获取或设置一个值，该值指示是否以分组方式显示项。默认值为 True
Items	获取包含控件中的所有项的集合
MultiSelect	获取或设置一个值，该值指示是否可以选择多个项。默认值为 True
SmallImageList	获取或设置 ImageList，当项在控件中显示为小图标时使用
LargeImageList	获取或设置 ImageList，当项在控件中显示为大图标时使用
Sorting	获取或设置控件中项的排序顺序。它的值包括 None（默认值）、Ascending（升序排列）和 Descending（降序排列）
StateImageList	获取或设置与控件中应用程序定义的状态相关的 ImageList
View	获取或设置项在控件中的显示方式
SelectedItems	获取在控件中选定的项

表 11-17 中 View 属性指定显示 5 种视图中的哪一种视图，该属性的值是枚举类型 View 的属性值之一。枚举类型 View 的属性值如下：

❑ **LargeIcon**　每个项都显示为一个最大化图标，在它的下面有一个标签。

❑ **Details**　每个项显示在不同的行上，并且带有关于列中所排列的各项的进一步信息。

❑ **SmallIcon**　每个项都显示为一个小图标，在它的右边带一个标签。

❑ **List**　每个项都显示为一个小图标，在它的右边带一个标签，各项排列在列表，没有列表头。

❑ **Tile**　每个项都显示为一个完整大小图标，在它的右边带项标签和子项信息。

【练习 11-7】

本示例通过 Label 控件、ListView 控件和 RadioButton 控件查看不同方式下的商品列表信息。主要步骤如下：

（1）添加新的窗体，从【工具箱】中拖动两个 ImageList 控件到窗体中并将 Name 属性分别设置为 smallList 和 largeList，并且分别通过 Image 属性添加一组十二生肖较小图片和一组较大图片，设置它们的 ImageSize 属性值。

（2）从【工具箱】中分别拖动一个 ListView 控件、一个 Label 控件和 5 个 RadioButton 控件到窗体中，并且分别设置它们的相关属性，如 Name 属性、Text 属性和 Checked 属性等，步骤省略。

（3）显示加载时动态添加标题并且显示属相列表信息。具体代码如下：

```csharp
private void frmPartSeven_Load(object sender, EventArgs e)
{
    lvItem.SmallImageList = imageListSmall;     //设置小图标
    lvItem.LargeImageList = imageListLarge;     //设置大图标
    CreateHeadersAndFillListView();             //显示标题
    CreateItemView();                           //显示列表
    ShowSmallIcon();                            //显示小图标
}
```

上述代码中首先通过 ListView 控件的 smallList 属性和 largeList 属性分别设置商品小

图标和大图标列表。CreateHeaderAndFillListView()方法用于动态创建标题；CreateItemView()方法用来动态创建显示的商品列表；ShowSmallIcon()方法设置属相对应的小图标。

（4）为对象添加标题列。通过 ColumnHeader 对象创建标题，然后设置该对象的 Text 属性和 Width 属性，最后通过 ListView 控件中 Columns 属性对象的 Add()方法分别添加标题列。主要代码如下：

```
private void CreateHeadersAndFillListView()
{
    ColumnHeader colHead1 = new ColumnHeader();
    colHead1.Text = "属相";
    colHead1.Width = 120;
    listView1.Columns.Add(colHead1);
    ColumnHeader colHead2 = new ColumnHeader();
    colHead2.Text = "影视人物";
    colHead2.Width = 120;
    listView1.Columns.Add(colHead2);
    ColumnHeader colHead3 = new ColumnHeader();
    colHead3.Text = "电视剧";
    colHead3.Width = 120;
    listView1.Columns.Add(colHead3);
}
```

（5）标题列创建后，添加每一行的信息，首先创建 ListViewItem 对象，然后调用该对象 SubItems 属性的 Add()添加详细信息，最后分别通过 ListView 控件 Items 属性对象的 Add()方法将 ListViewItem 对象添加到列表中。主要代码如下：

```
private void CreateItemView()
{
    ListViewItem lvi1 = new ListViewItem("猴子");
    lvi1.SubItems.Add("孙悟空");
    lvi1.SubItems.Add("西游记");
    listView1.Items.Add(lvi1);
    ListViewItem lvi2 = new ListViewItem("白蛇");
    lvi2.SubItems.Add("白素贞");
    lvi2.SubItems.Add("白娘子传奇");
    listView1.Items.Add(lvi2);
    ListViewItem lvi3 = new ListViewItem("兔子");
    lvi3.SubItems.Add("兔子先生");
    lvi3.SubItems.Add("爱丽丝梦游仙境");
    listView1.Items.Add(lvi3);
    ListViewItem lvi4 = new ListViewItem("肥猪");
    lvi4.SubItems.Add("猪八戒");
    lvi4.SubItems.Add("西游记");
    listView1.Items.Add(lvi4);
}
```

（6）将记录遍历显示，首先获取控件中的记录总数，接着使用 for 循环。定义

ShowSmallIcon()方法，通过 Count 属性获取 ListView 控件中的总记录，然后通过 for 语句遍历循环，在 for 语句中通过设置 ImageIndex 属性设置每条记录的索引。具体代码如下：

```
private void ShowSmallIcon()
{
    for (int i = 0; i < listView1.Items.Count; i++)
    {
        listView1.Items[i].ImageIndex = i;
    }
}
```

（7）分别为 5 个 RadioButton 控件添加 CheckedChanged 事件，在事件代码中通过 Checked 属性判断用户选择查看的方式。如列表和平铺选项，单击事件代码如下：

```
//列表形式查看
private void list_CheckedChanged(object sender, EventArgs e)
{
    if (list.Checked)
    {
        listView1.View = View.List;
    }
}
//平铺形式查看
private void Tile_CheckedChanged(object sender, EventArgs e)
{
    if (Tile.Checked)
    {
        listView1.View = View.Tile;
    }
}
```

（8）运行本示例窗体查看效果，默认以 Details 方式的查看效果如图 11-21 所示，以 LargeIcon 方式的查看效果如图 11-22 所示。

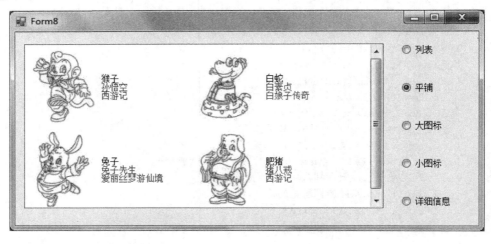

图 11-21　平铺效果图

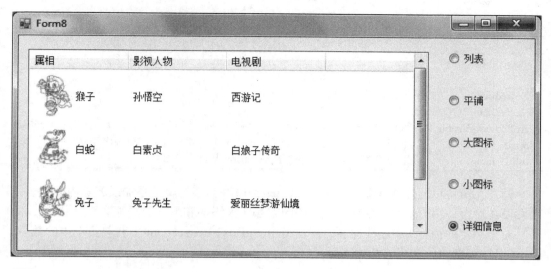

图 11-22　详细信息效果图

试一试

　　本节示例主要通过代码动态设置标题和商品列表，开发人员也可以通过在【属性】窗格中设置 Items 属性和其他属性实现，感兴趣的读者可以亲自动手试一试。

11.5.3　ListBox 控件

　　ListBox 控件用于显示一组字符串，它也提供了选择一个或多个选项的方式，因此也叫列表框控件。ListBox 控件在工具箱中的图标为 📇 ListBox 。

　　用户可以一次从 ListBox 中选择一个或多个选项，在设计期间，如果不知道用户选择的数值个数则使用 ListBox 控件。或者在设计期间知道可能的值但是列表中的值非常多，也可以使用 ListBox 控件。

　　ListBox 控件派生自 ListControl 类，该类提供了列表类型控件的基本功能，表 11-18 列出了 ListBox 控件的常见属性。

表 11-18　**ListBox** 控件的常见属性

属性名称	说明
ColumnWidth	获取或设置多列 ListBox 控件中列的宽度
DataSource	获取或设置 ListControl 的数据源
DisplayMember	获取或设置要显示的属性
ValueMember	获取或设置一个属性，该属性用作显示项的实际值
HorizontalExtent	获取或设置 ListBox 的水平滚动条可滚动的宽度
HorizontalScrollbar	获取或设置一个值，该值指示是否在控件中显示水平滚动条
Items	列表框中的所有选项，使用此属性可以增加和删除选项
SelectionMode	指示列表框将是单项选择、多项选择还是不可选择。它的值包括 None、One（默认值）、MultiSimple（可选择多个选项）和 MultiExtended（可选择多个选项，并且可以使用 Ctrl 键、Shift 键和箭头等）

属性名称	说明
SelectedIndex	列表框中当前选定项目的索引号，如果可以一次选择多个选项，此属性包含选中列表中的第一个选项
SelectedItem	获取当前选中的项
SelectedItems	获取当前选中项的集合
ScrollAlwaysVisible	获取或设置一个值，该值指示是否任何时候都显示垂直滚动条。默认值为 False
Sorted	获取或设置一个值，该值指示 ListBox 中的项是否按字母顺序排序
MultiColumn	获取或设置一个值，该值指示 ListBox 是否支持多列

开发人员可以通过在【属性】窗格的 Items 属性和其他属性添加或删除内容列表，也可以在后台调用 Items 属性对象的相关的方法实现添加和删除等功能。

对于确定的控件 listBox1 来说，可以使用 listBox1.Items.count 来获取集合中的数量。Items 属性可调用的常用方法如下所示：

❑ **Clear()** 清除 ListBox 控件中的所有项。
❑ **Add()** 有字符串参数，添加新项。
❑ **AddRange()** 有字符串数组参数，可一次添加多项。
❑ **Remove()** 根据对象删除项。
❑ **RemoveAt()** 根据索引删除。

ListBox 控件中也提供了多个方法方便高效地操作列表框，最常用的方法有 ClearSelected()、GetItemText()和 FindString()等。其具体说明如下：

❑ **ClearSelected()** 清除 ListBox 控件中的所有选项。
❑ **GetItemText()** 返回指定项的文本表示形式。
❑ **FindString()** 查找 ListBox 控件中以指定字符串开关的第一个项。
❑ **SetSelected()** 选择或清除对 ListBox 控件中指定项的选定。

11.5.4　CheckedListBox 控件

CheckedListBox 控件是功能比较强大的一个控件，它扩展了 ListBox 控件，几乎能够完成列表框的所有任务。

CheckedListBox 控件在工具箱中的图标为 CheckedListBox，它可以在列表中的项旁边显示复选标记。

由于 CheckedListBox 控件扩展了 ListBox 控件，因此它除了可以使用 ListBox 控件中的所有属性外，还可以有自己的属性和方法。其他属性可参考表 11-18，除此之外，CheckedListBox 控件属性如表 11-19 所示。

表 11-19　**CheckedListBox 控件的特有属性**

属性名称	说明
CheckedIndices	CheckedListBox 中选中索引的集合
CheckedItems	CheckedListBox 中选中项的集合
CheckOnClick	获取或设置一个值，指示当选定项时是否切换到复选框
ThreeDCheckBoxes	获取或设置一个值，指示复选框是否有 Flat 或 Normal 的 ButtonState

Windows 窗体控件

CheckedListBox 控件中的常用特有方法有 4 个。具体说明如下：

❑ **GetItemChecked()**　返回指示指定项是否选中的值。

❑ **SetItemChecked()**　将指定索引处项 CheckState 的属性值设置为 Checked。

❑ **GetItemCheckState()**　返回指示当前项的复选状态的值。

❑ **SetItemCheckState()**　设置指定索引处项的复选状态。

CheckedListBox 控件可用于对人员的分组，保证人员分配不遗漏。现有公司后勤人员 8 人，为这 8 个人进行分组，来分别管理公司两个活动的相关事宜，则可使用 CheckedListBox 控件，如练习 11-8 所示。

【练习 11-8】

添加窗体和两个 CheckedListBox 控件和两个按钮，在其中一个 CheckedListBox 控件中添加所有 8 名人员的姓名，另一个 CheckedListBox 控件中没有可选项。两个按钮分别实现两个 CheckedListBox 控件中选项的转移，主要步骤如下。

（1）在窗体加载时，向左边 CheckedListBox 控件 leftBox 中添加所有的人员名单，代码如下：

```
private void Form9_Load(object sender, EventArgs e)
{
    leftBox.Items.Clear();
    leftBox.Items.Add("段岐山");
    leftBox.Items.Add("张灵之");
//省略其他选项的添加
}
```

（2）窗体中有两个按钮，分别实现选中名单从左侧移到右侧和从右侧移到左侧。两个按钮代码类似，除了将选中名单添加至指定位置，还要从原位置将其删除，但需要在有选中名单的情况下进行。其中，向右移动按钮的代码如下所示：

```
private void toright_Click(object sender, EventArgs e)
{
    int num = 0;
    for (int i = leftBox.Items.Count - 1; i >= 0; i--)
    {
        if (leftBox.GetItemChecked(i))
        {
            rightBox.Items.Add(leftBox.Items[i]);
            leftBox.Items.Remove(leftBox.Items[i]);
            num++;
        }
    }
    if (num == 0)
    {
        MessageBox.Show("请选择需要转移的内容！");
    }
}
```

（3）向左移动按钮的代码省略，参考步骤（2）中向右移动按钮的代码。

（4）运行窗体，单击向左或向右按钮，其效果如图 11-23 所示。选中 4 个名单，单击向右按钮，其效果如图 11-24 所示，左侧被选中的名单被删除，而选中的名单出现在右侧选框中。

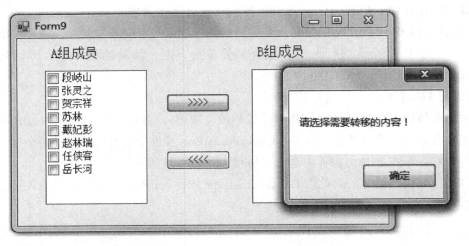

图 11-23 为选中状态

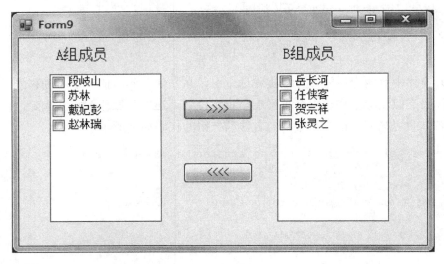

图 11-24 名单移动

11.6 容器类型控件

在 C#中除了包含选择类型控件、列表类型控件外，还包含另外一种控件——容器类型控件。在容器类型控件中可以包含其他的控件，也就是把其他的控件组合在一起，如 Label 控件、TextBox 控件、RichTextBox 控件、MaskedTextBox 控件和 CheckBox 控件等。

容器类型控件主要包括 3 种：TabControl 控件、Panel 控件和 GroupBox 控件。

11.6.1 TabControl 控件

TabControl 控件也叫选项卡控件，它提供了一种简单的方式，可以把对话框组织为合乎逻辑的部分，以方便根据控件顶部的选项卡来访问。其在工具箱中的图标为：

📁 TabControl。

TabControl 控件提供了多个属性，通过这些属性可以设置该控件的外观，如表 11-20 对这些属性进行了说明。

表 11-20　TabControl 控件的常见属性

属性名称	说明
Alignment	获取或设置选项卡在其中对齐的控件区域。其值包含 Top（默认值）、Bottom、Right 和 Left
Appearance	获取或设置控件选项卡的可视外观。默认值为 Normal
Controls	获取包含在控件内的控件的集合
HotTrack	当鼠标经过选项卡时，选项卡是否会发生可见的变化。默认值为 False
Multiline	获取或设置一个值，该值指示是否可以显示一行以上的选项卡
RowCount	获取控件的选项卡条中当前正显示的行数
SelectedIndex	获取或设置当前选定的选项卡页的索引
SelectedTab	获取或设置当前选定的选项卡页
TabCount	获取选项卡条中选项卡的数目
TabIndex	获取或设置在控件的容器中的 Tab 键顺序
TabPages	获取该选项卡控件中选项卡页的集合

表 11-20 中 Appearance 属性可以设置选项卡的外观，它的值是枚举类型 TabAppearance 的值之一。该枚举类型值如下所示：

❑ **Normal**　默认值，该选项卡具有选项卡的标准外观。

❑ **FlatButtons**　选项卡具有平面按钮的外观。

❑ **Buttons**　选项卡具有三维按钮的外观。

提示

> 如果将 TabControl 控件的 Multiline 属性设置为 True 后仍然未以多行方式显示，则设置该控件的 Width 属性使其比所有的选项卡都窄。

TabControl 控件与其他控件有一些区别，当开发人员在窗体上添加 TabControl 控件完成时已经自动添加了两个 TabPages 控件。选择该控件，在控件的右上角就会出现一个带三角形的小按钮，单击这个按钮根据选项可以实现选项卡的添加和删除功能，同时对选项进行设置，如图 11-25 所示。

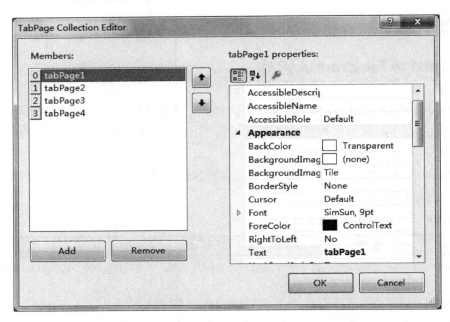

图 11-25　选项卡设置

TabPages 控件添加之后，开发人员可以对其区域进行内容添加。如可将【工具箱】中的控件直接拖动到窗体中，也可以通过编写代码实现。如下代码动态添加了一个 CheckedListBox 控件：

```
CheckedListBox clb = new CheckedListBox();//动态创建CheckedListBox控件
clb.Items.Add("游泳");
clb.Items.Add("跳伞");
clb.Items.Add("溜冰");
clb.CheckOnClick = true;                   //单击一次能否选中
clb.Location = new Point(50, 20);          //设置控件在选项卡页中显示的位置
tabPage1.Controls.Add(clb);                //将控件添加到某个选项卡页中
```

如创建窗体，添加 TabControl 控件并设置其选项，分别显示李白的 4 首诗词内容，其效果如图 11-26 所示。

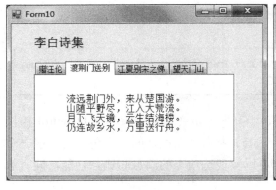
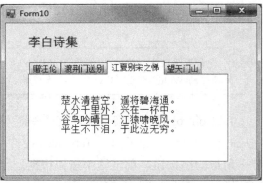

图 11-26　TabControl 控件示例

11.6.2 GoupBox 控件

GroupBox 控件通常用来为其他控件提供可识别的分组。例如，如果一个订单窗体指定邮寄选项（即使用哪一类通宵承运商），在分组框中对所有选项进行分组为用户提供逻辑可视化线索。

GroupBox 控件在工具箱中的图标为 ▣ GroupBox，使用 GroupBox 控件进行分组的原因包含以下 3 个。

❑ 对相关窗体元素进行可视化分组以构造一个清晰的用户界面。

❑ 创建编程分组，如单选按钮分组。

❑ 设计时可以将多个控件作为一个单元移动。

开发人员通过设置 GroupBox 控件的相关属性设置该控件的外观，如表 11-21 对常见属性进行了说明。

表 11-21　GroupBox 控件的常见属性

属性名称	说明
AutoSize	指定控件是否自动调整自身的大小以适应其内容的大小
AllowDrop	获取或设置一个值，该值指示控件是否允许使用拖放操作和事件
AutoSizeMode	当控件启用 AutoSize 属性时，指定控件的行为方式
TabStop	指定用户能否使用 Tab 键将焦点放到该控件上

GroupBox 控件的使用非常简单，其主要步骤如下：

（1）在窗体上绘制 GroupBox 控件（即从【工具箱】中拖动控件到窗体中）。

（2）向 GroupBox 控件中添加其他控件，在分组框内绘制各个控件。

（3）如果需要将现有控件放到分组框中，可以选定这些控件将它们剪切到剪贴板，选择 GroupBox 控件，再将它们粘贴到分组框中，也可以将它们拖到分组框中。

（4）将分组框的 Text 属性设置为适当标题。

11.6.3 Panel 控件

Panel 控件用来为其他控件提供可识别的分组，通过使用面板按功能细分窗体。该控件类似于 GroupBox 控件和 TabControl 控件，它们都可以包含其他的控件。其在工具箱中的图标为 ▣ Panel。

Panel 控件和 GroupBox 控件有着明显的区别：GroupBox 控件仅仅显示标题，而 Panel 控件可以有滚动条。使用 Panel 控件分组的原因包含以下 3 个：

❑ 为了获得清楚的用户界面而将相关窗体元素进行可视分组。

❑ 编程分组，例如对单选按钮进行分组。

❑ 为了在设计时将多个控件作为一个单元来移动。

Panel 控件最常用的属性是 BorderStyle 和 BackColor。具体说明如下：

❑ **BorderStyle**　通过该属性可以设置控件的边框效果，该属性值有 3 个：None（默认值）、FixedSingle 和 Fixed3D。

❑ **BackColor**　获取或设置面板的背景颜色。

GroupBox 控件的使用非常简单，开发人员可以在【属性】窗格中设置控件样式，也可以在后台中编写代码。如下代码设置控件的背景颜色：

```
panel1.BackColor = Color.AliceBlue;
```

11.7　其他常用类型控件

除了前几节介绍的控件外，还有一些控件不属于上面的控件类型，或者对这些控件分组比较困难，本节将介绍其他几种经常使用的控件。

11.7.1　DateTimePicker 控件

DateTimePicker 控件也叫时间或日期控件，用户可以从日期或时间列表中选择单个项。DateTimePicker 控件在工具箱中的图标为 DateTimePicker，用来表示日期时，它显示为两部分。

❑ **下拉列表**　以带有文本形式表示的日期。

❑ **网格**　在单击列表旁边的向下箭头时显示。

DateTimePicker 控件通过对属性的设置可以显示外观，如表 11-22 对常用的属性进行了说明。

表 11-22　DateTimePicker 控件的常用属性

属性名称	说明
Checked	获取或设置一个值，该值指示是否已用有效日期/时间值设置了 Value 属性且显示的值可以更新
CustomerFormat	获取或设置自定义日期/时间格式字符串
CalendarFont	获取或设置应用于日历的字体样式
CalendarForeColor	获取或设置日历的前景色
CalendarMonthBackground	获取或设置日历的背景色
CalendarTitleBackColor	获取或设置日历标题的背景色
CalendarTitleForeColor	获取或设置日历标题的前景色
CalendarTrailingForeColor	获取或设置日历结尾的前景色
Format	获取或设置控件中显示的日期和时间格式。它的值包括 Long（默认值）、Short、Time 和 Custom
MaxDate	获取或设置可在控件中选择的最大日期和时间。默认值为 9998-12-31
MinDate	获取或设置可在控件中选择的最小日期和时间。默认值为 1753-12-31
ShowCheckBox	获取或设置一个值，该值指示在选定日期的左侧是否显示一个复选框
ShowUpDown	获取或设置一个值，该值指示是否使用数值调节钮控件（也称为 up-down 控件）调整日期/时间值
Value	获取或设置分配给控件的日期/时间值
Text	获取或设置与此控件关联的文本

如果 DateTimePicker 控件的 Format 属性提供的预定义格式中没有一个可以满足要求的样式，开发人员可以通过 CustomerFormat 属性列出格式字符串定义样式。下面通过编写代码方式设置了自定义日期/时间格式：

```
dateTimePicker1.Format = DateTimePickerFormat.Custom;
dateTimePicker1.CustomFormat = "ddd dd MMM yyyy";
//中文定义
dateTimePicker1.CustomFormat = "'Today is:' hh:mm:ss dddd MMMM dd, yyyy";
//英文定义
```

DateTimePicker 控件的 Value 属性将 DateTime 结构作为它的值然后返回，如果有若干个 DateTime 结构的属性返回关于显示日期的特定信息，这些属性只能用于返回值，不能通过它们设置值。

❑ **对于日期值**　Month、Day 和 Year 属性返回选定日期的这些时间单位的整数值。DayOfWeek 属性返回一个指示一周中的选定日的值。

❑ **对于时间值**　Hour、Minute、Second 和 Millisecond 属性返回时间单位的整数值。

下面通过编写代码的方式首先设置日期和时间值，然后通过 Text 获取当前选中的日期，最后通过 Value 属性的 DayOfWeek 属性选中日期星期几。代码如下：

```
dateTimePicker1.Value = new DateTime(2001, 10, 20);
MessageBox.Show("选中的日期是: " + dateTimePicker1.Text);
MessageBox.Show("今天是一周中的: " + dateTimePicker1.Value.DayOfWeek.
ToString());
```

11.7.2　Timer 组件

Timer 组件是定期引发事件的组件，它也被称为计时控件，该组件是为 Windows 窗体环境设计的。

Timer 组件在工具箱中的图标为 ⏱ Timer，其最常用的属性有两个：Enabled 和 Interval。具体说明如下：

❑ **Enabled**　获取或设置计时器是否正在运行。

❑ **Interval**　获取或设置时间间隔的长度，默认值是 100，它的值以毫秒为单位。

Timer 组件最常用的方法有两个：Start() 和 Stop()，它们分别表示可以打开和关闭的计时器。如果启用了 Timer 组件（即 Enabled 属性的值为 True），则每个时间间隔会引发一个 Tick 事件。

编写 Timer 组件时主要考虑 Interval 属性的 3 点限制：

❑ 如果应用程序或另一个应用程序对系统需求很大（如长循环、大量的计算或驱动程序、网络或端口访问），那么应用程序可能无法以 Interval 属性指定的频率来获取计时器事件。

❑ 不能保证间隔所精确经过的时间。若要确保精确，计时器应根据需要检查系统时钟，而不是尝试在内部跟踪所积累的时间。

❑ Interval 属性的精度为毫秒，某些计算机提供分辨率高于毫秒的高分辨率计数器。

【练习 11-9】

用户在访问网站时对网站上的时间并不陌生，下面通过一个简单的小示例显示系统的当前的时间，并且每隔 1 秒调用 Tick 事件更新时间一次。主要步骤如下：

（1）添加新的窗体，接着设置窗体的相关属性，从【工具箱】中拖动 Label 控件（Name 属性值为 lblTimer）和 Timer 组件（Name 属性值为 Timer1）到窗体上（注意：Timer 组件在窗体的下方）。

（2）在【属性】窗格中设置 Timer 组件的属性，将 Interval 属性设置为 1000，并且将 Enabled 属性设置为 True。

（3）为 Timer 组件添加 Tick 事件，在该事件中获取系统的当前时间。代码如下：

```
private void timer1_Tick(object sender, EventArgs e)
{
    lblTime.Text = "当前时间是："+DateTime.Now.ToString();
}
```

（4）运行本示例窗体查看效果，最终效果图不再显示。

11.7.3 NotifyIcon 组件

NotifyIcon 组件也常常被叫作 NotifyIcon 控件，该组件可以在任务栏的状态通知区域中为在后台运行且没有用户界面的进程显示图标。例如用户通过单击任务栏状态通知区域的图标来访问病毒防护程序。

NotifyIcon 组件在工具箱中的图标为 📠 NotifyIcon，其最重要的属性是 Icon 和 Visible。说明如下：

❑ **Icon**　设置出现在状态栏区域中的图标，该值的类型必须是 System.Drawing. Icon，并且可以从.ico 文件加载。

❑ **Visible**　该属性指示图标在任务栏的通知区域中是否可见，其值必须指定为 True。

NotifyIcon 组件的使用非常简单，其主要步骤如下：

（1）设置窗体的 Icon 属性，接着从【工具箱】中拖动 NotifyIcon 组件到窗体中，然后设置 Icon 属性，开发人员可以在【属性】窗格中添加，也可以通过代码添加。

（2）将 Visible 属性的值设置为 True。

（3）将 Text 属性设置为相应的工具提示字符串。

NotifyIcon 组件最常用的事件是 MouseDoubleClick，在该事件中设置代码可以重新显示窗体。具体代码如下：

```
private void notifyIcon1_MouseDoubleClick(object sender,MouseEventArgs e)
```

Windows 窗体控件 ———

```
{
    this.Show();
    this.ShowInTaskbar = true;
    this.WindowState = FormWindowState.Normal;
}
```

注意

　　每个 NotifyIcon 组件都会在状态区域显示一个图标，如果用户有 3 个后台进行，并且希望每个后台各自显示一个图标，则必须向窗体中添加 3 个 NotifyIcon 组件。

11.8　实验指导 11-1：会员信息登记

　　用户信息登记是常见应用，如图书馆对借书会员的登记、生产厂家对客户和经销商的登记、公司对职员信息的登记等。

　　登记信息通常要用到多种控件，分别应用于不同种类的信息，本节以会员信息登记为例，介绍控件的综合应用，步骤如下。

　　（1）创建窗体并添加控件，定义其效果如图 11-27 所示。窗体和控件的添加步骤省略。

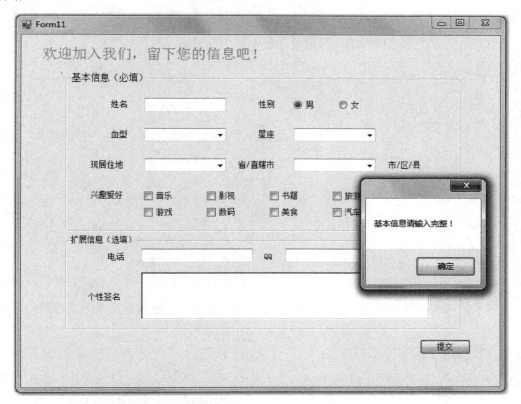

　　图 11-27　会员信息登记

（2）如图 11-27 所示，在现居住地下拉框中，获取省/直辖市并添加相关市/区/县，代码如下所示：

```
private void Provice_SelectedIndexChanged(object sender, EventArgs e)
{
    City.Items.Clear();
    if (Provice.SelectedIndex == 0)
    {
        City.Items.Add("东城区");
        City.Items.Add("西城区");
        City.Items.Add("海淀区");
//省略其他市/区/县的添加
    }
    else if (Provice.SelectedIndex == 1)  //如果选择河南省，向该省添加城市
    {
        City.Items.Add("郑州市");
        City.Items.Add("开封市");
//省略其他市/区/县的添加
    }
    //省略选择其他省份时的添加信息
    City.SelectedIndex = 0;
}
```

（3）定义方法 GetHobby()，获取复选框中选中的爱好，代码如下：

```
private string GetHobby()
{
    string Hobby = "";
    if (music.Checked)
    {
        Hobby += "音乐、";
    }
    if (movie.Checked)
    {
        Hobby += "影视、";
    }
    return Hobby;
}
```

（4）定义主函数，尝试获取下拉框的值，若获取不到，则将值定义为空字符串，代码如下：

```
string jiben = "";
string pro = "";
string city = "";
string bloods = "";
```

```
string zodiacs = "";
try
{
    pro = Provice.SelectedItem.ToString();
    city = City.SelectedItem.ToString();
    bloods = blood.SelectedItem.ToString();
    zodiacs = zodiac.SelectedItem.ToString();
}
catch
{
    pro = "";
    city = "";
}
```

（5）在主函数中添加字符串，获取性别（性别默认为男性），代码如下：

```
string sex = "";
if (radioButton1.Checked)
{
    sex = "男";
}
else
{
    sex = "女";
}
```

（6）在主函数中判断基本信息是否有空值，并输出基本信息，代码如下：

```
if (name.Text == "" || bloods == "" || zodiacs == "" || GetHobby() == ""
|| pro == "" || city == "")
{
    MessageBox.Show("基本信息请输入完整！");
}
else
{
    string hobby = GetHobby();
    jiben = string.Format("您的基本信息：\n\n 姓名：{0}；性别：{1}；血型：{2}；
    星座：{3}；\n 现居住地：{4}{5}；\n 您的爱好：{6}", name.Text, sex, bloods,
    zodiacs, pro, city, hobby);
}
MessageBox.Show( jiben);
```

（7）运行窗体，直接单击【提交】按钮，其效果如图 11-27 所示。将基本信息填写
完整，单击【提交】按钮，其效果如图 11-28 所示。

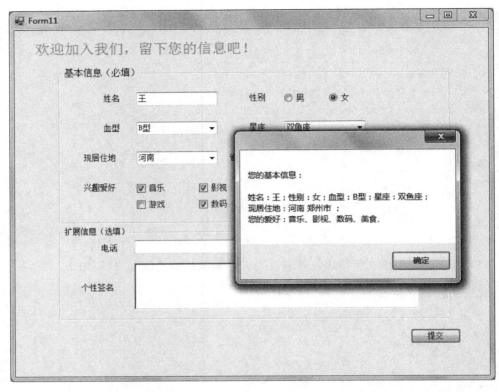

图 11-28 获取基本信息

11.9 思考与练习

一、填空题

1. Label 控件_____属性的值设置为 False 时可以根据内容自动调整大小。

2. PictureBox 控件的 SizeMode 属性的默认值是_____。

3. _____控件扩展了 ListBox 控件，它不仅可以完成 ListBox 控件的任务，还可以在列表中的项旁边显示复选标记。

4. 开发人员通过设置 DateTimePicker 控件的_____属性可以实现自定义日期/时间格式的样式。

5. 清除 ListBox 控件中的所有数据项时可以调用_____方法。

6. CheckBox 控件的 CheckState 属性可以设置该控件的状态，它的属性值有 3 个：_____、Checked 和 Indeterminate。

二、选择题

1. 下列选项中，_____不属于容器类型的控件。

    A. TabControl 控件

    B. Panel 控件

    C. ComboBox 控件

    D. GroupBox 控件

2. 关于文本输入控件的描述，下面说法正确的是_____。

    A. TextBox 控件可以用来编辑文本，但是无法将该控件的文本内容设置为只读

B. RichTextBox 控件可以显示字体、颜色和链接内容，也可以加载嵌入的图像

C. MaskedTextBox 控件与 Microsoft Word 的功能很相似，可以显示字体的链接，也可以加载嵌入的图像，还可以通过 Mask 属性设置掩码

D. RichTextBox 控件 ScrollBars 属性的值是枚举类型 RichTextBoxScrollBars 的值之一，该枚举类型的值是 4 个

3. 用户单击窗体最小化按钮时_____组件可以在任务栏的状态通知区域中为后台运行，双击任务栏中的图标时可以重新显示窗体。

A. DateTimePicker

B. Timer

C. CheckedListBox

D. NotifyIcon

4. 开发人员将 DateTimePicker 控件的 Format 属性值设置为_____时，该控件显示的日期和时间格式类似 "2012 年 12 月 30 日 星期日"。

A. Long

B. Short

C. Time

D. Customer

5. 启用 Timer 控件的 Tick 事件，且该事件每隔 1 秒调用一次，主要代码是_____。

A.
```
timer1.Enabled = false;
timer1.Interval = 60;
```

B.
```
timer1.Enabled = false;
timer1.Interval = 1000;
```

C.
```
timer1.Enabled = true;
timer1.Interval = 60;
```

D.
```
timer1.Enabled = true;
timer1.Interval = 1000;
```

6. 关于图像控件和容器控件的说法，选项_____是不正确的。

A. ImageList 控件是图像列表控件，该控件不能显示图像；PictureBox 控件则可以显示图像

B. PictureBox 可以显示图像，通过它的 Images 属性可以设置多张图像列表

C. GroupBox 控件可以显示标题，但不能显示滚动条

D. Panel 控件可以显示滚动条，但是没有可显示的标题

7. Button 控件可以执行多项任务，以下选项_____不属于这些任务。

A. 打开另一个对话框或应用程序

B. 对相关窗体元素进行可视化分组以构造一个清晰的用户界面

C. 给对话框上输入的数据执行操作

D. 使用某种状态关闭对话框

313

第 12 章　MDI 应用程序

本书第 11 章介绍了窗体和控件的使用，但所介绍的是单个窗体的使用。软件系统通常是多窗口的，而某些多窗口应用程序的窗口有着父窗体和子窗体的概念，以实现同一个大窗口下不同小窗体的切换和共享，如 Microsoft Office Excel 工作表。

对于嵌套窗体的应用，又称作 MDI 应用程序，而装载多窗口的窗体为父窗体，即 MDI 窗体。本章将介绍 MDI 窗体和与窗体相关的更加强大的控件，以及 C#窗体应用程序中经常使用到的对话框，如字体对话框、颜色对话框和目录对话框等。

本课学习目标：

❏　了解 MDI 应用程序的概念、特点以及适用情况。
❏　掌握如何创建父窗体和子窗体。
❏　掌握如何对 MDI 的子窗体进行布局。
❏　了解模式窗体和无模式窗体的异同点。
❏　掌握 MenuStrip 和 ContextMenuStrip 控件的使用方法。
❏　掌握 ToolStrip 控件的使用方法。
❏　掌握 StatusStrip 控件的使用方法。
❏　掌握 MessageBox 类及 Show()方法常用的 4 种形式。
❏　掌握 C#窗体应用程序中常用的对话框。

12.1　MDI 应用程序

单窗体的应用程序又称作单文档应用程序，一次只能处理一个文档，如果用户要打开处理第二个文档就必须打开一个新的程序。

单文档应用程序通常用于完成一个特定的任务，最典型的例子是记事本和 Word 文档。如果用户需要在一个窗体中打开多个文件，这时就需要使用 MDI 应用程序，本节将详细介绍 MDI 应用程序相关知识。

12.1.1　MDI 概述

MDI（Multiline Document Interface）也叫作多文档界面应用程序，它是指同一个任务窗口可以同时打开处理多个任务。

MDI 应用程序至少由两个截然不同的窗口组成：MDI 父窗口和 MDI 子窗口。它们的说明如下：

❏　**父窗口**　它是子窗口的窗口，也可以称作 MDI 窗口。
❏　**子窗口**　它主要用来显示文档，父窗口中可以包含多个，因此也会被称为文档窗口。

　　细心的用户会发现许多软件实现的功能都属于多文档应用程序，如图 12-1 所示为一个常见的 MDI 应用程序。

　　图 12-1　多文档应用程序示例

　　从图 12-1 中可以看出该多文档应用程序由 1 个父窗口和 2 个子窗口组成，父窗口是最外层的窗口。

1．MDI 应用程序的特点

MDI 应用程序有许多显著的特点，如下特点最为常见：

❑　每个 MDI 应用程序界面都只能包含一个 MDI 父窗体。
❑　任何 MDI 子窗体都不能移出 MDI 框架区域。
❑　当最小化或最大化一个子窗体时，所有子窗体都会被最小化或最大化。
❑　关闭 MDI 父窗体则会关闭所有打开的 MDI 子窗体。
❑　任何时间都可以打开多个子窗体，用户可以改变、移动子窗体的大小，但是只能在 MDI 窗体中进行。

2．MDI 应用程序的适用情况

　　既然 MDI 应用程序有很多特点，那么 MDI 应用程序会涉及什么问题，哪些情况下需要创建使用呢？

　　（1）用户希望完成的任务是需要一次打开多个文档，如文本编辑器或文本查看器。

　　（2）需要在应用程序中提供工具栏完成最常见的任务，如设置字体样式、加载和保存文档等。

　　（3）应该提供一个包含 Windows 菜单项的菜单，可以让用户重新定位打开的窗口，并且清晰地显示所有打开的窗口列表。

12.1.2 创建 MDI 父窗体

创建 MDI 应用程序时主要包含两步操作：第一步是创建 MDI 的父窗体和子窗体；第二步是为父窗体添加子窗体列表。MDI 父窗体是 MDI 应用程序的基础，创建一个 MDI 父窗体的具体步骤如下：

（1）在解决方案下新建一个应用程序项目，如果已经存在，该步骤可以省略。

（2）设置窗体的相关属性，最重要的是将窗体的 IsMDIContainer 属性的值设置为 True。

（3）将 MenuStrip 控件、ToolStrip 控件或 StatusStrip 控件或其他控件等从【工具箱】中拖动到窗体上，然后进行相关的设置。

（4）按 F5 或 Ctrl+F5 键运行窗体应用程序。

开发人员在【属性】窗格中设置窗体属性时可以将 WindowState 的属性值设置为 Maximized，因为父窗体最大化操作 MDI 子窗口最为容易。另外 MDI 父窗体的边缘采用系统颜色（在 Windows 系统控制面板中设置），既不能更改，也不能使用 BackColor 属性设置背景颜色。

注 意

无论是本节介绍的 MDI 父窗体，还是下一节介绍的 MDI 子窗体，它们都是窗体，所以它们的属性和事件与普通的窗体一样，读者可以参考上一章的内容，也可以在网上查找。

12.1.3 创建 MDI 子窗体

MDI 子窗体的创建更加简单，其创建方法与创建一般窗体的方法一样，这里不再详细介绍，下面通过一个简单的练习示例单击父窗体中的选项如何对子窗体进行操作。

【练习 12-1】

创建父窗体和两个一般的窗体，在父窗体的加载事件中，将两个一般的窗体定义为当前窗体的子窗体，代码如下：

```
private void Form1_Load(object sender, EventArgs e)
{
    Form2 frm1 = new Form2();              //实例化窗体对象
    frm1.MdiParent = this;                 //指定当前窗体为父窗体
    frm1.Show();                           //显示子窗体
}
```

上述代码中首先实例化窗体对象，然后将窗体对象的 MDIPartent 属性的值设置为 this，它表示指定为当前窗体，最后通过调用 Show()方法显示子窗体。

12.1.4　排列 MDI 子窗体

父窗体中可以打开多个子窗体，但是如果打开的数量过多，并且不对它们的顺序进行调整，那么窗体不方便查看并且界面非常混乱，那么如何对 MDI 的子窗体进行排列呢？很简单，使用 LayoutMdi()方法。

枚举类型 MdiLayout 实现了对子窗体排序的功能，LayoutMdi()方法通常用来对父窗体中的子窗体排序。该方法的语法形式如下：

```
public void LayoutMdi(MdiLayout value);
```

上述语法中 LayoutMdi()方法传入枚举类型 MdiLayout 的一个值，这些值表示了 MDI 子窗体的布局方式。其具体说明如下：

❑ **TileVertical**　所有 MDI 子窗体均垂直平铺在 MDI 父窗体的可视区域内。

❑ **TileHorizontal**　所有 MDI 子窗体均水平平铺在 MDI 父窗体的可视区域内。

❑ **Cascade**　每个可视的子窗体都安排在另一个子窗体的下面，并且会依次缩进。

❑ **ArrangeIcons**　图标化的子窗体将位于 MDI 父窗体的底部。

【练习 12-2】

（1）在练习 12-1 的基础上，添加一个子窗体，并在父窗体中添加 3 个按钮，为【平铺】、【垂直】和【层叠】按钮，步骤省略。

（2）分别为【平铺】、【垂直】和【层叠】按钮添加 Click 事件，实现对子窗体的不同排列效果。具体代码如下：

```
private void tsmiHorizontal_Click(object sender, EventArgs e)
{
    this.LayoutMdi(MdiLayout.TileHorizontal);
}
private void tsmiVertical_Click(object sender, EventArgs e)
{
    this.LayoutMdi(MdiLayout.TileVertical);
}
private void tsmiRepeater_Click(object sender, EventArgs e)
{
    this.LayoutMdi(MdiLayout.Cascade);
}
```

（3）运行上述代码，单击【平铺】按钮，效果如图 12-2 所示。子窗体自上而下排列在父窗体内。

（4）单击【垂直】按钮，效果如图 12-3 所示，窗体自左向右排列在父窗体内。

（5）单击【层叠】按钮，效果如图 12-4 所示，窗体从左上角向右下角层叠排列在父窗体内。

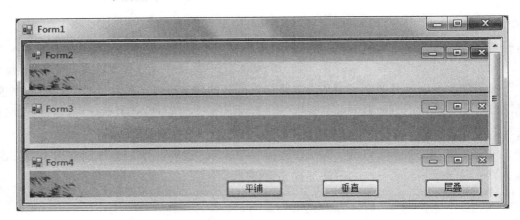

图 12-2　水平平铺效果图

图 12-3　垂直平铺效果图

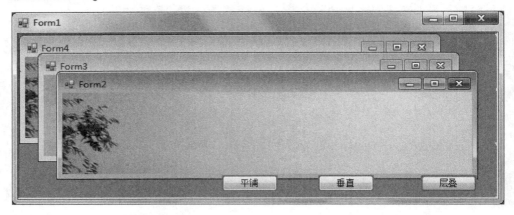

图 12-4　层叠平铺效果图

12.1.5　模式窗体和无模式窗体

在父窗体中显示子窗体使用 Show()方法，Show()方法用来向用户显示一个新窗体，但是它显示的窗体是无模式窗体。用户可以对这些窗体进行操作，如从一个位置拖动到另一个位置，或者更改查看的当前窗体。

模式窗体与无模式窗体是对立的，它由 ShowDialog()方法来实现，虽然该方法也可以向用户显示一个新窗体，但是它所弹出的窗体不能再对其他的菜单项进行操作，只能操作当前的窗体，因此 ShowDialog()方法弹出窗体的可称为模式窗体。

模式窗体和无模式窗体有明显的区别，下面主要在概念上对它们进行区分：

❑ **模式窗体**　它由窗体的 ShowDialog()方法实现。窗体显示时禁止访问应用程序的其他部分。如果正在显示的对话框在处理前必须由用户确认，使用这种窗体非常有用。

❑ **无模式窗体**　它由窗体的 Show()方法实现。在显示无模式窗体之前允许使用应用程序的其他部分。如果窗体在很长一段内都可以使用，使用这种窗体非常有用。

试一试

> 在父窗体程序中弹出子窗体时不能使用 ShowDiaolg()方法，如果使用会报出异常错误。读者可以在应用程序中添加其他窗体，然后分别调用 Show()方法和 ShowDialog()方法查看窗体的效果。

319

12.2　高级控件

控件的知识在本书第 11 章有详细介绍，而本节所要介绍的，是多窗体应用程序中可以使用的控件。这些控件在单窗体中作用不大或没有作用，但在多窗体应用程序中较为常用，常见的有 MenuStrip 控件、ContextMenuStrip 控件、ToolStrip 控件和 StatusStrip 控件。

12.2.1　MenuStrip 控件

多个多窗体应用程序，同一个父窗体下，多个子窗体的切换和共享需要由菜单来控制，常见的菜单控件有两种：MenuStrip 控件和 ContextMenuStrip 控件。

MenuStrip 控件也被称为菜单栏控件，使用该控件可以创建 Microsoft Office 中类似的菜单。MenuStrip 控件支持 MDI 和菜单合并、工具提示和溢出等。

开发人员可以通过添加访问键、快捷键、选中标记、图像和分隔条等来增强菜单的可用性和可读性。使用 MenuStrip 控件主要实现的功能操作如下：

❑ 创建支持高级用户界面和布局功能的易自定义的常用菜单，例如文本和图像排序和对齐、拖放操作、MDI、溢出和访问菜单命令的其他模式。

❑ 支持操作系统的典型外观和行为。

❑ 对所有容器和包含的项进行事件的一致性处理，处理方式与其他控件的事件相同。

MenuStrip 控件包含多个属性，通过这些属性可以设置控件和相关内容的显示外观，如表 12-1 对 MenuStrip 控件的重要属性进行了说明。

表 12-1　MenuStrip 控件的重要属性

属性名称	说明
AllowMerge	获取或设置一个值，该值指示能否将多个 MenuStrip、ToolStripMenuItem 和 ToolStripDropDownMenu 及其他类型进行组合。默认值为 True
Items	获取属于 ToolStrip 的所有项
LayoutStyle	获取或设置一个值，该值指示 ToolStrip 如何对集合进行布局
MdiWindowListItem	获取或设置用于多文档界面子窗体列表的 ToolStripMenuItem
TextDirection	获取或设置在 ToolStrip 上绘制文本的方向
ImageList	获取或设置包含 ToolStrip 项上显示的图像的图像列表
CanOverflow	获取或设置一个值，该值指示 MenuStrip 控件是否支持溢出功能

表 12-1 中 MenuStrip 控件的 LayoutStyle 可以对 MenuStrip 控件的外观进行布局，该属性返回枚举类型 ToolStripLayoutStyle，该枚举类型有 5 个值：Flow、HorizontalStackWithOverflow、StackWithOverflow、Table 和 VerticalStackWithOverflow。其具体说明如下：

- ❑ **Flow**　根据需要指定项按水平方向或垂直方向排列。
- ❑ **HorizontalStackWithOverflow**　默认值，它表示指定项按水平方向进行布局且必要时会溢出。
- ❑ **StackWithOverflow**　指定项按自动方式进行布局。
- ❑ **Table**　指定项的布局方式为左对齐。
- ❑ **VerticalStackWithOverflow**　指定项按垂直方向进行布局，在控件中居中且必要时会溢出。

> **注　意**
>
> 当 MDI 子窗体中有一个 MenuStrip 控件（通常带子菜单项的菜单结构），而且它在有 MenuStrip 控件的 MDI 父窗体中打开时，默认会将子窗体中的菜单项添加到父窗体。读者可以通过 AllowMerge 属性进行设置。

MenuStrip 控件的菜单栏中可以添加 3 种子项：MenuItem（菜单项）、ComboBox（下拉组合框）和 TextBox（文本框），然后通过这些子项的相关属性增强菜单的可读性和可用性。如表 12-2 列出了 MenuItem 子项的常用属性并且对它们进行了说明。

表 12-2　MenuItem 子项的常用属性

属性名称	说明
ShortcutKeyDisplayString	获取或设置快捷键文本
ShortcutKeys	获取或设置与 ToolStripMenuItem 相关联的键。默认值为 None
ShowShortcutKeys	获取或设置一个值，指定与 ToolStripMenuItem 相关联的快捷键是否显示。默认值为 True
ShowItemToolTips	获取或设置一个值，该值指定是否显示 MenuStrip 的工具提示
Enabled	获取或设置一个值，该值指示控件是否可以对用户交互做出响应。如果为 False 则会禁用子项

续表

属性名称	说明
MergeIndex	获取或设置合并的项在当前 ToolStrip 内的位置
MergeAction	获取或设置如何将子菜单与父菜单合并
DisplayStyle	获取或设置是否在 ToolStripItem 上显示文本和图像。它的值包括 None（默认值）、Text（只显示文本）、Image（只显示图像）和 ImageAndText（文本和图像都显示）
TextImageRelation	获取或设置文本和图像相对于彼此的位置。其值包括 Overlay、ImageAboveText、TextAboveImage、ImageBeforeText（默认值）和 TextBeforeImage

MenuStrip 控件的应用，如图 12-5 所示。窗体中添加一个 MenuStrip 控件，会有灰色"Type Here"字样，在该位置可直接写出菜单的名称。每编辑一个菜单名，在该字样的下方和右方均有空白的位置，供填入新的菜单信息。

图 12-5   **MenuStrip** 控件的使用

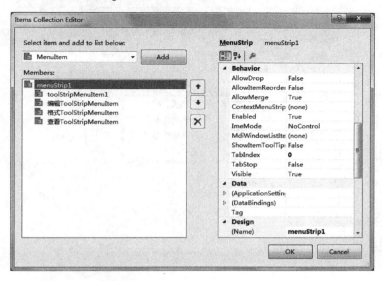

图 12-6   编辑子菜单

另外，通过 MenuStrip 控件的 Items 属性，可打开菜单详细属性的编辑对话框，如图 12-6 所示。在该对话框中，可对 MenuStrip 控件的菜单、子菜单进行详细设置。

而对单个菜单的功能编辑，只需在指定菜单名称处双击，即可创建并打开该菜单的 Click 事件，编辑该菜单所需要实现的功能即可。

【练习 12-3】

创建父窗体，有【新建】和【保存】两个菜单；创建一个子窗体，有如图 12-5 所示的菜单；菜单的添加和命名步骤省略，主要步骤如下。

（1）父窗体中，为【新建】选项添加 Click 事件，该事件代码主要显示子窗体。具体代码如下：

```
int newcount = 0;
private void toolStripMenuItem1_Click (object sender, EventArgs e)
{
    Form2 fson = new Form2();
    fson.MdiParent = this;
    newcount++;
    fson.Text = "新建窗体（" + newcount + "）";
    fson.Show();
}
```

（2）运行本示例的窗体，连续 5 次单击【新建】选项测试，运行效果如图 12-7 所示。单击打开【新建窗体（5）】中的菜单，其效果如图 12-7 所示。

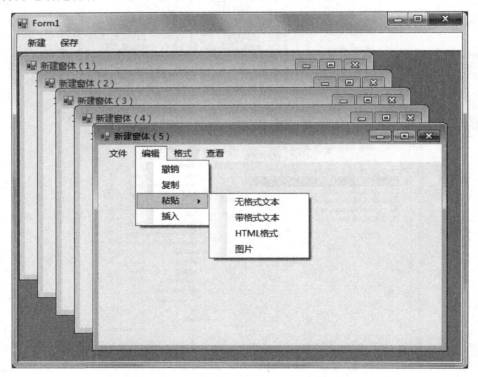

图 12-7　MenuStrip 控件示例效果

12.2.2 ContextMenuStrip 控件

ContextMenuStrip 控件也叫快捷菜单控件或上下文菜单控件，它常常用来执行程序中的功能，该控件在窗体应用程序中会被经常用到。熟悉计算机的用户会发现，在单击鼠标右键时总会出现一些快捷菜单项（如剪切、粘贴和属性等），这些功能可以通过 ContextMenuStrip 控件实现。

ContextMenuStrip 控件属性的设置与 MenuStrip 控件步骤一样，可以在灰色"Type Here"字样处编写，也可在选项对话框中编写（即打开菜单编辑器）。ContextMenuStrip 控件的属性与 MenuStrip 控件类似，常见的属性及其说明如表 12-3 所示。

表 12-3　ContextMenuStrip 控件的常用属性

属性名称	说明
Items	获取属于 ToolStrip 的所有项
ShowCheckMargin	获取或设置一个值，该值指示是否在 ToolStripMenuItem 的左边缘显示选中标记的位置
ShowImageMargin	获取或设置一个值，该值指示是否在 ToolStripMenuItem 的左边缘显示图像的位置
ShowItemToolTips	获取或设置一个值，该值指示是否要在 ToolStrip 项上显示工具提示

323

窗体和控件都可以有快捷菜单，如在窗体标题处右击，有菜单可以关闭程序；而在窗体内部的富文本框内右击，有菜单可以复制语句。因此，在添加了 ContextMenuStrip 控件后，该控件并不能够被使用，而需要为窗体或控件指定该 ContextMenuStrip 控件，才能够在指定位置使用指定的 ContextMenuStrip。

窗体和大部分的控件都支持 ContextMenuStrip 属性，如果将 ContextMenuStrip 控件与 Windows 窗体或其他控件相关联，只需要将窗体或其他控件的 ContextMenuStrip 属性值设置为要关联的 ContextMenuStrip 控件的 Name 属性值即可。

如为练习 12-3 的子窗体添加一个 ContextMenuStrip 控件 contextMenuStrip1，并设置窗体的 contextMenuStrip 属性为 contextMenuStrip1，运行窗体，单击【新建】按钮创建子窗体，在子窗体中右击，有如图 12-8 所示的菜单。

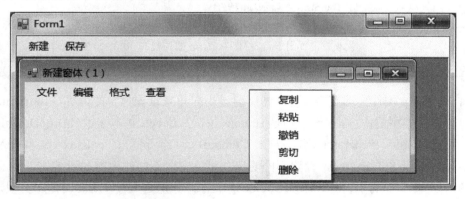

图 12-8　快捷菜单显示效果

12.2.3 ToolStrip 控件

ToolStrip 控件也叫工具条或工具栏控件，该控件及其关联类提供了一个公共框架，用于将用户界面元素组合到工具栏、状态栏和菜单中。

ToolStrip 控件提供了丰富的设计体验，包括可视化编辑、自定义布局和漂浮等。如下所示为 ToolStrip 控件的主要实现功能：

- 在各个容器之间显示公共用户界面。
- 创建易于自定义的常用工具栏，让这些工具栏支持高级用户界面和布局功能，如停靠、漂浮、带文本和图像的按钮以及下拉按钮控件等。
- 支持溢出和运行时项重新排序，如果 ToolStrip 没有足够空间显示界面项，溢出功能会将它们移到下拉菜单中。
- 通过通用呈现模型支持操作系统的典型外观和行为。
- 对所有容器和包含的项进行事件的一致性处理，处理方式与其他控件的事件相同。
- 将项从一个 ToolStrip 拖到另一个 ToolStrip 内。
- 使用 ToolStripDropDown 中的高级布局创建下拉控件及用户界面类型编辑器。

ToolStrip 控件是高度可配置的、可扩展的控件，它提供了许多属性、方法和事件，通过它们可以自定义外观和行为，如表 12-4 对重要的属性进行了说明。

表 12-4　ToolStrip 控件的重要属性

属性名称	说明
AllowItemReorder	获取或设置一个值，该值指示拖放和项重新排序是否专门由 ToolStrip 类处理
LayoutStyle	指定 ToolStrip 的布局集合。默认值是 HorizontalStackWithOverflow
ImagesScalingSize	指定项上图像的大小。若要控制项的缩放比例，需用 ToolStripItem.ImageScaling 属性
Items	在 ToolStrip 上显示项的集合
TextDirection	指定项上文本的绘制方向。默认值是 Horizontal
Renderer	获取或设置用于自定义 ToolStrip 的外观的 ToolStripRenderer
RenderMode	获取或设置要应用于 ToolStrip 的绘制样式

将 ToolStrip 控件拖动到窗体上，然后通过小三角来设置包含的内容。ToolStrip 控件可以包含 7 种类型的内容，它们分别是 Button（按钮）、Label（基本标签）、DropDownButton（下拉列表框按钮）、Separator（分隔符）、ComboBox（组合框）、TextBox（文本输入框）、ProgressBar 以及 SplitButton，设置不同的选项可以实现不同的内容显示效果。

如对图 12-8 中的子窗体，添加 ToolStrip 控件，分别定义 4 个 Label 显示类型，为 4 个 Label 指定 Image 属性，其执行效果如图 12-9 所示。

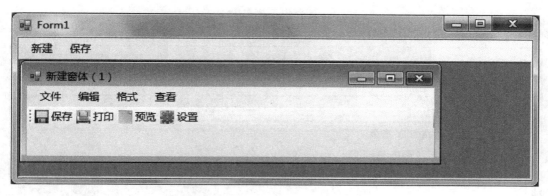

图 12-9　ToolStrip 控件示例效果

12.2.4　StatusStrip 控件

StatusStrip 控件通常显示在窗口底部的区域，通常显示各种状态信息，因此该控件也可以称作状态条控件。

StatusStrip 控件通过属性可以设置外观，其常用属性及其说明如表 12-5 所示。

表 12-5　StatusStrip 控件的重要属性

属性名称	说明
CanOverflow	获取或设置一个值，该值指示 StatusStrip 控件是否支持溢出功能
ImageList	获取或设置包含 ToolStrip 项上显示的图像的图像列表
ImageScalingSize	指定项上图像的大小。若要控制项的缩放比例，应使用 ToolStripItem.ImageScaling 属性
Items	在 StatusStrip 上显示项的集合
LayoutStyle	指定 StatusStrip 的布局集合，默认值是 Table
Stretch	指定 StatusStrip 在漂浮容器中是否从一端伸展到另一端

ToolStrip 控件能够显示多种类型，StatusStrip 控件同样可以，但其可显示的只有 4 种类型，如下所示。

❑ **ToolStripStatusLabel 控件**　用于显示指示状态的文本或图标。

❑ **ToolStripProgressBar 控件**　用于以图形方式显示过程的完成状态。

❑ **ToolStripDropDownButton 控件**　单击时显示下拉区域，供选择。

❑ **ToolStripSplitButton 控件**　左侧标准按钮和右侧下拉按钮的组合。

StatusStrip 控件可以实现一些特殊的功能，如自定义表布局、窗体的大小调整、移动手柄支持以及 Spring 属性。开发人员可以使用 Spring 属性在 StatusStrip 控件中设置 ToolStripStatusLabel 控件，该属性决定 ToolStripStatusLabel 控件是否自动填充 StatusStrip 控件中的可用空间。

StatusStrip 控件的添加，以及各个项的添加与本节其他控件类似，在写入一个项之后，该项右侧有下拉框，以添加新的项目。如对图 12-9 添加 StatusStrip 控件，并添加两个 ToolStripStatusLabel 控件和一个 ToolStripProgressBar 控件，效果如图 12-10 所示。

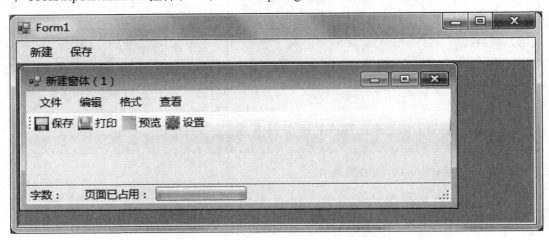

图 12-10 StatusStrip 控件的添加

StatusStrip 控件的作用与本节其他控件不同，该控件的项并不常用单击事件，而常用于显示信息，如对图 12-10 添加富文本框和按钮，通过 StatusStrip 控件显示该文本框中的字数和字数占用状态，如练习 12-4 所示。

【练习 12-4】

在图 12-10 的基础上添加富文本框和按钮，要求富文本框可输入最多 250 个字。单击按钮显示文本框中数据的字数，以及字数的占用状态，StatusStrip 控件及项的添加步骤省略，按钮单击事件代码如下：

```
private void button1_Click(object sender, EventArgs e)
{
    int num = richTextBox1.Text.Length;        //获取字数
    toolStripStatusLabel1.Text = "字数: "+num+"  ";
    //为 toolStripStatusLabel1 的名称赋值
    int val =(int)(num / 2.5);                 //获取占用百分比（占满为 100）
    toolStripProgressBar1.Value = val;         //为进度条的 Value 赋值
}
```

上述代码中，由于进度条的 Value 为 100 以内的数，而该文本框要求最多 250 个字，因此需要用字数除以 250 与 100 的商 2.5。

运行窗体，其效果如图 12-11 所示。文本框中要求输入最多 250 个字，分别输入不同的字数，其效果如图 12-11 和图 12-12 所示。

提示　　默认的 StatusStrip 控件没有面板，如果要向该控件中添加面板需要使用 ToolStripItemCollection 对象的 AddRange()方法。

326

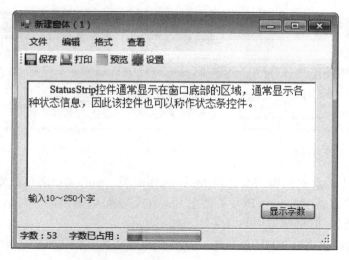

图 12-11　输入 53 个字的状态

327

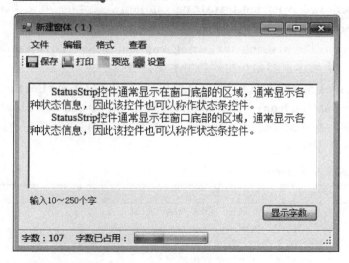

图 12-12　输入 107 个字的状态

12.3　常用对话框

对话框常常用来与用户交互和检索信息，通常情况下，对话框没有最大化按钮和最小化按钮且大小都不能改变（并不绝对，如打开文件对话框是可以改变大小的）。本节将介绍 C#中常用的 6 种对话框。

12.3.1　消息对话框

Windows 系统的操作过程中会经常见到消息对话框，消息对话框提示用户有异常发生或向用户询问等，如图 12-13 所示。

图 12-13　消息对话框

　　在 C#中弹出消息对话框需要使用 MessageBox 类，细心的读者可以发现，本书第 11 章中已经使用过该类。MessageBox 类调用 Show()方法可以弹出消息对话框，Show()方法有 21 种重载形式，但是最常用的有 4 种，如下所示：

❑ **MessageBox.Show(string text)**　显示具有指定文本的消息框，text 是指要显示的字符串。

❑ **MessageBox.Show(string text,string caption)**　显示具有指定文本和标题的消息框，caption 是指要在消息框的标题栏中显示的文本。

❑ **MessageBox.Show(string text,string caption,MessageBoxButtons buttons)**　显示具有指定文本、标题和按钮的消息框。

❑ **MessageBox.Show(string　text,string　caption,MessageBoxButtons　buttons, MessageBoxIcon icon)**　显示具有指定文本、标题、按钮和图标的消息框。

buttons 是枚举类型 MessageBoxButtons 的值之一，它可以指定在消息框中显示哪些按钮，如表 12-6 所示。

表 12-6　**MessageBoxButtons 枚举**

枚举值	说明
AbortRetryIgnore	包含"中止"、"重试"和"忽略"按钮
OK	包含"确定"按钮
OKCancel	包含"确定"和"取消"按钮
RetryCancel	包含"重试"和"取消"按钮
YesNo	包含"是"和"否"按钮
YesNoCancel	包含"是"、"否"和"取消"按钮

　　icon 是枚举 MessageBoxIcon 的值之一，它指定在消息框中显示哪个图标。其枚举值如表 12-7 所示。

表 12-7　**MessageBoxIcon 枚举值**

枚举值	说明
Asterisk	包含一个符号，该符号是由一个圆圈及其中的小写字母 i 组成
Error	包含一个符号，该符号是由一个红色背景的圆圈及其中的白色 X 组成
Exclamation	该消息框包含一个符号，该符号是由一个黄色背景的三角形及其中的一个感叹号组成
Hand	包含一个符号，该符号是由一个红色背景的圆圈及其中的白色 X 组成
Information	包含一个符号，该符号是由一个圆圈及其中的小写字母 i 组成
None	消息框未包含符号

续表

枚举值	说明
Question	包含一个符号，该符号是由一个圆圈和其中的一个问号组成
Stop	包含一个符号，该符号是由一个红色背景的圆圈及其中的白色 X 组成
Warning	包含一个符号，该符号是由一个黄色背景的三角形及其中的一个感叹号组成

【练习 12-5】

创建注册页面，有用户名和密码两个文本框，名称为 name，密码为 pas。有注册按钮，单击按钮有如下效果。

❏ 若用户名或密码为空，则弹出【提示】对话框，显示"用户名和密码不能为空"，有黄色三角和感叹号，及一个【确定】按钮。

❏ 若用户名密码不为空，则弹出【温馨提示】对话框，显示"下次自动登录"，有圆圈和小写字母 i 符号，及【是】【否】按钮。

控件的添加步骤省略，为按钮添加单击事件，代码如下：

```
private void button1_Click(object sender, EventArgs e)
{
    if (name.Text == "" || pas.Text == "")
    {
        MessageBox.Show("用户名和密码不能为空", "提示", MessageBoxButtons.OK,
        MessageBoxIcon.Exclamation);
    }
    else
    {
        MessageBox.Show("下次自动登录", "温馨提示", MessageBoxButtons.YesNo,
        MessageBoxIcon.Information);
    }
}
```

运行上述窗体，分别在没有输入用户名密码和输入用户名和密码的情况下，单击【注册】按钮，其效果如图 12-14 和图 12-15 所示。

图 12-14　非空提示框

图 12-15　是否提示框

12.3.2　字体对话框

字体对话框可以用来设置文本内容的字体、大小、样式和效果等，通过字体对话框，用户可以选择系统上安装的字体。C#中提供了 FontDialog 组件来实现对字体的设置，如表 12-8 列出了 FontDialog 组件的常用属性。

表 12-8　**FontDialog** 组件的常用属性

属性名称	说明
Font	获取或设置用户选定的字体
FontMustExist	获取或设置一个值，该值指示对话框是否指定当用户试图选择不存在的字体或样式时的错误条件
MinSize	获取或设置用户可以选择的最小磅值，设置为 0 时表示禁用
MaxSize	获取或设置用户可以选择的最大磅值，设置为 0 时表示禁用
Color	获取或设置选定字体的颜色
ShowHelp	获取或设置一个值，该值指示对话框是否显示"帮助"按钮

FontDialog 组件的使用非常简单，它主要包含 3 个操作：

❑　使用 ShowDialog()方法显示字体对话框。

❑　使用 DialogResult 属性确定对话框是如何关闭的。

❑　使用其他控件的 Font 属性设置所需要的字体。

例如，用户在某个窗体上添加 FontDialog 组件、TextBox 控件和 Button 控件，单击 Button 控件时弹出对话框，设置完成后为 TextBox 控件设置字体样式。Button 控件的 Click 事件代码如下：

```
if (fontDialog1.ShowDialog() == DialogResult.OK)
{
    textBox1.Font = fontDialog1.Font;
}
```

开发人员可以通过 FontDialog 组件来设置字体样式，还可以通过代码的方式实现字体的设置，这时需要使用到 FontDialog 类。

【练习 12-6】

FontDialog 组件通常与富文本结合使用，以控制富文本的格式。如在练习 12-4 的基础上，为 MenuStrip 控件中编辑项的子项【字体】添加单击事件，代码如下：

```
private void 字体ToolStripMenuItem1_Click(object sender, EventArgs e)
{
    FontDialog fontdialog = new FontDialog();//创建 FontDialog 类的实例对象
    if (fontdialog.ShowDialog() == DialogResult.OK)//是否确定设置字体
    {
        richTextBox1.Font = fontdialog.Font;
    }
}
```

运行窗体并单击【字体】选项，弹出【字体】对话框如图 12-16 所示。修改字体为 3 号粗体斜体，效果如图 12-17 所示。

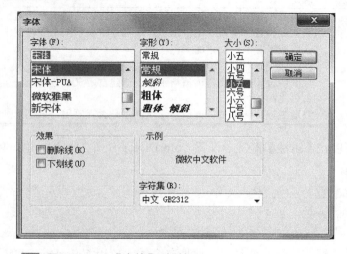

图 12-16 【字体】对话框

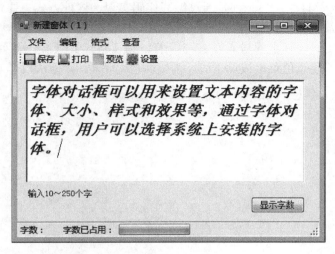

图 12-17 改变后的字体

12.3.3 颜色对话框

C#窗体中提供了 ColorDialog 组件来实现对颜色的设置，该对话框是一个预先配置的对话框，它实现了用户设置字体颜色的功能。用户可以从调色板中选择颜色，也可以自定义颜色到调色板。

ColorDialog 组件实现的对话框，与用户在其他基于 Windows 应用程序中看到的用户选择颜色的对话框相同，可以在基于 Windows 的应用程序中使用它作为简单的解决方案，而不是配置自己的对话框。该组件中包含多个常用的属性，如表 12-9 对这些常用属性进行了说明。

表 12-9　ColorDialog 组件的常用属性

属性名称	说明
AllowFullOpen	获取或设置一个值，该值指示用户是否可以使用该对话框定义自定义颜色
AnyColor	获取或设置一个值，该值指示对话框是否显示基本颜色集中可用的所有颜色
Color	获取或设置用户选定的颜色
CustomColors	获取或设置对话框中显示的自定义颜色集
FullOpen	获取或设置一个值，该值指示用于创建自定义颜色的控件在对话框打开时是否可见
SolidColorOnly	获取或设置一个值，该值指示对话框是否限制用户只选择纯色

开发人员可以在【属性】窗格中设置 ColorDialog 组件的属性，也可以通过代码进行设置。如下所示：

```
colorDialog1.AllowFullOpen = true;
colorDialog1.AnyColor = true;
colorDialog1.SolidColorOnly = false;
```

弹出颜色对话框的提示有两种：一种是在窗体中使用 ColorDialog 组件（使用方法可以参考 FontDialog 组件）；另一种是通过编写代码实现，这种方式主要使用 ColorDialog 类的相关属性和方法。

通过编码来实现，其步骤与练习 12-6 一样，为【格式】|【颜色】菜单创建 Click 事件，定义该事件，使颜色菜单被单击时，弹出颜色对话框，代码如下：

```
private void 颜色ToolStripMenuItem_Click(object sender, EventArgs e)
{
    ColorDialog colorDialog = new ColorDialog();
    //实例化 ColorDialog 类的对象
    colorDialog.ShowHelp = true;              //显示【帮助】按钮
    if (colorDialog.ShowDialog() == DialogResult.OK)//如果确定颜色的设置
    {
        richTextBox1.ForeColor = colorDialog.Color;
        //将 RichTextBox 控件的内容设置为指定颜色
    }
}
```

重新运行练习 12-6 中的窗体进行测试，用户选择【格式】|【颜色】选项弹出【颜色】
对话框，选择合适的颜色，富文本框中的内容被改变，效果如图 12-18 所示。

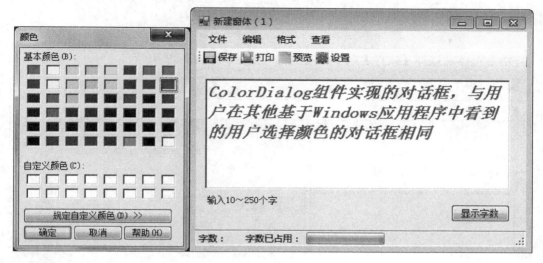

图 12-18　【颜色】对话框

12.3.4　浏览目录对话框

浏览目录对话框需要使用 C# 中提供的 FolderBrowserDialog 组件或
FolderBrowserDialog 类，它们是用于浏览和选择文件夹的模式对话框。
FolderBrowserDialog 组件包含多个常用属性，如 SelectedPath 和 ShowNewFolderButton
等，表 12-10 对常用的属性进行了说明。

表 12-10　FolderBrowserDialog 组件的常用属性

属性名称	说明
Description	获取或设置对话框中在树视图控件上显示的说明文本
RootFolder	获取或设置从其开始浏览的根文件夹。默认值为 Desktop
SelectedPath	获取或设置用户选定的路径
ShowNewFolderButton	获取或设置一个值，该值指示"新建文件夹"按钮是否显示在文件夹浏览对话框中。默认值为 True

FolderBrowserDialog 组件添加完成后会出现在 Windows 窗体设计器的底部栏中，该
组件只能用来选择目录，而不能选择某个目录下的文件。

与颜色对话框和字体对话框的使用一样，在练习 12-6 的基础上，为【文件】|【浏览】
菜单添加 Click 事件，显示弹出浏览对话框，代码如下：

```
private void 浏览ToolStripMenuItem_Click(object sender, EventArgs e)
{
    FolderBrowserDialog folderDialog = new FolderBrowserDialog();
    //实例化 FolderBrowserDialog 对象
```

```
    if (folderDialog.ShowDialog() == DialogResult.OK)//确定选择的文件
    {
        folderDialog.ShowNewFolderButton = true;
    }
}
```

运行窗体，选择【文件】|【浏览】选项，效果如图 12-19 所示。

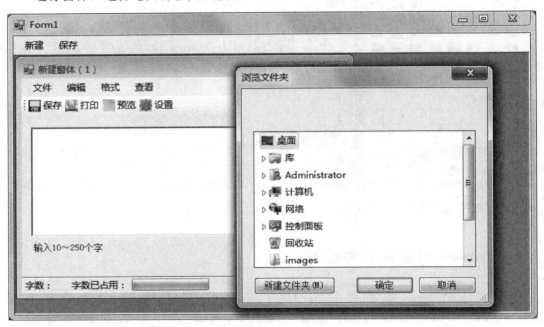

图 12-19   【浏览文件夹】对话框

12.3.5 打开文件对话框

上一节中 FolderBrowserDialog 组件只能选择某个目录，如果用户想要选择某个文件并且打开该文件时，FolderBrowserDialog 组件就不能实现这样的功能，这时需要使用 OpenFileDialog 组件。OpenFileDialog 组件是一个预先配置的对话框，它与 Windows 操作系统所公开的打开文件对话框相同，该组件继承自 CommonDialog 类。

与其他组件一样，OpenFileDialog 组件添加到窗体后会显示到设计器的底部栏中，如表 12-11 列出了该组件的常用属性。

表 12-11   **OpenFileDialog 组件的常用属性**

属性名称	说明
CheckFileExists	获取或设置一个值，该值指示如果用户指定不存在的文件名，对话框是否显示警告。默认值为 True
CheckPathExists	获取或设置一个值，该值指示如果用户指定不存在的路径，对话框是否显示警告。默认值为 True
DefaultExt	获取或设置默认文件扩展名

属性名称	说明
DereferenceLinks	获取或设置一个包含在文件对话框中选定的文件名的字符串
FileName	获取对话框中所有选定文件的文件名
Multiselect	获取或设置一个值，该值指示对话框是否允许选择多个文件
RestoreDirectory	获取或设置一个值，该值指示对话框在关闭前是否还原当前目录
SafeFileName	获取对话框中所选文件的文件名和扩展名，文件名不包含路径
SafeFileNames	获取对话框中所有选定文件的文件名或扩展名的数组，文件名不包含路径
Filter	获取或设置当前文件名筛选器字符串，它决定对话框的"另存为文件类型"或"文件类型"框中出现的选择内容
ValidateNames	获取或设置一个值，该值指示对话框是否只接受有效的 Win32 文件名。默认值为 True

　　OpenFileDialog 组件的使用非常简单，使用该组件打开文件后可以通过两种机制来读取文件：一种是 OpenFile()方法来打开选定文件；另一种是通过创建 StreamReader 类的实例，这种方法会经常使用。

　　在练习 12-6 的基础上，为【文件】|【打开】菜单定义单击事件，当用户单击并选择 txt 格式的文件时，该文本文件的内容将显示到 RichTextBox 控件中。为名为【打开】的菜单项添加 Click 事件，具体代码如下：

335

```
private void tsmiOpen_Click(object sender, EventArgs e)
{
    OpenFileDialog openDialog = new OpenFileDialog();  //创建实例对象
    openDialog.Filter = "文本文件(*.txt)|*.txt";        //只显示 txt 文件
    openDialog.DefaultExt = "txt";                     //文件的默认路径
    openDialog.CheckFileExists = true;      //如果文件不存在弹出提示
    openDialog.CheckPathExists = true;      //如果路径不存在弹出提示
    if (openDialog.ShowDialog() == DialogResult.OK)
    {
        StreamReader sr = new StreamReader(openDialog.FileName, System.
        Text.Encoding.Default);
        while (!sr.EndOfStream)              //判断当前的流位置是否在流的末尾
        {
            richTextBox1.Text += sr.ReadLine() + "\r\n";
        }
    }
}
```

　　上述代码中，由于用到了文件流相关的类 StreamReader，因此需要添加相关引用，如下所示：

```
using System.IO;
```

　　重新运行练习 12-6 的窗体，单击【文件】|【打开】菜单项会弹出【打开】对话框，在弹出的对话框中选择文件，如图 12-20 所示。选择正确文件路径后单击【打开】按钮，其显示效果如图 12-21 所示。

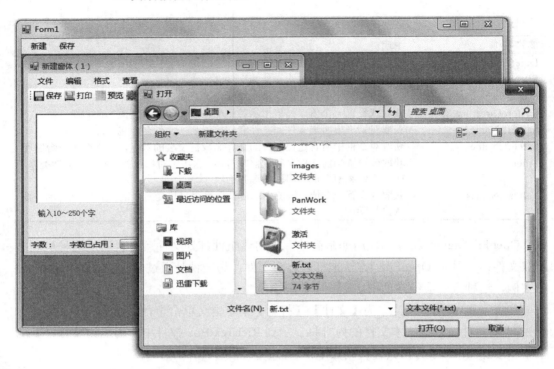

图 12-20 弹出【打开】对话框

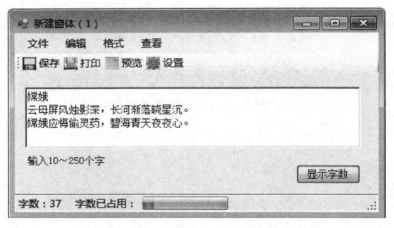

图 12-21 文件打开后的效果图

12.3.6 保存文件对话框

文件的保存是文件常用操作，需要使用 SaveFileDialog 组件或 SaveFileDialog 类。保存文件对话框与 Windows 使用的标准【保存文件】对话框相同，该组件继承自 CommonDialog 类。

SaveFileDialog 组件的大多数属性在 OpenFileDialog 组件中都存在，该组件的属性不再具体介绍。

为练习 12-6 添加文件保存事件，即为【文件】|【保存】菜单项添加 Click 事件，该事件中的代码完成保存文件的功能。窗体中有用于保存的 ToolStrip 控件，因此可定义相同的代码，代码如下：

```
SaveFileDialog saveDialog = new SaveFileDialog();
//创建 SaveFileDialog 类的对象
saveDialog.Filter = "文本文件(*.txt)|*.txt";        //过滤文件扩展名
saveDialog.DefaultExt = "txt";                      //默认文件的扩展名
if (saveDialog.ShowDialog() == DialogResult.OK)     //确定保存文件
{
    FileStream fs = (FileStream)saveDialog.OpenFile();
    //读取控件中的数据，并转换为 byte[] 数组
    byte[] date = System.Text.Encoding.UTF8.GetBytes(richTextBox1.Text);
    fs.Write(date, 0, date.Length);
    fs.Close();                                     //关闭文件流
}
```

运行页面，向富文本框中写入内容，单击 ToolStrip 控件的【保存】按钮，效果如图 12-22 所示。

图 12-22　文件保存

注意

保存文件时，原目录下可能已经有同名文件，因此会有提示框，以选择是否覆盖原有文件。

12.4 实验指导 12-1：窗体间的数据传递

本章主要介绍了多窗体应用程序，一个系统中，往往存在一些数据需要在多个页面使用。有时打开一个新的窗体，为了使数据在新窗体中使用，需要将数据赋予新的窗体。

而本实验通过多窗体应用程序，来实现窗体间的数据传递。共创建 3 个窗体，一个父窗体和两个子窗体。子窗体分别实现用户姓名和密码的输入和姓名密码的显示，步骤如下所示。

（1）首先创建父窗体，由一个 MenuStrip 控件分别打开登录窗体和显示窗体。当打开父窗体时，默认打开登录窗体，父窗体的 Load 事件代码如下：

```
private void Form1_Load(object sender, EventArgs e)
{
    Formlog f = new Formlog();
    f.MdiParent = this;
    f.Show();
}
```

（2）为 MenuStrip 添加两个标签"登录"和"显示"，并分别创建单击事件，两个事件代码如下：

```
private void 登录ToolStripMenuItem_Click(object sender, EventArgs e)
{
    Formlog f=new Formlog();
    f.MdiParent = this;
    f.Show();
}
private void 显示ToolStripMenuItem_Click(object sender, EventArgs e)
{
    FormShow f = new FormShow();
    f.MdiParent = this;
    f.Show();
}
```

（3）登录页面中有两个文本框和一个登录按钮，文本框分别接收用户输入的姓名和密码，按钮实现数据的传递，窗体创建步骤省略。

（4）在用户登录后，需要将登录信息保存并在显示窗体中显示，因此需要为显示窗体添加字段，并在登录窗体中进行赋值，登录页面中【登录】按钮代码如下：

```
private void log_Click(object sender, EventArgs e)
{
    Form1 f = new Form1();
    FormShow fs = new FormShow();
    fs.uname = name.Text;
    fs.upas = pas.Text;
```

```
        fs.Show();
    }
```

（5）在显示窗体中，需要对信息进行显示，同样使用两个文本框，均设置为只读模式，显示用户信息。窗体及控件的设置，步骤省略。

（6）为显示窗体添加字段，接收用户信息，并在页面加载时为其显示文本框赋值，代码如下：

```
public partial class FormShow : Form
{
    public string uname;
    public string upas;
    public FormShow()
    {
        InitializeComponent();
    }
    private void FormShow_Load(object sender, EventArgs e)
    {
        name.Text = uname;
        pas.Text = upas;
    }
}
```

339

（7）运行该应用程序，其效果如图 12-23 所示。写入姓名和密码，单击【登录】按钮，打开显示窗体，其效果如图 12-24 所示。

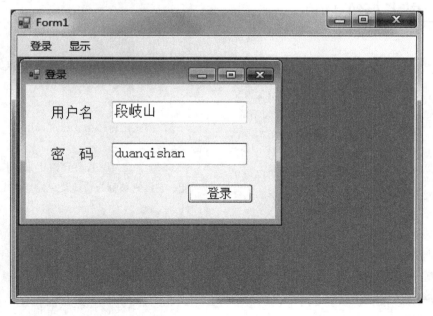

图 12-23　登录窗体

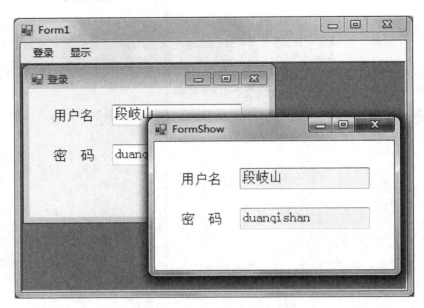

图 12-24　显示窗体

注意

父窗体和子窗体有相同的事件，关闭 MDI 父窗体时每个 MDI 子窗体会先引发一个 Closing 事件，然后再引发父窗体的 Closing 事件。MDI 父窗体的 Closing 事件的 CancelEventArgs 参数将被设置为 True，通过将该参数设置为 False 可以强制 MDI 父窗体和所有 MDI 子窗体关闭。

12.5　思考与练习

一、填空题

1. 如果开发人员想要将某个窗体设置为父窗体，则需要将_____属性的值设置为 True。

2. _____组件可以用来设置文本内容的字体、大小、样式和效果等。

3. _____组件只能浏览当前的目录文件，并不能查看某个目录（即文件夹）下的具体文件。

4. 下面代码主要实现弹出浏览目录对话框的效果，当用户选择某个目录后弹出该目录的具体路径，横线处的内容应该填写_____。

```
if (folderDialog.ShowDialog() ==
DialogResult.OK)
```

```
{
    MessageBox.Show("目录路径是: "
    + folderDialog._____);
}
```

5. 模式化窗体主要通过调用_____方法来实现。

6. _____控件可以用来执行程序中的功能，它常常被称为快捷菜单控件或上下文菜单控件。

7. MenuStrip 控件的 LayoutStyle 属性的默认值为_____。

二、选择题

1. 关于父窗体和子窗体的描述，选项_____是不正确的。

A．MDI 应用程序中可以包含多个父窗体和多个子窗体

B．创建 MDI 应用程序时，需要通过设置 IsMdiContainer 属性的值来完成对父窗体的添加

C．MDI 应用程序中父窗体和子窗体可以同时使用一个菜单，也可以分别在父窗体和子窗体中添加菜单

D．关闭 MDI 父窗体则会关闭所有打开的 MDI 子窗体

2．开发人员需要对父窗体中的多个子窗体操作，如果要实现垂直排列效果则需要在 LayoutMdi() 方法的参数中调用枚举类型 MdiLayout 的值_____。

A．ArrangeIcons

B．Cascade

C．TileItorizontal

D．TileVertical

3．开发人员可以通过 OpenFileDialog 组件打开某个文件，同时可以通过_____组件保存修改后的文件。

A．FolderBrowserDialog

B．FolderSaveFileDialog

C．SaveFileDialog

D．OpenFileDialog

4．ToolStrip 控件所要实现的功能不包括_____。

A．创建易于自定义的常用工具栏，让这些工具栏支持高级用户界面和布局功能

B．创建支持高级用户界面和布局功能的易自定义的常用菜单，例如拖放

操作、MDI 和访问菜单命令的其他模式

C．通过通用呈现模型支持操作系统的典型外观和行为

D．使用 ToolStripDropDown 中的高级布局创建下拉控件及用户界面类型编辑器

5．状态条控件 StatusStrip 可以通过创建不同的菜单项控件显示不同的状态条信息，这些子控件不包括_____。

A．ToolStripProgressBar

B．ToolStripStatusLabel

C．ToolStripDropDownButton

D．ToolStripButton

6．StatusScript 控件的 LayoutStyle 属性的默认值是_____。

A．Table

B．StackWithOverflow

C．HorizontalStackWithOverflow

D．VerticalStackWithOverflow

三、简答题

1．简述 Show()方法和 ShowDialog()方法的区别。

2．简要说明 MenuStrip 控件和 ToolStrip 控件各自执行的功能。

3．简述消息对话框相关的 MessageBox 类 Show()方法常用的 4 种重载形式。

4．列出常用的对话框，并说明这些对话框的适用情况。

第13章　数据库编程

大多软件系统都需要处理有着一定数据量的数据，这些数据不是使用数组和集合就能解决的。如用户的注册信息，这些信息数据量大，安全度要求高，不是使用数组和集合就能够保存处理的。这就需要借助数据库系统。

数据库编程技术有很多，其中.NET Framework 主要使用 ADO.NET 技术来处理数据。本章主要介绍如何在 ASP.NET 中使用 ADO.NET 技术来处理数据。

通过本章的学习，读者可以掌握 ADO.NET 的 5 个常用对象，也可以熟悉常用的数据显示控件 DataGridView 控件和 TreeView 控件，还可以使用这些 SQL Server 数据库的对象对数据控件的内容进行简单的操作。

本课学习目标：

❑ 了解 ADO.NET 的特点和两个组件。
❑ 掌握.NET Framework 数据提供程序和核心类。
❑ 掌握 SqlConnection 对象的常用属性、方法以及如何连接数据库。
❑ 掌握 SqlCommand 对象的常用属性、方法和使用步骤。
❑ 掌握如何使用 SqlDataReader 对象读取数据。
❑ 熟悉 DataSet 对象的结构模型和工作原理。
❑ 掌握如何使用 SqlDataAdapter 对象填充 DataSet 对象。
❑ 熟悉 DataTable 和 DataView 对象的常用属性和方法。
❑ 掌握动态创建 DataTable 对象的主要步骤。
❑ 熟悉 DataGridView 和 TreeView 控件的常用属性和事件。
❑ 掌握如何使用 DataGridView 控件显示数据。
❑ 掌握如何使用 TreeView 控件显示树形菜单。

13.1　数据库开发基础

数据库开发随着软件产业的发展，有多种技术，分别适用于不同的编程语言和数据库系统。而对于 ASP.NET 来说，通常使用的是 ADO.NET 技术。本节介绍数据库开发技术的基础。

13.1.1　数据库开发技术简介

掌握数据库编程前要先了解什么是数据库，数据库包含以下几个基本概念：数据、数据管理与处理。

数据是描述事物的符号记录，可以用数字、文字、图形、图像、声音等表示。例如记录学生信息的数据库，所包含的学生编号、学生姓名、学生年龄等内容的具体信息，就是数据记录。

数据管理与处理是对数据库数据的具体操作，包含数据的存入、读取、计算、修改和删除等。

随着软件产业的发展，在数据库编程技术方面接连推出了 ODBC 技术、DAO 技术、OLE DB 技术和 ADO 技术。

而 ADO 技术是建立在微软所提倡的 COM 体系结构之上的，它的所有接口都是自动化接口。因此在 C++、Visual BASIC、Delphi 等支持 COM 的开发语言中，通过接口都可以访问到 ADO。

ADO 通过使用 DLE DB 这一新技术实现了以相同方式可以访问关系型数据库、文本文件、非关系数据库、索引服务器和活跃目录服务等的数据，扩大了应用程序中可使用的数据源范围。在易用性、运行能力、可扩展性、是否能访问非关系型数据库这几个方面都占有优势，从而成为微软整个 COM 战略体系中访问数据源组件的首选。本章以 ADO 技术为例介绍在 ASP.NET 中的数据库编程。

13.1.2　ADO.NET 概述

ADO.NET 技术是一组向.NET Framework 程序员公开数据访问服务的类，它为创建分布式数据共享应用程序提供了一组丰富的组件。ADO.NET 提供了对关系数据、XML 和应用程序数据的访问，因此它是.NET Framework 中不可缺少的一部分，下面将简单介绍 ADO.NET 相关的知识。

ADO.NET 是一组用于和数据源进行交互的面向对象类库。通常情况下，数据源是数据库，但它同样也能够是文本文件、Excel 表格或者 XML 文件。它支持多种开发需求，包括创建由应用程序、工具、语言或 Internet Explorer 浏览器使用的前端数据库客户端和中间层业务对象。

ADO.NET 有多个特点，其主要特点如下：

❑ ADO.NET 通过数据处理将数据访问分解为多个可以单独使用或一前一后使用的不连续组件，它包含用于连接到数据库、执行命令和检索结果的.NET Framework 数据提供程序。

❑ ADO.NET 类位于 System.Data.dll 中，并与 System.Xml.dll 中的 XML 集成。

❑ ADO.NET 向编写托管代码的开发人员提供类似于 ActiveX 数据对象向本机组件对象模型开发人员提供的功能。

❑ ADO.NET 在.NET Framework 中提供最直接的数据访问方法。

ADO.NET 提供了用于访问和操作数据的两个组件：.NET Framework 数据提供程序和 DataSet。

.NET Framework 数据提供程序是专门为数据操作以及快速、只进、只读访问数据而设计的组件。如 Connection 对象提供到数据源的连接，Command 对象可以访问用于返回数据、修改数据、运行存储过程、发送或检索参数信息的数据库命令，以及 DataReader 可以从数据源提供高性能的数据流。

DataSet 是专门为独立于任何数据源的数据访问而设计的，它可以用于多种不同的数据源、用于 XML 数据或者用于管理应用程序本地的数据。如图 13-1 阐释了.NET Framework 数据提供程序和 DataSet 之间的关系。

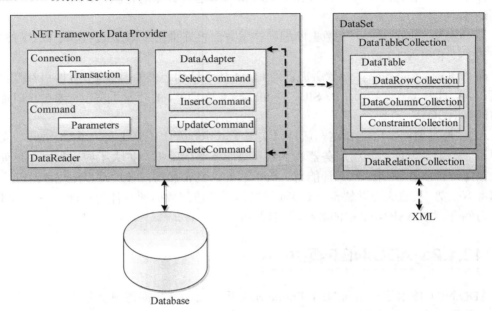

图 13-1　.NET Framework 数据提供程序和 DataSet 之间的关系

13.1.3　.NET Framework 数据提供程序

.NET Framework 数据提供程序用于连接到数据库、执行命令和检索结果，这些结果将被直接处理，放置在 DataSet 中以便根据需要向用户公开、与多个源中的数据组合，或在层之间进行远程处理。

.NET Framework 数据提供程序是轻量级的，它在数据源的代码之间创建最小层的分层，并在不降低功能性的情况下提高性能，如表 13-1 列出了.NET Framework 中所包含的数据提供程序。提供对 Microsoft SQL Server 中数据的访问，使用 System.Data.SqlClient 命名空间。

表 13-1　.NET Framework 的数据提供程序

.NET Framework 数据提供程序	说明
.NET Framework 用于 SQL Server 的数据提供程序	提供对 Microsoft SQL Server 中数据的访问，使用 System.Data.SqlClient 命名空间
.NET Framework 用于 OLE DB 的数据提供程序	提供对 OLE DB 公开的数据源中数据的访问，使用 System.Data.OleDb 命名空间
.NET Framework 用于 ODBC 的数据提供程序	提供对使用 ODBC 公开的数据源中数据的访问，使用 System.Data.Odbc 命名空间
.NET Framework 用于 Oracle 的数据提供程序	适合 Oracle 公开的数据源，使用 System.Data.Oracle 命名空间

.NET Framework 数据提供程序包含 4 个核心对象，这些对象各自有不同的功能，如表 13-2 对它们进行了说明。

表 13-2 .NET Framework 的数据提供程序的核心对象

对象名称	说明
Connection	建立与特定数据源的连接。所有 Connection 对象的基类为 DbConnection 类
Command	对数据源执行命令，公开 Parameters 并且可以在 Transaction 范围内从 Connection 执行。所有 Command 对象的基类为 DbCommand 类
DataReader	从数据源中读取只进且只读的数据流。所有 DataReader 对象的基类为 DbDataReader 类
DataAdapter	使用数据源填充 DataSet 并解析更新。所有 DataAdapter 对象的基类为 DbDataAdapter 类

除了表 13-2 中所介绍的核心对象外，.NET Framework 数据提供程序还包含其他常用的对象，如 Exception、Parameters、Transaction、CommandBuilder 和 ConnectionStringBuilder 对象等。

注 意

开发人员具体使用哪种应用程序则取决于它们所使用的协议或者数据库，然而无论使用什么样的应用程序开发人员都将使用相似的对象与数据源进行交互。本书以 Microsoft SQL Server 2008 数据库为例详细介绍如何对数据进行交互。

13.2 数据库连接

数据库连接是数据库编程的基础，只有在应用程序与数据库连接的基础上，才能够对数据库进行相关操作。本节介绍如何将应用程序与数据库进行连接。

13.2.1 数据库连接技术

对于数据库中的数据，用户可在应用程序中对数据库进行连接，提取数据库中的数据，再执行对数据的操作；也可在连接的过程中，直接对数据进行操作。但无论进行哪种操作，都需要首先连接数据库。

在 ADO 中，提供数据库连接方法的是 Connection 对象，而对于连接 SQL Server 数据库而言，需要使用 System.Data.SqlClient 命名空间下的 SqlConnection 对象。其他数据库中的连接对象，参见表 13-1 中的命名空间。

ADO.NET 中提供了一套专门用来访问 SQL Server 数据库的类库，它们大多在 System.Data.SqlClient 命名空间下。因此在使用 SqlConnection 对象之前，需要确保对 System.Data.SqlClient 命名空间的使用。

提 示

ADO.NET 中，并不是所有的 SQL Server 数据库相关对象都在 System.Data.SqlClient 命名空间下，还有一部分在 System.Data 命名空间下。

该命名空间提供了访问 SQL Server 数据库的所有的类，包括 SqlConnection、SqlCommand、SqlDataAdapter 和 SqlDataReader 等。

连接对象处理软件系统与数据库的连接，包括对数据库的连接、资源释放和断开等。本书以应用程序为例，在.NET Framework 环境下，结合 SQL Server 数据库来开发 C#应用程序。

13.2.2　SQL Server 连接对象

SqlConnection 对象是 SQL Server 数据库连接对象，它提供对 SQL Server 数据库的连接，但并不能对数据库发送 SQL 命令。它包含以下两个构造方法。

- ❑ **SqlConnection()**　创建一个 SqlConnection 对象。
- ❑ **SqlConnection(string connectionString)**　创建一个 SqlConnection 对象并且初始化连接字符串。

SqlConnection 对象作为 SqlConnection 类的对象，拥有用于数据库交互的属性和方法。其常用属性、方法及其说明如表 13-3 和表 13-4 所示。

表 13-3　SqlConnection 对象的常用属性

属性名称	说明
ConnectionString	获取或设置用于打开 SQL Server 数据库的字符串
ConnectionTimeout	获取在尝试建立连接时终止尝试并生成错误之前所等待的时间
Database	获取当前数据库或连接打开后要使用的数据库的名称
DataSource	获取要连接的 SQL Server 实例的名称
WorkstationId	获取标识数据客户端的一个字符串
ServerVersion	获取包含客户端连接的 SQL Server 实例版本的字符串

表 13-4　SqlConnection 对象的常用方法

方法名称	说明
Close()	关闭与数据库的连接，它是关闭任何打开连接的首选方法
CreateCommand()	创建并返回一个与 SqlConnection 关联的 SqlCommand 对象
Dispose()	释放当前所使用的资源
Open()	使用 ConnectionString 属性所指定的值打开数据库连接

如表 13-3 所示，通过为 ConnectionString 属性赋值，可指定与应用程序相连接的数据库的详细信息，以便与指定数据库连接。

提示　连接字符串包含了数据库的详细信息，有数据库的类型、位置和名称等信息。

13.2.3　连接 SQL Server

连接数据库，首先需要为需要连接的数据库定义一个连接字符串，并赋值给

SqlConnection 对象。连接数据库时，其连接对象所要进行的步骤如下所示。

（1）创建 SqlConnection 对象。

（2）为 SqlConnection 对象赋值（使用连接字符串）。

（3）打开数据库连接。

（4）释放资源。

（5）关闭数据库连接。

首先创建新的对象，并进行初始化。接下来执行对数据库的连接，使用 Open()方法；在对数据库数据的操作完成之后，需要释放数据库连接中占用的资源，使用 Dispose()方法；最后断开数据库连接，使用 Close()对象。

SqlConnection 对象的初始化，即为该对象指定连接字符串。连接字符串指定了相连接的数据库的详细信息，因此不同数据库或不同的数据库服务器都需要使用不同格式的连接字符串。

连接字符串可以自己定义，也可通过服务器控件来获取。在建立了连接字符串之后，便可直接使用该字符串的名称。连接字符串中的属性如表 13-5 所示。

表 13-5　连接 SQL Server 数据库字符串的常用属性

属性名称	说明
Data Source	数据源，一般为机器名称或 IP 地址
User ID（Uid）	登录数据库的用户名称
Password（Pwd）	登录数据库的用户密码
Database	数据库或 SQL Server 实例的名称
Initial Catalog	数据库或 SQL Server 实例的名称（与 Database 一样）
Server	数据库所在的服务器名称，一般为机器名称
Pooling	表示是否启用连接池。如果为 true 则表示启用连接池
Connection Timeout	连接超时时间，默认值为 15 秒

由于 SQL Server 服务器的登录方式有两种，因此在建立连接时将要使用不同的连接字符串。如同样是连接 Shop 数据库，有以下两种连接字符串。

使用 Windows 身份验证，使用连接字符串代码如下所示：

```
Data Source=.\SQLEXPRESS;AttachDbFilename=" D:\盼\work\C#实践教程\16\Buss\
bin\Data\BussData.mdf ";Integrated Security=True;Connect Timeout=30;
User Instance=True
```

使用 SQL Server 身份验证，使用连接字符串代码如下所示：

```
Data Source=.;Initial Catalog= BussData;User ID=sa;Password=123456
```

连接字符串可以通过控件或 Visual Studio 的服务器资源管理器来获取。通过 Visual Studio 的服务器资源管理器获取连接字符串的步骤如下。

（1）在 Visual Studio 中选择菜单中的 VIEW|Server Explorer 选项，快捷键为 Ctrl+Alt+S。

（2）在 Server Explorer 中右击 Data Connection 选择 Add Connection 选项，弹出 Add Connection 对话框，如图 13-2 所示。

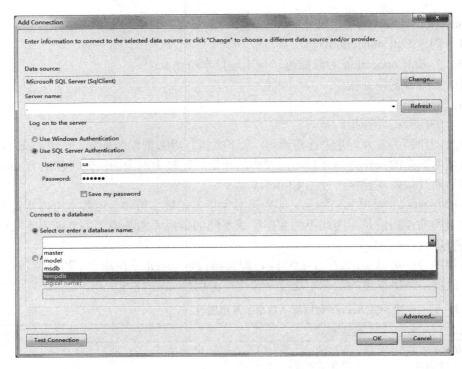

图 13-2　添加连接

（3）在 Add Connection 的对话框中，输入服务器名、选择身份验证，然后选择要连接的数据库，最后单击 OK 按钮。

（4）选择新添加的连接，单击鼠标右键，选择属性（Properties）即可在右下角的属性窗口中找到连接的字符串，对该字符串进行复制，如图 13-3 所示。

图 13-3　新建连接的属性

技巧

如果服务器是本机，可以输入"."来代替计算机名称或者 IP 地址；如果密码为空，可以省略 Pwd 这项。

SqlConnection 对象的创建有两种方式：一种是在声明时直接使用连接字符串赋值；

一种是创建后另外赋值。分别使用 SqlConnection 对象的两种构造函数，如下所示：

```
//定义连接字符串
string  connectionString="Data  Source=.\SQLEXPRESS;AttachDbFilename="
D:\盼\work\C# 实践教程\16\Buss\bin\Data\BussData.mdf ";Integrated
Security= True;Connect Timeout=30;User Instance=True"
//创建时直接赋值
SqlConnection connection = new SqlConnection(connectionString);
//创建后赋值
SqlConnection connectin = new SqlConnection(); //创建 SqlConnection 对象
connectin.ConnectionString = connectionString;
                                          //设置 ConnectionString 属性
```

赋值后的 SqlConnection 对象并不是处于连接状态的，需要使用 Open()方法打开数据库连接。数据库的操作结束后，需要执行资源释放，断开连接。

13.3 数据操作

连接数据库的目的是执行数据库中数据信息的操作，包括最基本的增加、删除和修改等，也包括较为复杂的分页、排序和验证等。本节介绍对数据库数据的操作。

13.3.1 数据操作对象

SqlConnection 对象只负责与数据库的连接，而对数据库中数据的访问和操作则需要使用操作对象。

ADO.NET 中的数据库操作对象是 Command 对象，而在 SQL Server 数据库中进行操作的是 SqlCommand 对象，在 System.Data.SqlClient 命名空间下。

SqlCommand 对象的属性和方法要比 SqlConnection 对象多很多，而对数据的操作形式也有很多，如下所示：

❑ 执行存储过程。
❑ 执行 Transact-SQL 语句。
❑ 无参数无返回值的操作。
❑ 有参数无返回值的操作。
❑ 有参数有返回值的操作。

对于有参数的操作，需要为存储过程或 Transact-SQL 语句中的参数赋值。而对于数据源的赋值，则需要使用 Parameter 对象。该对象是 ADO.NET 中的对象，而为 SqlCommand 对象参数赋值的，是 System.Data.SqlClient.SqlParameter。

SqlParameter 对象用于为数据源控件或对象赋值，而最为常用的是表示 SqlCommand 的参数。

对于有返回值的操作，其返回值往往是查询结果。该结果可能被用来参与后面的程序，也可能被用来显示在页面，供用户查阅。

使用 SqlCommand 操作数据所返回的多行数据并不能被 SqlCommand 对象直接获取，

而需要使用 SqlDataReader 对象来获取。

SqlCommand 对象只能显示一个数据值，即使用 ExecuteScalar()方法获取首行首列的值，而 SqlDataReader 对象可获取多行数据。

13.3.2 SqlCommand 对象

SqlCommand 对象可执行对 SQL Server 数据库的操作。但 SqlCommand 对象本身并不提供对数据库数据的操作方法，而是借助存储过程和 Transact-SQL 语句。

要了解 SqlCommand 对象，首先需要了解它的常用属性和方法，SqlCommand 对象常用属性、方法及其说明如表 13-6 和表 13-7 所示。

表 13-6　SqlCommand 对象的属性

名称	说明
CommandText	获取或设置要对数据源执行的 Transact-SQL 语句或存储过程
CommandTimeout	获取或设置在终止执行命令的尝试并生成错误之前的等待时间
CommandType	获取或设置一个值，该值指示如何解释 CommandText 属性
Connection	获取或设置 SqlCommand 的实例使用的 SqlConnection
Container	获取 IContainer，它包含 Component
DesignTimeVisible	获取或设置一个值，该值指示命令对象是否应在 Windows 窗体设计器控件中可见
Notification	获取或设置一个指定与此命令绑定的 SqlNotificationRequest 对象的值
NotificationAutoEnlist	获取或设置一个值，该值指示应用程序是否应自动接收来自公共 SqlDependency 对象的查询通知
Parameters	获取 SqlParameterCollection
Site	获取或设置 Component 的 ISite
Transaction	获取或设置将在其中执行 SqlCommand 的 SqlTransaction
UpdatedRowSource	获取或设置命令结果在由 DbDataAdapter 的"Update"方法使用时，如何应用于 DataRow

表 13-7　SqlCommand 对象的常用方法

名称	说明
Cancel()	尝试取消 SqlCommand 的执行
Clone()	创建作为当前实例副本的新 SqlCommand 对象
CreateObjRef()	创建一个对象，该对象包含生成用于与远程对象进行通信的代理所需的全部相关信息
CreateParameter()	创建 SqlParameter 对象的新实例
Dispose()	释放由 Component 占用的资源
EndExecuteNonQuery()	完成 Transact-SQL 语句的异步执行
EndExecuteReader()	完成 Transact-SQL 语句的异步执行，返回请求的 SqlDataReader
EndExecuteXmlReader()	完成 Transact-SQL 语句的异步执行，将请求的数据以 XML 形式返回
Equals()	确定两个 Object 实例是否相等
ExecuteNonQuery()	对连接执行 Transact-SQL 语句并返回受影响的行数
ExecuteReader()	将 CommandText 发送到 Connection 并生成一个 SqlDataReader
ExecuteScalar()	执行查询，并返回查询所返回的结果集中第一行的第一列。忽略其他列或行

续表

名称	说明
ExecuteXmlReader()	将 CommandText 发送到 Connection 并生成一个 XmlReader 对象
GetLifetimeService()	检索控制此实例的生存期策略的当前生存期服务对象
GetType()	获取当前实例的 Type
InitializeLifetimeService()	获取控制此实例的生存期策略的生存期服务对象
Prepare()	在 SQL Server 的实例上创建命令的一个准备版本
ReferenceEquals()	确定指定的 Object 实例是否是相同的实例
ResetCommandTimeout()	将 CommandTimeout 属性重置为其默认值
ToString()	返回包含 Component 的名称的 String

如表 13-6 所示，其 CommandType 属性指定了该 SqlCommand 对象所使用的是存储过程还是 Transact-SQL 语句。而无论是存储过程还是 Transact-SQL 语句，其存储过程名称和 Transact-SQL 语句内容将作为 SqlCommand 对象的 CommandText 属性值。CommandType 属性常用选项如下所示。

❑ **CommandType.Text**　Transact-SQL 语句。
❑ **CommandType.StoredProcedure**　存储过程。

创建 SqlCommand 对象时有 4 种构造函数，这 4 种构造函数的形式如下。

❑ **SqlCommand()**　直接初始化 SqlCommand 对象的实例。
❑ **SqlCommand(string cmdText)**　用查询文本初始化该对象的实例，cmdText 表示查询的文本。
❑ **SqlCommand(string cmdText, SqlConnection connection)**　初始化具有查询文本和 SqlConnection 的 SqlCommand 对象的实例。
❑ **SqlCommand(string cmdText, SqlConnection connection, SqlTransaction transaction)**　使用查询文本、SqlConnection 以及 SqlTransaction 初始化 SqlCommand 对象的实例。

其中，若直接创建 SqlCommand 对象的实例，则需要分别指定其他属性。如创建使用 Transact-SQL 语句的 SqlCommand 对象，则需要分别指定其 CommandType 属性。其查询文本的内容和所依据的数据库连接对象，使用代码如下：

```
SqlCommand command = new SqlCommand();
command.CommandType = CommandType.Text;
command.CommandText = "select count(*) from MyGoodFriend";
command.Connection = connection;
```

若直接在构造函数中进行赋值，使用存储过程进行初始化，其创建语句如下所示：

```
SqlCommand command = new SqlCommand("UnameChack", connection);
command.CommandType = CommandType.StoredProcedure;
```

13.3.3　操作 SQL Server 数据

本节通过简单练习，介绍如何使用 SqlConnection 数据库连接对象和 SqlCommand

351

数据操作对象来操作 SQL Server 数据。

由于在 SqlCommand 对象中，只有 ExecuteScalar()方法能获取返回结果的首行首列，因此通过 Transact-SQL 语句来获取 Buss 数据库 Users 表中的一条数据，如练习 13-1 所示。

【练习 13-1】

现有数据库和表如图 13-4 所示。创建窗体，添加两个文本框：ID 文本框用于输入 ID，NAME 文本框用于根据 ID 显示对应的用户名；添加按钮，单击显示用户名。

定义按钮的单击事件，根据所输入的 ID，连接数据库并获取相应的用户名，代码如下所示：

```
private void sel_Click(object sender, EventArgs e)
{
    string connectionString = "Data Source=.;Initial Catalog=Buss;
    Integrated Security=True";
    SqlConnection connection = new SqlConnection(connectionString);
    connection.Open();
    SqlCommand command = new SqlCommand();
    command.CommandType = CommandType.Text;
    command.CommandText = "select Uname from Users where ID=" + ID.Text;
    command.Connection = connection;
    NAME.Text = command.ExecuteScalar().ToString();
    command.Dispose();                    //资源释放
    if (connection != null)
    {
        connection.Dispose();             //资源释放
        connection.Close();               //断开连接
    }
}
```

运行该窗体，其效果如图 13-5 所示。输入 ID 值 3，有"郭伟"名字被读取。

图 13-4　表 Users　　　　　图 13-5　查询用户名

13.3.4　SqlParameter 对象

参数无论是在程序中，还是在存储过程或 Transact-SQL 语句中，都是常用的数据。而在存储过程和 Transact-SQL 语句这两种类型中，参数的赋值不像方法参数的赋值那样容易，需要使用 SqlParameter 对象。

　　SqlParameter 对象在数据库操作中为数据源提供参数，其常用的属性、方法及其说明如表 13-8 和表 13-9 所示。

表 13-8　SqlParameter 对象常用属性

名称	说明
CompareInfo	获取或设置 CompareInfo 对象，该对象定义应如何为此参数执行字符串比较
DbType	获取或设置参数的 SqlDbType
IsNullable	获取或设置一个值，该值指示参数是否接受空值
ParameterName	获取或设置 SqlParameter 的名称
Size	获取或设置列中数据的最大值（以字节为单位）
SourceVersion	获取或设置在加载 Value 时要使用的 DataRowVersion
SqlValue	获取作为 SQL 类型的参数的值，或设置该值
TypeName	获取或设置表值参数的类型名称
UdtTypeName	获取或设置一个 string，它将用户定义的类型表示为参数
Value	获取或设置该参数的值

表 13-9　SqlParameter 对象常用方法

名称	说明
CreateObjRef()	创建一个对象，该对象包含生成用于与远程对象进行通信的代理所需的全部相关信息
Equals(Object)	确定指定的对象是否等于当前对象
GetHashCode()	用作特定类型的哈希函数
GetLifetimeService()	检索控制此实例的生存期策略的当前生存期服务对象
GetType()	获取当前实例的 Type
InitializeLifetimeService()	获取控制此实例的生存期策略的生存期服务对象
ResetDbType()	重置与此 SqlParameter 关联的类型
ResetSqlDbType()	重置与此 SqlParameter 关联的类型
ToString()	获取一个包含 ParameterName 的字符串

　　SqlParameter 对象的常见使用与其他对象不同，该对象通过数组的方式，将存储过程或 Transact-SQL 语句中所有的参数放在一个数组中，并传递给 SqlCommand 对象。如在存储过程中有变量@name 和变量@id，需要使用 nameBox.Text 和 idBox.Text 来赋值，则使用代码如下所示：

```
SqlCommand comC = new SqlCommand("UnameChack", connection);
                                          //创建 SqlCommand 对象
comC.CommandType = CommandType.StoredProcedure;   //使用存储过程
SqlParameter[] parm = new SqlParameter[] //定义 SqlParameter 类型数组
{
    new SqlParameter("@name",nameBox.Text)         //为指定变量赋值
    new SqlParameter("@id",idBox.Text)
};
foreach (SqlParameter a in parm)
{
    comC.Parameters.Add(a);              //将变量作为 SqlCommand 对象的参数
}
```

13.3.5 含参数的数据操作

参数是存储过程和 Transact-SQL 语句中常用的，大多数据操作都需要使用参数。如根据指定的用户名，查询对应的密码，以实现用户登录；根据用户名修改密码或根据用户名删除用户等。

本节以具体的操作，来介绍通过 SqlParameter 为 SqlCommand 对象传递参数的详细步骤，如练习 13-2 所示。

【练习 13-2】

创建用户登录窗体，添加两个文本框 name 和 pas，分别用于接收用户登录的用户名和密码；添加登录按钮，验证用户名、和密码是否匹配，步骤如下。

（1）添加存储过程，验证用户名、密码是否匹配，即根据用户名和密码获取匹配的记录数，若记录大于 0，则匹配。编辑存储过程 log，其代码如下所示：

```
CREATE PROCEDURE [dbo].[log]
    @name nvarchar(20),
    @pas nvarchar(20)
AS
    SELECT count(ID) from Users where Uname=@name and Upas=@pas
RETURN 0
```

（2）添加按钮单击事件，首先判断用户名和密码文本框是否为空，若不为空，则判断用户名、密码是否匹配。验证文本框是否为空，代码省略。

（3）接下来连接字符串，并定义 SqlCommand 对象，需要在确定用户名和密码不为空时，添加代码如下：

```
string connectionString = "Data Source=.;Initial Catalog=Buss;Integrated
Security=True";
SqlConnection connection = new SqlConnection(connectionString);
connection.Open();
SqlCommand comC = new SqlCommand("log", connection);
comC.CommandType = CommandType.StoredProcedure;
```

（4）定义 SqlParameter 类型数组，为存储过程中的变量赋值，代码如下：

```
    SqlParameter[] parm = new SqlParameter[]
{
  new SqlParameter("@name",name.Text),
  new SqlParameter("@pas",pas.Text)
};
```

（5）将 parm 数组中的值，作为 SqlCommand 对象的参数，使用 foreach 语句添加进去，代码如下：

```
foreach (SqlParameter a in parm)
  {
```

数据库编程

```
        comC.Parameters.Add(a);
    }
```

（6）执行存储过程，获取匹配的记录数，并判断记录是否大于 0，若大于 0 则登录
成功，弹出对话框，否则弹出用户名或密码有误的对话框，代码如下：

```
int num = Convert.ToInt16(comC.ExecuteScalar().ToString());
if(num>0)
{
    MessageBox.Show("登录成功！");
}
else
{
    MessageBox.Show("用户名或密码有误！");
}
```

（7）运行该窗体，分别输入不存在的用户名和密码、表中正确的用户名和密码，其
效果如图 13-6 和图 13-7 所示。

图 13-6 账户有误   图 13-7 登录成功

13.3.6 SqlDataReader 对象

使用 SqlCommand 对象可以操作简单的数据，可以执行数据的添加、删除和修改，
但 SqlCommand 对象不能够大量显示读取的数据，数据的显示使用 SqlDataReader 对象。

利用 SqlDataReader 读取数据的时候，数据连接必须处于打开状态；读取方式是一
行一行向前读取。

SqlDataReader 对象能够将查询结果数据行数据存放在到内存中，其属性和方法如表
13-10 和表 13-11 所示。

表 13-10 **SqlDataReader** 对象的常用属性

属性名称	说明
FieldCount	获取当前行中的列数
HasRows	获取一个值，该值指示 SqlDataReader 对象是否包含一行或多行
IsClosed	检索一个布尔值，该值指示是否已关闭指定的 SqlDataReader 实例
RecordsAffected	获取执行 Transact-SQL 语句所更改、插入或删除的行数
VisibleFieldCount	获取 SqlDataReader 中未隐藏的字段的数目

▦ 表 13-11 • **SqlDataReader** 对象的常用方法

方法名称	说明
Close()	关闭 SqlDataReader 对象
CreateObjRef()	创建一个对象，包含生成用于与远程对象进行通信的代理所需的全部相关信息
Dispose()	释放由 DbDataReader 占用的资源
Equals()	确定两个 Object 实例是否相等
GetName()	获取指定列的名称
GetOrdinal()	在给定列名称的情况下获取列序号
GetSqlValues()	获取当前行中的所有属性列
GetType()	获取当前实例的 Type
GetValues()	获取当前行的集合中的所有属性列
IsDBNull()	获取一个值，用于指示列中是否包含不存在的或缺少的值
NextResult()	当读取批处理 Transact-SQL 语句的结果时，使数据读取器前进到下一个结果
Read()	使 SqlDataReader 前进到下一条记录
ReferenceEquals()	确定指定的 Object 实例是否是相同的实例
ToString()	返回表示当前 Object 的 String

数据的读取可获取数据库中的数据，但用户查询时，并不是每一种查询条件都有查询结果；而且数据库数据在添加时，并不能保证目标行的每一列都有数据。

ASP.NET 通过 DBNull 对象的 Value 属性来判断。主要代码如下：

```
if(read["st_brithday"] == DBNull.Value)
{
    // st_brithday 列为 null 值
}
```

13.4 实验指导 13-1：数据显示

SqlDataReader 对象能够通过 Read()方法依次读取存储过程或 Transact-SQL 语句的查询结果，本节介绍其显示结果的方法。

SqlDataReader 对象的使用是建立在数据库连接，SqlCommand 对象获取了数据源的基础上，因此在使用之前首先确保数据库连接和数据源的提取。使用 SqlDataReader 对象的主要步骤如下。

（1）连接数据库。

（2）创建 SqlCommand 对象。

（3）创建 SqlDataReader 对象。

（4）数据显示。

（5）关闭 SqlCommand 对象。

（6）断开连接。

同样使用图 13-4 所示的表，在页面中查询并显示表中的所有数据。创建窗体，添加一个标签，用于显示查询结果。标签的名称需要在窗体加载时获取，因此该页面只有一个窗体加载事件。其主要步骤如下所示。

数据库编程

（1）连接数据库，创建 SqlCommand 对象。使用 Transact-SQL 语句作为 SqlCommand 对象的 CommandText，在窗体的 Load 事件中添加语句如下：

```
SqlConnection sqlcn = new SqlConnection();
string connectionString = "Data Source=.;Initial Catalog=Buss;Integrated
Security=True";
sqlcn.ConnectionString = connectionString;
SqlCommand sqlcm = new SqlCommand();
sqlcm.Connection = sqlcn;
sqlcm.CommandType = CommandType.Text;
sqlcm.CommandText = "select * from Users";
sqlcn.Open();
```

（2）步骤（1）中已经打开了数据库连接，由图 13-4 能够看出，该表有 7 条记录，本练习使用 for 循环语句依次获取前 5 条数据，使用如下语句：

```
SqlDataReader reader = sqlcm.ExecuteReader();
for (int i = 0; i < 5; i++)
{
    if (reader.Read())
    {
        label1.Text += String.Format("编号：{0}，  用户名：{1}，  密码：
        {2} ", reader["ID"], reader["Uname"], reader["Upas"]) + "\n\n";
    }
}
```

（3）对数据库的操作完成，需要释放所有的资源，使用语句如下：

```
sqlcm.Dispose();
if (sqlcn != null)
{
    sqlcn.Dispose();
    sqlcn.Close();
}
```

（4）运行该窗体，其效果如图 13-8 所示。表中的数据被一条一条地读取。

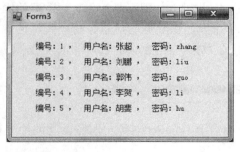

图 13-8　读取记录

通过 SqlCommand 对象、SqlDataReader 对象和 SqlParameter 对象虽然可以顺利读取

数据，但这种读取方式是需要保持数据库连接的。ADO.NET 中提供了在数据库断开连接时，依然能够读取数据的对象，即数据集对象。

13.5 数据集对象

使用数据集对象，可以在数据库处于连接状态时，将数据提取出来保存，并在断开连接后，对所保存的数据进行查询等操作。

使用 SqlCommand 对象、SqlDataReader 对象和 SqlParameter 对象是在数据库连接状态下进行操作，因此一些操作会受到限制。如对数据的提取、排序和筛选等，而这些操作对于保存了数据集的对象来说，能够很好地执行。本节介绍 ADO.NET 中的数据集对象的作用及其使用方法。

13.5.1 数据集对象简介

数据集对象包含了对数据库的检索提取、对数据的操作、显示和管理，其在断开数据库连接的情况下对数据的操作，减轻了服务器负担，大大提高了系统的性能。

数据集对象能够在数据库断开连接时使用，其相关的对象有多种。如能够保存多个表数据的 DataSet 对象、能够保存单个表数据的 DataTable 对象以及为这两个对象进行填充的 DataAdapter 对象等，常见数据集对象如下所示。

- **DataSet 对象** 保存数据集，将数据保存在内存。
- **DataAdapter 对象** 连接数据库与数据集对象，用于检索、填充数据源。
- **DataTable 对象** 保存数据表。
- **DataView 对象** 用于对 DataTable 的可绑定数据的自定义列进行排序、筛选、搜索、编辑和导航。

DataSet 对象能够存储多个数据表，相当于一个只拥有表或视图的数据库。其数据保存在内存中，能够被随时提取。但 DataSet 对象并不能提取数据库中的数据，而是由 DataAdapter 对象在数据库连接过程中，将数据库中的数据填充至 DataSet 对象。

DataSet 对象能够保存多个表，可以为 DataTable 对象赋值，其主要功能是数据的保存，由于同时包含多个表，因此对于数据不易操作。对数据的操作通常在单个表中进行，使用 DataTable 对象保存单个表，供数据的显示、排序和筛选等。

DataView 对象不能保存数据，但能够对 DataTable 中的数据进行多种操作。

13.5.2 SqlDataAdapter 对象

SqlDataAdapter 对象相当于 DataSet 对象与服务器间的中介机构，用于获取数据库数据并将数据填充至 DataSet 对象。

除了连接数据库填充 DataSet 对象，SqlDataAdapter 还可以将指定的 DataTable 填充 DataSet 对象。其常用的属性、方法及其说明如表 13-12 和表 13-13 所示。

表 13-12 SqlDataAdapter 对象的常用属性

属性名称	说明
InsertCommand	获取或设置一个 Transact-SQL 语句或存储过程，以在数据源中插入新记录
DeleteCommand	获取或设置一个 Transact-SQL 语句或存储过程，以从数据集删除记录
SelectCommand	获取或设置一个 Transact-SQL 语句或存储过程，用于在数据源中选择记录
UpdateCommand	获取或设置一个 Transact-SQL 语句或存储过程，用于更新数据源中的记录

表 13-13 SqlDataAdapter 对象的常用方法

方法名称	说明
CreateObjRef()	创建一个对象，该对象包含生成用于与远程对象进行通信的代理所需的全部相关信息
Dispose()	释放由 Component 使用的所有资源
Equals(Object)	确定指定的对象是否等于当前对象
Fill(DataSet)	在指定对象中添加或刷新行（可重载）
FillSchema()	根据指定的对象，配置架构以匹配数据源中的架构
GetFillParameters()	获取当执行 SQL SELECT 语句时由用户设置的参数
GetLifetimeService()	检索控制此实例的生存期策略的当前生存期服务对象
GetType()	获取当前实例的 Type
ToString()	返回包含 Component 的名称的 String
Update()	为指定的对象中每个已插入、已更新或已删除的行调用相应的 INSERT、UPDATE 或 DELETE 语句

359

提示

SqlDataAdapter 对象通常与 SqlConnection 和 SqlCommand 对象一起使用，以便在连接到 Microsoft SQL Server 数据库时提高性能。

13.5.3 DataSet 对象

DataSet 对象通常被称作数据集对象，该对象可以保存数据库中读取的数据，在数据保存之后可以被直接操作，而不需要在数据库进行连接时或读数据库时进行直接操作。

DataSet 对象支持 ADO.NET 中的断开连接的分布式数据方案起到了至关重要的作用。DataSet 对象是数据驻留在内存中的表示形式，不管数据源是什么，它都可以提供一致的关系编程模型。

DataSet 对象的内容是用 XML 来描述数据的，所以它不依赖于任何的数据连接。该对象一般有两种用法，如下所示。

（1）把文本或 XML 数据流加载到 DataSet 对象。

（2）使用 DataAdapter 对象更新或填充 DataSet 对象。

DataSet 对象的作用是在数据库断开连接的情况下临时存储数据，其工作原理如图 13-9 所示。

当应用程序需要数据时会向数据库发出请求获取数据，服务器先将数据发送到 DataSet 中，然后再将数据集传递给客户端。客户端将数据集中数据修改后，会统一将修改过的数据集发送到服务器，服务器接收并修改数据库的数据。

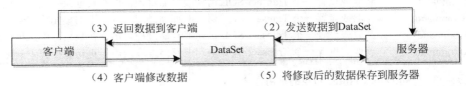

图 13-9　**DataSet** 对象的工作原理

1. DataSet 结构模型

DataSet 对象可以用于多种不同的数据源，也可以用于 XML 数据，还可以用于管理应用程序本地的数据。

DataSet 对象中可以包含一个或多个 DataTable，每个 DataTable 可以包含对应 DataRow 集合对象的 Rows 属性和对应 DataColumn 集合对象的 Columns 属性，以及对应约束对象集合的 Constraints 属性。

除此之外，DataSet 对象还包含 DataRelation 集合的 Relations 属性。DataSet 对象的结构模型如图 13-10 所示。

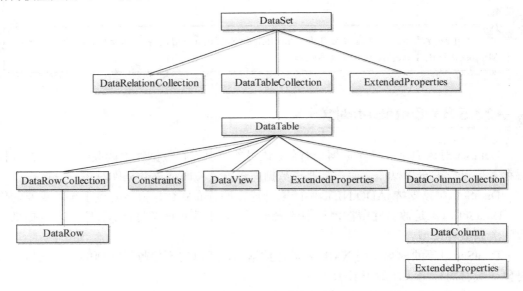

图 13-10　**DataSet** 对象的模型图

DataSet 对象中的方法和对象与关系数据库模型中的方法和对象一致，如下对图 13-10 中的常见对象进行了说明：

❑ **DataRelationCollection**　DataSet 对象在 DataRelationCollection 对象中包含关系，通过关系可以从 DataSet 中的一个表导航至另一个表。关系由 DataRelation

对象表示，它使一个 DataTable 中的行与另一个 DataTable 中的行相关联，DataRelation 标识 DataSet 中两个表的匹配列。

❏ **DataTableCollection** DataSet 包含由 DataTable 对象表示的零个或多个表的集合，DataTableCollection 包含 DataSet 中的所有 DataTable 对象，这些对象由数据行和数据列以及有关 DataTable 对象中的数据的主键、外键、约束和关系信息组成。

❏ **ExtendedProperties** DataSet、DataTable 和 DataColumn 全部具有 ExtendedProperties 属性，该属性是一个 PropertyCollection，可以其中加入自定义信息，例如用于生成结果集的 SELECT 语句或生成数据的时间。ExtendedProperties 集合与 DataSet 的架构信息一起持久化。

❏ **DataView** DataView 创建存储在 DataTable 中的数据的不同视图，通过使用 DataView 用户可以使用不同的排列顺序公开表中的数据，并且可以按行状态或基于筛选器表达式来筛选数据。

2．DataSet 对象的创建

创建 DataSet 对象需要使用 new 关键字，其创建方式有两种：一种是直接创建；另一种是通过直接将创建数据集的名称传入。如果使用第一种方法创建则数据集的名称默认为 NewDataSet。如下通过两种方式创建 DataSet 对象，代码如下：

```
DataSet ds = new DataSet();                    //直接创建
DataSet ds = new DataSet("Customer");          //通过数据集名称创建
```

3．DataSet 对象可以进行的操作

DataSet 主要执行以下操作。

❏ 应用程序中将数据缓存在本地以便可以对数据进行处理。如果只需要读取查询结果，则 SqlDataReader 是更好的选择。

❏ 在层间或从 XML Web Services 对数据进行远程处理。

❏ 与数据进行动态交互，例如绑定到 Windows 窗体控件或组合并关联来自多个源的数据。

❏ 对数据执行大量的处理，而不需要与数据源保持打开的连接，从而将该连接释放给其他客户端使用。

DataSet 对象中的数据在填充后才能使用。其常用的属性及方法如表 13-14 和表 13-15 所示。

表 13-14　DataSet 对象常用属性

名称	说明
DataSetName	获取或设置当前 DataSet 的名称
DefaultViewManager	获取 DataSet 所包含的数据的自定义视图，以允许使用自定义的 DataViewManager 进行筛选、搜索和导航
ExtendedProperties	获取与 DataSet 相关的自定义用户信息的集合
IsInitialized	获取一个值，该值表明是否初始化 DataSet
Locale	获取或设置用于比较表中字符串的区域设置信息

名称	说明
Namespace	获取或设置 DataSet 的命名空间
Relations	获取用于将表连接起来并允许从父表浏览到子表的关系的集合
Tables	获取包含在 DataSet 中的表的集合

表 13-15　**DataSet 对象常用方法**

名称	说明
Clear()	通过移除所有表中的所有行来清除任何数据的 DataSet
Clone()	复制 DataSet 的结构，包括所有 DataTable 架构、关系和约束。不要复制任何数据
Copy()	复制该 DataSet 的结构和数据
CreateDataReader()	为每个 DataTable 返回带有一个结果集的 DataTableReader，顺序与 Tables 集合中表的显示顺序相同
Dispose()	释放由 MarshalByValueComponent 使用的所有资源
EndInit()	结束在窗体上使用或由另一个组件使用的 DataSet 的初始化。初始化发生在运行时
Equals(Object)	确定指定的对象是否等于当前对象
Finalize()	允许对象在"垃圾回收"回收之前尝试释放资源并执行其他清理操作
IsBinarySerialized()	检查 DataSet 的序列化表示形式的格式
Load()	使用提供的 IDataReader 以数据源的值填充 DataSet，可使用 DataTable 实例的数组提供架构和命名空间信息
Merge()	将指定的对象及其架构合并到当前的 DataSet 中
RaisePropertyChanging()	发送指定的 DataSet 属性将要更改的通知
RejectChanges()	回滚自创建 DataSet 以来或上次调用 DataSet.AcceptChanges 以来对其进行的所有更改
Reset()	将 DataSet 重置为其初始状态。子类应重写 Reset，以便将 DataSet 还原到其原始状态
ShouldSerializeRelations()	获取一个值，该值指示是否应该保持 Relations 属性
ShouldSerializeTables()	获取一个值，该值指示是否应该保持 Tables 属性
ToString()	返回包含 Component 的名称的 String

　　由于 DataSet 对象只是一个数据保存的对象，并不提供数据显示，因此需要借助数据显示控件来显示。数据显示控件将在本章 13.6 节介绍，它们能够根据数据源进行绑定，以显示数据源的数据。本节以 DataGridView 控件为例，介绍数据源的显示。

　　数据显示控件的显示原理是根据 DataSet 对象和 DataTable 对象所提供的数据，结合数据显示控件所特有的样式来显示。即 DataSet 对象和 DataTable 对象提供数据源，而数据显示控件只需绑定到该数据源，即可显示数据。

13.5.4　DataTable 对象

　　DataTable 对象与 DataSet 对象一样，保存数据。DataTable 可获取 DataSet 中的表数据，却不能被直接填充。

　　DataTable 对象保存单个表数据，在 System.Data 命名空间中定义。它包含由

数据库编程 ———

DataColumnCollection 表示的列集合以及由 ConstraintCollection 表示的约束集合，这两个集合共同定义表的架构。

　　DataTable 还包含 DataRowCollection 所表示的行的集合，而 DataRowCollection 则包含表中的数据。

　　DataTable 对象的常用属性、常用方法及其说明，如表 13-16 和表 13-17 所示。

表 13-16　DataTable 对象的常用属性

属性名称	说明
Columns	获取属于表的所有列的集合
Rows	获取属于表的所有行的集合
DefaultView	获取可能包括筛选视图或游标位置的表的自定义视图
HasError	获取一个值，该值指示表所属的 DataSet 的任何表的任何行中是否有错误
MinimumCapacity	获取或设置表最初的起始大小
TableName	获取或设置 DataTable 的名称

表 13-17　DataTable 对象中常用方法

方法名称	说明
AcceptChanges()	提交自上次调用 AcceptChanges 以来对该表进行的所有更改
BeginInit()	开始初始化在窗体上使用或由另一个组件使用的 DataTable。初始化发生在运行时
BeginLoadData()	在加载数据时关闭通知、索引维护和约束
Clear()	清除所有数据的 DataTable
Clone()	克隆 DataTable 的结构，包括所有 DataTable 架构和约束
Compute()	计算用来传递筛选条件的当前行上的给定表达式
Copy()	复制该 DataTable 的结构和数据
CreateDataReader()	返回与此 DataTable 中的数据相对应的 DataTableReader
CreateInstance()	基础结构。创建 DataTable 的一个新实例
Dispose()	释放由 MarshalByValueComponent 使用的所有资源
EndInit()	结束在窗体上使用或由另一个组件使用的 DataTable 的初始化。初始化发生在运行时
EndLoadData()	在加载数据后打开通知、索引维护和约束
Equals(Object)	确定指定的对象是否等于当前对象
GetErrors()	获取包含错误的 DataRow 对象的数组
GetHashCode()	用作特定类型的哈希函数
GetObjectData()	用序列化 DataTable 所需的数据填充序列化信息对象
GetService()	获取 IServiceProvider 的实施者
GetType()	获取当前实例的 Type
ImportRow()	将 DataRow 复制到 DataTable 中，保留任何属性设置以及初始值和当前值
Load()	通过所提供的 IDataReader，用某个数据源的值填充 DataTable。如果 DataTable 已经包含行，则从数据源传入的数据将与现有的行合并
LoadDataRow()	查找和更新特定行。如果找不到任何匹配行，则使用给定值创建新行
MemberwiseClone()	创建当前 Object 的浅表副本
Merge()	将指定的 DataTable 与当前的 DataTable 合并，指示是否在当前的 DataTable 中保留更改以及如何处理缺失的架构
NewRow()	创建与该表具有相同架构的新 DataRow

方法名称	说明
NewRowArray()	基础结构。返回 DataRow 的数组
NewRowFromBuilder()	从现有的行创建新行
ReadXml()	使用指定对象将 XML 架构和数据读入 DataTable
ReadXmlSchema()	使用指定对象将 XML 架构读入 DataTable 中
Reset()	将 DataTable 重置为其初始状态
Select()	获取 DataRow 对象的数组
ToString()	获取 TableName 和 DisplayExpression
WriteXml()	使用指定的对象以 XML 格式写入 DataTable 的当前内容
WriteXmlSchema()	将 DataTable 的当前数据结构以 XML 架构形式写入指定对象

DataTable 可以通过其他对象的属性获取，也可以通过代码动态创建。如下为创建 DataTable 对象的一般步骤。

（1）创建 DataTable 的实例对象。

（2）通过创建 DataColumn 对象来构建表结构。

（3）将创建好的表结构添加到 DataTable 对象中。

（4）调用 NewRow()方法创建 DataRow 对象。

（5）向 DataRow 对象中添加多条数据记录。

（6）将数据插入到 DataTable 对象中。

动态地创建 DataTable 对象是不需要连接数据库的，DataTable 对象支持数据的直接填充。遵循上述步骤，动态创建 DataTable 对象。

除此之外，可使用 DataSet 对象对 DataTable 对象进行赋值，由于 DataSet 对象可包含一个或多个表，因此通过索引来获取表，如 DataSet 对象中只有一个表，则可使用以下语句来获取：

```
DataSet ds = new DataSet();
DataTable dt=ds.Tables[0];
```

13.5.5 数据显示

分别使用动态创建和直接赋值的形式，来创建 DataTable，并使用 DataGridView 控件来显示，如练习 13-3 和练习 13-4 所示。

【练习 13-3】

创建空白页，包含一个 DataGridView 控件。创建 DataTable 对象，为儿童信息表。为该对象添加列和行数据，步骤如下。

（1）创建页面步骤省略，首先创建 DataTable 对象，为该对象添加列信息，包含儿童 ID、儿童姓名和儿童年龄 3 个列，代码如下：

```
DataTable dt = new DataTable("childTable");
DataColumn columnID = new DataColumn("ChildID", typeof(System.Int32));
                          //添加第 1 列数据，儿童 ID 为整型
columnID.AutoIncrement = true;        //是否为递增列
```

```
columnID.Caption = "ID";
columnID.ReadOnly = true;              //是否为只读列
columnID.Unique = true;                //是否为唯一列
dt.Columns.Add(columnID);              //为 dt 添加新列
DataColumn columnName = new DataColumn("ChildName", typeof(System.
String));                              //添加第 2 列数据，儿童姓名，为字符串类型
columnName.Caption = "name";
columnName.ReadOnly = true;
dt.Columns.Add(columnName);
DataColumn columnAge = new DataColumn("ChildAge", typeof(System.Int32));
                                       //添加第 3 列数据，儿童年龄为整型
columnAge.Caption = "age";
columnAge.ReadOnly = true;
dt.Columns.Add(columnAge);
```

（2）为该 DataTable 对象添加表数据，即每一行的数据。添加 3 条数据，其中 2 条的添加代码如下：

```
DataRow row1;                          //创建 DataRow 对象
row1 = dt.NewRow();                    //调用 NewRow()方法返回 DataRow 对象
row1["ChildID"] = 1;                   //为 dt 定义第一行的数据
row1["ChildName"] = "和硕";
row1["ChildAge"] = 3;
dt.Rows.Add(row1);                     //为 dt 添加行 row1
DataRow row2;                          //创建第二行
row2 = dt.NewRow();
row2["ChildID"] = 2;
row2["ChildName"] = "朱可";
row2["ChildAge"] = 4;
dt.Rows.Add(row2);
```

（3）将该表绑定到 DataGridView 控件中，代码如下：

```
dataGridView1.DataSource = dt;
```

（4）运行该页面，其效果如图 13-11 所示。

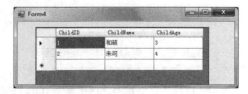

图 13-11 新建表的显示

【练习 13-4】

连接 Buss 数据库，获取表 Users 中的内容，并将其填充在 DataTable 中，使用 DataGridView 控件进行显示，步骤如下。

（1）连接数据库并查询表 Users 中的数据信息。

```
SqlConnection sqlcn = new SqlConnection();
string connectionString = "Data Source=.;Initial Catalog=Buss;Integrated
Security=True";
sqlcn.ConnectionString = connectionString;
SqlCommand sqlcm = new SqlCommand();
sqlcm.Connection = sqlcn;
sqlcm.CommandType = CommandType.Text;
sqlcm.CommandText = "select * from Users";
sqlcn.Open();
```

（2）使用 SqlDataAdapter 对象获取数据信息并填充 DataSet，之后断开数据库连接并释放资源，代码如下：

```
SqlDataAdapter adapter = new SqlDataAdapter();
adapter.SelectCommand = sqlcm;
DataSet ds = new DataSet();
adapter.Fill(ds);
sqlcm.Dispose();
if (sqlcn != null)
{
    sqlcn.Dispose();
    sqlcn.Close();
}
```

（3）通过 DataSet 为 DataTable 赋值，并绑定到 DataGridView 控件中进行显示，代码如下：

```
DataTable dt = ds.Tables[0];
dataGridView1.DataSource = dt;
```

（4）运行该窗体，其效果如图 13-12 所示。

图 13-12　使用 DataSet 填充 DataTable

由练习 13-4 可以看出，断开连接并释放资源之后，DataSet 中的数据没有被释放，依然可以为 DataTable 赋值，并显示。

开发人员可以通过 SqlDataAdapter 对象的 Fill() 方法将数据添加到 DataSet 对象中，也可以通过 DataTableCollection 对象的 Add() 方法将 DataTable 的数据添加到 DataSet 对象中。主要代码如下：

数据库编程

```
DataSet ds = new DataSet();
ds.Tables.Add(dt);
```

注意

访问 DataTable 对象时命名是区分大小写的，如果分别将 DataTable 命名为 "mydt" 和 "MyDt" 则用户搜索其中一个表的字符串是被认为区分大小写的，但是如果其中一个表不存在则会认为搜索字符串不区分大小写。

13.5.6 DataView 对象

数据库中的数据只能使用存储过程或 Transact-SQL 语句进行排序、筛选和搜索等操作，而数据集中的数据可直接使用 DataView 对象来操作。包括对 DataTable 指定列的排序、筛选、搜索、编辑和导航等。

DataView 对象最主要的功能是允许在 Windows 窗体和 Web 窗体上进行数据绑定，另外也可以自定义 DataView 表示 DataTable 中的数据的子集。

DataView 对象包含多个属性和方法，如 RowFilter 属性可以用来筛选数据、Sort 属性可以对数据排序。表 13-18 和表 13-19 分别列举了 DataView 对象的常用属性和方法。

表 13-18　　DataView 对象的常用属性

属性名称	说明
RowFilter	获取或设置用于筛选在 DataView 中查看哪些行的表达式
Sort	获取或设置 DataView 的一个或多个排序列以及排序顺序
Count	在应用 RowFilter 和 RowStateFilter 之后，获取 DataView 中记录的数量
Item	从指定的表获取一行数据
Table	获取或设置源 DataTable
AllowDelete	获取或设置一个值，该值指示是否允许删除
AllowEdit	获取或设置一个值，该值指示是否允许编辑
AllowNew	获取或设置一个值，该值指示是否可以使用 AddNew()方法添加新行

表 13-19　　DataView 对象的常用方法

方法名称	说明
AddNew()	将新行添加到 DataView 中
BeginInit()	开始初始化在窗体上使用的或由另一个组件使用的 DataView。此初始化在运行时发生
Close()	关闭 DataView
ColumnCollectionChanged()	在成功更改 DataColumnCollection 之后发生
Delete()	删除指定索引位置的行
Dispose()	释放 DataView 对象所使用的资源
EndInit()	结束在窗体上使用或由另一个组件使用的 DataView 的初始化。此初始化在运行时发生
Equals()	确定指定的对象或实例是否等于当前对象或实例
Finalize()	允许对象在 "垃圾回收" 回收之前尝试释放资源并执行其他清理操作
Find()	按指定的排序关键字值在 DataView 中查找行

方法名称	说明
FindRows()	返回 DataRowView 对象的数组，这些对象的列与指定的排序关键字值匹配
GetEnumerator()	获取此 DataView 的枚举数
GetType()	获取当前实例的 Type
Open()	打开一个 DataView
ToString()	返回包含 Component 的名称的 String
ToTable()	根据现有 DataView 中的行，创建并返回一个新的 DataTable
UpdateIndex()	保留供内部使用

DataView 对象同样是针对断开连接后的数据进行操作，需要在数据源被填充之后对数据进行操作。如对练习 13-4 中的表数据进行操作，代码如下：

```
DataView dv = dt.DefaultView;
string Oldcount = dv.Count.ToString();        //获取当前记录总数
dv.RowFilter = "Uname like '李%'";            //筛选姓名中姓李的记录
string Newcount = dv.Count.ToString();        //筛选后的记录总数
```

为练习 13-4 中的窗体添加标签，显示删选前后的记录，代码如下：

```
oldcount.Text = Oldcount;
newcount.Text = Newcount;
```

运行该页面，其效果如图 13-13 所示。原本被绑定到如图 13-12 所示的表，在数据筛选后，只显示筛选数据。

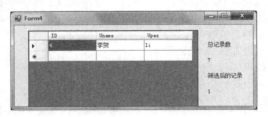

图 13-13　数据筛选

13.5.7　SqlDataReader 对象与 DataSet 对象的区别

ADO.NET 中，SqlDataReader 对象和 DataSet 对象都可以将检索的关系数据存储在内存中。它们的功能相似，但是这两个对象不能相互替换。这两个对象的主要区别如表 13-20 所示。

表 13-20　SqlDataReader 和 DataSet 的主要区别

功能	SqlDataReader 对象	DataSet 对象
数据库连接	必须与数据库进行连接，读表时，只能向前读取，读取完成后由用户决定是否断开连接	可以不和数据库连接，把表全部读到 SQL 中的缓冲池，并断开和数据库的连接

续表

功能	SqlDataReader 对象	DataSet 对象
处理数据的速度	读取和处理数据的速度较快	读取和处理数据的速度较慢
更新数据库	只能读取数据，不能对数据库中数据更新	对数据集中的数据更新后，可以把数据库中的数据更新
是否支持分页和排序功能	不支持	支持
内存占用	占用内存较少	占用内存较多

开发人员在考虑应用程序是使用 SqlDataReader 还是 Dataset 时，首先应该考虑应用程序所需的功能类型。SqlDataReader 和 DataSet 对象都有各自的适用场合， DataSet 对象的适用场合如下。

- ❏ 如果用户想把数据缓存在本地，供程序使用。
- ❏ 想要在断开数据库连接的情况下仍然能够使用数据。
- ❏ 想要为控件指定数据源或实现分页和排序功能。

如果不需要 DataSet 所提供的功能则可以通过使用 SqlDataReader 以只进、只读的方式返回数据，从而提高应用程序的性能。

13.6 数据显示控件——DataGridView 控件

Windows 窗体中提供了一种功能强大的列表显示控件：DataGridView 控件。该控件提供一种强大而灵活的以表格形式显示数据的方式，可以对显示的数据进行查看、删除、修改和排序等。

13.6.1 DataGridView 控件的常用属性和事件

DataGridView 控件可以被称为数据网格控件或网格视图控件，它提供了用来显示数据的可自定义表。开发人员可以使用 DataGridView 控件来显示少量数据的只读视图，也可以对其进行缩放以显示大数据集的可编辑视图。

DataGridView 控件属于复杂的数据绑定控件，也是窗体中最常用的数据绑定控件，使用该控件可以显示一个或多个表的数据。DataGridView 控件提供了大量的属性、方法和事件，使用它们可以用来对该控件的外观和行为进行自定义，如表 13-21 列出了该控件的常用属性。

表 13-21　DataGridView 控件的常用属性

属性名称	说明
AllowUserToAddRows	获取或设置一个值，该值指示是否向用户显示添加行的选项。默认值为 True
AllowUserToDeleteRows	获取或设置一个值，该值指示是否允许用户从 DataGridView 中删除行。默认值为 True
AllowUserToOrderColumns	获取或设置一个值，该值指示是否允许通过手动对列重新定位。默认值为 False

属性名称	说明
AllowUserToResizeColumns	获取或设置一个值，该值指示是否可以调整列的大小。默认值为 True
ColumnCount	获取或设置 DataGridView 中显示的列数
Columns	获取或设置一个值，该值指示是否显示列标题行
DataSource	获取或设置 DataGridView 所显示数据的数据源
DataMember	获取或设置数据源中 DataGridView 显示其数据的列表或表的名称
Item	获取或设置位于指定行和指定列交叉点处的单元格
NewRowIndex	获取新记录所在行的索引
RowCount	获取或设置 DataGridView 中显示的行数
Rows	获取一个集合，该集合包含 DataGridView 控件中的所有行
SelectedRows	获取用户选定的行的集合
SelectedColumns	获取用户选定的列的集合

将数据绑定到 DataGridView 控件只需要设置 DataSource 属性即可，如果绑定到包含多个列表或表的数据源时需要将 DataMember 属性设置为指定要绑定到列表或表的字符串即可。DataGridView 控件支持标准 Windows 窗体数据模型，即 DataSource 属性的数据源可以有多种。如下为主要的实例：

❑ 任何实现 IList 接口的类型，包括一维数组。

❑ 任何实现 IListSource 接口的类，例如 DataTable 和 DataSet 对象。

❑ 任何实现 IBindingList 接口的类，例如 BindingList<T>类。

❑ 任何实现 IBindingListView 接口的类，例如 BindingSource 类。

DataGridView 控件包含多个事件，通过这些事件可以达到不同的目的和效果。该控件最常用的事件有两个：CellContentClick 事件和 CellContentDoubleClick 事件。它们的具体说明如下：

❑ CellContentClick　单元格中的内容被单击时会引发该事件。

❑ CellContentDoubleClick　用户双击单元格的内容时会引发该事件。

13.6.2　在设计器中操作 DataGridView 控件

开发人员可以完全通过编写代码的方式对 DataGridView 控件进行操作，当然最简单的方法是在属性窗格中对控件进行设置，还有一种方法就是在设计器中进行设置。但是在实际开发中，往往会将这两种方法结合起来，下面将介绍几种比较常见的操作。

1．添加、删除和编辑列

从【工具箱】中拖动 DataGridView 控件到窗体中，然后单击该控件右上角的智能标志符号会显示 DataGridView 控件的显示，效果如图 13-14 所示。

单击图 13-14 中 Add Column 和 Edit Columns 选项可以实现向 DataGridView 控件中添加和编辑列的效果，该效果相当于在属性中设置 Columns 属性。单击 Add Column 和 Edit Columns 选项时，其添加和设置对话框如图 13-15 和图 13-16 所示。

数据库编程 ——

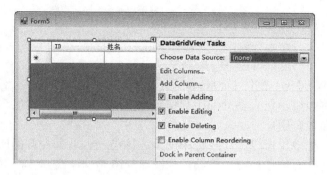

图 13-14 **DataGridView** 列标记

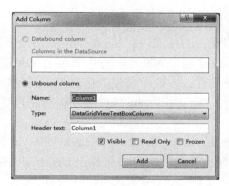

图 13-15 添加列

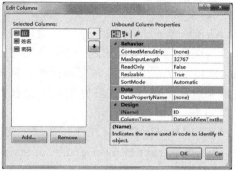

图 13-16 编辑列

图 13-15 中，Name 文本框中是列的名称，不会在控件中显示；而 Header text 文本框是列的标题，会显示在控件中，如图 13-14 所示。在添加列的同时，可对列进行可视、只读和冻结设置。

在图 13-16 中，除了设置列的属性，还可对列进行绑定、添加和删除。图 13-14 中的 Enable Adding、Enable Editing、Enable Deleting 和 Enable Column Reordering 选项，相当于在属性中设置 AllowUserToAddRows 和 AllowUserToDeleteRows 属性等。

选择数据源后的下拉框可以设置数据源，该效果相当于在【属性】窗体中设置 DataSource 属性或都在后台通过编码设置 DataSource 属性。

2．更改列的类型

开发人员在将控件绑定到数据源时，可能会需要更改某些自动生成的列的类型。这时可以单击 Edit Column 选项在弹出的对话框中选择一列，然后在列属性网格中，将 ColumnType 属性设置为新的列类型。ColumnType 属性仅仅用于设计时，它指示的类表示列类型，并不是类中定义的实际属性。

3．隐藏列

有时用户希望在 Windows 窗体 DataGridView 控件中仅仅显示有用的某些列，例如用户可能希望向具有管理凭据的用户显示雇员工资列，而对其他用户隐藏该列。如图

13-16 所示，选中列，将 Visible 属性设置 False 即可。

4．冻结列

用户在查看 Windows 窗体 DataGridView 控件中显示的数据时，有时需要频繁参考一列或若干列。例如显示包含多列的用户信息时需要始终显示用户姓名而使其他在列可视区域以外滚动会很有用。

如果要实现这种效果可以冻结控件中的列，冻结一列后其左侧的所有列也被冻结，冻结的列保持不动，而其他列可以滚动。如图 13-16 所示，选中列，将 Frozen 属性设置 True。

5．隔行分色效果

DataGridView 控件中的数据通常会以类似账目的格式进行显示，当显示的数据有多行时可以实现隔行分色的效果，这种效果可以方便用户判断每一行中有哪些单元格。

DataGridView 控件可以为交替行指定完整的样式，除了背景颜色之外，还可以使用诸如前景颜色和字体等样式特性来区分交替行。DataGridView 控件实现隔行分色效果的主要步骤如下：

（1）选中 DataGridView 控件并在属性中找到 AlternatingRowsDefaultCellStyle 属性。

（2）单击 AlternatingRowsDefaultCellStyle 属性旁的省略号按钮弹出 Cell Style Builder 对话框。

（3）在弹出的对话框中通过设置属性定义样式，再单击 OK 按钮确认选择。这样用户所指定的样式将用于控件中显示的每一个交替行。

13.6.3 DataGridView 控件的使用

开发人员可以通过 DataGridView 控件的相关属性设置或获取某行某列的值，如下两种方式代码都演示了如何获取 DataGridView 控件中第 i 行第 j 列的值：

```
DataGridView [j, i].Value.ToString();
DataGridView.Rows[i].Cells[j].Value.ToString();
```

如下通过代码将第 1 列的值全部设置为只读：

```
DataGridView.Columns[0].ReadOnly = true;
```

本章前几节已经介绍了 DataGridView 控件的属性、事件以及如何在设计器中设置 DataGridView 控件，甚至在数据显示中简单使用过 DataGridView 控件。

而 DataGridView 控件在运行时，在窗体中可以对数据直接进行修改，本节介绍如何在 DataGridView 中对数据进行修改。

【练习 13-5】

使用练习 13-4 中的数据源，通过 DataGridView 控件显示数据，将列名修改为：ID、姓名和密码。添加 DataGridView 控件的添加和修改功能，步骤如下：

（1）添加新的窗体、DataGridView 控件和提交按钮，步骤省略。在 DataGridView 控件中添加列，如图 13-14 和图 13-15 所示，步骤省略。

（2）添加列完成后可以对列进行编辑，选中要编辑的列，在右侧找到 DataPropertyName 属性，将该属性的值设置为后台数据库中相对应的字段名。设置完成后该字段可以自动绑定动态读取的数据。

（3）为窗体添加 Load 事件，为 DataGridView 控件绑定数据，具体代码如练习 13-4 所示，步骤与代码一样，参见练习 13-4。

（4）由于 DataGridView 控件窗格中 AllowUserToAddRows 属性的值默认为 True，所以用户可以直接在该控件中添加数据。为 Button 控件添加 Click 事件，该事件代码分别主要通过 SqlCommandBuilder 对象和 Update() 方法实现更新功能。具体代码如下：

```
private void button1_Click(object sender, EventArgs e)
{
    DialogResult dr = MessageBox.Show("确定要将修改的数据保存到数据库吗？", "
    修改提示", MessageBoxButtons.OKCancel, MessageBoxIcon.Question);
    if (dr == DialogResult.OK)
    {
        SqlCommandBuilder sb = new SqlCommandBuilder(adapter);
        adapter.Update(ds);
        MessageBox.Show("修改成功", "成功提示");
    }
    if (sqlcn != null)
    {
        sqlcn.Dispose();
        sqlcn.Close();
    }
}
```

373

（5）运行该窗体，添加内容并单击【提交】按钮，其效果如图 13-17 所示；单击【确定】按钮，有修改成功的对话框。

图 13-17　DataGridView 数据修改

注意

SqlCommandBuilder 对象只能用来操作单个表，也就是说，开发人员在创建 SqlDataAdapter 对象时，使用的 SQL 语句只能从一个表里查数据，而不能进行联合查询。

13.7 实验指导 13-2：用户注册

ADO.NET 技术的使用主要表现在对数据库表的操作，以用户注册为例，实现对注册表信息的注册管理，要求如下。

- ❑ 设置用户表的主键 ID 为自动增 1 的标识列。
- ❑ 验证用户名是否重复。
- ❑ 若用户名可用，将用户信息添加至数据库。
- ❑ 注册成功后判断用户的 ID，显示该用户是第几个注册用户。

用户信息的验证和添加是两个过程，首先验证用户名是否重复，在确定没有重复的情况下执行添加。

用来添加的按钮在添加完成后，需要提示该用户是第几名注册用户，因此包含两个过程：添加用户信息；根据用户信息查询用户 ID。具体步骤如下所示。

（1）窗体的创建，该实例需要两个窗体，一个用来供用户注册，需要有用户名和密码两个文本框，一个【登录】按钮，步骤省略。

（2）编写一个验证方法，根据 ID 的数量判断用户名是否重复，使用存储过程如下所示：

```
CREATE PROCEDURE [dbo].[UnameCheck]
    @name  nvarchar(20)
AS
    select count(ID) from Users where Uname=@name
RETURN 0
```

（3）根据步骤（2）中存储过程的返回结果，判断用户名是否重复，验证方法 Check() 代码如下：

```
public bool Check()
{
    string connectionString = "Data Source=.;Initial Catalog=Buss;
    Integrated Security=True";
    SqlConnection connection = new SqlConnection(connectionString);
    connection.Open();
    SqlCommand comC = new SqlCommand("UnameCheck", connection);
    comC.CommandType = CommandType.StoredProcedure;
    SqlParameter[] parm = new SqlParameter[]
        {
            new SqlParameter("@name",nameBox.Text)
        };
    foreach (SqlParameter a in parm)
    {
        comC.Parameters.Add(a);
    }
    int num = Convert.ToInt16(comC.ExecuteScalar().ToString());
    if (num < 1)
```

```
    {
        return true;
    }
    else
    {
        return false;
    }
}
```

（4）添加完成后，需要获取该用户的 ID，使用如下存储过程：

```
CREATE PROCEDURE [dbo].[UserGetnum]
    @name  nvarchar(20)
AS
    select ID from Users where Uname=@name
RETURN 0
```

（5）创建获取 ID 的方法，代码如下：

```
public string GetNum()
{
    string connectionString = "Data Source=.;Initial Catalog=Buss;
    Integrated Security=True";
    SqlConnection connection = new SqlConnection(connectionString);
    connection.Open();
    SqlCommand comm = new SqlCommand("UserGetnum", connection);
    comm.CommandType = CommandType.StoredProcedure;
    SqlParameter[] parmName = new SqlParameter[]
    {
        new SqlParameter("@name",nameBox.Text)
    };
    foreach (SqlParameter a in parmName)
    {
        comm.Parameters.Add(a);
    }
    return comm.ExecuteScalar().ToString();
}
```

（6）按钮的单击事件，首先需要验证用户名是否重复，若不重复则执行添加，并将该用户的 ID 值传给显示窗体。因此需要在显示窗体 UserShow 窗体类中，定义公共字段 num，在登录页面为其赋值。省略添加用户的存储过程，按钮单击事件代码如下：

```
private void LOGbutton_Click(object sender, EventArgs e)
{
    if (Check())
    {
        string connectionString = "Data Source=.;Initial Catalog=Buss;
        Integrated Security=True";
        SqlConnection connection = new SqlConnection(connectionString);
        connection.Open();
```

```
SqlCommand comAdd = new SqlCommand("UsersAdd", connection);
comAdd.CommandType = CommandType.StoredProcedure;
SqlParameter[] parm = new SqlParameter[]
{
    new SqlParameter("@name",nameBox.Text),
    new SqlParameter("@pass",pasBox.Text),
};
foreach (SqlParameter a in parm)
{ comAdd.Parameters.Add(a); }
comAdd.ExecuteNonQuery();
if (connection != null)
{
    connection.Dispose();
    connection.Close();
}
UserShow frm = new UserShow();
frm.num = GetNum();
frm.Show();
}
else
{
    MessageBox.Show("该用户名已注册，请使用其他用户名");
}
}
```

（7）数据显示窗体只需一个标签控件（来显示该用户是第几个用户）和一个 DataGridView 控件（用来显示表中数据），代码如下：

```
public string num;
private void UserShow_Load(object sender, EventArgs e)
{
    label1.Text = "恭喜！您是第 "+num+" 位注册用户";
//省略数据库连接和获取代码，参考练习 13-4
    DataTable dt = ds.Tables[0];
    dataGridView1.DataSource = dt;
}
```

（8）运行注册窗体，写入已经注册的"祝枝山"，其效果如图 13-18 所示。而使用未注册的用户名"韦小宝"注册，可进入用户显示窗体，如图 13-19 所示。该用户的 ID 被成功读取，并被赋值显示。

图 13-18 已注册用户

图 13-19 数据显示

13.8 思考与练习

一、填空题

1. ADO.NET 提供了用于访问和操作数据的两个组件，它们分别是.NET Framework 数据提供程序和_____。

2. _____对象表示数据库 Microsoft SQL Server 的一个连接。

3. SqlConnection 对象的_____方法可以释放 Component 所占用的资源。

4. 下面主要代码的横线处应该填写_____。

```
using(SqlDataReader reader =
command.ExecuteReader())
{
    while(reader_____){
    //省略读取的详细内容
    }
}
```

5. SqlDataAdapter 对象更改 DataGridView 控件中的数据完成后，需要更新后台数据库中的内容，这时需要调用 SqlDataAdapter 对象的_____方法。

6. TreeView 控件的_____属性用来设置树节点路径所使用的分隔符串。

7. SqlDataReader 对象的_____属性可以用来获取当前行中的列数。

二、选择题

1. .NET Framework 数据提供程序的核心对象不包括_____。
    A. Connection
    B. DataAdapter
    C. DataSet
    D. DataReader

2. 如果开发人员要打开 Microsoft SQL Server 的数据库连接，选项_____是正确的。
    A.

```
string connectionString = "Data
Source = .; Initial Catalog =
master; User ID = sa";
SqlConnection connection = new
```

```
SqlConnection(connectionString);
```

    B.

```
SqlConnection connection = new
SqlConnection("Data Source = .");
```

    C.

```
SqlConnection connection = new
SqlConnection();
connection.ConnectionString =
"Data Source = . ";
```

    D.

```
string connectionString = "Data
Source = .; User ID = sa; Password=
123";
SqlConnection connection = new
SqlConnection(connectionString);
```

3. 下面关于 SqlDataReader 和 DataSet 的说法正确的是_____。
    A. 使用 SqlDataReader 对象的地方不能使用 DataSet 对象，但是使用 DataSet 对象的地方可以使用 SqlDataReader 对象替换
    B. 使用 DataSet 对象的地方不能使用 SqlDataReader 对象，但是使用 SqlDataReader 对象的地方可以使用 DataSet 对象替换
    C. SqlDataReader 对象可以更改后台数据库中的数据，而 DataSet 对象不能对数据库的数据更新
    D. DataSet 对象可以更改后台数据库中的数据，而 SqlDataReader 对象不能对后台数据库的数据进行更新

4. 下面代码完成根据 ID 删除用户的功能，其中横线处应该填写_____。

```
string connectionString = "Data
Source=.;Initial Catalog=master;
User ID=sa; Password=123456";
SqlConnection connection = new
SqlConnection(connectionString);
```

```
connection.Open()
string sql = "DELETE FROM
[UserInfo] where uid=3";
SqlCommand command = new
SqlCommand(sql, connection);
int result = command._____;
connection.Close();
```

A．ExecuteXmlReader()

B．ExecuteReader()

C．ExecuteNonQuery()

D．ExecuteScalar()

5．关于 SqlCommand 对象的使用步骤，下面选项_____是正确的。

（1）创建 SqlCommand 的实例对象。

（2）定义要执行的 Transact-SQL 语句。

（3）使用 SqlConnection 对象创建数据库连接。

（4）关闭数据库连接。

（5）执行 Transact-SQL 语句。

A．（3）、（2）、（1）、（4）、（5）

B．（3）、（2）、（1）、（5）、（4）

C．（2）、（3）、（4）、（5）、（1）

D．（2）、（3）、（1）、（5）、（4）

6．下面关于 TreeView 控件的说法中，选项_____的说法是错误的。

A．TreeView 控件的 Remove()方法和 RemoveAt()都可以删除指定的节点

B．TreeView 控件的 SelectedNode 属性返回 TreeNode 的节点对象

C．TreeView 控件的 Nodes 属性返回 TreeNodeCollections 集合对象

D．TreeView 控件的 Index 方法表示获取节点在树形菜单中的层级，从 0 开始

三、简单题

1．说出常见的.NET Framework 的数据提供程序和基本对象。

2．列举 SqlDataReader 对象和 DataSet 对象的异同点。

3．说明使用 SqlDataAdapter 对象填充和修改 DataSet 对象时所用的方法。

4．请说出 SqlDataReader 对象的使用步骤。

5．列举 DataGridView 控件和 TreeView 控件的常用属性和事件。

6．请说出搭建三层框架的主要步骤。

第14章 文件和IO流

文件的读取、查询、创建和删除，是系统的重要功能。大多用户经常在操作系统下对文件进行搜索、读取、编辑、删除等操作。对文件的操作即为对数据流的操作，本章主要介绍文件和 IO 流的相关知识，包括 Sytem.IO 命名空间类层次结构、流的分类、内存流和文件流、操作文件和目录，以及读取和写入文件等。

本课学习目标：

❑ 了解 System.IO 命名空间下类的层次结构。
❑ 掌握内存流和文件流的使用。
❑ 掌握获取文件、目录和驱动器信息的方法。
❑ 掌握 Directory 类实现各种目录操作的方法。
❑ 掌握 File 类操作文件的方法。
❑ 掌握读取和写入普通文本的方法。
❑ 熟悉二进制文件的读写。

14.1 认识流

对文件的操作，其实质是对数据流的操作。计算机中的流其实是一种信息的转换，它是一种有序流。

相对于某一对象，通常我们把对象接收外界的信息输入（Input）称为输入流。相应地，从对象向外输出（Output）信息称为输出流，合称为输入/输出流（I/O Streams）。

对象间进行信息或者数据的交换时，总是先将对象或数据转换为某种形式的流，再通过流的传输，到达目的对象后再将流转换为对象数据。所以，可以把流看作是一种数据的载体，通过它可以实现数据交换和传输。

在计算机编程中，流就是一个类的对象，很多文件的输入输出操作都以类的成员函数的方式来提供。下面详细了解一下 C#中流的概念。

14.1.1 System.IO 命名空间

在 C#中，所有内置的，与文件、目录和流相关操作的类，都在 System.IO 命名空间下。使用该命名空间可以大大简化开发者的工作，可直接通过类进行一系列的操作，而不必关心操作的是本地文件，还是网络中的数据。

System.IO 命名空间中操作目录和文件时常用的类及其说明如表 14-1 所示。

这些类将在下面的节中详细介绍，如图 14-1 所示为包含在 System.IO 命名空间中类的层次结构。

表 14-1　System.IO 命名空间常用类

类名	说明
BinaryReader	用特定的编码将基元数据类型读作二进制值
BinaryWriter	以二进制形式将基元类型写入流，并支持用特定的编码写入字符串
BufferedStream	给另一个流上的读写操作添加一个缓冲层。此类不可继承
Directory	公开用于创建、移动和枚举目录和子目录的静态方法
DirectoryInfo	公开用于创建、移动和枚举目录和子目录的实例方法
File	提供用于创建、复制、删除、移动和打开文件的静态方法
FileInfo	提供用于创建、复制、删除、移动和打开文件的实例方法
FileStream	既支持同步读写操作，也支持异步读写操作
MemoryStream	创建以内存作为其支持存储区的流
Stream	提供字节序列的一般视图
StreamReader	以一种特定的编码从字节流中读取字符
StreamWriter	以一种特定的编码向流中写入字符
StringReader	实现从字符串进行读取
StringWriter	实现一个用于将信息写入字符串
TextReader	表示可读取连续字符系列的阅读器
TextWriter	表示可以编写一个有序字符系列的编写器。该类为抽象类

380

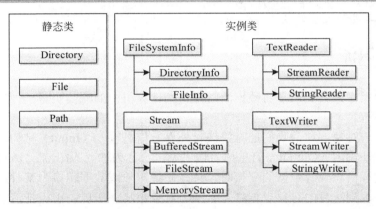

图 14-1　System.IO 命名空间类层次结构

14.1.2　流抽象类

从图 14-1 所示 System.IO 命名空间的类层次结构中可以看到，要使用流必须从 Stream 类派生，即 Stream 类是所有表示流的类的父类。

Stream 类是一个抽象类，该类及其派生类提供流操作的一般视图，使开发人员不必了解操作系统和基础设备的具体细节。另外，Stream 类及其派生类的 CanRead、CanWrite 和 CanSeek 属性决定了不同流所支持的操作。最常使用的三种流类型如下：

❑ **FileStream 类**　文件流，用来操作文件。

❑ **MemoryStream 类**　内存流，用来操作内存中的数据。

❑ **BufferedStream 类** 缓存流，来操作缓存中的数据。

这三种流类型之间的类关系如图 14-2 所示。

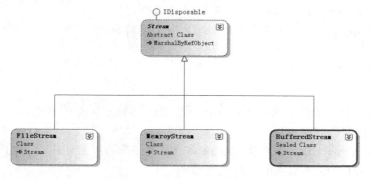

图 14-2 **Stream 抽象类以及其他类的类关系图**

从图 14-2 中可以看出 Stream 类为抽象类，FileStream 类、MemoryStream 类和 BufferedStream 类都继承自该类。

其中 BufferedStream 类为密封类不可直接使用，因此本章 14.1.5 节和 14.1.4 节将详细介绍 FileStream 类和 MemoryStream 类的使用。

14.1.3 编码

编码与流的使用是密切相关的，如汉字、字母和数字在计算机中使用不同的编码格式，因此对这些数据进行流操作时，需要根据不同的编码类型来转化为流。

编码是一个将一组 Unicode 字符转换为一个字节序列的过程。解码是一个反向操作过程，即将一个编码字节序列转换为一组 Unicode 字符。

Unicode 标准为所有支持脚本中的每个字符分配一个码位（一个数字）。Unicode 转换格式(UTF)是一种码位编码方式。Unicode 标准 3.2 版使用下列 UTF。

❑ **UTF-8** 将每个码位表示为一个由 1 至 4 个字节组成的序列。

❑ **UTF-16** 将每个码位表示为一个由 1 至 2 个 16 位整数组成的序列。

❑ **UTF-32** 将每个码位表示为一个 32 位整数。

编码使用 UnicodeEncoding 类，在 System.Text 命名空间下，其中 GetByteCount()方法确定将有多少字节对 Unicode 字符集进行编码；GetBytes()方法执行实际的编码。其他常见方法及其说明如下所示。

❑ **Convert()** 将字节数组从一种编码转换为另一种。

❑ **GetByteCount()** 计算对一组字符进行编码时产生的字节数。

❑ **GetBytes()** 将一组字符编码为一个字节序列。

❑ **GetCharCount()** 确定将有多少字符对字节序列进行解码。

❑ **GetChars()** 将一个字节序列解码为一组字符。

❑ **GetDecoder()** 获取可以将 UTF-32 编码的字节序列转换为 Unicode 字符序列的解码器。

❑ **GetEncoder()**　获取可将 Unicode 字符序列转换为 UTF-32 编码的字节序列的编码器。

❑ **GetEncodings()**　返回包含所有编码的数组。

❑ **GetString()**　将一个字节序列解码为一个字符串。

14.1.4　内存流

内存流是一个非缓冲的流，可以在内存中直接访问它里面的数据，而且内存流没有后备存储，可以做临时缓冲区。

内存流由 MemoryStream 类实现，该类中包含多个可以描述内存流的特性。表 14-2 列出了 MemoryStream 类常用的属性及其说明。

表 14-2　**MemoryStream 类常用属性**

属性名称	说明
CanRead	获取一个值，该值指示当前流是否支持读取
CanSeek	获取一个值，该值指示当前流是否支持查找
CanTimeOut	获取一个值，该值确定当前流是否可以超时
CanWrite	获取一个值，该值指示当前流是否支持写入
Length	获取用字节表示的流长度
Position	获取或设置当前流中的位置
Capacity	获取或设置分配给该流的字节数

除了上述属性外，MemoryStream 类中还包含用于读取流、写入流或设置流的当前位置的方法。如表 14-3 列出了 MemoryStream 类常用的方法及其说明。

表 14-3　**MemoryStream 类常用方法**

方法名称	说明
Read()	从当前流中读取字节块并将数据写入 buffer 中
ReadByte()	从当前流中读取一个字节
Seek()	将当前流中的位置设置为指定值
SetLength()	将当前流的长度设为指定值
Write()	使用从缓冲区读取的数据将字节块写入当前流
WriteByte()	将一个字节写入当前流中的当前位置
WriteTo()	将此内存流的整个内容写入另一个流中

上述方法中，最为常用的是方法的写入，如 Write()方法，其定义语句如下所示：

```
public override void Write (byte[] buffer,int offset,int count)
```

上述代码中含有 3 个参数，其说明如下所示：

❑ **buffer**　从中写入数据的缓冲区。

❑ **offset**　buffer 中的字节偏移量，从此处开始写入。

❑ **count**　最多写入的字节数。

使用 MemoryStream 类属性和方法编写一个程序，实现向内存中写入和读取数据，如练习 14-1 所示。

【练习 14-1】

向内存中写入两个汉字编码类型的字符串和一个整型类型的数据,输出它们的内容,并给出内存流中占用的字节数、长度以及流的位置。

(1) 定义两个汉字字符串和整型数据,分别转化为 3 个字节数组,代码如下:

```
int count=0;
byte[] intArray;
byte[] byteArray;
char[] charArray;
UnicodeEncoding uniEncoding = new UnicodeEncoding();
byte[] firstString = uniEncoding.GetBytes("司马光砸缸");      //字符串 1
byte[] secondString = uniEncoding.GetBytes("孟母三迁");       //字符串 2
byte[] thirdString = BitConverter.GetBytes(123);            //整型数据
```

上述代码调用 UnicodeEncoding 类的 GetButyes()方法将包含有汉字的字符转换为 byte 数组,并分别保存到 firstString 和 secondString 中。

(2) 创建 UnicodeEncoding,使用 Write()方法和 WriteByte()方法将字节数组读入到内存中,代码如下:

```
MemoryStream memStream = new MemoryStream(100);
memStream.Write(firstString, 0, firstString.Length);
                                        //写入 firstString 数据流
while (count < secondString.Length)     //写入 secondString 数据流
{
    memStream.WriteByte(secondString[count++]);
}
memStream.Write(thirdString, 0, thirdString.Length);
                                        //写入 thirdString 数据流
```

WriteByte()方法可以将一个字节写入到流的当前位置。

(3) 调用 MemoryStream 类的 Capacity、Length 和 Position 属性输出写入的信息,代码如下所示:

```
Console.WriteLine("Capacity={0},Length={1},Position={2}\n", memStream.
Capacity.ToString(), memStream.Length.ToString(), memStream.Position.
ToString());
```

(4) 当前内存中有两种数据,另一种是汉字,一种是整型数据,都被转换为字节数组存放在内存中。分别读取两种数据,放在两个数组中,转化为原有数据编码并输出,代码如下所示:

```
memStream.Seek(0, SeekOrigin.Begin);               //定位到流的开始位置
byteArray = new byte[memStream.Length];//创建一个与流长度相同的 byte 数组
//将从 0 开始(firstString.Length + secondString.Length)长度的内存流读入
byteArray 数组中
memStream.Read(byteArray, 0, firstString.Length + secondString.Length);
```

```
intArray = new byte[thirdString.Length];
//将从0开始，thirdString.Length长度的内存流读入intArray数组中
memStream.Read(intArray, 0, thirdString.Length);
charArray = new char[uniEncoding.GetCharCount(byteArray, 0, count)];
//转换为char数组
uniEncoding.GetDecoder().GetChars(byteArray, 0, count, charArray, 0);
//转换为中文
BitConverter.ToInt32(intArray, 0);                        //转化为整型数据
Console.WriteLine(charArray);
foreach (int i in intArray)
{
    Console.Write(i);
}
```

上述代码中，内存流读入 byteArray 数组时，其内容已经改变，因此在读入 intArray 数组时，需要从 0 位置开始。

（5）运行上述代码，其效果如图 14-3 所示。

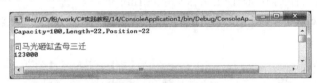

图 14-3　内存流的写入和读取

14.1.5　文件流

默认情况下，文件流会以同步方式打开文件，但它支持异步操作。使用文件流可以对文件系统上的文件进行读取、写入、打开和关闭操作，并对其他文件相关的操作系统句柄进行操作，如管道、标准输入和标准输出等。

通过对练习 14-1 中内存流的使用，文件流的概念和用法更容易掌握了。文件流由 FileStream 类实现，该类包含可以指定当前文件流是异步还是同步、是否支持查找以及获取文件流的长度等属性。表 14-4 列出了 FileStream 类常用的属性及其说明。

表 14-4　FileStream 类的常用属性

属性名称	说明
IsAsync	当前流是异步打开还是同步打开
CanRead	获取指示当前流是否支持读取的值
CanSeek	获取指示当前流是否支持查找功能的值
CanTimeOut	获取一个值，该值确定当前流是否可以超时
CanWrite	获取指示当前流是否支持写入功能的值
Length	获取用字节表示的流长度
Position	获取或设置当前流中的位置
ReadTimeout	获取或设置一个值（以毫秒为单位），该值确定流在超时前尝试读取多长时间
WriteTimeout	获取或设置一个值（以毫秒为单位），该值确定流在超时前尝试写入多长时间

FileStream 类主要用于对文件的操作，如打开、关闭、写入和读取文件等。表 14-5 列出了 FileStream 类常用的方法及其说明。

表 14-5　FileStream 类的常用方法

方法名称	说明
BeginRead()	开始异步读操作
BeginWrite()	开始异步写操作
Close()	关闭当前流并释放与之关联的所有资源（如套接字和文件句柄）
EndRead()	等待挂起的异步读取完成
EndWrite()	结束异步写操作
Seek()	设置当前流中的位置
Read()	从当前流读取字节序列，并将此流中的位置提升读取的字节数
ReadByte()	从流中读取一个字节，并将流内的位置向前推进一个字节，如果已到达流的末尾，则返回-1
Write()	向当前流中写入字节序列，并将此流中的当前位置提升写入的字节数
WriteByte()	将一个字节写入流内的当前位置，并将流内的位置向前推进一个字节

FileStream 类最常用的构造函数语法如下：

```
FileStream(String FilePath,FileMode)
```

其中 FilePath 参数用于指定要操作的文件；FileMode 参数指定打开文件的模式，它是一个 FileMode 枚举类型，成员如下：

❑ **Create**　用指定的名称新建一个文件，如果文件存在则覆盖文件。

❑ **CreateNew**　新建一个文件，如果文件存在会发生异常，提示文件已经存在。

❑ **Open**　打开一个已存在的文件，否则发生异常。

❑ **OpenOrCreate**　打开或指定一个文件，如果文件不存在，则用指定的名称新建一个文件并打开。

❑ **Truncate**　指定操作系统应打开现有文件。文件一旦打开，就将被截断为零字节大小。

❑ **Append**　如果指定的文件存在，则定位到文件末尾以追加方式写入。

使用前面所给出的 FileStream 类属性和方法编写一个程序，读取某个文本文件的内容，并将其写入另一个文本文件，如练习 14-2 所示。

【练习 14-2】

读取"经典小故事.txt"文件的内容，为字符串变量赋值，并创建新的文件，使用该字符串来写入新文件，查看新文件与原文件，步骤如下。

（1）初始化字节数组和字符数组来获取"经典小故事.txt"文件的内容，代码如下：

```
byte[] byteArray;
char[] charArray;
string filePath = "经典小故事.txt ";          //指定读取的文件名
string str = "";                              //存储读取的文件内容
//文件流 FileStream 类实例
FileStream fs;
```

（2）读取文件流，转化为字符数组，最后合并为一个完整的字符串，代码如下：

```
try
{
    fs = new FileStream(filePath, FileMode.Open);      //实例化
    long count = fs.Length;                            //获取流的大小
    byteArray = new byte[count];
    fs.Seek(0, SeekOrigin.Begin);                      //定位到开始处
    Console.WriteLine("开始读取...");
    fs.Read(byteArray, 0, (int)count);                 //开始读取
    Decoder d = Encoding.Default.GetDecoder();
    charArray = new char[count];
    d.GetChars(byteArray, 0, byteArray.Length, charArray, 0);
    for (int i = 0; i < count; i++)
    {
        str = String.Concat(str, charArray[i]);
    }
    Console.WriteLine("读取完成! ");
}
catch (System.IO.IOException ex)                       //抛出异常提示
{
    Console.WriteLine("发生错误, 信息如下: \n{0}", ex.Message);
}
```

上述代码的重点是创建 FileStream 类实例时使用 FileMode.Open 方式指定为打开文件，然后调用 Seek()方法定位到文件开始处，再读取所有内容到 byteArray 中。

接下来对 byteArray 进行转换，以及将字符数组的每一个成员合并在字符串中。

（3）将步骤（2）中获取的字符串，写入新建的文本文档中。可以使用 FileMode.Create 方法来创建文件，代码如下：

```
try
{
    fs = new FileStream("newText.txt", FileMode.Create);   //实例化
    byteArray = System.Text.Encoding.Default.GetBytes(str);
    Console.WriteLine("开始写入...");
    fs.Write(byteArray, 0, byteArray.Length);              //向文件中写入数据
    fs.Close();                                            //关闭文件流
    Console.WriteLine("写入成功! ");
}
catch (System.IO.IOException ex)                           //抛出异常提示
{
    Console.WriteLine("发生错误, 信息如下: \n{0}", ex.Message);
}
```

上述代码通过 FileStream 类的构造函数指定文件名称和打开方式。接着调用 Write()方法将指定数量的内容写入文件，该方法各个参数含义与 MemoryStream 类相同。之后调用 Close()方法关闭文件流。运行上述代码，其结果如图 14-4 所示。

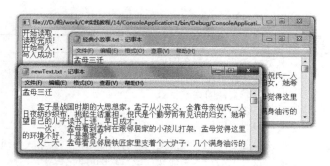

图 14-4　文件的读取与写入

技巧

> 由于项目中的文件读取和写入，使用的是文件名称而不是文件路径，因此默认读写的是项目文件夹下 bin\Debug 文件夹中的文件。

14.2　获取文件系统信息

本章 14.1 节介绍了 System.IO 命名空间及其类的层次结构、流的分类、内存流与文件流的简单应用，本节进一步介绍如何使用 System.IO 命名空间下提供的实例类获取本地硬盘上文件、目录和驱动的信息。

14.2.1　文件信息 FileInfo 类

与文件相关的类，有本章 14.1.5 节所介绍的文件流 FileStream 类，还有用于显示文件属性信息的 FileInfo 类，以及对文件进行操作的 File 类。

System.IO 命名空间的 FileInfo 类提供有关文件操作的相关方法，例如创建、删除、移动和打开文件等。FileInfo 类的常用属性和方法为非静态成员，因此需要在实例化的情况下使用。

1．属性

作为实例对象操作的类，FileInfo 类提供了很多属性来获取文件的相关信息，例如：文件大小、文件创建时间和最后一次更新时间等。如表 14-6 列出了该类的常用属性。

表 14-6　**FileInfo** 类常用属性

属性	说明
Attributes	获取或设置当前 FileSystemInfo 的 FileAttributes 属性
CreationTime	获取或设置当前 FileSystemInfo 对象的创建时间
CreationTimeUtc	获取或设置当前 FileSystemInfo 对象的创建时间，其格式为通用 UTC 时间
Directory	获取父目录的实例
DirectoryName	获取表示目录的完整路径的字符串

续表

属性	说明
Exists	获取指示文件是否存在的值
Extension	获取表示文件扩展名部分的字符串
FullName	获取目录或文件的完整目录
IsReadOnly	获取或设置确定当前文件是否为只读的值
LastAccessTime	获取或设置上次访问当前文件或目录的时间
LastAccessTimeUtc	获取或设置上次访问当前文件或目录的时间，其格式为通用 UTC 时间
LastWriteTime	获取或设置上次写入当前文件或目录的时间
LastWriteTimeUtc	获取或设置上次写入当前文件或目录的时间，其格式为通用 UTC 时间
Length	获取当前文件的大小
Name	获取文件名

【练习 14-3】

创建 IE 浏览器文件的 FileInfo 类对象，通过对该对象属性的访问，输出 IE 浏览器的文件信息，代码如下：

```
static void Main(string[] args)
{
    //指定文件路径
    String filePath = @"C:\Program Files\Internet Explorer\iexplore.exe";
    //创建 FileInfo 类实例
    FileInfo fi = new FileInfo(filePath);
    Console.WriteLine("    文件扩展名为: " + fi.Extension);
    Console.WriteLine("    文件创建时间: " + fi.CreationTime.
    ToLongDateString() + fi.CreationTime.ToLongTimeString());
    Console.WriteLine("    获取到的文件名: " + fi.Name);
    Console.WriteLine("    获取文件的大小: " + fi.Length + "字节");
    Console.WriteLine("    是否为只读文件: " + fi.IsReadOnly.ToString());
    Console.WriteLine("    目录的完整路径: " + fi.DirectoryName);
    Console.WriteLine("    文件的完整目录: " + fi.FullName);
    Console.WriteLine(" 最后一次更新时间: " + fi.LastWriteTime.
    ToLongDateString() + fi.LastWriteTime.ToLongTimeString());
    Console.WriteLine(" 最后一次查看时间: " + fi.LastAccessTime.
    ToLongDateString() + fi.LastAccessTime.ToLongTimeString());
}
```

如上述代码所示，通过 FileInfo 类的构造函数指定要获取文件的路径，然后使用该类提供的各个属性来显示文件信息。运行效果如图 14-5 所示。

图 14-5　查看文件属性

> **提 示**
>
> 如果打算多次使用某个对象，可考虑使用 FileInfo 的实例方法，而不是 File 类的相应静态方法，因为并不总是需要安全检查。

2. 方法

默认情况下，FileInfo 类将向所有用户授予对新文件的完全读写权限。在表 14-7 中列出了 FileInfo 类的常用实例方法。

表 14-7　**FileInfo 类常用实例方法**

方法名称	说明
AppendText()	创建一个 StreamWriter，向 FileInfo 的此实例表示向文件追加文本
CopyTo()	将现有文件复制到新文件
Create()	创建文件
CreateText()	创建写入新文本文件的 StreamWriter 对象
Delete()	删除指定文件
Encrypt()	将某个文件加密，使得只有加密该文件的账户才能将其解密
MoveTo()	将指定文件移到新位置，并提供指定新文件名的选项
Open()	打开指定文件
OpenRead()	创建只读 FileStream 对象
OpenText()	创建使用 UTF-8 编码、从现有文本文件中进行读取的 StreamReader 对象
OpenWrite()	创建写入的 FileStream 对象
Replace()	使用当前 FileInfo 对象所描述的文件替换指定文件的内容，这一过程将删除原始文件，并创建被替换文件的备份

【练习 14-4】

在 D 盘创建一个名为 string.txt 的文本文件，代码如下：

```
string path = @"d:\string.txt";            //指定文件路径
FileInfo fi = new FileInfo(path);          //实例化 FileInfo 对象
if (!fi.Exists)                            //判断文件是否存在
{
     fi.CreateText();                       //创建该文件
}
```

运行上述代码，其结果如图 14-6 所示。打开计算机 D 盘，有 string.txt，其文件内容为为空，可使用流的读写类来对该文件进行读写，详见本章 14.5 节。

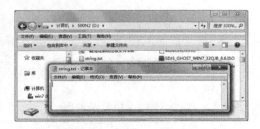

图 14-6　通过 FileInfo 类创建文件

与练习 14-2 相比，练习 14-4 中创建文件可以指定文件的路径，而不是在项目内部进行创建，有着更广泛的应用范围。

14.2.2 目录信息 DirectoryInfo 类

目录信息 DirectoryInfo 类与 FileInfo 类不同，DirectoryInfo 类除了可用于获取系统信息，还可用于操作目录。该类的常用成员是非静态成员，因此需要实例化后使用。其常见的获取目录信息的属性有 4 个，如下所示。

❑ **Exists** 判断指定路径的目录是否存在，如果存在则返回 true，否则返回 false。

❑ **Name** 获取目录的名称。

❑ **Parent** 获取指定子目录的父目录名称。

❑ **Root** 获取目录的根部分。

此外，DirectoryInfo 类还从 FileSystemInfo 类继承了 9 个属性，如表 14-8 所示。

表 14-8 **DirectoryInfo 类属性**

属性	说明
Attributes	获取或设置当前目录的 FileAttributes
CreationTime	获取或设置当前目录的创建时间
CreationTimeUtc	获取或设置当前目录的创建时间，其格式为 UTC 时间
Extension	获取表示文件扩展名部分的字符串
FullName	获取目录或文件的完整目录
LastAccessTime	获取或设置上次访问当前文件或目录的时间
LastAccessTimeUtc	获取或设置上次访问当前文件或目录的时间，其格式为 UTC 时间
LastWriteTime	获取或设置上次写入当前文件或目录的时间
LastWriteTimeUtc	获取或设置上次写入当前文件或目录的时间，其格式为 UTC 时间

通过 DirectoryInfo 类可获取任意指定的目录信息，包括系统信息，如练习 14-5 所示。

【练习 14-5】

使用 DirectoryInfo 类的实例属性输出 C:\WINDOWS\system32 的目录信息，使用代码如下：

```csharp
static void Main(string[] args)
{
    string stringPath = @"C:\WINDOWS\system32";         //指定路径
    if (Directory.Exists(stringPath))                    //判断是否存在
    {
        DirectoryInfo di = new DirectoryInfo(stringPath);
                                        //创建 DirectoryInfo 类实例
        di.Attributes = FileAttributes.ReadOnly | FileAttributes.Hidden;
                                        //更改目录属性
        Console.WriteLine("          父目录: " + di.Parent);
        Console.WriteLine("          路径根部分: " + di.Root.ToString());
        Console.WriteLine("          目录创建时间: "+di.CreationTime.ToString());
        Console.WriteLine("          目录完整名称: " + di.FullName);
```

文件和 IO 流 ————

```
            Console.WriteLine("        最后一次访问时间: " + di.LastAccessTime.
                ToString());
            Console.WriteLine("        最后一次修改时间: " + di.LastWriteTime.
                ToString());
            Console.WriteLine("DirectoryInfo 实例名称: " + di.Name);
        }
        else
        {
            Console.WriteLine("该目录不存在,请检查路径是否正确。");
        }
    }
```

在上述代码中充分利用了 DirectoryInfo 类的属性。首先通过 DirectoryInfo 类的构造函数指定要获取的目录,然后使用 Attributes 属性设置目录为只读和隐藏属性,再通过 CreationTime 属性获得目录的创建时间、利用属性 LastAccessTime 获得用户最后一次访问文件的时间等。运行程序后效果如图 14-7 所示。

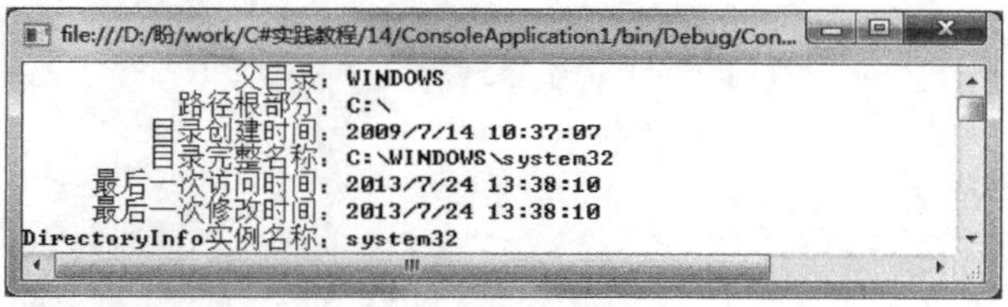

图 14-7　获取目录信息运行效果

14.2.3　驱动器信息 DriveInfo 类

除了文件目录信息的获取,在 C#中有驱动器信息的获取类 DriveInfo 类,该类提供驱动器信息的获取,而不能够执行驱动器操作。

DriveInfo 类可以对计算机上的驱动器进行操作。该类可通过其静态方法 GetDrives(),检索计算机上所有逻辑驱动器的驱动器名称,并返回一个包含驱动器列表的数组。

DriveInfo 类还提供了很多与驱动器相关的实例属性,如下所示。

❏ **AvailableFreeSpace**　指示驱动器上的可用空闲空间量。
❏ **DriveFormat**　获取文件系统的名称,例如 NTFS 或 FAT32。
❏ **IsReady**　获取一个指示驱动器是否已准备好的值。
❏ **Name**　获取驱动器的名称。
❏ **RootDirectory**　获取驱动器的根目录。
❏ **TotalFreeSpace**　获取驱动器上的可用空闲空间总量。
❏ **TotalSize**　获取驱动器上存储空间的总大小。
❏ **VolumeLabel**　获取或设置驱动器的卷标。
❏ **DriveType**　获取驱动器类型。

驱动器的类型有多种,其 DriveType 可选值及其含义如表 14-9 所示。

表14-9　DriveType 属性

可选值	含义描述
Unknown	无法确定驱动器类型
Removable	可移动媒体驱动器，包括软盘驱动器和其他多种存储设备
Fixed	固定（不可移动）媒体驱动器，包括所有硬盘驱动器（包括可移动的硬盘驱动器）
Network	网络驱动器，包括网络上任何位置的共享驱动器
CDROM	CDROM 驱动器，不区分只读和可读写的 CDROM 驱动器
RAM	RAM 磁盘

【练习 14-6】

使用 DriveInfo 类遍历本地硬盘上的驱动器名称，并使用 C 盘目录来初始化该类，输出 C 驱动器的属性，代码如下：

```
DriveInfo[] driveInfos = DriveInfo.GetDrives();        //获取所有驱动器
Console.WriteLine("本地硬盘中共有如下分区：");
foreach (DriveInfo info in driveInfos)
{
    Console.Write("{0}\t",info.Name);                  //输出名称
}
Console.WriteLine("\n-------------------------------------------------");
string drvName = @"C:\";                               //指定要获取属性的驱动器名称
DriveInfo drvInfo = new DriveInfo(drvName);            //创建 DriveInfo 实例
Console.WriteLine("【C盘信息如下】\n");
Console.WriteLine("        名  称：" + drvInfo.Name);
Console.WriteLine("        卷  标：" + drvInfo.VolumeLabel);
Console.WriteLine("    驱动器类型：" + drvInfo.DriveType);
Console.WriteLine("文件系统类型：" + drvInfo.DriveFormat);
Console.WriteLine("总共空间大小：" + drvInfo.TotalSize);
Console.WriteLine("剩余空间大小：" + drvInfo.TotalFreeSpace);
```

运行效果如图 14-8 所示，这里的大小默认是以字节为单位显示的，如果要以其他格式显示还需要进行一次转换。

图 14-8　获取驱动器信息运行效果

实现本实例时主要分为两步：获取驱动器列表和显示指定驱动器的详细信息。

第一步，通过调用静态方法 GetDrives()来返回一个驱动器数组，然后遍历这个数组输出每一个驱动器名称。

第二步，首先实例化 DriveInfo 类，并在构造函数中指定驱动器名称。然后调用实例的各个属性输出信息。

14.3 操作目录

目录的操作使用 DirectoryInfo 类，该类在本章 14.2.2 节有简单介绍，有对目录信息进行获取的属性。如果要对目录进行操作则需要使用 Directory 类，该类是一个静态类，可执行目录的创建、移动、删除和遍历等。

14.3.1 Directory 类简介

Directory 类的方法大多为静态方法，可直接通过类来调用。介绍 Directory 类的具体应用之前，首先介绍 Directory 类的常用方法及其说明，如表 14-10 所示。

表 14-10　**Directory** 类常用方法

方法名称	说明
CreateDirectory()	创建指定路径中的所有目录。有重载
Delete()	删除指定的目录。有重载
Exists()	确定给定路径是否引用磁盘上的现有目录
GetAccessControl()	返回某个目录的 Windows 访问控制列表。有重载
GetCreationTime()	获取目录的创建日期和时间
GetCreationTimeUtc()	获取目录创建的日期和时间，其格式为协调通用时间
GetCurrentDirectory()	获取应用程序的当前工作目录
GetDirectories()	获取指定目录中子目录的名称。有重载
GetDirectoryRoot()	返回指定路径的卷信息、根信息或两者同时返回
GetFiles()	返回指定目录中的文件的名称。有重载
GetFileSystemEntries()	返回指定目录中所有文件和子目录的名称。有重载
GetLastAccessTime()	返回上次访问指定文件或目录的日期和时间
GetLastAccessTimeUtc()	返回上次访问指定文件或目录的日期和时间，其格式为协调通用时间(UTC)
GetLastWriteTime()	返回上次写入指定文件或目录的日期和时间
GetLastWriteTimeUtc()	返回上次写入指定文件或目录的日期和时间，其格式为协调通用时间(UTC)
GetLogicalDrives()	检索此计算机上格式为"<驱动器号>:\"的逻辑驱动器的名称
GetParent()	检索指定路径的父目录，包括绝对路径和相对路径
Move()	将文件或目录及其内容移到新位置
SetCreationTime()	为指定的文件或目录设置创建日期和时间
SetCreationTimeUtc()	设置指定文件或目录的创建日期和时间，其格式为协调通用时间(UTC)
SetCurrentDirectory()	将应用程序的当前工作目录设置为指定的目录
SetLastAccessTime()	设置上次访问指定文件或目录的日期和时间
SetLastAccessTimeUtc()	设置上次访问指定文件或目录的日期和时间，其格式为协调通用时间(UTC)
SetLastWriteTime()	设置上次写入目录的日期和时间
SetLastWriteTimeUtc()	设置上次写入某个目录的日期和时间，其格式为协调通用时间(UTC)

由表 14-10 可以看出，Directory 类可执行对目录的创建、移动、重命名、删除和遍历等。

14.3.2 创建目录

目录的创建使用 Directory 类的 CreateDirectory()方法，该方法语法格式如下：

```
public static DirectoryInfo CreateDirectory(string path)
```

执行后将尝试创建由 path 参数指定的目录，创建成功时返回一个表示目录的 DirectoryInfo 类实例。

CreateDirectory()方法将创建 path 参数中指定的每一级目录。如果目录已经存在，则不创建，直接返回表示该目录的 DirectoryInfo 类实例。

【练习 14-7】

在 D 盘创建一个名为 MyDir 的目录，然后输出该目录的创建日期信息。

```
string Path = @"D:\MyDir";                      //指定目录的路径
if (Directory.Exists(Path))                     //判断是否已存在
{
    Console.WriteLine("指定的目录{0}已存在。", Path);
    return;
}
// 创建目录
DirectoryInfo di = Directory.CreateDirectory(Path);
//输出成功信息
Console.WriteLine("{0}目录创建成功，创建时间：{1}。",Path,Directory.
GetCreationTime(Path));
```

上述代码首先调用 Directory 类的 Exists()静态方法判断指定的路径是否已存在。如果不存在则返回 false 继续执行，使用 CreateDirectory()方法创建 Path 指定的目录。之后通过 Directory 类的 GetCreationTime()静态方法获取目录的创建时间。

在调用 CreateDirectory()方法创建目录时还可以采用相对路径。假设程序当前的运行目录是"D:\MyDir"，那么要创建"D:\MyDir\Chapter12\doc"目录，可使用如下形式之一：

```
Directory.CreateDirectory("Chapter12\\dic");
Directory.CreateDirectory("\\MyDir\\Chapter12\\dic");
Directory.CreateDirectory("D:\\MyDir\\Chapter12\\dic");
```

提示 调用 DirectoryInfo 类的 Create()方法和 CreateSubdirectory()方法也可以创建目录。

14.3.3 移动和重命名目录

移动目录是指将当前的目录移动到新的位置。移动目录有两种方法，如下所示。

❏ 使用 DirectoryInfo 类的 MoveTo()方法。

394

❑ 使用 Directory 类的 Move()方法。

Directory 类 Move()方法的语法格式如下:

```
public static void Move(string sourceDirName, string destDirName)
```

其中第一个参数 sourceDirName 表示要移动的目录路径,第二个参数 destDirName
表示目标目录路径,可以使用相对目录引用和绝对目录引用,但是这两个目录必须位于
相同的逻辑驱动器。

【练习 14-8】

假设要将 D:\MyDir\Chapter12 目录中的内容移动到 D:\Source\12 目录,可以使用如
下代码。

```
string stringPath = "D:\\MyDir\\Chapter12";        //要移动的目录
string stringPath1 = "D:\\Source\\12";             //目标目录

if (Directory.Exists(stringPath))                  //判断目录是否存在
{
    Directory.Move(stringPath, stringPath1);       //开始移动
    DirectoryInfo info = new DirectoryInfo(stringPath1);
    Console.WriteLine("{0}目录创建时间: {1}。", stringPath1, Directory.
    GetCreationTime(stringPath1));
}
```

在上述代码中,首先判断了要移动的目录是否存在,因为如果源目录不存在,使用
Move()方法会出现异常。

另外,如果移动的目录和要移动到的目录路径根目录相同,此时 Move()方法就不再
移动而是重命名目录。下面的示例代码将 D:\MyDir\Chapter12 目录重命名为 D:\MyDir\12。

```
Directory.Move("D:\\MyDir\\Chapter12", "D:\\MyDir\\12");
```

注意

如果在调用 Move()方法时,出现"被移动的目录访问被拒绝"的错误,则说明没有移动
那个路径的权限,或者是要移动的目录存在其他进程正在使用的文件。

14.3.4 删除目录

Directory 类的 Delete()方法可以实现删除指定的目录,有如下两种重载形式:

```
public static void Delete(string path);
public static void Delete(string path, bool recursive);
```

其中,第一个参数表示要删除的目录,当该目录不为空时,系统将会抛出异常。第
二个参数为 bool 类型,为 true 时将会从目录中删除所有的子目录和文件。否则,会再次
抛出 System.IO.IOException 异常。

用重载的 Delete 方法删除目录时,当前工作目录或者当前工作目录的子目录不能被

删除。另外，如果一个程序引用了一个目录或者其中的文件，该目录也不能被删除。
Directory 类引起的异常类型及原因如表 14-11 所示。

表 14-11 　 Directory 类引起的异常类型及原因

异常类型	原因
UnauthorizedAccessException	调用方没有所要求的权限
ArgumentException	参数是一个零长度字符串，仅包含空白。或者包含一个或多个无效字符
ArgumentNullException	参数为空引用
PathTooLongException	参数超出了系统定义的最大长度
IOException	参数是一个文件名
DirectoryNotFoundException	参数无效
SecurityException	调用方没有访问未委托的代码所需的权限
FileNotFoundException	未找到参数所指定的目录
NotSupportedException	参数的格式无效

【练习 14-9】

假设要删除 D:\MyDir\Chapter12 目录，以及其中的子目录和文件，可以使用如下代码。

```
string Path = @"D:\MyDir\Chapter12";
if (Directory.Exists(Path))
{
    Directory.Delete(Path, true);
}
```

14.3.5　遍历目录

遍历目录是指获取指定目录下的子目录和文件，可以调用 Directory 类的 GetFiles()方法和 GetDirectories()方法。

1．GetFiles()方法

Directory 类的 GetFiles()方法用于获取指定目录中所有文件的名称，有三个重载的形式，如下所示：

```
public static string[] GetFiles(string path);
public static string[] GetFiles(string path, string searchPattern);
public static string[] GetFiles(string path, string searchPattern,
SearchOption searchOption);
```

其中，第一个参数表示目录名，执行后会返回该目录中所包含的所有文件。在接受两个参数的方法中第二个参数表示指定目录中要匹配的文本名，如果存在就返回所匹配文件的绝对目录，否则不返回任何信息。第三个参数用于指定搜索操作应包括所有子目录还是仅包括当前目录。

文件和 IO 流

例如，下面的语句获取"C:\windows"目录下所有包含 exe 的文件。

```
string dir = @"C:\windows";
string[] fileName = Directory.GetFiles(dir,"*exe");
```

2．GetDirectories()方法

GetDirectories()方法用于获取指定目录中所有子目录的名称，与 GetFiles()方法一样有三种重载形式：

```
public static string[] GetDirectories(string path);
public static string[] GetDirectories(string path, string searchPattern);
public static string[] GetDirectories(string path, string searchPattern,
SearchOption searchOption);
```

各个参数的含义与 GetFiles()方法相同，这里不再介绍。下面的语句为获取"C:\windows"目录下所有的子目录。

```
string dir = @"C:\windows";
string[] dirName = Directory.GetDirectories(dir);
```

【练习 14-10】

编写一个程序实现显示指定目录下的所有子目录名称和文件名称。具体实现代码如下：

```
string Path = @"D:\VS2012";                      //获取要遍历目录和路径
string[] Alldir = Directory.GetDirectories(Path); //获取所有子目录列表
foreach (string Strdir in Alldir)                //遍历
{
    Console.WriteLine(Strdir);                    //将目录添加到 listBox1
}
Console.WriteLine("\n----------------------------------------------\n");
foreach (string Strfile in Directory.GetFiles(Path))  //获取所有文件列表
{
    Console.WriteLine(Strfile);                   //将文件添加到 listBox1
}
```

上述代码将要遍历的目录保存到 Path 变量中，然后调用 GetDirectories(Path)方法将遍历的子目录列表保存到 Alldir 变量，再遍历 Alldir 将目录添加到 listBox1 中显示。第二个 foreach 语句用于遍历 GetFiles(Path)返回的所有文件。运行效果如图 14-9 所示。

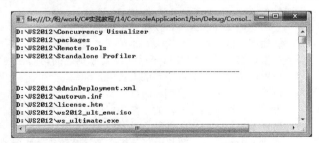

图 14-9　遍历目录和文件运行效果

14.4 操作文件

对文件的处理除了文件信息的获取，剩下的是对文件的操作。通过 FileInfo 类来获取文件信息，而使用 File 类来操作文件。File 类操作方式与 Directory 类相似都是静态类，这些静态方法能实现创建、复制、删除、移动和打开文件的功能。

14.4.1 File 类简介

File 类的方法大多为静态方法，可直接通过类来调用。介绍 File 类的具体应用之前，首先介绍 File 类的常用方法及其说明，如表 14-12 所示。

表 14-12　File 类的常用方法及其说明

方法名称	说明
AppendAllText()	将指定的字符串追加到文件中，如果文件不存在则创建该文件。有重载
AppendText()	创建一个 StreamWriter，它将 UTF-8 编码文本追加到现有文件
Copy()	将现有文件复制到新文件。有重载
Create()	在指定路径中创建文件。有重载
CreateText()	创建或打开一个文件用于写入 UTF-8 编码的文本
Decrypt()	解密由当前账户使用 Encrypt 方法加密的文件
Delete()	删除指定的文件。如果指定的文件不存在，则不引发异常
Encrypt()	将某个文件加密，使得只有加密该文件的账户才能将其解密
Exists()	确定指定的文件是否存在
GetCreationTime()	返回指定文件或目录的创建日期和时间
GetLastAccessTime()	返回上次访问指定文件或目录的日期和时间
GetLastWriteTime()	返回上次写入指定文件或目录的日期和时间
Move()	将指定文件移到新位置，并提供指定新文件名的选项
Open()	打开指定路径上的 FileStream。有重载
OpenRead()	打开现有文件以进行读取
OpenText()	打开现有 UTF-8 编码文本文件以进行读取
OpenWrite()	打开现有文件以进行写入
ReadAllBytes()	打开一个文件，将文件的内容读入一个字符串，然后关闭该文件
ReadAllLines()	打开一个文本文件，将文件的所有行都读入一个字符串数组，然后关闭该文件。有重载
ReadAllText()	打开一个文本文件，将文件的所有行读入一个字符串，然后关闭该文件。有重载
Replace()	使用其他文件的内容替换指定文件的内容，这一过程将删除原始文件，并创建被替换文件的备份。有重载
SetAccessControl()	对指定的文件应用由 FileSecurity 对象描述的访问控制列表(ACL)项
SetAttributes()	设置指定路径上文件指定的 FileAttributes
SetCreationTime()	设置创建该文件的日期和时间
SetLastAccessTime()	设置上次访问指定文件的日期和时间
SetLastWriteTime()	设置上次写入指定文件的日期和时间
WriteAllBytes()	创建一个新文件，在其中写入指定的字节数组，然后关闭该文件。如果目标文件已存在，则改写该文件

文件和 IO 流 ————

方法名称	说明
WriteAllLines()	创建一个新文件，在其中写入指定的字符串，然后关闭文件。如果目标文件已存在，则改写该文件。有重载
WriteAllText()	创建一个新文件，在文件中写入内容，然后关闭文件。如果目标文件已存在，则改写该文件。有重载

由表 14-12 可以看出，File 类可实现对文件的创建、移动、重命名、复制和删除等，14.4.2～14.4.4 节将依次介绍。

14.4.2 创建文件

要创建一个文件可以使用 File 类的 Create()静态方法，该方法有 4 种重载形式，如下所示：

```
public static FileStream Create(string path)
public static FileStream Create(string path, int bufferSize)
public static FileStream Create(string path, int bufferSize, FileOptions options)
public static FileStream Create(string path, int bufferSize, FileOptions options, FileSecurity)
```

Create()方法用于创建一个新的文件，返回 FileStream 类实例。其初始化时，各个参数的含义如下。

❑ **path 参数**　表示要创建文件的目录及文件名。

❑ **bufferSize 参数**　一个整型参数，表示读取和写入文件已放入缓冲区的字节数。

❑ **options 参数**　System.IO.FileOptions 枚举值之一，表示用于创建 System.IO.FileStream 对象的附加选项。

❑ **FileSecurity 参数**　System.Security.AccessControl.FileSecurity 枚举值之一，它确定文件的访问控制和审核安全性。

【练习 14-11】

在程序运行目录下新建一个名为 example.txt 文件，需要首先判断该文件是否存在。具体代码如下所示：

```
static void Main(string[] args)
{
    string path = "example.txt";
    //判断文件是否存在
    if (File.Exists(path))
    {
        Console.WriteLine("文件{0}已存在。", path);
        return;
    }
    //创建文件
    using (FileStream fs = File.Create(path))//调用 Create()方法创建文件
```

```
    {
        string str = "this is a example";
        byte[] byteArray = System.Text.Encoding.Default.GetBytes(str);
        fs.Write(byteArray, 0, byteArray.Length);
        fs.Close();
        Console.WriteLine("成功创建文件。");
    }
}
```

在使用 Create()创建文件时，如果文件已经存在将会被重写，并且不会产生异常。因此，上述代码为了防止文件被意外重写，首先调用 Exists()方法来确保文件不存在。Create()方法创建文件之后返回的是一个文件流，调用流的 Write()方法写入一个字符串。执行后，在项目中有了 example.txt 文件，其内容为"this is a example"。

除此之外，使用 File 类的 OpenText()静态方法，可以打开指定的文件并返回一个读取流，调用流的 ReadToEnd()方法可获取文件所有内容。

14.4.3 移动和重命名文件

要移动一个文件可以调用 File 类的 Move()方法，该方法语法格式如下：

```
public static void Move(string sourceFileName, string destFileName)
```

其中，第一个参数 sourceFileName 表示要移动的文件名称，第二个参数 destFileName 表示目标文件名称，可以使用相对文件名称和绝对文件名称。

Move()方法允许把文件从一个逻辑驱动器移动到另一个。如果要移动的源文件和目标文件位于同一个目录，此时 Move()方法将实现重命名文件。如将文件"C:\abc.txt"重命名为"123.txt"，使用如下代码：

```
File.Move(@"C:\abc.txt",@"c:\123.txt");
```

14.4.4 文件复制和删除

File 类的 Copy()方法实现了文件的复制操作，有如下两种重载形式：

```
public static void Copy(string sourceFileName, string destFileName)
public static void Copy(string sourceFileName, string destFileName, bool
overwrite)
```

其中，参数 sourceFileName 和 destFileName 的含义与 Move()方法相同；overwrite 参数用于指定是否覆盖目标文件，为 true 表示覆盖，否则为 false。

File 类的 Delete()方法可以删除指定的文件，其语法形式如下：

```
public static void Delete(string path)
```

参数 path 表示要删除的文件名称。

【练习 14-12】

创建一个程序，在删除文件之前首先对文件的内容进行备份，然后再删除。代码如下所示：

```
static void Main(string[] args)
{
  string path = @" D:\string.txt";                //要删除的文件
  string path2 = path + "temp";                   //备份文件
  //如果备份文件存在则删除
  if(File.Exists(path2)) File.Delete(path2);
  //创建要删除文件的备份文件
  File.Copy(path, path2);
  Console.WriteLine("{0} 文件已经备份到 {1}.", path, path2);
  //删除原始文件
  File.Delete(path);
  Console.WriteLine("{0} 文件已经删除.", path);
}
```

14.5 读取和写入文件

文件的读取和写入需要用到流，使用的是 StreamReader 类和 StreamWriter 类。其中前者用于读取文件，后者用于向文件中写入。

14.5.1 读取文件

StreamReader 类提供了读取文件的功能，该类不仅可以读取文件，还可以处理任何流信息。StreamReader 旨在以一种特定的编码从字节流中按字符或者按行读取，甚至一次性读取所有内容。

StreamReader 类的方法不是静态方法，所以要使用该类读取文件首先要实例化。在实例化时提供要读取文件的路径，然后再调用该类的方法读取文件数据。StreamReader 类常用构造函数形式如下：

```
//为 String 指定的文件名初始化流
public StreamReader(string path)
//用 Encoding 指定的编码来初始化 String 读取流
public StreamReader(string path, System.Text.Encoding encoding)
```

StreamReader 默认采用 UTF-8 作为读取编码，而不是当前系统的 ANSI 编码。因此，UTF-8 可以正确处理 Unicode 字符并提供一个一致的结果。此外，也可通过第 2 个参数 encoding 指定其他编码，StreamReader 类中常用的读取方法如下。

❑ **Read()方法** 读取输入流中的下一个字符或下一组字符，没有可用时则返回-1。

❑ **ReadLine()方法** 从当前流中读取一行字符并将数据作为字符串返回，如果到达了文件的末尾，则为空引用。

❑ **ReadToEnd()方法** 读取从文件的当前位置到文件结尾的字符串。如果当前位置为文件头，则读取整个文件。

- ❑ **Close()方法**　关闭读取流并释放资源，在读取完成后调用。
- ❑ **Peek()方法**　返回文件的下一个字符，但并不使用它。如果没有可用的字符或者文件支持查找，则返回-1。

【练习 14-13】

创建窗体应用程序，提供一个文本框，用户在文本框中填写一个文本文件名，程序将文件的内容显示到窗体上，步骤如下。

（1）新建一个窗体，添加文本框、【显示】按钮和标签控件，步骤省略。

（2）在 Button 的 Click 事件中，使用 StreamReader 类读取选中的文件，并将内容显示到 TextBox 控件上。代码如下所示：

```csharp
private void button1_Click(object sender, EventArgs e)
{
    string path = filetext.Text;                      //获取文件路径
    if (File.Exists(path))                            //判断文件是否存在
    {
        StreamReader reader = new StreamReader(path, System.Text.Encoding.Default);
        while (!reader.EndOfStream)                   //是否读取完成
        {
            //逐行读取并显示
            filevalue.Text += reader.ReadLine() + "\r\n";
        }
        reader.Close();                               //关闭流
    }
}
```

（3）运行程序，输入一个文本文件，单击【显示】按钮查看效果，其效果如图 14-10 所示。

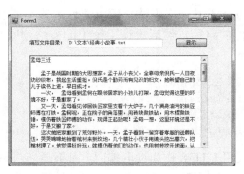

图 14-10　读取文件内容效果

14.5.2　写入文件

要在一个文件中保存信息，前提是必须具有文件的写入权限。在.NET Framework 中，

StreamWriter 类可以以流的方式，以一种特定的编码向文件中写入字符。

　　StreamWriter 类的一般使用步骤为：先实例化一个 StreamWriter 对象，然后调用它的方法将字符流写入文件中，最后调用 Close()方法保存写入的字符并释放资源。

　　如下给出了第 1 步实例化 StreamWriter 对象时常用的构造函数形式。

```
//用 UTF-8 编码为指定的 Stream 流做初始化
public StreamWriter(Stream stream)
//使用默认编码为 String 指定的文件做流初始化
public StreamWriter(string path)
//用指定的 Encoding 编码来初始化 Stream 流
public StreamWriter(Stream stream, System.Text.Encoding encoding)
//使用指定 Encoding 编码为 String 指定的文件做流初始化，Boolean 标识是否向文件中追加内容
public StreamWriter(string path, bool append, System.Text.Encoding encoding)
```

提　示

　　在实例化 StreamWriter 对象时，如果指定的文件不存在，构造函数则会自动创建一个新文件。存在时，可选择是改写还是追加内容。

　　除了构造函数以外，StreamWriter 类的常见方法、常见属性及其说明如表 14-13 和表 14-14 所示。

表 14-13　StreamWriter 类的常见方法

方法名称	说明
Write()	将字符串写入文件
WriteLine()	向文件写入一行字符串，也就是说在文件中写入字符串并换行
Flush()	清理当前编写器的所有缓冲区，并将缓冲区数据写入文件
Close()	关闭写入流并释放资源，应在写入完成后调用以防止数据丢失

表 14-14　StreamWriter 类中常用的属性

属性名	说明
AutoFlush	获取或设置一个值，该值指示 StreamWriter 是否在每次调用 StreamWriter.Write 之后，将其缓冲区刷新到基础流
BaseStream	获取同后备存储区连接的基础流
Encoding	获取将输出写入到其中的 Encoding
FormatProvider	获取控制格式设置的对象
NewLine	获取或设置由当前 TextWriter 使用的行结束符字符串

　　如向文件中写入数据，则需要找到该文件的目录，通过该文件初始化文件流对象，再根据该文件流对象来初始化写入流对象，执行写入。如将"写入新的数据"字符串内容，写入 D:\string.txt 文件中，使用代码如下：

```
string filepath = @"D:\string.txt";              //获取要写入的文件名
//以打开方式创建 FileStream 类实例
FileStream fs = new FileStream(filepath, System.IO.FileMode.Open);
```

```
//使用默认编码创建 StreamWriter 类的实例
StreamWriter bw = new StreamWriter(fs, System.Text.Encoding.Default);
//写入文件
bw.Write("写入新的数据");
bw.Write("\r\n");                        //写入换行符
bw.Close();                              //关闭流
```

在上述代码中，首先初始化一个 StreamWriter 类对象 bw，然后调用 StreamWriter 类中的 Write()方法向文件中写入数据，最后调用 StreamWriter 类的 Close()方法关闭文件。运行该程序，打开新写入的文件，如图 14-11 所示。

图 14-11　文件写入

14.6　读写二进制文件

StreamReader 类和 StreamWriter 类适用于读写顺序文件，如果要读写二进制文件，则需要使用 BinaryWriter 类和 BinaryReader 类。

BinaryWriter 类实现二进制文件的写入操作，BinaryReader 类实现二进制文件的读取操作。这两个类的使用与 StreamWriter 和 StreamReader 的使用类似。首先创建类对象，然后调用类中的方法对文件进行读写，最后关闭文件。表 14-15 和表 14-16 分别列举了这两个类常用的方法。

表 14-15　BinaryWriter 类常用方法

方法名称	描述
Close()	关闭当前文件
Write()	将值写入当前流
Seek()	设置当前流中的位置
Flush()	清理当前编写器的所有缓冲区，使所有缓冲数据写入基础设备

表 14-16　BinaryReader 类常用方法

方法名称	描述
Close()	关闭当前流及文件
PeekChar()	返回下一个可用字符，不提升字符或字节的位置
Read()	从文件中读取字符并提升字符位置
ReadBoolean()	从文件中读取 Bool 值并提升一个字节的位置
ReadByte()	从当前文件中读取一个字节，并使文件的位置提升一个或多个字节
ReadBytes()	从当前文件中读取多个字节，并使文件的位置提升一个或多个字节
ReadChar()	从文件中读取一个字符，并根据使用的编码和从文件中读取的特定字符来提升文件当前位置
ReadChars()	从文件中读取多个字符，并根据使用的编码和从文件中读取的特定字符来提升文件当前位置

方法名称	描述
ReadDecimal()	从文件中读取十进制数值，并使文件的当前位置提升 16 个字节
ReadDouble()	从文件中读取八字节浮点值，并使文件当前位置提升 8 个字节
ReadInt16()	从文件中读取 2 字节有符号整数，并使文件的当前位置提升 2 个字节
ReadInt32()	从文件中读取 4 字节有符号整数，并使文件的当前位置提升 4 个字节
ReadInt64()	从文件中读取 8 字节有符号整数，并使文件的当前位置提升 8 个字节
ReadSByte()	从文件中读取一个有符号字节，并使文件的当前位置提升一个字节
ReadSingle()	从文件中读取 4 字节浮点值，并使文件的当前位置提升 4 个字节
ReadString()	从当前流中读取一个字符串。字符串有长度前缀，一次 7 位地被编码为整数
ReadUInt16()	从文件中读取 2 字节无符号整数，并使文件得当前位置提升 2 个字节
ReadUInt32()	从文件中读取 4 字节无符号整数，并使文件得当前位置提升 4 个字节
ReadUInt64()	从文件中读取 8 字节无符号整数，并使文件得当前位置提升 8 个字节

使用 StreamReader 类和 StreamWriter 类编写一个程序，实现向用户选择的文件中写入二进制数据，并可以读取显示，如练习 14-14 所示。

【练习 14-14】

创建窗体，两个文本框和两个按钮。其中一个文本框用来输入文件地址，另一个用来写需要写入文件的内容；两个按钮实现二进制的写入和读取，步骤如下。

（1）添加窗体并添加相应的控件，步骤省略。

（2）在【写入】按钮的 Click 事件中编写代码将 TextBox 中输入的内容以二进制形式写入到文件，代码如下：

```
private void button3_Click(object sender, EventArgs e)
{
    string fileName = label1.Text;
    FileStream fs = new FileStream(fileName, FileMode.Create);
    BinaryWriter writer = new BinaryWriter(fs);
    writer.Write(DateTime.Now.Ticks);
    writer.Write(textBox1.Text);                    //写入字符串
    writer.Write(true);
    MessageBox.Show("写入文件成功");
    writer.Close();
    fs.Close();
}
```

（3）在【读取】按钮的 Click 事件中编写代码将二进制数据读取并显示到 TextBox 中。

```
private void button1_Click(object sender, EventArgs e)
{
    string fileName = label1.Text;
    string strData = "";
    FileStream fs = new FileStream(fileName, FileMode.Open, FileAccess.
    Read);
    BinaryReader reader = new BinaryReader(fs);
    long l = reader.ReadInt64();                    //读取数据
```

```
        strData = reader.ReadString();                    //读取字符串
        textBox1.Text = strData;
        fs.Close();
        reader.Close();
    }
```

（4）运行该窗体，向两个文本框中写入对应的数据，并单击【写入】按钮，其效果如图 14-12 所示。此时，由于文本文件无法显示二进制编码，因此 string.txt 文件内容如图 14-12 所示。

图 14-12　二进制写入

14.7　树形目录控件

用户打开某个文件夹时会发现许多文件都是有层次的进行分类的，如我的电脑通常将磁盘分为 C 盘、D 盘、E 盘和 F 盘，这些磁盘下包含多个文件夹，而每个文件夹下还可以包含多个目录和文件，这样可以实现一个树形菜单的效果。C#中也提供了一个常用的树形菜单控件：TreeView 控件。

14.7.1　TreeView 控件的常用属性和事件

Windows 窗体的 TreeView 控件可以为用户显示节点层次结构，例如目录或文件目录。它的效果就像 Windows 操作系统的 Windows 资源管理器功能的左窗格中显示文件和文件夹一样。

TreeView 控件包含多个常用属性，如将 CheckBoxes 属性的值设置为 True 可以显示在节点旁边带有复选框的树视图。表 14-17 对 TreeView 控件的常用属性进行了说明。

███ 表 14–17 ● TreeView 控件的常用属性

属性名称	说明
CheckBoxes	获取或设置一个值，用以指示是否在树视图控件中的树节点旁显示复选框。默认值为 False
FullRowSelect	获取或设置一个值，用以指示选择突出显示是否跨越树视图控件的整个宽度。默认值为 False
ImageList	获取或设置包含树节点所使用的 Image 对象的 ImageList
ImageIndex	获取或设置树节点显示的默认图像的图像列表索引值
ImageKey	获取或设置 TreeView 控件中的每个节点在处于未选定状态时的默认图像的键
ItemHeight	获取或设置树视图控件中每个节点的高度
Nodes	获取分配给树视图控件的树节点集合
PathSeparator	获取或设置树节点路径所使用的分隔符串
ShowLines	获取或设置一个值，用以指示是否在树视图控件中的树节点之间绘制连线。默认值为 True
ShowNodeToolTips	获取或设置一个值，该值指示当鼠标指针悬停在 TreeNode 上时显示的工具提示。默认值为 False
SelectedImageIndex	获取或设置当树节点选定时所显示的图像的图像列表索引值
SelectedNode	获取或设置当前在树视图控件中选定的树节点

Windows 窗体 TreeView 控件可以在每个节点旁显示图标，图标紧挨着节点文本的左侧，如果要显示这些图标，则必须使树视图与 ImageList 控件相关联。开发人员可以在【属性】窗格中设置，也可以通过编写代码设置。代码如下：

```
treeView1.ImageList = imageList1;
```

另外也可以设置节点的 ImageIndex 和 SelectedImageIndex 属性，ImageIndex 属性确定正常和展开状态下的节点显示的图像，SelectedImageIndex 属性确定选定状态下的节点显示的图像。代码如下：

```
treeView1.SelectedNode.ImageIndex = 0;
treeView1.SelectedNode.SelectedImageIndex = 1;
```

TreeView 控件中可以包含多个子节点，用户可以按展开或折叠的方式显示父节点所包含的子节点的节点。常见的节点类型有 3 种，如下所示：

❏ **根节点** 没有父节点，但具有一个或多个子节点的节点

❏ **父节点** 具有一个父节点，且有一个或多个子节点的节点

❏ **叶节点** 没有子节点的节点

表 14-17 中 TreeView 控件的 SelectedNode 属性返回 TreeNode 的节点对象，该对象有多个属性，通过这些属性可以获取常用的信息，如表 14-18 列出了常见的属性。

███ 表 14–18 ● TreeNode 对象的常见属性

属性名称	说明
Checked	获取或设置一个值，用以指示树节点是否处于选中状态
FirstNode	获取树节点集合中的第一个树节点
Index	获取树节点在树节点集合中的位置
Level	节点在树形菜单中的层级，从零开始

属性名称	说明
Name	获取或设置树节点的名称
NextNode	获取下一个同级树节点
Nodes	获取分配给当前树节点的 TreeNode 对象的集合
Parent	获取当前树节点的父节点
PrevNode	获取上一个同级节点
Text	获取或设置在树节点标签中显示的文本

如下要获取用户当前选中节点的文本，代码如下：

```
treeView1.SelectedNode.Text
```

与大多数控件一样，TreeView 控件中也包括多个事件，通过这些事件可以实现不同的效果，如 Click 事件、DragDrop 事件和 AfterSelect 事件。但是该控件常用的事件并不多，最常用的事件如下所示：

❑ **AfterSelect 事件**　在更改选中节点的内容后会引发该事件。

❑ **AfterExpand 事件**　在节点展开之后会引发该事件。

14.7.2　TreeView 的使用

上一节已经简单介绍过 TreeView 控件的常用属性和事件，本节将 TreeView 控件、ListView 控件与目录相关的 Directory 类结合起来，实现显示一个树形菜单的效果。实现的主要步骤如下：

（1）添加新的窗体，同时添加 TreeView 控件和标签控件，步骤省略。

（2）为窗体添加 Load 事件，该事件的代码实现加载"我的电脑"下的所有磁盘文件。具体代码如下：

```
private void Form3_Load (object sender, EventArgs e)
{
    TreeNode gen = new TreeNode();                    //创建 TreeNode 对象
    gen = treeView1.Nodes.Add("我的电脑");            //添加根目录
    string[] dirs = Directory.GetLogicalDrives();
                                                       //获取根目录下的所有磁盘文件
    foreach (string dir in dirs)                      //遍历磁盘文件
    {
        TreeNode nod = gen.Nodes.Add(dir);
        nod.Tag = dir;
        nod.ImageIndex = 1;
        nod.Nodes.Add("loading...");
    }
}
```

上述代码中首先设置 TreeView 控件的 ImageList 属性，接着通过创建 TreeNode 对象添加根目录，然后调用 GetLogicalDrives()方法获取根目录下的所有磁盘文件，最后通过

foreach 语句遍历所有磁盘文件。在 foreach 语句中，首先创建 TreeNode 对象，然后设置该对象的 Tag 属性和 ImageIndex 属性，最后通过 Add()方法添加节点。运行窗体，其效果如图 14-13 所示。

图 14-13　TreeView 控件显示效果

　　单击展开某个磁盘下的文件时会引发 TreeView 控件的 AfterExpand 事件，该事件加载显示某个磁盘下的文件，或某个磁盘文件下的目录。

14.8　实验指导 14-1：文件管理

　　本章主要讲解文件和目录的管理，本节以文件管理为例，介绍文件和目录的综合应用。本节实现对文件的管理，主要包括以下内容。
- 　**创建文件**　在 D 驱动盘下创建 Filef 文件夹，包含 Txt.txt 文本文件。
- 　**文件写入**　向 Txt.txt 文本文件中写入内容。
- 　**文件详情**　通过文件信息类，显示 Txt.txt 文件的详细属性。
- 　**文件移动**　在 D 驱动盘下创建 books 文件夹，并将 Txt.txt 文件移动到该文件夹下。
- 　**遍历目录**　遍历 D 驱动盘下的 books 文件夹。
- 　**文件读取**　读取 Txt.txt 文件中的内容。
- 　**文件删除**　将 Txt.txt 文件备份删除。

　　该项目中，首先需要创建文件夹和文件，文件夹的创建只能通过创建目录的方式来执行，而文件的创建需要通过创建文件的方式来执行。该项目综合了文件、目录和流的多种应用，具体步骤如下所示。

（1）在 D 驱动盘下创建 Filef 文件夹，代码如下：

```
string Path = @"D:\Filef";
if (Directory.Exists(Path))
{
    Console.WriteLine("指定的目录{0}已存在。", Path);
}
else
{
    // 创建目录
    DirectoryInfo di = Directory.CreateDirectory(Path);
}
```

（2）在该文件夹下创建文件 Txt.txt，代码如下：

```
string pathf = @"D:\Filef\Txt.txt";
//判断文件是否存在
if (File.Exists(pathf))
{
    Console.WriteLine("文件{0}已存在。", pathf);
}
else
{
    //创建文件
    File.Create(pathf);
    Console.WriteLine("成功创建文件。");
}
```

（3）向 Txt.txt 文本文件中写入内容，可以使用写入类 StreamWriter 类，首先接收一个字符串 text，接下来向文件中写入。由于在步骤（2）当中，文件处于打开状态，无法直接占用写入，因此需要先关闭文件，使用 File 类的 ReadAllBytes()方法，代码如下：

```
File.ReadAllBytes(pathf);
string text = Console.ReadLine();
FileStream fs = new FileStream(pathf, System.IO.FileMode.Open);
StreamWriter bw = new StreamWriter(fs, System.Text.Encoding.Default);
//写入文件
bw.Write(text);
bw.Close();
```

（4）通过文件信息类，显示 Txt.txt 文件的详细属性，代码如下：

```
FileInfo fi = new FileInfo(pathf);
Console.WriteLine("     文件扩展名为: " + fi.Extension);
Console.WriteLine("     文件创建时间:" + fi.CreationTime.ToLongDateString()
+ fi.CreationTime.ToLongTimeString());
Console.WriteLine("     获取到的文件名: " + fi.Name);
Console.WriteLine("     获取文件的大小: " + fi.Length + "字节");
Console.WriteLine("     是否为只读文件: " + fi.IsReadOnly.ToString());
Console.WriteLine("     目录的完整路径: " + fi.DirectoryName);
Console.WriteLine("     文件的完整目录: " + fi.FullName);
Console.WriteLine(" 最后一次更新时间: " + fi.LastWriteTime.
ToLongDateString() + fi.LastWriteTime.ToLongTimeString());
Console.WriteLine(" 最后一次查看时间: " + fi.LastAccessTime.
ToLongDateString() + fi.LastAccessTime.ToLongTimeString());
```

（5）在 D 驱动盘下创建 books 文件夹，并将 Txt.txt 文件移动到该文件夹下。

```
string Path = @"D:\books";
if (Directory.Exists(Path))
{
    Console.WriteLine("指定的目录{0}已存在。", Path);
}
else
```

```
{
    // 创建目录
    DirectoryInfo di = Directory.CreateDirectory(Path);
}
File.Move(@"D:\Filef\Txt.txt", @"D:\books\Txt.txt");
```

（6）遍历 D 驱动盘下的 books 文件夹（为显示遍历效果，先手动添加一些文档）。代码如下：

```
string Path = @"D:\books";
foreach (string Strfile in Directory.GetFiles(Path))
{
    Console.WriteLine(Strfile);
}
```

（7）读取 Txt.txt 文件中的内容，并显示输出，代码如下：

```
if (File.Exists(pathf))                         //判断文件是否存在
{
    StreamReader reader = new StreamReader(pathf, System.Text.Encoding.
    Default);
    string reads = "";
    while (!reader.EndOfStream)
    {
        reads += reader.ReadLine() + "\r\n";
    }
    Console.WriteLine(reads);
    reader.Close();                             //关闭流
}
```

（8）将 Txt.txt 文件备份删除，代码如下：

```
string path2 = pathf + "temp";
if (File.Exists(path2)) File.Delete(path2);
File.Copy(pathf, path2);
Console.WriteLine("{0} 文件已经备份到 {1}.", pathf, path2);
File.Delete(pathf);
Console.WriteLine("{0} 文件已经删除.", pathf);
```

14.9 思考与练习

一、填空题

1. 判断一个文件是否存在可以使用 File 类中的_____方法。

2. 下面空白处填写判断目录"E:\C#\2010"是否存在的代码。

```
string stringPath = @" E:\C#\
```

```
2010";
if (._____;)
{ Console.WriteLine("目录已存在
"); }
```

3. Stream 类的派生类_____封装了对文件进行操作的方法和属性。

4. 使用打开模式创建一个到"C:\test.txt"

文件的流，代码是_____。

5．FileInfo 是一个文件操作实例类，它的_____属性表示文件的扩展名。

6．假设要将"D:\www\doc\test\12"目录重命名为"D:\www\doc\test\ch12"，应该使用代码_____。

7．假设要从一个二进制文件中读取一个 Bool 值应该使用_____方法。

8．如果要获取某个磁盘的可用空间应该使用_____属性。

二、选择题

1．_____类提供了实现创建和移动文件的实例方法。

    A．File
    B．FileInfo
    C．FileStream
    D．Files

2．C#中对于文件的操作位于_____命名空间。

    A．system.text.in
    B．system.file
    C．system.web.file
    D．system.io

3．要实现删除一个文件的功能，下面哪个静态类可以实现？_____

    A．Directory
    B．DirectoryInfo
    C．File
    D．FileInfo

4．使用 Directory 类的 Delete()方法时引发了 ArgumentNullException 异常，引起此异常的原因为_____。

    A．参数超出了系统定义的最大长度
    B．参数是一个文件名
    C．参数为空引用
    D．参数无效

5．下面选项中，_____选项的说法是错误的。

    A．StreamWriter 类、StreamReader 类和 Directory 类都在命名空间 System.IO 目录下
    B．StreamWriter 类使用 UTF-8 Encoding 进行实例编码
    C．StreamWriter 和 StreamReader 类主要用来写入和读取二进制文件
    D．BinaryWriter 和 BinaryReader 类主要用来写入和读取二进制文件

6．下面_____是使用 System.IO 命名空间类的 Move()方法错误代码。

    A．Directory.Move("E:\\C#","E:\\.NET\\C#");
    B．Directpry.Move("E:\\C#","C:\\C#");
    C．Directory.Move("E:\\C#","E:\\File");
    D．File.Move("E:\\C#\\2006\\2006.txt","C:\\2006.txt");

7．要获取所有的子目录可以使用 Directory 类中的_____方法。

    A．GetDirectories()
    B．Exists()
    C．GetFiles()
    D．Delete()

三、简答题

1．简单说明 System.IO 命名空间有哪些常用的类及其作用。

2．简述 DirectoryInfo 类中常用的方法。

3．简述 FileInfo 类中常用的方法。

4．简述操作文件的 File 类和 FileInfo 类的相同及不同点。

5．如果要删除一个文件有哪几种实现方式。

6．举例说明一个普通文件的读取与写入过程。

7．举例说明一个二进制文件的读取与写入过程。

第15章 职工签到系统

几乎所有的公司，都会对员工是否按时上下班进行考评。考评的方式有很多，例如员工签到、打卡、按指纹等。而对于简单的按指纹签到来说，职员对自己每个月总的签到情况并不了解，只是每天例行按指纹，对员工的自觉性没有影响。

因此本章开发职工签到系统，由职工到达公司后，进入公司系统、登录并签到。在登录系统后，系统将显示员工当月的考勤情况，并提供多个子窗体，显示员工的年签到情况和年终奖的计算等，以督促和鼓励员工按时上班。

本课学习目标：

❑ 了解职工签到系统的需求。
❑ 熟悉职工签到系统的数据库设计。
❑ 了解系统的结构。
❑ 掌握三层框架的搭建以及入口的使用。
❑ 掌握调用业务逻辑层实现功能的方法。
❑ 掌握窗体间的数据传递和窗体显示。
❑ 掌握数据的查看、增加、更新、删除和查询功能。

15.1 系统概述

系统的开发，首先要了解系统的结构、需求和功能要求，以便对程序的结构和功能实现做一个规划。本节介绍职工签到系统的需求分析和功能分析。

15.1.1 需求分析

职工签到系统主要用于为职工签到提供平台，需要有职工登录、注册窗体和职工签到窗体、职工签到情况的显示和年签到情况、年终奖的显示等。

1. 考勤

签到记录并不是保留员工的每次签到详细情况，而是根据员工的签到情况，来修改月签到总记录。

月签到记录信息包括当月的年份和月份、当月总天数、当月工作日、当月出勤天数、迟到天数和当月出勤率等。其中，出勤率是当月出勤天数和当月工作日的比值。因此职工签到，相当于修改其当月的考勤记录。

由于员工可能为新员工，没有记录，或当天为当前月份的第一天，则需要创建新的月记录，因此在执行考勤时，首先判断登录员工当月有没有记录。

由于出勤率根据职工当月的签到次数和当月的工作日来计算，因此需要显示用户，每天只能签到一次，若签到时超过 9 点，则按迟到处理（9:00 按迟到处理）。

2．登录与注册

登录是最常见的功能，在执行中只需判断用户名和密码是否匹配即可。

职工的注册与网络中系统的用户注册不同，职工注册需要使用真实姓名，以便公司内部统计；而大型公司中，不可避免地有员工重名的现象，为此需要为重名用户进行编号。

如现有职工张和已经注册，而新职员张和再次注册，系统将为其分配用户名"张和1"，若再有名为张和的员工注册，则为其分配用户名"张和2"，以此类推。

3．考勤信息显示

考勤信息显示有当前月的月记录显示和年记录显示。月记录显示有当前时间、本月工作日、目前签到天数、迟到次数和最后签到日期。

年记录以表的形式显示，字段有月份、月工作日、月签到次数、月迟到次数、月出勤率等。

4．其他窗体

除了基本的登录、注册、签到和信息显示以外，还要有修改密码、年工作量统计、年终奖计算和历年年终奖记录等。

15.1.2　功能分析

本章 15.1.1 节详细介绍了职工签到系统的需求，在这些需求中，最为复杂的是职工签到功能和年终奖功能。

系统执行职工签到，首先需要判断当前登录的职工有没有当前月的记录，若有，则修改记录；否则添加当月新记录。

1．月信息添加

判断是否需要添加新记录，需要根据当前登录用户的 ID 和当前月份，来获取记录总数（Count）。添加记录时，需要判断用户有没有迟到，并添加一条新记录，字段如下所示。

- ❑ **月份**　当前月，格式为 2013/7。
- ❑ **员工 ID**　获取登录员工的 ID。
- ❑ **考勤次数**　由于是当月新记录，考勤次数为 1。
- ❑ **迟到次数**　根据用户签到时间，若没有迟到，次数为 0；否则次数为 1。
- ❑ **当天天数**　根据当前年份和月份，获取当前月份的天数。
- ❑ **月工作日**　由于一个月有 4 周左右，因此月工作日为当前月的天数减去 8。
- ❑ **出勤率**　当月的新记录，其出勤率为当月签到次数与月工作日的比值。

□ **最后签到时间** 该字段的目的是判断用户是否重复签到，其格式为 2013/7/24

2．月信息修改

月记录的修改，是在判断并确定该用户该月有记录之后执行的，在修改之前，首先需要判断最后签到时间是否为当天，若是则警告并退出；否则修改考勤记录。

考勤记录在修改时，同样需要判断用户签到时间是否超过 9 点，以确定迟到次数的修改。在修改之前，首先需要获取当前月记录的各个字段信息，在其基础上修改。需要修改的字段如下所示。

□ **考勤次数** 获取原信息，原记录执行+1。
□ **迟到次数** 获取原记录，若迟到则执行+1，否则仍为原记录。
□ **考勤率修改** 修改后的考勤次数与当月工作日的比值。
□ **最后签到时间** 获取当前时间。

3．年终奖计算

年终奖根据考勤情况和年工作量来计算，由于迟到也算入考勤时间，因此年终奖的计算方式为：（年考勤次数×8）-（年迟到次数×4）+年工作量。

其中，年考勤时间需要获取月考勤表中该职工的年考勤天数计算总和，年迟到次数也是如此。

15.2 数据库设计

本系统涉及的表不多，只有 3 个表：职工注册表、月出勤信息表和年出勤信息表。而相关的存储过程较为复杂，本节介绍职工签到系统中的数据库设计。

15.2.1 表的设计

本系统中最简单的表为职工注册表，表中只有职工 ID、职工姓名和登录密码这 3 个字段，可定义表的创建如下所示：

```
CREATE TABLE [dbo].[Users] (
    [ID]    INT        IDENTITY (1, 1) NOT NULL,
    [Uname] NVARCHAR (20) NULL,
    [Upas]  NVARCHAR (20) NULL
);
```

接下来是字段最多的月考勤信息表，有月份、员工 ID、考勤次数、迟到次数、当月天数、月工作日、出勤率和最后签到日期这些字段，定义表的创建如下所示：

```
CREATE TABLE [dbo].[Attendance] (
    [Aid]   INT        IDENTITY (1, 1) NOT NULL,
    [Month] NVARCHAR (50) NULL,
    [Mid]   INT        NULL,
```

```
    [Atime]    INT           NULL,
    [Ltime]    INT           NULL,
    [Mdays]    INT           NULL,
    [Wdays]    INT           NULL,
    [Apercent] FLOAT (53)    NULL,
    [LastDay]  NVARCHAR (50) NULL
);
```

最后是年考勤信息表，有 ID、年份、年出勤次数、年迟到次数、年工作量和年终奖等字段，定义表的创建如下所示：

```
CREATE TABLE [dbo].[Yattend]
(
    [Id] INT NOT NULL PRIMARY KEY IDENTITY(1,1),
    [yearnum] NVARCHAR(50) NULL,
    [yatime] INT NULL,
    [yltime] INT NULL,
    [ywork] INT NULL,
    [ymoney] INT NULL
);
```

15.2.2 存储过程设计

存储过程通常作用于不同的表，实现不同的功能。通过作用表的不同，将存储过程分为 3 种，即对职工信息的操作、对考勤信息的操作和对年考勤信息的管理。

1．职工信息

对职工信息的操作，主要用于职工的登录、注册和修改密码。其中，登录需要验证姓名和密码是否匹配，若匹配则返回职工的 ID；注册时需要验证用户名是否重复，并添加用户；验证密码需要根据职工 ID 来修改密码值，如下所示。

❏ 验证用户名并获取用户 ID。

```
CREATE PROCEDURE [dbo].[log]
    @name nvarchar(20),
    @pas nvarchar(20)
AS
    SELECT ID from Users where Uname=@name and Upas=@pas
RETURN 0
```

❏ 判断是否有重名。

```
CREATE PROCEDURE [dbo].[UserGetnum]
    @name  nvarchar(20)
AS
    select count(ID) from Users where Uname=@name
RETURN 0
```

❑ 职工信息添加。

```
CREATE PROCEDURE [dbo].[UsersAdd]
    @name nvarchar(20),
    @pass nvarchar(20)
AS
    insert into Users
    (
    Uname,
    Upas
    )
    values
    (
    @name,
    @pass
    )
RETURN 0
```

❑ 修改密码。

```
CREATE PROCEDURE [dbo].[UpasUpdate]
    @id int,
    @pas int
AS
    update Users set Upas=@pas where ID=@id
RETURN 0
```

2. 月考勤信息

月考勤记录的使用主要用于签到处理，有查询、添加和修改。首先验证当月有没有记录、添加或修改记录和获取当月记录，如下所示。

❑ 是否有当月记录。

```
CREATE PROCEDURE [dbo].[AgetIShave]
    @month nvarchar(50),
    @mid int
AS
    SELECT count(Aid) from Attendance where Month=@month and Mid=@mid
RETURN 0
```

❑ 添加新纪录，其添加方法与员工注册信息的添加一样，存储过程名为 Aadd，创建的代码省略。

❑ 修改记录，其修改方式与员工密码的修改类似，存储过程名为 Aupdate，其创建代码省略。

❑ 获取当月记录，获取方式是根据当月的月份和员工的 ID 来获取，代码如下：

```
CREATE PROCEDURE [dbo].[AgetLast]
    @month nvarchar(50),
    @mid int
```

```
AS
    SELECT * from Attendance where Month=@month and Mid=@mid
RETURN 0
```

3. 年考勤信息

年考勤信息的存储过程最简单，只有添加信息和信息查看，具体步骤省略。

15.3 准备工作

项目并不是获取了需求和数据库设计即可直接进行的，大型项目通常有着具体功能实现前的准备工作，如搭建项目、添加引用和使用公共类等。项目实现的第一步，是为整个系统创建一个项目，并搭建系统的运行环境。

15.3.1 搭建项目

职工签到系统使用三层架构来实现。三层架构是将整个业务应用划分为表现层（UIL）、业务逻辑层（BLL）、数据访问层（DAL）。区分层次的目的即为了"高内聚，低耦合"的思想。

❏ **表现层（UIL）** 展现给用户的界面，即用户在使用一个系统的时候他的所见所得。窗体应用程序中，窗体即为表现层，包括窗体和控件事件，都属于表现层。该层需要引用业务逻辑层和数据访问层。

❏ **业务逻辑层（BLL）** 针对具体问题的操作，也可以说是对数据层的操作，对数据业务逻辑处理。该层需要引用数据访问层。

❏ **数据访问层（DAL）** 该层所做事务直接操作数据库，针对数据的增添、删除、修改、查找等。

通过将项目使用三层架构来实现，可增加项目中代码的密封性和重用性，将项目功能的数据库连接和操作写入 DAL，而使用 BLL 写具体功能的实现，并在 UIL 层中直接引用。其优点如下所示。

❏ 开发人员可以只关注整个结构中的其中某一层。

❏ 可以很容易地用新的实现来替换原有层次的实现。

❏ 可以降低层与层之间的依赖。

❏ 利于各层逻辑的复用。

❏ 结构更加的明确。

❏ 在后期维护的时候，极大地降低了维护成本和维护时间。

项目的搭建，首先需要创建解决方案，创建方法为，打开 VS 2012，选择添加新建项目，如图 15-1 所示。

如图 15-1 所示，在左侧选择 Other Project Types（其他项目）|Visual Studio Solution（解决方案选项），为新建的解决方案选择存储路径和名称，单击 OK 按钮即可完成创建。

项目的 3 层架构是通过类库来实现的，可在新建的解决方案中添加一个窗体应用程序 Buss，即为表现层。添加两个类库（Class Library），添加方式与窗体应用程序的添加类似，如图 15-2 所示，选择 Class Library 即可；类库 BDAL 为数据访问层；类库 BBLL 为业务逻辑层。

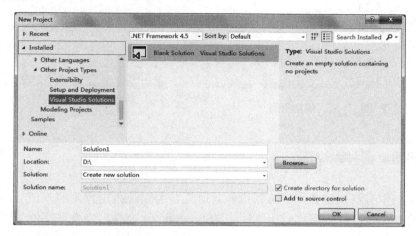

图 15-1　创建解决方案

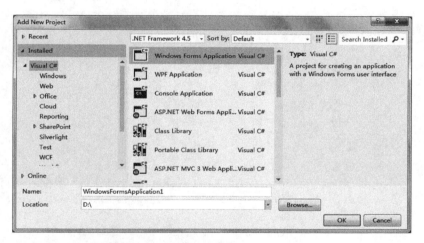

图 15-2　添加窗体应用程序和类库

15.3.2　添加引用

类库和应用程序构成了 3 层架构，但这 3 个项目在添加之后，是相互独立的，因此需要为项目添加引用，使表现层能够使用类库中的类和方法；使业务逻辑层能够使用数据访问层的类和方法。

添加引用的方法比较简单，在解决方案资源管理器窗格中选中需要添加引用的项目，右击，选择 Add Reference（添加引用）选项。从弹出的添加引用对话框的项目选项卡中选择要引用的项目，如图 15-3 所示。图 15-3 为 BBLL 项目添加对 BDAL 项目的引用。

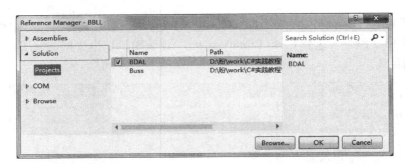

图 15-3 添加引用

15.3.3 程序入口

一个系统中有许多窗体，那么系统执行时需要为系统指定程序的入口，即系统首窗体。指定的方法是，找到窗体应用程序中的 Program.cs 文件，修改该文件使用登录窗体作为主入口，具体代码如下：

```
namespace Buss
{
    static class Program
    {
        /// <summary>
        /// The main entry point for the application.
        /// </summary>
        [STAThread]
        static void Main()
        {
            Application.EnableVisualStyles();
            Application.SetCompatibleTextRenderingDefault(false);
            Application.Run(new Form1());        //指定入口窗体为 Form1
        }
    }
}
```

15.3.4 数据库信息处理类

程序中少不了对数据库的连接和操作，这些操作需要在 DAL 层中实现，但对数据库的连接和操作常见的有增、删、改、查这几种，几乎每个表都需要使用，因此可将对数据库的操作定义在单独的类中，供程序的各个部分调用。

为此，在程序的 BDAL 类库中，创建类 DBhelp，该类可供同一个类库下的其他类调用，需要添加如下命名空间：

```
using System;
using System.Collections.Generic;
```

```
using System.Linq;
using System.Text;
using System.Threading.Tasks;
using System.Data;
using System.Data.SqlClient;
```

（1）为 **DBhelp** 类添加最基本的连接字符串和数据库连接对象，代码如下：

```
namespace BDAL
{
    class DBhelp
    {
        public static readonly string connectionString = "Data Source=.;
        Initial Catalog=Buss;Integrated Security=True";
        public static SqlConnection connection = new SqlConnection
        (connectionString);
    }
}
```

（2）添加两个方法，分别执行数据库连接对象的添加连接方法和断开连接的方法，
代码如下：

```
public static void SqlOpen()
{
    if (connection.State != ConnectionState.Open)
    {
        connection.Open();
    }
}
public static void SqlClose()
{
    if (connection.State == ConnectionState.Open)
    {
        connection.Close();
    }
}
```

（3）添加执行增、删、改的方法，支持存储过程和 Transact-SQL 语句，方法的定义
如下所示：

```
public static int ExecuteNonQuery(CommandType commandType, string
commandText, params SqlParameter[] parm)
{
    SqlOpen();
    SqlCommand cmd = new SqlCommand();
    cmd.Connection = connection;
    cmd.CommandType = commandType;
    cmd.CommandText = commandText;
    foreach (SqlParameter sp in parm)
```

```
    {
        cmd.Parameters.Add(sp);
    }
    return cmd.ExecuteNonQuery();
}
```

（4）添加查询的方法，查询单个值并返回查询的结果（返回字符串格式），方法定义语句如下：

```
public static string ExecuteScalar(CommandType commandType, string
commandText, params SqlParameter[] para)
{
    SqlOpen();
    SqlCommand cmd = new SqlCommand();
    cmd.Connection = connection;
    cmd.CommandType = commandType;
    cmd.CommandText = commandText;
    foreach (SqlParameter sp in para)
    {
        cmd.Parameters.Add(sp);
    }
    string exs="";
    try
    {
        exs = cmd.ExecuteScalar().ToString();
    }
    catch
    {
        exs = "";
    }
    return exs;
}
```

（5）添加方法 GetDataSet()执行查询，返回 DataSet 类型数据，方法的定义语句如下所示：

```
public static DataSet GetDataSet(CommandType commandType, string
commandText, params SqlParameter[] para)
{
    SqlOpen();
    SqlDataAdapter da = new SqlDataAdapter();
    da.SelectCommand = new SqlCommand();
    da.SelectCommand.Connection = connection;
    da.SelectCommand.CommandText = commandText;
    da.SelectCommand.CommandType = commandType;
    if (para != null)
    {
        foreach (SqlParameter sp in para)
        {
```

```
            da.SelectCommand.Parameters.Add(sp);
        }
    }
    DataSet ds = new DataSet();
    da.Fill(ds);
    return ds;
}
```

（6）添加方法 GetDataTable()，执行查询，返回 DataTable 类型数据，方法的定义语句如下所示：

```
public static DataTable GetDataTable(CommandType commandType, string
commandText, params SqlParameter[] para)
{
    DataTable dt = new DataTable();
    dt = GetDataSet(commandType, commandText, para).Tables[0];
    return dt;
}
```

15.4 登录模块

登录是最为常用的功能，登录窗体通常也最为简单，两个文本框和两个按钮，文本框用于输入姓名和密码，而两个按钮分别用来注册和登录。注册按钮只需要打开注册页面即可，代码如下：

```
private void button1_Click(object sender, EventArgs e)
{
    Logon log = new Logon();
    log.Show();
}
```

而登录相关的功能开发就没有这么简单了。在 DBhelp 类的基础上，在 BDAL 项目中，添加 DWorker 类并编写登录相关的数据库操作，代码如下。

```
public class DWorker
{
    public static int DWlog(string wname, string wpas)
    {
//使用参数，为存储过程中的参数赋值，并获取与姓名和密码匹配的 ID
        SqlParameter[] parm = new SqlParameter[]
        {
            new SqlParameter("@name",wname),
            new SqlParameter("@pas",wpas)
        };
        string getid = DBhelp.ExecuteScalar(CommandType.StoredProcedure,
        "log", parm);
//判断获取的 ID，若没有匹配则返回 0,否则返回 ID
        int id;
```

```
        if (getid == "")
        { id = 0; }
        else
        { id = Convert.ToInt32(getid); }
        DBhelp.SqlClose();
        return id;
    }
}
```

接下来是 BBLL 项目的开发，该项目在添加引用后，并不能直接使用 BDAL 中的类和方法，需要在代码中引用 BDAL 命名空间，代码如下：

```
using BDAL;
public class BWorker
{
    public static int Blog(string wname, string wpas)
    {
        return DWorker.DWlog(wname,wpas);
    }
}
```

最后是表现层 Buss 的编写，在用户单击登录按钮后，首先需要判断用户名和密码的填写是否完整，接着尝试获取用户 ID，由于用户 ID 是从 1 开始递增的，因此获取数据不能为 0，若为 0 则说明用户名和密码不匹配。

当确认用户名和密码无误后，需要将用户名、ID 和密码传递给其他页面，传递方式为：为其他页面类的字段赋值。登录后首先进入 MDI 父页面 parent 页面，因此只需将数据为 parent 页面字段赋值即可，代码如下：

```
private void log_Click(object sender, EventArgs e)
{
    if (name.Text == "" || pas.Text == "")
    {
        MessageBox.Show("请填写完整！");
    }
    else
    {
        int mid = BWorker.Blog(name.Text, pas.Text);    //获取 ID
        if (mid == 0)                                    //判断 ID
        {
            MessageBox.Show("用户名或密码有误！");
        }
        else
        {
            parent per = new parent();                   //初始化 parent 页面
            per.mid = mid;                               //为 parent 页面字段赋值
            per.name = name.Text;
            per.pas = pas.Text;
            per.Show();                                  //显示 parent 页面
```

```
        }
    }
}
```

执行登录，其效果如图 15-4 所示。

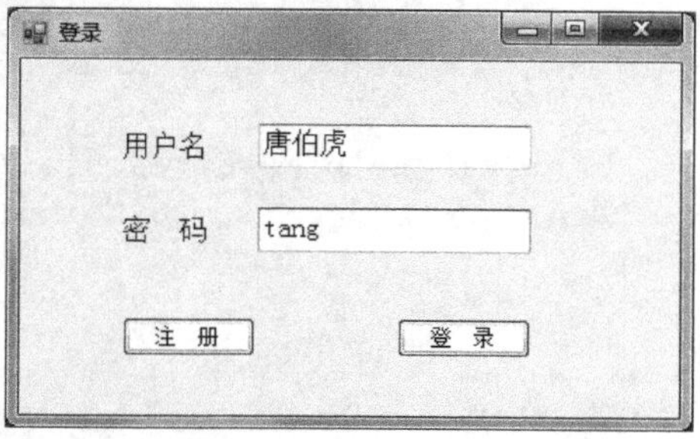

图 15-4 登录系统

注意

DAL 和 BLL 两个类库中的类通常为公共类，以便引用该类库的项目可以调用（不同于继承）。而 DBhelp 类仅供 BDAL 项目调用，因此没有定义为公共类。

15.5 注册

职工的注册在表现层只是一个按钮的问题，单击按钮可根据用户名和密码添加信息。但其在执行中，需要判断姓名是否重复，因此在 BDAL 层需要写两个方法，信息的添加和姓名的检测，信息添加代码如下：

```
public static void WAdd(string wname, string wpas)
{
    SqlParameter[] parm = new SqlParameter[]
    {
        new SqlParameter("@name",wname),
        new SqlParameter("@pass",wpas)
    };
    DBhelp.ExecuteNonQuery(CommandType.StoredProcedure, "UsersAdd", parm);
    DBhelp.SqlClose();
}
```

接着是对用户名的检查，当姓名没有重复，则返回原输入的姓名；当姓名存在重复，则在姓名后添加数字，区分姓名。数字从 1 开始，若姓名添加了数字后仍有重复（重名的不止两个），则将数字+1，直到没有重复为止。方法返回用户名，可能是原用户名，也可能是新用户名，代码如下：

```
public static string DworkerGetName(string wname)
{
```

```
    string rname = wname;              //定义变量 rname 为原用户名
    int getnum = 1;                    //定义变量 getnum 为用户名的数量
    int num = 0;                       //递加变量，添加在原用户名之后
    SqlParameter[] parm = new SqlParameter[]
        {
            new SqlParameter("@name",wname)
        };
//获取用户名的数量
    getnum = Convert.ToInt32(DBhelp.ExecuteScalar(CommandType.
    StoredProcedure, "UserGetnum", parm).ToString());
    while (getnum > 0)
     {
        num++;
        wname = rname + num;
        SqlParameter[] parms = new SqlParameter[]
        {
            new SqlParameter("@name",wname)
        };
        getnum = Convert.ToInt32(DBhelp.ExecuteScalar(CommandType.
        StoredProcedure, "UserGetnum", parms));
    }
    DBhelp.SqlClose();
    return wname;
}
```

上述代码中，由于用户名在程序执行中发生变化，因此不能在其字符串值的末端直接添加数字，否则会造成"张和1"、"张和12"、"张和123"的现象，容易造成溢出错误。因此使用不发生变化的 rname 变量与数字结合，为用户名变量赋值。

BBLL 项目中的代码较为简单，首先获取用户名，而不需要去计较用户名是否有重复（无论姓名是否有重复，都已被修改为不重复的值）；接着通过用户名和密码添加数据，返回现有用户名，代码如下：

```
public static string BWAdd(string wname, string wpas)
{
    string name=DWorker.DworkerGetName(wname);
    DWorker.WAdd(name,wpas);
    return name;
}
```

最后是 Buss 项目的开发，执行 BWorker.BWAdd()方法即可，并获取现有姓名。若现有姓名与用户输入一致，则该用户没有重名，输出"注册成功！"；否则将有重复，输出姓名重复的提示，并显示现有姓名，以便用户登录，代码如下：

```
private void button1_Click(object sender, EventArgs e)
{
    string rname = BWorker.BWAdd(name.Text, pas.Text);
    if (rname == name.Text)
    { MessageBox.Show("注册成功！"); }
```

```
        else
        {
            MessageBox.Show("您的姓名有重复，为避免重名引起的误会，\n 将您的姓名标记
            为："+rname+"，\n 给您带来不便，敬请原谅！");
        }
    }
```

如添加重名用户"唐伯虎"添加 3 次，其效果如图 15-5 所示，用户名被修改为"唐伯虎 3"，而打开数据库，其数据如图 15-6 所示，数据库中被依次添加了"唐伯虎 1"、"唐伯虎 2"和"唐伯虎 3"。

图 15-5　添加重名用户　　　　　　　　　　　　图 15-6　重名信息显示

15.6　签到

由于签到所涉及的不确定因素较多，因此签到的程序是最为复杂的。在签到时首先需要判断是否需要添加新的月记录，若需要则根据用户当时是否迟到，添加新纪录；否则根据用户是否迟到，修改当月记录。

签到窗体除可执行签到以外，还需要显示当月签到记录。因此在签到时可定义一系列相关的字段，并定义字段的初始化方法，以便在签到窗体中显示。签到模块的设计步骤如下所示。

（1）定义相关的字段，以便在页面显示签到信息。由于这些信息需要在该窗体的其他程序中使用，因此可定义为静态字段，在 BDAL 项目的 DAttendance 类中定义，代码如下所示：

```
public static int mondays;
public static int workdays;
public static int atimes;
public static int ltimes;
public static float apers;
public static string lastdays;
```

（2）定义方法 IsHave(int id)，根据当前用户的 ID 和当前月份，判断是否需要添加新的月记录。若需要添加，返回 true，在 BDAL 项目的 DAttendance 类中定义，代码如下所示：

```
public static bool IsHave(int id)
{
    string date = string.Format("{0:d}", System.DateTime.Now);
    int monthnum = DateTime.Now.Month;
    string newmon = "";
    if (monthnum > 9)
    {
        newmon = date.Substring(0, 7);
    }
    else
    {
        newmon = date.Substring(0, 6);
    }
    SqlParameter[] getIs = new SqlParameter[]
    {
        new SqlParameter("@month",newmon),
        new SqlParameter("@mid",id),
    };
    int count = Convert.ToInt32(DBhelp.ExecuteScalar(CommandType.
    StoredProcedure, "AgetIShave", getIs));
    DBhelp.SqlClose();
    if (count < 1)
    {
        return true;
    }
    else
    {
        return false;
    }
}
#endregion
```

（3）定义方法 Aadd(int mid)，根据用户的 ID 添加当月新纪录。由于是新的记录，因此需要添加当前月份、用户 ID、当前签到次数、迟到次数、当月天数、当月工作日、当月出勤率和最后签到时间字段。

❑ 当前签到次数为 1。
❑ 迟到次数根据当前时间判断。
❑ 当月天数根据当前年份和月份判断。
❑ 当月工作日为当月天数-8。

该方法同样在 BDAL 项目的 DAttendance 类中定义，代码如下所示：

```
public static void Aadd(int mid)
{
    string date = string.Format("{0:d}", System.DateTime.Now);
//获取当前月份
    int monthnum = DateTime.Now.Month;
    string newmon = "";
```

```
//根据月份的长度获取年月信息
    if (monthnum > 9)
    {
        newmon = date.Substring(0, 7);
    }
    else
    {
        newmon = date.Substring(0, 6);
    }
//获取迟到次数
    int ltime;
    if (DateTime.Now.Hour > 8)
    {
        ltime = 1;
    }
    else
    {
        ltime = 0;
    }
//获取其他字段信息
    int year = DateTime.Now.Year;
    mondays = DateTime.DaysInMonth(year, monthnum);
    workdays = mondays - 8;
    atimes = 1;
    ltimes = ltime;
    apers = 1 / workdays;
    lastdays = string.Format("{0:d}", System.DateTime.Now);
    SqlParameter[] parm = new SqlParameter[]
    {
        new SqlParameter("@month",newmon),
        new SqlParameter("@mid",mid),
        new SqlParameter("@atime",1),
        new SqlParameter("@ltime",ltime),
        new SqlParameter("@mdays",mondays),
        new SqlParameter("@wdays",workdays),
        new SqlParameter("@aper",apers),
        new SqlParameter("@lday",lastdays)
    };
    DBhelp.ExecuteNonQuery(CommandType.StoredProcedure, "Aadd", parm);
    DBhelp.SqlClose();
}
#endregion
```

（4）定义签到方法 Dattend(int id)，返回 Boolean 类型数据：若当天重复签到，则返回 false；若签到成功，则返回 true。

```
public static bool Dattend(int id)
{
```

```
    string date = string.Format("{0:d}", System.DateTime.Now);
    int monthnum = DateTime.Now.Month;
    string newmon = "";
//根据月份的长度获取年月信息，代码省略，参考步骤（3）
    SqlParameter[] getID = new SqlParameter[]
    {
        new SqlParameter("@month",newmon),
        new SqlParameter("@mid",id),
    };
//获取当月记录，并判断最后签到日期是否为当前日期
    DataTable dt = DBhelp.GetDataTable(CommandType.StoredProcedure,
    "AgetLast", getID);
    if (dt.Rows[0]["LastDay"].ToString()== date)
    {
        DBhelp.SqlClose();
        return false;
    }
//若不是当前日期，则执行添加
    else
    {
        int ltime = Convert.ToInt32(dt.Rows[0]["Ltime"].ToString());
        if (DateTime.Now.Hour > 8)
        { ltime++; }
    mondays = Convert.ToInt32(dt.Rows[0]["Mdays"].ToString());
    workdays = Convert.ToInt32(dt.Rows[0]["Wdays"].ToString());
    atimes = Convert.ToInt32(dt.Rows[0]["Atime"].ToString()) + 1;
    ltimes = ltime;
    apers = atimes / workdays;
    lastdays = string.Format("{0:d}", System.DateTime.Now);
    SqlParameter[] parm = new SqlParameter[]
    {
    new SqlParameter("@id",Convert.ToInt32(dt.Rows[0]["Aid"].
    ToString())),
        new SqlParameter("@atime",atimes),
        new SqlParameter("@ltime",ltime),
        new SqlParameter("@aper",apers),
        new SqlParameter("@lday",lastdays)
    };
        DBhelp.ExecuteNonQuery(CommandType.StoredProcedure, "Aupdate",
        parm);
        DBhelp.SqlClose();
        return true;
    }
}
```

上述代码中，根据获取的上次签到信息，来获取本次签到时，应该修改的信息值。如签到次数在上次签到次数的基础上加 1；迟到时间根据当前时间，在原迟到次数的基础上加 1 或不变等。

（5）定义方法 DAnew(int id)，为类 DAttendance 的字段初始化，以便在签到页面中
进行显示。

信息显示有多种情况，当没有当前月信息时，所显示信息为 0；否则获取最后签到
记录来为字段赋值，代码如下：

```
public static void DAnew(int id)
{
    if (!IsHave(id))
    {
        string date = string.Format("{0:d}", System.DateTime.Now);
        int monthnum = DateTime.Now.Month;
        string newmon ="";
//根据月份的长度获取年月信息，代码省略，参考步骤（3）
        SqlParameter[] getID = new SqlParameter[]
        {
            new SqlParameter("@month",newmon),
            new SqlParameter("@mid",id),
        };
        DataTable dt = DBhelp.GetDataTable(CommandType.StoredProcedure,
        "AgetLast", getID);
        mondays = Convert.ToInt32(dt.Rows[0]["Mdays"].ToString());
        workdays = Convert.ToInt32(dt.Rows[0]["Wdays"].ToString());
        atimes = Convert.ToInt32(dt.Rows[0]["Atime"].ToString());
        ltimes = Convert.ToInt32(dt.Rows[0]["Ltime"].ToString());
        apers = atimes / workdays;
        lastdays = dt.Rows[0]["LastDay"].ToString();
    }
    else
    {
        int year = DateTime.Now.Year;
        int monthnum = DateTime.Now.Month;
        mondays = DateTime.DaysInMonth(year, monthnum);
        workdays = mondays - 8;
        atimes = 0;
        ltimes = 0;
        apers = 1 / workdays;
        lastdays = string.Format("{0:d}", System.DateTime.Now);
    }
}
```

（6）BLL 层的开发，在 BBLL 项目中添加 BAttendance 类，添加方法 Battendance(int
mid)执行签到功能，返回 Boolean 类型值：若重复签到则返回 false；签到成功则返回 true，
代码如下：

```
public class BAttendance
{
    public static bool Battendance(int mid)
    {
```

```
        if (DAttendance.IsHave(mid))
        {
            DAttendance.Aadd(mid);
            return true;
        }
        else
        {
            return DAttendance.Dattend(mid);
        }
    }
}
```

（7）Buss 项目的 Attendance 窗体。首先添加两个字段，用于接收职工姓名和 ID，代码如下：

```
public string name;
public int mid;
```

（8）编辑窗体的加载事件，需要根据 DAttendance 类的字段初始化方法 DAnew(mid) 来获取需要显示的字段值，在窗体中通过标签来显示，代码如下：

```
private void Attendance_Load(object sender, EventArgs e)
{
    namelabel.Text = "姓名: " + name;
    DAttendance.DAnew(mid);
    labelatime.Text = DAttendance.atimes.ToString();
    labellast.Text = DAttendance.lastdays;
    labelnow.Text = string.Format("{0:d}", System.DateTime.Now);
    labelwday.Text = DAttendance.workdays.ToString();
    latetime.Text = DAttendance.ltimes.ToString();
}
```

（9）签到按钮的单击事件。直接调用 BBLL 项目中的签到方法即可，当确认重复签到，弹出对话框提示；否则提示签到成功，代码如下：

```
private void button1_Click(object sender, EventArgs e)
{
    bool isatt = BAttendance.Battendance(mid);
    if (isatt)
    {
        MessageBox.Show("签到成功! ");
    }
    else
    {
        MessageBox.Show("不能重复签到! ");
    }
}
```

（10）运行职工签到应用程序，使用张凯用户来登录，登录后显示的最后签到时间是 7 月 29 号，而当前时间是 7 月 30 号，因此可以执行签到，其效果如图 15-7 所示。

　　图 15-7　签到完成

　　（11）运行职工签到应用程序，使用唐伯虎用户来登录，登录后显示的最后签到时间是 7 月 30 号，而当前时间是 7 月 30 号，因此此时执行签到将导致当天重复签到，其效果如图 15-8 所示。

　　图 15-8　重复签到

　　（12）打开修改密码页面，写入与原密码不相符的密码，其效果如图 15-9 所示。而输入正确原密码和正确格式新密码，其效果如图 15-10 所示。

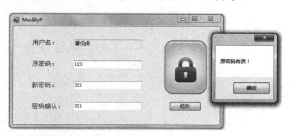

　　图 15-9　原密码有误

　　图 15-10　密码修改完成

附录　思考与练习答案

第 1 章　Visual Studio 与 C#

一、填空题

1. C#
2. dynamic
3. 公共语言运行时
4. System.Text
5. 程序集清单

二、选择题

1. B
2. C
3. D
4. A

第 2 章　C#基础语法

一、填空题

1. 15
2. const
3. 引用类型
4. Convert
5. -420
6. 拆箱
7. ToDouble()
8. 显式类型转换

二、选择题

1. B
2. C
3. D
4. C
5. A
6. B

7. B

第 3 章　控制语句

一、填空题

1. if　else if 语句
2. return 语句
3. 异常处理
4. "林峰"
5. 循环条件

二、选择题

1. C
2. D
3. B
4. A
5. C
6. C

第 4 章　数组

一、填空题

1. 逗号
2. Clear()
3. 3 7 9 1 4 6 10 2 8 5
4. 75 69 89 72 0 86 93 88 84 77
5. 锯齿数组
6. System.Collections

二、选择题

1. C
2. B
3. B
4. D
5. A

6．B

第 5 章　面向对象编程基础

一、填空题

1．属性
2．静态类
3．引用类型
4．set 访问器
5．析构函数

二、选择题

1．B
2．D
3．A
4．D
5．C
6．C

第 6 章　类的高级应用

一、填空题

1．继承
2．重写
3．virtual
4．class B:A
5．override
6．abstract

二、选择题

1．D
2．D
3．C
4．A
5．B
6．B

第 7 章　字符串

一、填空题

1．ni hao

2．CompareTo()
3．Remove()
4．StringBuilder sb = new StringBuilder ("good");
5．Equals()

二、选择题

1．D
2．C
3．A
4．D
5．B
6．D
7．B

第 8 章　其他常用类

一、填空题

1．10^7
2．TimeSpan
3．PI
4．1
5．Pow()
6．9999 年 12 月 31 日晚上 11:59:59

二、选择题

1．C
2．D
3．C
4．A
5．B

第 9 章　枚举、结构和集合

一、填空题

1．枚举
2．-1
3．Member3
4．GetValues()
5．IEnumerable 接口

6. 字典

7. 堆栈

8. 从小到大

二、选择题

1. D

2. A

3. D

4. D

5. C

6. B

7. A

第 10 章　委托和事件

一、填空题

1. 方法

2. delegate

3. +=

4. 委托

5. event

6. 注册

二、选择题

1. D

2. C

3. D

4. C

5. A

6. B

第 11 章　窗体和控件

一、填空题

1. AutoSize

2. Normal

3. CheckedListBox

4. CustomerFormat

5. Clear()

6. Unchecked

二、选择题

1. C

2. B

3. D

4. A

5. D

6. B

7. B

第 12 章　MDI 应用程序

一、填空题

1. IsMdiContainer

2. ColorDialog

3. FolderBrowserDialog

4. SelectedPath

5. ShowDialog()

6. ContextMenuStrip

7. HorizontalStackWithOverflow

二、选择题

1. A

2. D

3. C

4. B

5. D

6. A

第 13 章　数据库编程

一、填空题

1. DataSet

2. SqlConnection

3. Dispose()

4. Read()

5. Update()

6. PathSeparator

7. FieldCount

二、选择题

1．C

2．A

3．D

4．C

5．B

6．D

第 14 章　文件和 IO 流

一、填空题

1．Exists

2．Directory.Exists(stringPath)

3．FileStream

4．FileStream　fs = new FileStream

(@"C:\test.txt ", FileMode.Open);

5．Extension

6．Directory.Move(@"D:\www\doc\test\12", @" D:\www\doc\test\ch12");

7．ReadBoolean()

8．TotalFreeSpace

二、选择题

1．B

2．D

3．C

4．C

5．C

6．B

7．A